普通高等教育"十一五"国家级规划教材

微生物遗传育种学

Microbial Genetics
and Breeding

第二版

诸葛健　李华钟　诸葛斌　主编

化学工业出版社

·北京·

内 容 简 介

《微生物遗传育种学》第一版出版于 2009 年，入选普通高等教育"十一五"国家级规划教材，被众多高校用作教材，得到广大师生的好评。新版基于学科发展前沿，系统论述了工业微生物育种的微生物遗传学基础及其应用，涉及育种出发菌株的选择、各种经典育种方法（如定点突变、诱变育种、代谢调控育种、原生质体育种、基因组改组技术等）、新型育种方法（如基因重组与分子育种技术）等。新版还根据作者教学经验和科研实际提出了工业微生物育种几种主要策略，并包含了实验部分。

本书是生物工程、发酵工程、生物制药、生物化工、生物技术、食品工程和应用微生物学等专业的本科和研究生教材，也可作为相关企业和研究机构研究人员及技术人员有实用价值的参考书。

图书在版编目（CIP）数据

微生物遗传育种学 / 诸葛健，李华钟，诸葛斌主编.
2 版. -- 北京：化学工业出版社，2025.2. --（普通高
等教育"十一五"国家级规划教材）. -- ISBN 978-7
-122-47097-3

Ⅰ. Q933

中国国家版本馆 CIP 数据核字第 2025LY5226 号

责任编辑：傅四周　　　　　　　　文字编辑：李　雪
责任校对：李雨晴　　　　　　　　装帧设计：王晓宇

出版发行：化学工业出版社
　　　　　（北京市东城区青年湖南街 13 号　邮政编码 100011）
印　　装：河北鑫兆源印刷有限公司
787mm×1092mm　1/16　印张 16　字数 407 千字
2025 年 3 月北京第 2 版第 1 次印刷

购书咨询：010-64518888　　　　　　售后服务：010-64518899
网　　址：http://www.cip.com.cn
凡购买本书，如有缺损质量问题，本社销售中心负责调换。

定　　价：55.00 元

编者名单

主　编　诸葛健　李华钟　诸葛斌

副主编　陈献忠　徐美娟

编　者（按姓名汉语拼音排序）

曹　钰　江南大学生物工程学院
陈献忠　江南大学生物工程学院
段作营　江南大学生物工程学院
李华钟　江南大学生物工程学院
陆信曜　江南大学生物工程学院
徐美娟　江南大学生物工程学院
诸葛斌　江南大学生物工程学院
诸葛健　江南大学生物工程学院

前　言

　　《微生物遗传育种学》新版是在 2009 年出版的第一版基础上补充修订改写，改写的重点是更紧密适应现代生物技术应用的工业微生物的育种。

　　江南大学发酵工程专业是我国第一批国家级重点学科，《微生物遗传育种学》是江苏省精品教材。工业生产菌种是发酵工业的核心，没有相应菌种就没有对应的产物；没有优良的生产菌种，就没有发酵工业质的提升。工业微生物的育种，其重要性不言而喻。为此，再版中新增"第五章　工业微生物育种几种主要策略"，补充了上版教材学生实际应用知识的不足，同时增加了工业微生物育种的成功实例，帮助学生理解育种原则、方法、策略等方面内容，提高学生学以致用的能力。还整合了原有部分章节改写成"第四章　基因重组与分子育种技术"。对原有第二章和第三章进行了修正和补充。

　　工业微生物育种课程的创建源于 1963 年原无锡轻工业学院（江南大学前身）发酵教研室主任丁耀坤，一直以来我们几代教师都在为这门课程的完善提升不懈努力。1982 年"工业微生物育种"课程正式被列入本科的必修课。1987 年正式将"工业微生物育种技术"列为学位课，该课程 2002 年被评为江苏省研究生培养创新工程优秀研究生课程。

　　诚然，作为重点学科，研究生阶段开设的"工业微生物育种技术"与本科阶段开设的"微生物遗传育种学"是一个方向上的两个层次，内容各有分工。这次《微生物遗传育种学》的再版，对本科和研究生阶段这两门类似课程的层次作整体规划，突出了本科生需掌握的微生物育种原理、技术、应用及主要策略等内容。

　　本书由诸葛健、李华钟、诸葛斌三位教授主编，陈献忠和徐美娟两位教授为副主编。具有丰富教学和实践经验的段作营、曹钰、陆信曜三位副教授各自撰写了有关单节。博士生王梦莹、杜雪晴协助了编写工作。可以说这本教材凝聚了江南大学微生物学系列课程所有教师多年的心血。

　　由于时间仓促，编写有所不足实为难免，相信在热心读者的帮助下本书会不断完善。

诸葛健

2024 年 6 月于江南大学

目 录

第一章　绪论

第一节　工业微生物菌种

在大规模培养条件下，批量商业性获得微生物细胞或代谢产物过程中所使用的微生物菌株；或利用微生物特定代谢过程，规模化加工/转化特定底物或环境物料的微生物菌株，即为微生物工业菌种。习惯上，具有上述潜在应用前景的微生物菌株也常被称为工业微生物菌种。工业微生物菌种是工业微生物学主体研究对象，是工业生物技术特别是新一代工业生物技术研究和发展的中心内容。一个好的工业菌种，可以形成和发展出一个工业并形成一个产业；现代工业生物技术的发展，也不断要求有新的、性能更优越的工业菌种出现。

用作工业菌种的微生物，应具有如下基本特征：

① 非致病性；

② 适合大规模培养工艺要求；

③ 利于规模化产品加工工艺；

④ 具有相对稳定的遗传性能和生产性状；

⑤ 具有商业应用价值或形成具有商业价值的产品。

用作工业菌种的微生物，其来源主要有两个途径：从自然样本中通过筛选与分离获得（即选种）；在实验室中对保藏的微生物菌株进行遗传改良获得（即育种）。选种是获得工业菌种的基础，是目前若干工业应用的工业菌种的重要获得方式；育种是获得性能卓越的工业菌种的必要手段，是目前工业菌种获得的主要途径。随着工业微生物学研究的进展，作为主要的生物资源，大量具有工业应用前景的微生物菌株被分离、系统鉴定和长期保藏。现在，微生物菌种的建立和形成，主要集中在对现有微生物资源的遗传育种上。当然，育种过程无一例外地穿插使用选种技术。

依据育种技术的使用和微生物菌种获得方式等，微生物工业菌种又有如下不同的界定或描述。天然菌种（native strain）是通过自然筛选和分离获得的工业菌种，如目前工业上使用的啤酒酿制用酵母菌种、葡萄酒酿制用酵母菌种、面包等焙烤食品中的酵母菌种等。天然菌种是微生物菌株在自然条件下，经过随机突变或自然遗传变异下产生的优良生产性状在长期积累后形成的菌种，一般皆为野生型（wild type）。诱变菌种（mutagenized strain）是通过物理、化学诱变剂等在实验室经人工诱变自然筛选与分离的菌株，获得产量/性状改善的工业菌种。目前，工业上使用的许多生产菌种属这一类型。诱变菌种与天然菌种的本质区别在于诱变菌种是通过诱变剂加速基因突变过程及定向筛选获得。因此，此类工业菌种也被认为是类似于天然菌种的、非遗传修饰的工业菌种。重组菌种（recombinant strain）是通过遗传重组技术对菌种进行定向遗传改良获得的，其所使用的技术包括杂交、原生质体融合、分子克隆等。不同国家对经外源基因导入并因此发生遗传整合和性状改变的所谓遗传修饰生物体（genetic modification organisms，GMO）的商业使用有不同的法律规范，工业微生物菌种同样受到这些法律规范的管理。目前，天然菌种、诱变菌种、杂交菌种被认为是非 GMO。

第二节 微生物遗传育种的遗传学原理

与其他生物一样，微生物在特定环境（发酵培养工艺）条件下所表现出的所有特性，都是由其基因组（genome）中的基因（gene）或基因簇控制或影响的。微生物的遗传特性包括其形态、结构特征（形态学）、生理特征（耐酸、耐碱、耐温、耐盐等）、生化反应（代谢类型、新陈代谢）、运动能力或其他形式的表现及与其他微生物的关系。微生物是通过遗传物质的基本单位——基因，将这些特性传递给它们的后代；微生物在生理或代谢等方面的性能改变，是通过改变其基因特征，即遗传变异或遗传重组实现的。工业微生物遗传育种的本质是在实验条件下，引导微生物的遗传变异或遗传重组，使其表现性状向改善工业应用性能方向改变并由此获得新的或改建的稳定遗传性状的过程。

一、遗传物质的结构和功能

微生物的所有遗传性状是由其遗传物质控制的，其遗传的本质及其机理是微生物遗传学的基本研究内容。需要回答的基本科学问题包括：基因是什么；基因是怎样携带信息、怎样复制、又是怎样将遗传信息传递给下一代或者其他微生物的；在微生物中决定其独有特性的信息又是怎么表达的等。

（一）染色体与基因

染色体是微生物基因组的细胞结构单位。基因是编码功能性产物的一段具有特征结构的DNA片段（一些以RNA为遗传物质的病毒除外）。DNA是由脱氧核糖核苷酸组成的、具有特定排列特征的大分子。每个核苷酸由一个含氮碱基［腺嘌呤（A）、胸腺嘧啶（T）、胞嘧啶（C）、鸟嘌呤（G）］，一个脱氧核糖和一个磷酸基团组成（图1-1）。

在细胞中，DNA以互补的双螺旋结构形式存在。核苷酸（碱基）在DNA分子内侧成对互补排列；外侧经戊糖-磷酸侧链骨架将碱基对串连。在该骨架上每一个糖基和一个碱基相连。碱基对遵循特定的碱基互补配对原则：腺嘌呤与胸腺嘧啶配对，胞嘧啶与鸟嘌呤配对。由于这种特殊的碱基配对，一条DNA链的碱基序列决定了另外一条链的碱基序列，因此，DNA的两条链是互补的，即可描述为正链和负链，或有义链和无义链，或模板链和非模板链等。这些互补的DNA序列正像一张照片和它的底版一样。基因的长度即以碱基对、千碱基对或百万碱基对（bp、kb或Mb）表示。

DNA的双螺旋结构有助于解释生物信息贮藏的两个主要特性。

第一，线性的碱基序列提供了真实的遗传信息。遗传信息是由DNA链上的碱基序列编码的，正像我们书写音乐一样，用线性的音符顺序去组成乐章。虽然，遗传语言仅仅用了DNA（RNA）里的四种碱基，但是，如果一个基因长度由1000个这样的碱基组成，则可以有4^{1000}种不同的组合方式；一个具有特定功能的基因在一个生物体内一般仅具有其中一种特定序列组成形式，而特定的序列组成也就决定了基因遗传密码（genetic code）的组成。这就解释了基因为何能有足够的变换形式来为细胞的生长提供所有信息及履行它的职责；同时，这也说明了不同微生物体相同功能的基因可以在其核苷酸序列相似性（similarity）上完全不同或差异很大。在一个基因中，遗传密码由相连的三个碱基形成的密码子（codon）组成，密码子组成特征决定了所翻译成一个蛋白质的氨基酸序列。理论上，一段双链DNA分子可以有6种遗传密码信息，但通常仅其中一种是具有功能的。

第二，DNA的互补结构使得细胞分裂过程中DNA的精确复制和遗传信息的精确传递

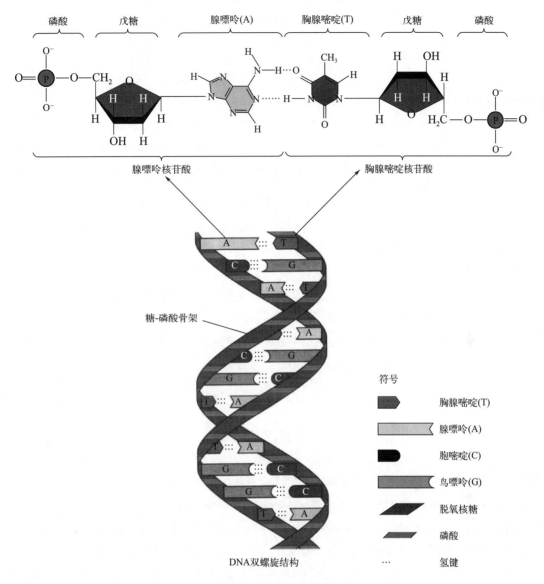

图 1-1 DNA 分子的基本结构与组成

得以发生。

一个基因通常先编码一个信使 RNA（mRNA）分子，该 mRNA 最后编码一个蛋白质（多肽）。基因编码产物也可以是核糖体 RNA（rRNA）或转运 RNA（tRNA）（所有这些类型的 RNA 都将参与到蛋白质的合成过程中）。大部分细胞的新陈代谢与遗传信息翻译成的特殊蛋白质有关。DNA 序列转录（拷贝）产生一个特殊的 RNA 分子，即 mRNA。mRNA 中的编码信息又被翻译成特定的氨基酸序列并最终形成蛋白质。当一个基因编码的最终分子（例如一个蛋白质）形成时，我们就说这个基因已经表达。因此，基因表达包括 DNA 转录（transcription）形成特殊的 RNA 分子，如果该 RNA 是 mRNA，那么其中的编码信息将被翻译（translation）成蛋白质，该过程可简洁表示如下：

$$DNA \xrightarrow{\text{转录}} mRNA \xrightarrow{\text{翻译}} 蛋白质$$

要进行遗传信息的表达，DNA 必须经过转录和翻译。虽然单个氢键的作用力很弱，但是由于 DNA 分子中氢键的密度很大，一小段 DNA 上的氢键就能提供足够的结合能量让其形成双螺旋结构。同时，DNA 分子中的遗传信息通常只有在 DNA 分子处于解链的状态下才能从 DNA 中读取。DNA 的双链解开（解链）由一个组蛋白分子作用于 DNA 分子后产生。随着基因的表达，两条分开的 DNA 单链中一条被作为模板，转录出相应的 RNA 产物。

在细胞复制过程中，DNA 分子也需被解链。解链的两条单链 DNA 分子作为模板并合成其互补的另一条链，从而形成两个子链 DNA 分子。在细胞分裂之前，基因组 DNA 序列通常已在酶推动下进行了精确的复制（replication）。这种复制使细胞在繁殖时将全部遗传信息从一个细胞传递到其子代细胞，或者从一代传递到下一代。

DNA 分子的组成及其序列能够被改变（即变异）。虽然很多变异引起细胞的损伤或死亡，但是也有一些变异能创造可遗传的新特性，能使微生物更好地在新环境中生存。因此，从长远角度看，变异对菌种的成功进化发挥了重要作用。

（二）基因型和表现型

一个微生物的基因型（genotype）由其遗传信息组成，它编码了微生物的所有特性，基因型代表潜在的遗传特征，但并不是特征本身。表（现）型（phenotype）则指细胞在一定环境条件下表现出的一些实际的、已表达的特性。因此，表现型是基因型在特定环境条件下的表现形式。

从分子角度看，一个微生物的基因型是它所有基因的总和，即它的全套 DNA（基因组）。那么是什么组成了微生物的表现型呢？从某种意义上说，一个微生物的表现型是它蛋白质的总和。一个细胞的大部分特性来自于蛋白质的结构和功能。在微生物中，大部分的蛋白质要么是酶（催化特殊的反应），要么是结构物（参与大的功能性物质的合成，像膜或者核糖体的合成）。表现型还依赖于细胞的其他结构大分子（像类脂或多糖）。例如，一个复杂的脂质结构或者多糖分子是合成和降解这些结构的酶作用的结果。

（三）DNA 和染色体

细菌的染色体基因组通常仅由一条环状双链 DNA 分子组成。细菌的染色体相对聚集在一起，形成一个较为致密的区域，称为拟核（nucleoid）。拟核无核膜与细胞质分开，拟核的中央部分由 RNA 和支架蛋白质组成，外围是双链闭环的超螺旋 DNA。染色体 DNA 通常与细胞膜相连，连接点的数量随细菌生长状况和不同的生活周期而异。在 DNA 链上与 DNA 复制、转录有关的信号区域与细胞膜优先结合，如大肠杆菌染色体 DNA 的复制起点（oriC）、复制终点（terC）等，大肠杆菌的 DNA 是研究最多的细菌 DNA，它大约有 4Mb、长 1mm——比整个细胞长度的 1000 倍还要长。然而，由于 DNA 非常细，并且紧紧地被包装在细胞内，所以这个缠绕在一起呈螺旋状的大分子仅仅占据了整个细胞体积的 10% 左右 [图 1-2 (a)]。

近几年，近 700 个细菌染色体 DNA（基因组）的所有碱基序列及其排列方式已被确定（测序）。科学家能够根据该信息和其他一些有用的遗传信息识别染色体上的基因位置。DNA 上相关的基因位置是用一个基因图谱来阐明的 [图 1-2 (b)]。

酵母和丝状真菌的染色体结构与其他真核细胞相似，皆含有多条染色体。其染色体基因组是细菌的数倍。已有十多种酵母和至少四种丝状真菌的基因组被完全解析，有二十余种丝状真菌的基因组正在解析中。

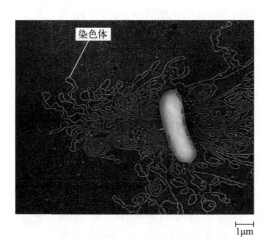

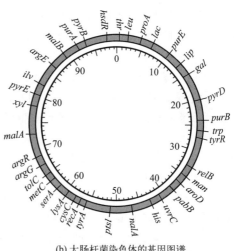

(a) 一个原核微生物的染色体。那些弥散的缠结在一起的环状DNA来自这个破裂的大肠杆菌，这只是它全套染色体的一部分

(b) 大肠杆菌染色体的基因图谱。每一个基因用一个三字母的缩写标记

图 1-2　大肠杆菌染色体及其染色体基因组图谱

二、DNA 复制

遗传信息的稳定传递需要在细胞分裂时染色体 DNA 准确复制（replication）。在 DNA 的复制过程中，一个亲本双链 DNA 分子被复制成两个相同的子链 DNA 分子。DNA 碱基序列的互补结构是理解 DNA 复制的关键。由于双螺旋 DNA 两条链的碱基是互补的，所以一条链能够用作复制另外一条链的模板（图 1-3）。

在一系列复制相关酶系的作用下，DNA 分子的两条链上相应的核苷酸之间的氢键键能减弱，此时亲本 DNA 的双螺旋解开，形成局部单链状态。以亲本 DNA 的每一条链作为模板去形成新的碱基配对，随后，氢键又重新在两个新的互补核苷酸之间形成。在每一个最终的子链上，酶催化相邻的两个核苷酸之间形成糖苷键。

（一）DNA 的复制

DNA 的复制要求有复杂的细胞蛋白体系存在，该蛋白（酶）体系指导着一个特殊的事件顺序。当复制开始的时候，亲本 DNA 两条链的一小部分先解螺旋并相互分开，随着 DNA 复制的进行其他部分也将解螺旋并分开。细胞质当中游离的核

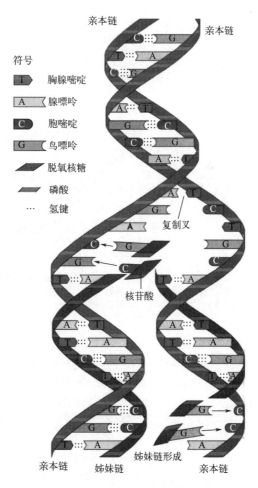

图 1-3　DNA 的复制

苷酸与单链亲本 DNA 暴露在外面的碱基进行配对。如果在原始链上是胸腺嘧啶，那么新链上对应的位置只能是腺嘌呤；同样，在原始链上是鸟嘌呤，那么新链上对应的位置只能是胞嘧啶等。所有错配碱基都将通过 DNA 聚合酶将其去除和替代。DNA 一旦开始合成，其周围多余的核苷酸就通过 DNA 聚合酶连接到正在延长的 DNA 链上。然后，亲本 DNA 继续解螺旋以便新链上增加更多的核苷酸复制发生的位点（复制叉，replication fork）。随着复制叉在母链 DNA 上移动，每一个解开的单链与新的核苷酸相结合。然后起始链和这个新合成的子链缠绕在一起。每一个新的双链 DNA 分子由一个原始链和一个新链组成，因此关于这样的复制过程我们称之为半保留复制（semi-conversion replication）。

　　一对 DNA 链彼此朝着相反的方向延伸，理解这个概念很重要。由图 1-3 可知，为了使配对碱基能够彼此毗连，一条链中核苷酸的糖部分相对于它的核苷酸对是颠倒的。因为 DNA 聚合酶仅仅能够朝单一的方向移动，所以 DNA 的这种结构影响了其复制过程。当复制叉沿着母链 DNA 移动时，两个新 DNA 链必须以相反的方向增长。当 DNA 聚合酶朝着复制叉方向移动时，一个被称为引导链的新 DNA 链被连续地合成。相反地，当 DNA 聚合酶远离复制叉方向移动时，一个新的 DNA 片段被合成，该片段大约由 1000 个碱基组成，被称为滞后链。在开始合成滞后链 DNA 时，一个叫作 RNA 引物的短 RNA 片段是必需的。DNA 复制完成时，DNA 聚合酶将 RNA 引物移去，DNA 连接酶将新合成的 DNA 片段连接起来（图 1-4）。

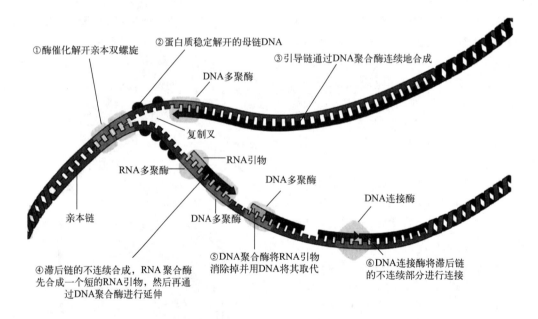

图 1-4　DNA 复制叉功能

　　复制叉处的酶催化解开了亲本 DNA 的双螺旋结构，用其中一个亲本链作为模板，DNA 聚合酶合成了一个新的连续 DNA 链。DNA 聚合酶也用另外一条链作为模板，但是由于该链上糖的方向是相反的，所以 RNA 聚合酶开始合成时必须增加一个叫作 RNA 引物的 RNA 小片段，当一小段 DNA 片段被合成后，DNA 聚合酶又将该 RNA 消解掉，这些小的 DNA 片段随后又由 DNA 连接酶连接在一起

　　在细菌里，复制过程从细菌染色体上唯一的位点开始，该位点被称为复制起点。一些细菌 DNA 的复制是沿着染色体双向进行的（图 1-5），例如大肠杆菌，两个复制叉沿着相反的方向移动，并且都远离复制起点。由于细菌染色体是一个闭合环，所以当复制完成时两个复

制叉相遇。很多迹象表明复制起点和细菌细胞膜连接在一起。在原核微生物中 DNA-膜的连接可能确保了在细胞分裂过程当中每一个子细胞都能获得一个 DNA 分子的拷贝，说得更精确些，就是一个完全的染色体。

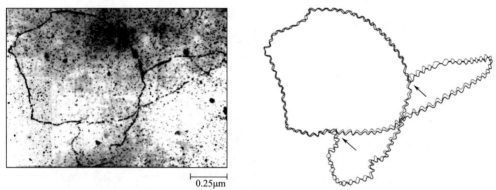

(a) 一个大肠杆菌染色体的复制过程(右边是其相应的图片，箭头所指为其两个复制叉)，该染色体的大约1/3已被复制。可以看到其中一条新的螺旋链横渡在另外一条链上

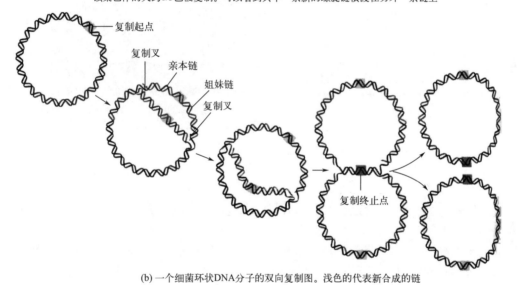

(b) 一个细菌环状DNA分子的双向复制图。浅色的代表新合成的链

图 1-5　细菌 DNA 的复制

　　DNA 复制是一个非常精确的过程。一般错误的碱基配对发生率为一百亿分之一（$1/10^{10}$）。之所以这么精确主要是由于 DNA 聚合酶有很强的校对功能。当一个碱基被加上时，DNA 聚合酶就会检查它是否形成了合适的互补碱基配对结构。如果不是，DNA 聚合酶将其切除并用正确的碱基将其替代。这样，DNA 的复制就能很精确地被完成，同时也使每一个子代染色体与亲本 DNA 之间完全保持一致。

　　DNA 复制原理已被成功地运用于体外复制。聚合酶链式反应（polymerase chain reaction，PCR）即是利用这一原理发展起来的。

（二）遗传信息的传递

　　DNA 的复制使遗传信息从一代传递到下一代成为可能。通过 DNA 复制遗传信息能够在细胞代间传递。细胞 DNA 的复制先于细胞分裂，所以每个子代细胞都能获得一个与亲本

DNA 完全相同的染色体。另外，在进行着新陈代谢的细胞中，DNA 中的遗传信息也以另外一种方式传递，它首先被转录成 mRNA，然后再翻译成蛋白质（图 1-6）。其转录和翻译的过程将在后面的部分讲述。

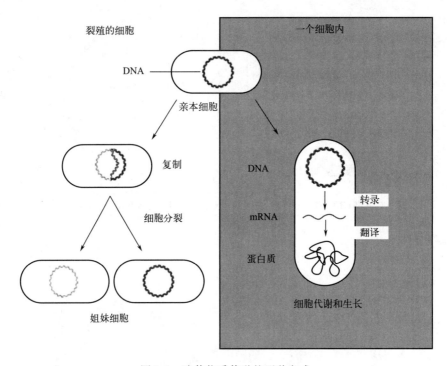

图 1-6　遗传物质传递的两种方式

第三节　RNA 和蛋白质合成

在转录过程中，DNA 里的遗传信息被复制或者转录成与之互补的 RNA 碱基序列。然后再通过翻译过程将编码在该 RNA 中的遗传信息用来合成特定蛋白质。

一、转录

转录是在一个 DNA 模板上合成一个与之互补的 RNA 链。在细菌细胞里有三种形式的RNA：信使 RNA（mRNA）、核糖体 RNA（rRNA）和转运 RNA（tRNA）。其中，核糖体RNA 是构成核糖体（ribosome）的主要部分。核糖体是合成蛋白质的细胞器，转运 RNA也参与了蛋白质的合成，这一点将在后面讲到。

在转录过程中，一个 mRNA 链是由基因组的一个特定基因为模板合成的。换言之，贮藏在 DNA 碱基序列当中的遗传信息被重写，所以同样的遗传信息就被储存到了 mRNA 的碱基序列当中。在 DNA 复制的时候，DNA 模板上的 G 在 mRNA 上意味着 C，DNA 模板上的 C 在 mRNA 上与之对应的就是 G，DNA 模板上的 T 在 mRNA 上与之对应的就是 A。然而，DNA 模板上的 A 在 mRNA 上与之对应的却是 U（尿嘧啶），因为在 RNA 里，U 代替了 T（U 有一个稍微不同于 T 的化学结构，但是它却以同样的方式进行碱基配对）。例如，如果模板 DNA 的一部分碱基序列为 ATGCAT，那么新合成的 mRNA 链将有与之互补的碱基序列即 UACGUA。

转录过程要求有 RNA 聚合酶的存在和核糖核苷酸的供应（图 1-7）。转录开始时，RNA 聚合酶与 DNA 上的启动子（promoter）区域相结合。在互补碱基配对的原则下，RNA 聚合酶将游离的核苷酸有序地排列到一条新链上去。新 RNA 链增长的同时，RNA 聚合酶也沿着 DNA 链移动。当 RNA 聚合酶遇到了 DNA 链上的终止子（terminator）时，RNA 合成结束。此时 RNA 聚合酶和新合成的单链 mRNA 从 DNA 链上释放出来。

转录过程允许细胞产生短期的基因拷贝，以便于能够用作蛋白质合成的直接信息来源。mRNA 充当着 DNA 和信息的运用过程即翻译之间的媒介。图 1-7 显示了细胞内部所有的遗传信息传递和转录之间的关系。

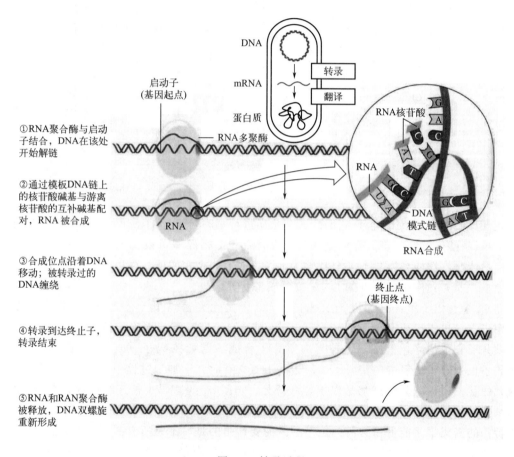

图 1-7　转录过程

二、翻译

在转录过程中可以看到 DNA 的遗传信息是怎么转变成 mRNA 的。以下将讲述 mRNA 是怎么被用作蛋白质合成的信息来源的。蛋白质合成之所以被叫作翻译，是因为它包括解码核苷酸语言并将这些信息又转变成了蛋白质语言。

mRNA 语言是以密码子的形式存在的，该密码子由三个核苷酸组成，例如 AUC、CGC、AAA 等。一个 mRNA 分子上的密码子序列决定着被合成蛋白质里的氨基酸序列。每一个密码子编码一个特殊的氨基酸，这就是遗传密码（图 1-8）。

	U		C		A		G		
U	UUU UUC	苯丙 氨酸	UCU UCC	丝氨酸	UAU UAC	酪氨酸	UGU UGC	半胱 氨酸	U C
	UUA UUG	亮氨酸	UCA UCG		UAA UAG	停止点 停止点	UGA UGG	停止点 色氨酸	A G
C	CUU CUC	亮氨酸	CCU CCC	脯氨酸	CAU CAC	组氨酸	CGU CGC	精氨酸	U C
	CUA CUG		CCA CCG		CAA CAG	谷氨 酰胺	CGA CGG		A G
A	AUU AUC	异亮 氨酸	ACU ACC	苏氨酸	AAU AAC	天冬 酰胺	AGU AGC	丝氨酸	U C
	AUA AUG	蛋氨酸/ 起始点	ACA ACG		AAA AAG	赖氨酸	AGA AGG	精氨酸	A G
G	GUU GUC	缬氨酸	GCU GCC	丙氨酸	GAU GAC	天冬 氨酸	GGU GGC	甘氨酸	U C
	GUA GUG		GCA GCG		GAA GAG	谷氨酸	GGA GGG		A G

图 1-8　遗传密码子表

在 mRNA 里，密码子根据它们的碱基顺序进行书写。可能的密码子有 64 种，但是却只有 20 种氨基酸，这意味着大部分氨基酸合成时有几个密码子可供选择，是一种涉及密码子简并性的情况。例如亮氨酸有 6 个密码子，丙氨酸有 4 个密码子。在不影响蛋白质最终生成的前提下，兼并允许一定程度的 DNA 改变或者变异。

在 64 个密码子里，61 个是有义密码子，3 个是无义密码子。有义密码子编码氨基酸，无义密码子（也叫终止密码子，stop codon）则不编码氨基酸。更确切地说，无义密码子是蛋白质分子合成的终止信号。引导蛋白质分子合成的起始密码子（start codon）是 AUG，该密码子也是合成蛋氨酸的密码子。起始的蛋氨酸有时在后加工过程中被去掉，所以不是所有成熟的蛋白质的氨基酸链都是以蛋氨酸开始。mRNA 的密码子被连续读取，合适的氨基酸是被携带到翻译位点并组装到正在增长的氨基酸链上。翻译位点就是核糖体，tRNA 既能识别特殊的密码子又能运输必需的氨基酸。需要指出的是，不是所有的微生物细胞或所有的基因都使用 AUG 作为起始密码子。在特殊情况下，一些微生物使用的密码子的编码氨基酸意义也可能与图 1-8 中不一致。这些需要在今后的学习中慢慢积累相关知识。

每一个 tRNA 分子是一个反密码子——一个与密码子互补的三碱基序列。这样，一个 tRNA 分子就能与它相关的密码子进行碱基配对。每一个 tRNA 能够在它的另一端携带由 tRNA 识别的密码子编码的氨基酸。核糖体的功能是指导 tRNA 和密码子有秩序地结合并将氨基酸装配到一个新链上，最终形成蛋白质。图 1-9 显示了翻译过程的细节：①必需的成分组合是两个核糖体的亚单位、mRNA 的翻译和几个额外的蛋白质因子。这些成分组合将起始密码子 AUG 设立在合适的位置上，从而使翻译开始进行。②第一个 tRNA 联结的启动密码子是蛋氨酸。③当 tRNA 结合第二个密码子进入核糖体时，其携带的反密码子必须与 mRNA 密码子互补，第一个氨基酸被核糖体转移。④核糖体用肽键把两个氨基酸连接后，

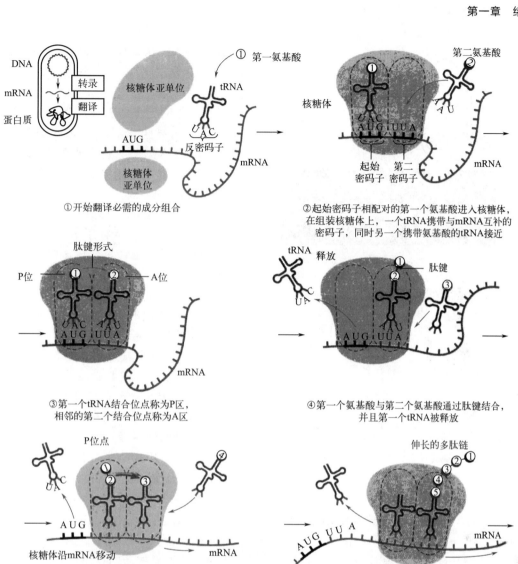

①开始翻译必需的成分组合

②起始密码子相配对的第一个氨基酸进入核糖体，在组装核糖体上，一个tRNA携带与mRNA互补的密码子，同时另一个携带氨基酸的tRNA接近

③第一个tRNA结合位点称为P区，相邻的第二个结合位点称为A区

④第一个氨基酸与第二个氨基酸通过肽键结合，并且第一个tRNA被释放

⑤核糖体顺mRNA方向移动一个密码子，第二个tRNA结合到P区，按照这个过程继续

⑥核糖体沿mRNA的方向继续移动，新的氨基酸加入到多肽链中

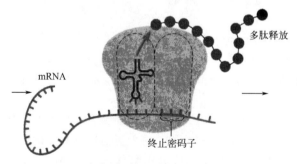

⑦当核糖体到达终止密码子时，多肽链被释放

⑧最终，最后一个tRNA被释放，核糖体分开。释放的多肽链形成新的蛋白质

图 1-9 翻译过程

翻译的目的是利用携带生物信息的 mRNA 来生成蛋白质。该图中显示了 tRNA 和核糖体在传递信息中的作用。核糖体是 mRNA 结合的部位，在这里单个的氨基酸被连成多肽链。tRNA 充当转移子的作用，每一个 tRNA 单一识别特殊的 mRNA，并且另一端携带相应的氨基酸

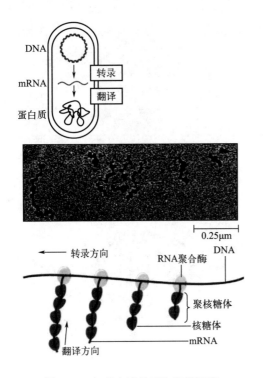

图 1-10 细菌中边转录边翻译过程

本图显示了单个细菌基因中的转录和翻译过程。大量的 mRNA 分子同时进行转录和翻译。最长的 mRNA 分子在启动子上第一个被转录。注意核糖体与新合成的 mRNA 的连接。新合成的多肽链没有显示

空载的 tRNA 从核糖体中脱落。⑤核糖体沿 mRNA 方向移动一个密码子。⑥当相应的氨基酸按照进入、转肽、移位逐渐增加到肽链上时，多肽链便产生了。⑦当核糖体移动到终止密码子时，肽链合成终止。⑧核糖体合成终止后便解离成两个亚基，mRNA 和新合成的多肽链便从核糖体上释放出来。核糖体、mRNA 和 tRNA 可以被重复利用也可以被降解。

当一个核糖体结合于 mRNA 上，从起始密码子开始翻译，合成多肽链时，若起始密码子空载，其他核糖体也可以与其结合并开始合成蛋白质。所以，一条 mRNA 上可以同时结合多个核糖体，并在不同的阶段进行蛋白质的合成，在原核细胞中 mRNA 翻译甚至可以在转录结束前开始。当 mRNA 在细胞质中合成时，即使全部的 mRNA 分子并没有完全合成，其可转录密码子也可以被核糖体结合，因此可以边转录边翻译（图 1-10）。

总之，基因作为生物遗传信息，是由 DNA 中核苷酸序列编码，并通过转录和翻译过程使基因获得表达，从而在细胞中形成相应的产物。DNA 指导 mRNA 的合成即转录，然后通过翻译，mRNA 引导氨基酸相应地连接到 mRNA 上形成多肽链：mRNA 连接到核糖体上，tRNA 通过其反密码子与 mRNA 密码子配对转运氨基酸，在核糖体上装配成肽链，从而合成新的蛋白质。

第四节　基因表达规则

细胞可以进行众多的代谢反应（metabolic reaction）。所有的代谢反应共同的特征是反应由特定酶分子催化进行。细胞不同生理过程要求有不同的代谢谱（metabolic pattern），也就是要求有不同的酶分子组，即不同的转录组（transcriptome）。因此，基因的转录与翻译是在受控状态下进行的。

基因通过转录、翻译指导蛋白质的合成。许多蛋白质又都是作为细胞新陈代谢所需要的酶，因此，细胞基因特征和代谢特征是紧密相连、息息相关的。由于蛋白质（酶）的合成需要消耗大量的能量（ATP），蛋白质合成的调节对于细胞的能量代谢是非常重要的。细胞通常只在需要的时刻才合成这些蛋白质，从而保留能量。下面将分析一下细胞是怎样通过酶的合成来调节代谢反应的。

许多基因（60%～80%）的转录和翻译为维持细胞基础生命状态所必需，是细胞整个生命活动中都必须存在的。人们常常将这部分基因的转录和翻译归类为不可以进行调节的，即它的产物是在固定的速度下不断合成的。另有一些酶的合成是受调节控制的，只是在细胞需

要时才开始合成。需要指出的是，酶的合成的可调节性是一个相对概念。严格意义上，几乎所有的酶的合成都是在一定的控制模式下进行的。

一、诱导和阻遏

基因控制机理如诱导和阻遏，都是通过对 mRNA 的转录调节以及随后的酶的合成调节来完成的。这些调节控制的是特定酶的合成和合成数量，而不是酶的活性。

（一）阻遏

阻遏的调节作用是阻止基因表达和降低酶的合成。阻遏通常是一个代谢途径的最终产物过量引起的反馈抑制。根据酶的合成途径而引起相应酶合成速度的降低。阻遏是通过阻遏蛋白控制调节基因转录中的 RNA 聚合酶的识别和结合起始位点来完成的（图 1-11）。

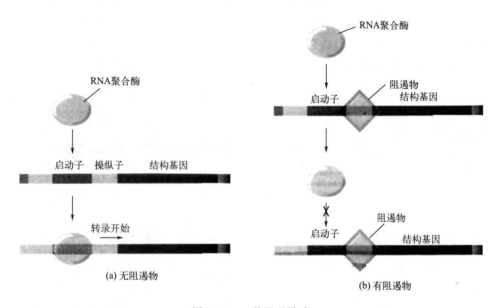

图 1-11　一种阻遏模式

当阻遏蛋白存在时它既阻止 RNA 聚合酶与启动子连接，也阻止其在 DNA 中的前进。在任何情况下，阻遏蛋白都能有效地阻止基因的转录。

（二）诱导

诱导是指启动转录基因开始转录的过程。引起基因开始转录的物质称为诱导物。在相应的诱导物存在的情况下才能合成的酶称为诱导酶。大肠杆菌中的 β-半乳糖苷酶是典型的诱导酶，受乳糖诱导物的调控。这是因为在大肠杆菌中存在一个可以把乳糖分解成葡萄糖和半乳糖的酶，由 β-半乳糖苷酶基因编码。当大肠杆菌在没有乳糖的培养基生长时，菌体内几乎没有 β-半乳糖苷酶。但是，当大肠杆菌以乳糖为碳源进行生长时，细胞中将产生大量的这种酶。乳糖及其衍生物被证实是这个基因的诱导物。乳糖的存在直接诱导细胞合成大量的酶。这种基因水平的控制反应被称为酶的诱导。

二、基因表达的操纵子学说

通过诱导和阻遏控制基因表达在已提出的操纵子学说中得到了描述。1961 年 Francois Jacob 和 Jacques Monod 根据当时蛋白质合成的调节的相关研究，提出了"操纵子（operon）

学说"。他们主要通过研究大肠杆菌中乳糖代谢中酶的诱导而建立了这个学说,除了 β-半乳糖苷酶外,还包括通透酶(用于把乳糖转运到细胞内)和转酰酶(优先利用分解双糖)。

这些包括吸收和利用的三个酶的编码基因在细菌染色体上是按顺序连接在一起并共同调节的 [图 1-12 (a)]。决定蛋白质结构的基因被称为结构基因,以便与那些 DNA 上的调节基因相区别。当乳糖存在时,*lac* 结构基因全部迅速并同时转录和翻译。

lac 操纵子调节区域由启动基因和操纵基因两段 DNA 组成。启动基因是 RNA 多聚糖的起始转录附着部位,操纵基因调控 RNA 多聚糖启动(或停止)转录的调控位点。启动基因、操纵基因和若干个结构基因构成操纵子。lac 操纵子是由启动基因、操纵基因和三个相关的结构基因组成。

在细菌 DNA 的 lac 操纵子的附近有一个调节基因(*lacI*)编码一种蛋白质叫阻遏蛋白 LacI。当乳糖不存在时,阻遏蛋白与操纵基因紧密结合 [图 1-12 (b)],就挡住了 RNA 聚合酶的去路,转录不能启动,导致没有相应的 mRNA 和酶的合成。但当乳糖存在时,一部分被转运到细胞内,并被转化成诱导物异乳糖 [图 1-12 (c)],诱导物与阻遏蛋白结合,使阻遏蛋白不能起到阻挡操纵基因的作用,RNA 多聚糖则顺利通过操纵基因区域,将结构

(a) 操纵子的结构。*E.coli*的DNA分子片段显示了基因与乳糖代谢是息息相关的。除了启动基因和操纵基因外,还包括三个结构基因,*Z*、*Y*和*A*,分别编码三个酶:β-半乳糖苷酶、通透酶和转酰酶。调节基因(*I*)在启动基因的前面(大部分与启动子有一段距离)

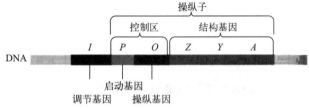

(b) 不存在乳糖时操纵子的调控模式(阻遏)。阻遏蛋白与操纵基因结合,阻止转录的开始

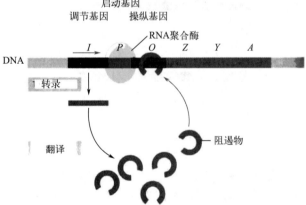

(c) 当存在乳糖时操纵子的调控模式(诱导)。当诱导物异乳糖与阻遏蛋白相结合,失去活性的阻遏蛋白不再阻止转录的进行,结构基因开始转录,最终产生乳糖代谢需要的三种酶

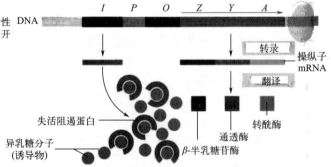

图 1-12　lac 操纵子

此图为一组带有控制乳糖代谢的启动基因、操纵基因和结构基因的操纵子

基因转录为 mRNA，并进一步翻译成相关的酶。这就是为什么只有乳糖存在时，酶才能合成的原因。乳糖是酶合成的诱导物，而 lac 操纵子则是诱导型操纵子。

在阻遏型操纵子中，需要一种小分子物质的存在，其被称为辅阻遏物，只有与阻遏蛋白结合后才能结合到操纵基因上使之处于阻遏状态。生物体中的许多共同合成途径具有这种阻遏调控机制。

乳糖操纵子的调节同样受培养基中葡萄糖的含量影响，这主要是受 cAMP 的含量水平的影响。分解葡萄糖的酶是固定合成的，细胞可以在以葡萄糖作为碳源的培养基上达到最快生长速度。当葡萄糖不再被利用时，细胞相应地产生 cAMP，cAMP 与 CAP 结合，也可以与操纵子结合，有利于进行转录。当所有条件都具备时，结构基因开始转录，细胞就可以在乳糖培养基中生长。因此，lac 操纵子同时需要乳糖和葡萄糖的存在。大肠杆菌在葡萄糖和乳糖上的生长曲线如图 1-13 所示。

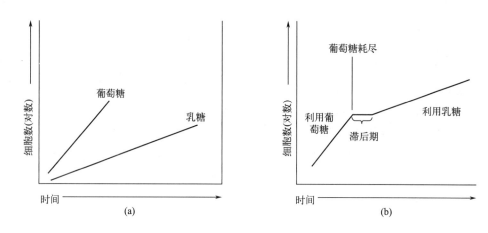

图 1-13 大肠杆菌在葡萄糖和乳糖上的生长曲线

（a）细菌在以葡萄糖作为唯一碳源的时候生长得比在乳糖上的快；（b）细菌在同时含有葡萄糖和乳糖的培养基上生长时总是优先利用葡萄糖，然后经过一个滞后期后再利用乳糖。在这个滞后期细胞内的 AMP 循环增加，乳糖操纵子被转录，更多乳糖进入了细胞，分解乳糖的 β-半乳糖酶被合成。直线越陡说明生长速度越快

第五节 微生物遗传育种技术简介

从野生型的细菌或真菌可以选育出具有专门用途的工业微生物，但通常须改变其遗传信息，以弱化或消除不好的性状，加强好的特征或引入全新的特性。如下几类实验技术常用于引起这些变化的发生。

一、诱变育种

利用自发突变原理，让微生物接触到诸如紫外线辐射、电离辐射（X 射线、γ 射线或中子）和许多能与 DNA 碱基反应，或干扰 DNA 复制的各类诱变剂，将突变频率增加 1000 倍以上，再配以有效的培养，就可能获得性状与生产特性显著提高或改善的新菌株。

非常优秀的工业生产菌株，是连续经过许多次的突变和筛选而发展出来的。每一次，菌株先用一种诱变剂处理，再取几千至上万个所得到的菌落来检测；当一株突变种的产量有显著增加时，就拿来当作下一次诱变和筛选的出发点。用这种方法，以人为方式引导微生物的

进化，直至发展出产量具有经济价值的生产菌株为止。

这种选育工作缓慢而且属于劳动密集型，结果也是无法预测的，因为产量不仅受生产菌的基因影响，也受培养条件的强烈影响，因此仿真的工业化生产试验必不可少。像目前几种抗生素生产菌都是经过多个研究单位数十次选育才发展出来的（图1-14）。当前，诱变育种在工业微生物育种中因其有效性和诱变菌株整体性状平衡性等特点，仍是微生物育种的有效手段。

二、基因重组育种

重组是遗传育种的另一种基本方法。是基因或部分基因的重新排列，能将两种或两种以上生物的遗传信息一起置于一个宿主细胞中，创建具有目的特性的重组株。同源重组是具有相似的 DNA 碱基顺序的细菌或真核细胞的染色体，由于某种交配过程，借着 DNA 的剪接而交换相对应的部分。以真核生物来说，有性生殖更提供了一种重新分配过程，使来自两个个体的两套染色体"杂交"。

通常亲缘近的生物之间才能杂交成功。然而，不同生物之间重组的天然屏障常常可以以原生质体的

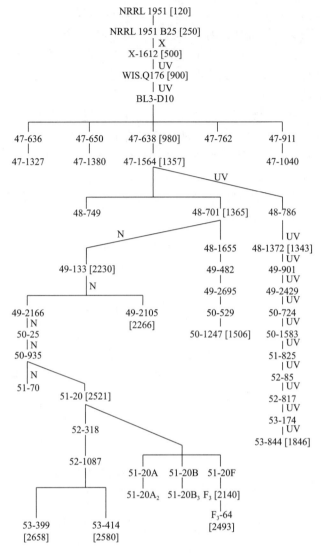

图 1-14 青霉素生产菌株的诱变育种

制备来打破。原生质体就是将细菌或真菌细胞剥去外层细胞壁，而暴露出薄薄的细胞膜。因为各种生物的细胞膜成分大致相同，因此能诱导彼此互相融合成杂种细胞，使它们的基因得以重组。对于同种之间难以实现自然接合的微生物，原生质体融合也是一种增加重组频率的有效技术。链霉菌中的许多种就是如此。两种链霉菌之间的融合效率之高，可达到整个群落中至少有 1/5 的细胞有新的基因组合。利用这种方法，就应该有可能一步就把各菌种经过数次突变和选择所辛苦累积来的抗生素高产量的突变基因结合在一起。

三、重组 DNA 技术

同源重组导致相应一段 DNA 链相互交换，另一类型的重组是在微生物已有的 DNA 上增加新的 DNA。重组 DNA 可以将合成某一产品的个别基因转移到一种宿主微生物中，利用微生物生产本来不会合成的蛋白质，比如某种酶或激素，也可以增加基因拷贝数或引入外源新基因来扩大代谢瓶颈的流量，达到提高目标产物产量的目的。重组 DNA 技术一般需要

质粒的转移。质粒是细菌和某些酵母菌染色体外的小型环状 DNA 分子，它们能在宿主细胞里自主复制，由子细胞继承。质粒通常带有赋予细菌特有性能的基因，它们可以从菌株转到另一无亲缘关系的菌株，有时还可以转到不同的种，从而导入全新的遗传特性。

从一个菌种中分离质粒 DNA 并诱导和转入另一个菌种的宿主细胞是操纵重组 DNA 的基础。来自无亲缘的生物，或者人工合成的基因，都可以剪接到质粒上，然后把质粒引入新的微生物宿主中。这些质粒基因是受体细胞中崭新的对应物，原来不能通过同源重组稳定地遗传，但用质粒作媒介，这些基因可以跟着质粒的复制，一代接一代无限制地遗传下去。有些"温和性"噬菌体的 DNA 也能作为媒介，只要它们能感染微生物而又不杀死宿主就可以遗传下去。

重组 DNA 技术一般需要能识别 DNA 中特定序列并在 DNA 特定碱基对切割的限制性内切酶，可以把巨大的 DNA 分子（如染色体中的 DNA）切割成许多小片段。这些酶中有的会切割出带有"黏性末端"的片段。将它们连接到同种酶切割（因此有相配的末端）的质粒（或噬菌体）内，由此得到的重组（体外重组，in vitro recombination）质粒通过转化引进大肠杆菌中。然后从带有重组质粒的细菌克隆株中筛选需要的菌株。

用重组 DNA 技术改良现有的菌种，特别适于抗生素和生物碱这类不是直接由基因转译，而是经由许多基因产物（酶）合成的物质。改造现有工业菌株的遗传信息，例如可以多添加一个拷贝的基因来畅通一个代谢瓶颈的流量；或者把一种新酶提供给微生物，将改变天然代谢物成为人们所需要的产品。这一过程，被称为代谢工程（metabolic engineering）。

重组 DNA 技术有一个特别令人兴奋的用途，就是定位突变（site-directed mutation）。自发突变或甚至诱发突变的盲目性质，使人们很难找到在 DNA 的特定位置上发生改变的突变种。如果人们需要的是缺乏某一种酶的营养异株时，倒没有什么大问题，因为诱变的目标相当大，整个基因的数百个碱基对中，任何一对发生改变都能使基因失去活性。但是，要有计划地改变基因上特定的部位，以改良它的功能（例如改变启动区中某一特殊的碱基对，以增加转录效率），则困难得多。现在基因可以从一个克隆体中分离出来，它的 DNA 顺序可以在细胞外用特殊的化学处理来改变，然后这个基因可以重新引入寄主中，依赖同源重组把细菌的基因用修饰过的基因替换下来。同样，重组 DNA 技术还用来对特定基因进行删除（disruption 或 deletion）。

工业微生物遗传学现在已经成熟，已具备了一系列遗传育种技术，包括：定位突变、原生质体技术以及整套的 DNA 重组技术。此外，计算科学技术、信息科学技术、化学合成与组合技术、组学技术、共栖基因组（metagenome）技术等在工业微生物育种中得到极大的应用。合成生物学的提出和发展必能为人类对微生物多姿多彩的生化特性有更深入的了解，进而予以变化并有效地利用，也为工业生物技术第二个春天的来临注入新的活力。

第六节 微生物菌种选育简史

微生物经长期进化才达到适合其生存与繁殖的要求。"野生型"的细菌或酵母细胞经选择而能密切地适应环境并与其他物种竞争，但并不会碰巧适于制造人类所要的物质。现代工业微生物学所要获得的是一些畸形的微生物。这些经过遗传育种后的微生物能够生产大量的正常代谢物（其量之多，对野生型微生物的能源和营养而言是一种沉重的负担），甚至制造出本来无法生产的物质。从这一意义上讲，工业生产上应用的每一个微生物细胞又是一座最小的工厂。

一、工业微生物育种简史

人类在一百多年前以纯株培养的方式，分离出能制造有用物质的细菌和真菌，才开始有可能地选出适用于特定需要的菌株，这是控制及改良利用微生物的起步。有目标地培育特殊的工业用菌种，则等到人们对微生物遗传学有了一些了解以后，才成为可能。

首先是发现某些突变的机制，即遗传信息的基本单位——基因的突然改变成为新的形式。而早在 1927 年，就已经可以在实验室用 X 射线诱发出突变；1945 年以后，发现了各种强力的诱变性辐射线和化学诱变剂，更为微生物学家提供了一套有效的工具，来改变菌种的遗传成分。20 世纪 40 年代中期遗传学方面的进展，使人们能够重组两种或两种以上微生物的基因，而改组它们的遗传信息。对这些过程的进一步了解，促使微生物遗传学和分子生物学至今仍继续蓬勃发展。

第二次世界大战之后的几年，发酵工业的生产规模和生产量都因抗生素的工业生产而起了重要的变化。青霉素早在战时就已制造，之后又持续开发许多对抗各种细菌性和真菌性疾病的新抗生素。而后新的发酵方法，让微生物生产其他的纯化学物质，如氨基酸和核苷酸，这些化学物质无法经济地用野生型菌生产。它们的工业生产依赖代谢的调控，于是新的发酵工业就与微生物遗传学这门新科学平行发展起来。

1973 年，有关重组 DNA（recombinant DNA）和分子克隆（molecular cloning）的实验成功后，工业微生物育种技术及其应用进入高速发展和成果形成阶段。新发展出来的这种技术原则上能把任何来源的基因转移到各种微生物中。这些遗传工程技术是揭示基因结构和功能的有力实验工具。它们在工业微生物育种上也有无限的潜力，不仅能培育生产人体胰岛素或生长激素这些新的发酵产品的工业菌株，也能有计划地发展更适于生产传统发酵产品的新菌株。现在，以新型微生物工业菌株为基础，以发酵工程为背景的新一代工业生物技术的重点已经转向人类最关心的资源、能源和环境三大主题。以优良的微生物工业菌种为基础的工业体系已经渗透到食品、医药、化工、能源、新材料、环境保护等各个领域，并且已经建立起不可替代的巨大作用。

二、与工业微生物育种有关的重要发现与成就

在工业微生物育种的发展过程中，有一些重要的发现与成就如表 1-1 所示。

表 1-1　与工业微生物育种有关的重要发现与成就

年份	人或机构	发现与成就
1676 年	安东尼·范·列文虎克（Antoni van Leeuwenhock）	发现细菌
1826 年	索多·施旺（Theodor Schwann）	酒精发酵由酵母菌引起
1857 年	路易·巴斯德（Louis Pasteur）	乳酸发酵的微生物学原理
1860 年	路易·巴斯德	酵母菌在酒精发酵中的作用
1866 年	路易·巴斯德	低温灭菌法
1881 年	罗伯特·科赫（Robert Koch）	研究纯培养细菌的方法
1884 年	罗伯特·科赫	科赫原则
1884 年	克里斯蒂安·革兰（Christian Gram）	革兰氏染色方法

续表

年份	人或机构	发现与成就
1889 年	马丁努斯·拜耶林克（Martinus Beijerinck）	病毒的概念
1917 年	费利克斯·修伯特·德赫雷尔（Félix Hubert D'Herelle）	噬菌体
1928 年	弗雷德里克·格里菲斯（Frederick Griffith）	肺炎球菌的转化
1929 年	亚历山大·弗来明（Alexander Fleming）	青霉素
1940 年	乔治·韦尔斯·比德尔（George Well Beadle） 爱德华·塔特姆（Edward Tatum）	红色脉孢菌的突变
1943 年	马克斯·德尔布吕克（Max·Delbruck） 萨尔瓦多·爱德华·卢里亚（Salvador Edward Luria）	细菌的突变
1944 年	奥斯瓦尔德·艾弗里（（Oswald Avery） 科林·麦克劳德（Colin Macleod） 麦克林·麦卡蒂（Maclyn McCarty）	证明 DNA 是遗传物质
1944 年	塞尔曼·瓦克斯曼（Selman Waksman） 阿尔伯特·沙茨（Albert Schatz）	链霉素
1946 年	爱德华·塔特姆（Edward Tatum） 约书亚·来德伯格（Joshua Lederberg）	细菌的接合
1951 年	芭芭拉·麦克林托克（Barbara McClintock）	可转座因子
1953 年	詹姆斯·沃森（James Watson） 弗朗西斯·克里克（Francis Crick） 罗莎林德·富兰克林（Rosalind Franklin）	DNA 的结构
1958 年	M. 梅塞尔森（M. Meselson），F. W. 斯塔尔（F. W. Stahl）	证明大肠杆菌的半保存复制
1959 年	阿瑟·帕迪（Arthu Pardee） 弗朗索瓦·雅可布（Francois Jacob） 雅克·莫诺（Jacques Monod）	基因受阻遏蛋白调控
1959 年	F. 麦克法兰·伯内特（F. Macfarlane Burnet）	克隆选择理论
1960 年	弗朗密瓦·雅可布（Francois Jacob） 大卫·佩林（David Perrin） 卡蒙·桑切斯（Carmon Sanchez） 雅克·莫诺（Jacques Monod）	操纵子概念
1966 年	马歇尔·尼仑伯格（Marshall irenerg ） H. 戈宾德·科拉纳（H. Gobind Khorana）	遗传密码
1969 年	霍华德·特明（Howard Temin） 大卫·巴尔的摩（David Baltimore） 雷纳托·杜尔贝科（Renato Dulbecco）	反转录病毒和反转录
1970 年	哈密尔顿·史密斯（Hamiton Smith）	识别限制性内切酶的作用
1975 年	乔治·科勒（Georges Kohler） 塞萨尔·米尔斯坦（Cesar Milstein）	杂交瘤技术

续表

年份	人或机构	发现与成就
1977 年	卡尔·乌斯（Carl Woese） 乔治·福克斯（George Fox）	古细菌
1977 年	弗雷德·桑格（Fred Sanger） 史蒂文·尼克伦（Steven Niklen） 艾伦·库尔森（Alan Coulson）	DNA 序列分析
1985 年	凯利·穆利斯（Kary Mullis）	聚合酶链反应
1995 年	克雷格·文特尔（Craig Venter） 汉密尔顿·史密斯（Hamilton Smith）	细菌基因组的完整序列
1999 年	基因组研究所等（The Institute for Genomic Research，TIGR and other）	百余种微生物基因组序列

三、合成生物学技术与微生物育种

21 世纪特别是近年来，随着生物代谢工程、分子生物学、基因编辑、组学等新技术的不断发展，新提出了合成生物学，其作为一种新兴的交叉学科领域，目前已经成为生物学研究的重要方向之一。合成生物学通过设计和构建人工合成途径，以改造和控制微生物的代谢网络，实现对微生物的功能性改造和优化。工业微生物育种旨在提高微生物的产物产率和品质，即通过遗传改造和优化培养条件等手段，提高微生物的生产效率和产物质量的过程，从而推动工业生产的发展。合成生物学是一种基于工程思维的新型生物学领域，其核心思想是通过设计和构建人工合成途径，实现对微生物的功能性改造和控制。合成生物学借鉴了工程学的概念和方法，将微生物视为"生物工厂"，通过设计和调控代谢网络中的关键酶和途径，实现对微生物产物的定向合成和优化。合成生物学的主要技术包括合成生物学工具箱的构建、基因组编辑技术的应用、计算模型的建立等，这些技术的综合应用可以实现对微生物的快速改造和高效优化。合成生物学理念的工业微生物育种主要基于代谢工程、基因编辑、组学等新技术的发展。

合成生物学中的代谢工程是通过修饰微生物的代谢途径，实现新化合物的合成、提高目标产物的产量和质量的过程。在代谢工程中，合成生物学可以用于构建新的代谢途径、优化现有的代谢途径和提高代谢通量等。在微生物育种过程中，早期主要通过基因敲除或过表达等技术，优化微生物的代谢途径，增强微生物合成某种产物的能力，从而提高产物的产量。例如对青蒿素生物合成相关基因，紫穗槐-4,11-二烯氧化酶基因、细胞色素 P450 氧化还原酶基因、青蒿醛双键还原酶和醛脱氢酶基因等进行基因改造，使其能够生产青蒿素，这一技术已经被成功应用于青蒿素的大规模生产。又如 α-法尼烯合成通过过表达该途径中限速酶基因 $tHMG1$、IDI 和 $AFSLERG20$ 以及增加 IDI 和 $AFSLERG20$ 基因拷贝数强化了甲羟戊酸（mevalonic acid，MVA）途径，增加其重要前体物乙酰辅酶 A 供应，增加 α-法尼烯合成途径的碳通量，削弱其重要前体物的支路等综合性改造，最终获得一株高效生产 α-法尼烯的酵母工程菌株。随着技术发展，已部分实现在底盘细胞中根据产物合成化学反应，人为设计并构建代谢途径，使微生物合成以前无法合成的产物，开发出新的产物，例如通过在大肠杆菌表达木糖醇脱氢酶、木糖酸脱水酶、α-酮异戊酸脱羧酶基因及醇氧化还原酶从木糖成功合成非生物天然物质 1,2,4-丁三醇。

基因编辑技术是合成生物学和现代遗传学研究的关键技术，研究表明其提升了现代工业微生物育种效率。作为现代生物学研究的热点技术，基因编辑技术也是定向遗传改良技术的代表，其主要包含三代：第一代为锌指核酸酶技术（ZFN），第二代为转录激活因子样效应物核酸酶技术（TALEN），第三代为成簇的规律间隔的短回文重复序列（CRISPR）相关蛋白（Cas）技术。CRISPR 技术在 2013 年度、2015 年度两次荣登《科学》（*Science*）10 大科学突破之榜单。三代技术虽然原理不同，但都是通过识别模块定位特异性基因组序列，利用核酸内切酶进行靶标序列切割形成双链断裂，通过引发内源性基因组修复机制实现基因组编辑目的。CRISPR 基因编辑技术已在工业微生物育种上得到应用，利用 CRISPR/Cas9 系统的基因编辑技术从基因水平上对 L-苯丙氨酸菌株 *E. coli* Phe13 的代谢途径进行系统代谢改造，过表达莽草酸激酶 I 表达基因 *aroK* 以及莽草酸脱氢酶基因 *ydiB*，并将菌株自身 PTS 系统中的酶 IIBC 编码基因 *ptsG* 进行了敲除，发酵性能明显提高。当前 CRISPR 基因编辑技术在工业微生物遗传改良育种中展现了强大的技术支持。

生物信息学为工业微生物育种提高了理论依据和理性工具，不仅可以为育种提供基因组学、转录组学、蛋白质组学和代谢组学等多层次的数据支持，辅助育种策略的设计和优化，提高育种效率和成功率，而且可以利用生物信息学技术，分析微生物的代谢网络和作用机理，同时，科研人员可以通过模拟和预测微生物代谢网络的行为，指导工业生产的优化和改造。研究人员对红霉素工业高产菌株利用高通量测序平台进行了全基因组重测序，并与红霉素低产野生菌株进行了基因组的比较分析，整合高低产两株菌时序性转录组的比较分析，对基因突变造成的生理影响进行了推测，提出了菌株高产红霉素的潜在策略，同时对组学数据发掘出的改造靶点（α-酮戊二酸代谢和铜离子稳态双组分系统）进行验证，发现蛋白经过改造后，能有效提高红霉素的生物合成。

合成生物学与工业微生物育种领域的研究进展为微生物工程和工业生产的发展提供了重要的理论和技术支持。这些技术的应用可以提高微生物的生产效率、产物质量和环境适应性，为工业生物技术的发展提供了新的机遇。未来，随着合成生物学和工业微生物育种技术的不断发展和完善，将会为工业生产带来更多的创新和突破。

 思考题

① 查阅有关资料后请回答：

a. 大肠杆菌、酿酒酵母和黑曲霉的基因组各有多大？

b. 这三种生物都含有烯醇化酶（enolase）基因，请找出各自的烯醇化酶基因，并比较其异同。

② 在体外（如试管中）利用 DNA 聚合酶进行 DNA 合成时需要添加哪些成分？

③ 大肠杆菌的转录终止子有哪些种类？各有什么特点？蛋白质翻译的终止密码子有哪几种？

④ 用基因工程手段将一个大肠杆菌的乳糖操纵子的阻遏蛋白基因敲除后，这一大肠杆菌的 β-半乳糖苷酶基因是否在任何情况下都表现为高水平的转录？

⑤ 基因发生移框突变后，基因编码的蛋白质一般是变得更短还是更长，为什么？

⑥ 请设想一种利用转座子向工业微生物菌种中导入外源基因的方案。

第二章　基因突变及其机制

突变泛指细胞内（或病毒颗粒内）遗传物质的分子结构或数量突然发生的可遗传的变化，它是一种遗传状态，往往导致产生新的等位基因及新的表现型。突变是工业微生物产生变种的根源，是育种的基础，也是菌种发生退化的主要原因。基因突变作为重要的遗传学现象，是一切生物进化的根源。自然界形形色色的菌种是生物长期进化，即通过变异和自然选择的结果。基因突变连同基因转移、重组一起构成生物进化的原动力，提供了推动生物进化的遗传多变性。

本章将介绍各种基因突变的类型、基因突变的一般规律、各种引发基因突变的突变剂和作用机制，以及各种 DNA 损伤修复和突变的形成过程。

第一节　基因突变

核酸是遗传的物质基础，生物体中任何遗传物质的分子结构或数量突然发生的可遗传的变化，都会导致新的遗传状态，即突变（mutation）的发生。也就是说可以通过复制而遗传的 DNA 结构的任何永久性改变都叫突变。携带突变的生物个体或群体称为突变体（mutant），由于突变体中 DNA 碱基序列的改变，所产生新的等位基因及新的表现型称为突变型，相应的没有发生突变的基因型或表现型称为野生型（wild type）。需要指出的是，所谓野生型是指生物体的正性状，例如具有分解某种底物的能力、能够合成某种物质（如氨基酸）的能力。在大多数情况下从自然界中分离得到的生物体都具有这种正性状，但并非总是如此，例如大家熟悉的大肠杆菌（*Escherichia coli*）的 *lac* 基因，通常从自然界中分离到的大肠杆菌都是 *lac⁻*，即不能利用乳糖的类型。但人们仍然将 *lac⁺* 称为野生型，而将 *lac⁻* 称为突变型。因此对于野生型这一名称的理解只要遵循上述定义，就不会望文生义了。

一、基因符号

如何表示野生型和突变型的表现型和基因型呢，也就是基因符号的命名规则和表示方法的问题。最初的基因符号是以代表某一性状的英文名称的第一个大写字母来表示的，1966年 M. Demerec 等提出大肠杆菌的基因命名原则，经过几十年遗传学家的约定俗成，发展成包括 18 种模式生物的与细菌规则大同小异的《TIG 遗传命名指南》，采用统一的命名规则。

（一）细菌基因命名原则

细菌基因是根据基因突变的表现型效应来命名的，所有基因型名称均用三个小写的斜体字母来表示，而其后的大写斜体字母表示具体基因。所有的表现型均用三个正写的字母表示，其中首字母大写（表 2-1）。

① 每个基因座（locus）用斜体小写的三个英文字母来表示，这三个字母取自表示这一基因的特性的一个或一组英文单词的前三个字母，例如组氨酸基因用 *his*（histidine 的前三个字母），而一些与核糖体的装配、成熟有关基因，称之为 *rim*，即由 ribosomal modification

的前三个字母组成。某些基因与核糖体中较小的蛋白质亚基有关，称之为 *rps*，它取自 ribosomal protein small 三个单词的第一个字母。

② 产生同一突变表型的不同基因，在三个小写字母后用不同的一个大写斜体字母来表示。例如色氨酸基因用 *trp* 表示，各个色氨酸基因分别用 *trpA*、*trpB* 等表示。

③ 同一基因的不同突变位点（mutation site）在基因符号后用斜体阿拉伯数字表示。例如色氨酸基因 *trpA* 的不同位点的突变型分别用 *trpA*23、*trpA*46 等表示。如果突变位点所属的基因不确定，大写字母用一连字符代替。

④ 突变型的基因符号用基因座符号加上加号或其他符号来表示。如在基因符号的右上角加 "+" 或 "-" 表示该基因功能存在缺陷与否，像 *his*⁻ 表示组氨酸基因有缺陷，已丧失了合成组氨酸能力的突变型基因；而在基因符号的右上角加 "r" 或 "s" 表示对药物的抗性或敏感性。缺失突变用 "△" 表示，其后是缺失基因的名称、等位基因号码；基因插入突变用 "::" 表示，"::" 前的基因由于 "::" 后的基因插入而断裂。

⑤ 基因表型和产物用相应基因型的正写字母表示，其中第一个字母大写。例如乳糖发酵缺陷性的基因符号是 *lacZ*⁻，其表型符号为 LacZ⁻。

表 2-1　表现型和基因型的表示方法

表现型或基因型	表示符号	表现型或基因型	表示符号
表现型		**基因型**	
具有合成或利用某种物质的能力	Sub⁺	能够合成或利用某种物质的野生型基因	*sub*⁺
缺乏合成或利用某种物质的能力	Sub⁻	影响合成或利用某种物质的突变基因	*sub*⁻
具有对某种抗生素的抗性	Antʳ	突变的 *subA* 基因	*subA*⁻
具有对某种抗生素的敏感性	Antˢ	*subA* 基因的 63 号突变	*subA*63
		具有温度敏感表型的 *subA* 基因突变	*subA*（*Ts*）

（二）酵母菌基因命名原则

酿酒酵母（*Saccharomyces cerevisiae*）基因符号由 3 个斜体字母与 1 个斜体阿拉伯数字组成，其中字母小写表示隐性，大写表示显性，如 *ade5*、*cdc28*、*CUP1*、*SPC105*；等位基因的名称包括基因符号、连字符和 1 个斜体书写的数字，如 *act1-606*、*his2-1*。蛋白质用相应的基因符号正体首字母大写来命名，并且加上后缀 "p"，如 Ade5p、Cdc28p、Cup1p、Spc105p。

粟酒裂殖酵母（*Schizosaccharomyces pombe*）基因符号由 3 个小写斜体字母与 1 个斜体阿拉伯数字组成，如 *arg1*、*leu2*、*cdc25*、*rad21*。同一基因座上的不同等位基因，在基因座符号后用连字符加上等位基因特异的后缀来命名，如 *ade6-M26*、*ade6-469*。特定基因的野生型等位基因用上标 "+" 表示，如 *arg1*⁺。蛋白质用相应的基因符号正体且首字母大写表示，如 Arg1、Leu2、Cdc25、Rad21。

二、基因突变的类型

由于突变的因果、状态、过程诸多方面既有区别又有联系，因而实际上的突变是无法进行单系统分类的。以下为了阐述方便，将从不同的角度对突变进行分类。

（一）按突变发生原因分类

引起突变的物理化学因素多种多样，由此作用而产生的突变过程或作用称为突变生成作用（mutagenesis），简称为突变。如果这一作用是在自然界中发生的，无论是由于自然界中突变剂的作用结果还是由于偶然的复制错误被保留下来，都叫做自发突变（spontaneous mutation），通常频率非常低，平均为每一核苷酸每一世代 $10^{-10} \sim 10^{-9}$。

如果突变生成作用是由于人为使用突变剂处理生物体而产生的，则称为诱发突变生成，简称诱变（induced mutagenesis），诱发突变的频率要远远高于自发突变频率千倍以上。

（二）按变化范围分类

突变可以发生在染色体水平或基因水平，发生在染色体水平的突变称为染色体畸变，发生在基因水平的突变称为基因突变。

1. 染色体畸变

染色体畸变（chromosome aberration）指的是染色体结构的改变，多数是染色体或染色单体遭到巨大损伤产生断裂，而断裂的数目、位置、断裂端连接方式等造成不同的突变，包括染色体缺失、重复、倒位和易位等。染色体畸变涉及到 DNA 分子上较大范围的变化，往往会涉及到多个基因。对于二倍体的真核生物细胞，这些变化在减数分裂的前期Ⅰ同源染色体配对时会产生光学显微镜下可观察到的图像，分别为缺失环、重复环、倒位环以及十字形图像（图 2-1）。

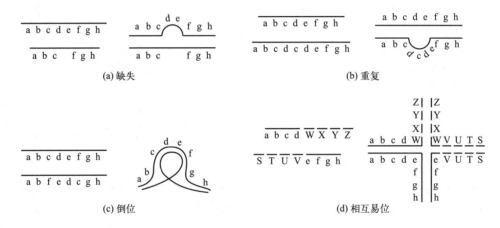

图 2-1　常见的几种染色体畸变及其减数分裂前期Ⅰ的染色体图像

缺失（deletion）指的是染色体片段的丢失，这种突变往往是不可逆的损伤，其结果会造成遗传平衡的失衡。

重复（repetition）是指染色体片段的二次出现，这种突变有可能获得具有优良遗传性状的突变体。例如控制某种代谢产物的基因，通过偶然的重复突变，有可能大幅度提高产量。缺失和重复主要是在 DNA 复制和修复过程中产生错误造成的。

倒位（inversion）则是指染色体的片段发生了180°的位置颠倒，造成染色体部分节段的位置顺序颠倒，极性相反。

易位（translocation）是指一个染色体片段连接到另一个非同源染色体上，如果是两个非同源染色体之间相互交换了部分片段则称相互易位。

2. 基因突变

基因突变（gene mutation）是指一个基因内部遗传结构或 DNA 序列的任何改变，包括一对或少数几对核苷酸的缺失、插入或置换，分为碱基置换（base substitution）和移码突变（frameshift mutation）。

（1）碱基置换 DNA 链上一个碱基对为另一碱基对所取代叫碱基置换（图 2-2）。单碱基对的置换也称为点突变（point mutation）。碱基置换分转换和颠换，转换（transition）是指 DNA 链中一个嘌呤被另一个嘌呤所置换，或一个嘧啶被另一个嘧啶所置换，而颠换（transversion）是指 DNA 链中一个嘌呤被一个嘧啶或一个嘧啶被一个嘌呤所置换。在基因突变中转换比颠换更为常见。

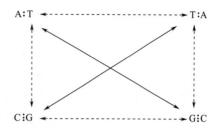

图 2-2 碱基置换的两种类型

对角实线表示转换，纵横虚线表示颠换

（2）移码突变 在 DNA 序列中由于一对或少数几对核苷酸的插入或缺失而使其后全部遗传密码的阅读框架发生移动，进而引起转录和翻译错误的突变叫移码突变。移码突变一般只引起一个基因的表达出现错误。

（三）按突变是否引起遗传编码特性的改变分类

突变是遗传物质的改变，但是并非所有的突变都会改变蛋白质的氨基酸序列。从突变遗传信息的改变是否引起遗传编码特性的改变的角度来看，可以分为两类。一类是引起遗传性状改变的错义突变（missense mutation）、无义突变（nonsense mutation）和移码突变；另一类不改变遗传性状的突变包括同义突变（synonymous mutation）和沉默突变（silent mutation）。

在遗传三联体密码中，3 个连续的核苷酸编码一个特定的氨基酸。当出现碱基置换的点突变时，由于置换碱基所在的结构基因的三联密码子的改变，可能会引起遗传性状的改变（图 2-3）。与野生型的密码子相比较，如果突变后的密码子编码的仍是同一种氨基酸，则称同义突变，显然这与密码子的简并性有关。如果突变后的密码子编码的是不同的另外一种氨基酸，则称错义突变；如果突变后的密码子变为终止密码，则叫无义突变。通常在基因符号后加写（Am）、（Oc）或（Opal）分别表示琥珀型、赭石型、乳石型三种无义突变。

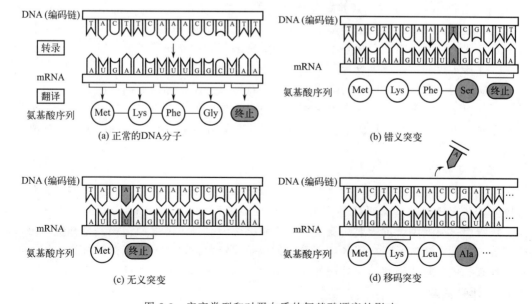

图 2-3 突变类型和对蛋白质的氨基酸顺序的影响

在移码突变中，如果在 DNA 中插入或缺失的核苷酸正好是 3 的整数倍，那么在翻译出的多肽上只是增加或丢失了一个或几个氨基酸，并不完全打乱整个氨基酸序列。但如果突变是由于在 DNA 中缺失或插入非 3 的整数倍的核苷酸而引起的，这种突变不仅能够转移翻译的阅读框，而且导致突变位点下游的所有氨基酸的变化。在大多数情况下，移码突变不但改变了产物的氨基酸组成，而且往往会出现蛋白质合成的过早终止。

需要指出的是，只有编码蛋白的基因中发生碱基的增加或缺失才会出现移码突变，如若是发生在启动区域，则不是移码突变，但能引起这一基因功能上明显的变化。同样在非阅读框内发生的碱基置换也不会导致错义突变或无义突变。

值得注意的是，突变引起多肽链上氨基酸序列的改变，它能否具有遗传性状的意义，主要取决于这个氨基酸对蛋白质功能的影响大小。如果发生改变的氨基酸恰好是决定多肽链功能的主要氨基酸，那么这种突变会产生明显的表型改变。反之则产生沉默突变，碱基发生改变，造成多肽链上一个氨基酸的改变，但这一氨基酸的变化并不影响多肽链的正常功能，也就是说碱基置换造成的单个氨基酸的取代未发生可检测的表型效应。

虽然同义突变和沉默突变不会导致编码特性的改变，但往往会引起限制酶切割位点的变化，造成 DNA 限制片段长度的多态性。

（四）按突变的表型变化效应分类

突变引起的遗传编码性状的改变是表型效应的基础，表型是基因型和环境综合作用的结果。在二倍体细胞中，突变发生在显性基因还是隐性基因上，会产生不同的表型效应。以下介绍几种常见的突变表型变化效应。

1. 形态突变型

形态突变型（morphological mutant）指发生细胞个体形态或菌落形态改变的突变型，是一种可见突变。包括细菌鞭毛、芽孢、荚膜的有无，霉菌或放线菌的孢子的有无或颜色变化，菌落的大小，菌落表面的光滑、粗糙，以及噬菌斑的大小或清晰度等的突变。

2. 营养缺陷型

野生型菌株由于基因突变而丧失合成一种或几种生长因子的能力的突变株叫营养缺陷型（auxotroph mutant）突变株。营养缺陷型突变株不能在基本培养基上正常生长繁殖，只能在补充了相应生长因子的补充培养基上或在含有天然营养物质的完全培养基上才能生长，其主要有氨基酸缺陷型、维生素缺陷型和嘌呤嘧啶缺陷型。营养缺陷型突变株在遗传学、分子生物学、遗传工程和工业微生物育种学等工作中有着非常重要的用途。

营养缺陷型中有一种遗传代谢障碍不完全的特殊突变型，称为渗漏缺陷突变，其特点是酶活力下降但不是完全丧失。这类突变株既能自身合成少量的某一代谢物，又不会造成反馈抑制及阻遏，表现为在基本培养基上缓慢而少量生长，筛选和利用渗漏缺陷型无需额外添加生长因子。

3. 抗性突变型

由于基因突变而产生的对某种化学药物、致死物理因子或噬菌体具有抗性的变异菌株叫抗性突变株，突变前的菌株叫敏感型菌株。抗性突变型（resistant mutant）包括抗药性突变型、抗噬菌体突变型、抗辐射突变型、抗高温突变型、抗高浓度酒精突变型和抗高渗透压突变型等。抗性突变普遍存在于各类细菌中，也是遗传育种最重要的正选择标记。往往可以通过在加有相应药物或物理因子处理的培养基上快速筛选出。

4. 致死突变型

由于基因突变而导致个体死亡的突变型叫致死突变型，通常可分为显性致死和隐性致死，杂合状态的显性致死和纯合状态的隐性致死都可导致个体的死亡，而在单倍体生物中两种类型都会引起个体的死亡，无法获得突变体。

5. 条件致死突变型

在某种条件下可以正常生长繁殖并呈现其固有的表型，而在另一条件下致死的突变型叫条件致死突变型（conditional lethal mutation）。温度敏感突变型（temperature-sensitive mutation）是一类典型的条件致死突变型。例如，大肠杆菌的一种温度敏感突变型在 37℃ 下正常生长，在 42℃ 却不能生长；噬菌体 T4 的一种温度敏感突变型在 25℃ 下可感染其宿主大肠杆菌并形成噬菌斑，而在 37℃ 却不能。引起温度敏感突变的原因是突变基因的编码产物对温度的稳定性降低，酶蛋白在较低的允许温度范围内有功能活性，而在较高的限制性温度范围内失去功能活性，导致细胞不能生长繁殖。如果是相反的情况，则称为冷敏感突变（cold-sensitive mutation），这种突变型具有比野生型较高的最低生长温度。

6. 产量突变型

所产生的代谢产物产量明显有别于原始菌株的突变株称为产量突变型（metabolite quantitative mutant）。产量高于原始菌株者称正突变菌株，反之称为负突变菌株。产量突变型一般不易通过选择性培养基被快速筛选出。筛选高产正突变株的工作对于生产实践极其重要，但由于产量的高低往往是由多个基因决定的，因此，在育种实践上，只有把诱变育种、基因重组育种以及遗传工程育种有机结合，才会取得良好的结果。

三、基因突变的规律

所有生物的遗传物质的化学本质都是核酸，除部分病毒的遗传物质为 RNA 外，绝大部分为 DNA，因此，在遗传变异特性上都遵循着共同的规律，这在基因突变水平上非常明显。基因突变遵循以下的一般规律，即突变具有自发性、稀有性、随机性、独立性、可诱发性、可遗传性、可逆性。

（一）基因突变的自发性

突变可自发产生，突变的微生物与所处的环境因素没有对应关系。如微生物的抗药性的产生不是由于药物引起的，抗噬菌体突变也不是由于接触了噬菌体后引起的。从表面上看这一结论似乎不可理解，有关抗性产生的原因也长期争论不休。直到 1943 年以后才有科学家从不同的角度开展严密的科学实验，如抗噬菌体的波动实验和涂布实验、抗链霉素的影印培养实验，这些实验的结果证实抗性是在接触药物或噬菌体之前就已经自发产生了，环境中的药物或喷洒噬菌体仅仅是检出相应突变的筛子而已，这也终于令人信服地解答了这一长期争论。

1. 波动实验

1943 年，Luria 和 Delvruck 根据统计学原理设计了波动实验（fluctuation test），如图 2-4 所示。

取对噬菌体 T1 敏感的大肠杆菌对数生长期的肉汤培养物，用新鲜培养基稀释成 10^3 个/mL 的细菌悬浮液，然后在甲乙两个试管内各装 10mL。随即将甲管中的菌液先分装在 50 支小试管中，保温培养 24～36h，再分别把各小管的菌液加到预先涂布有噬菌体 T1 的平板上培养；而乙管中的 10mL 菌悬液直接整管保温培养 24～36h，然后再分成 50 份加到同样涂布有噬菌体 T1 的平板上培养。观察并记录两种方式中各平板上所产生的抗噬菌体的菌落数。实验中以敏感菌加到含有噬菌体的平板上培养为对照，以证实原始敏感大肠杆菌并没有抗噬菌体的个体存在。

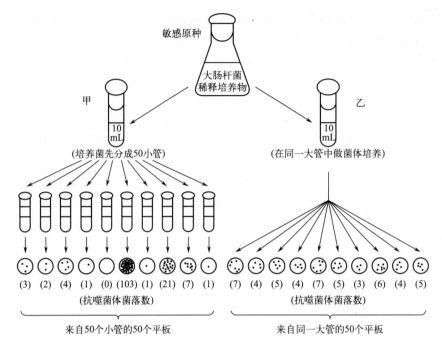

图 2-4　波动实验

统计结果显示，来自甲管的 50 个平板上的抗性菌落数相差悬殊，而来自乙管的 50 个平板上的抗性菌落数则相差不多。对实验结果进行分析，如果抗性的出现是由于对噬菌体的适应，甲乙两组在接触噬菌体上是没有差别的，不应该出现差异如此大的结果。反之，如果大肠杆菌对噬菌体的抗性突变不是由于环境中噬菌体诱导而产生的，而是在接触噬菌体前随机自发产生的，那么甲组中在不同平板上抗性菌落的差异无非是说明突变发生时间的早晚，随着生长繁殖，在培养物中形成大量的抗性个体。噬菌体在这里仅仅起淘汰原始敏感大肠杆菌和鉴别抗性突变株的作用，与抗性的形成无关。

2. 影印培养实验

关于抗药性突变的发生与药物的存在无关这一结论更为直观的证据来自影印培养实验（replica plating）结果。1952 年，Lederberg 夫妇设计了一种更巧妙的影印实验，直接证明了微生物的抗药性是自发形成的，与环境因素毫不相干（图 2-5）。

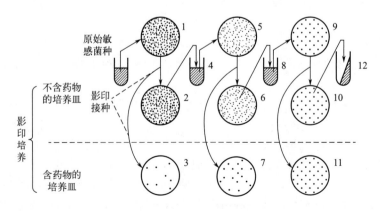

图 2-5　影印培养实验

将对链霉素敏感的大肠杆菌 K12 的培养物涂布在不含链霉素的平板 1 表面，将培养后长出的菌落用影印的方法分别复印到不含链霉素的平板 2 和含链霉素的平板 3，影印时注意两个平板在位置和方向上的对应性。经保温培养后，在平板 3 上长出个别的抗性菌落，从平板 2 中挑出与平板 3 上抗性菌落位置相应的菌落，移接到不含链霉素的培养基管 4 中进行培养，培养物再涂布到不含链霉素的平板 5 上，菌落长出后重复以上影印过程。结果可在含药物的平板 7 和 11 上出现越来越多的抗性菌落，重复数次后，最后甚至得到纯的抗性细胞群体。实验中原始的链霉素敏感菌株大肠杆菌 K12 只通过 1→2→4→5→6→8→9→10→12 的移接和选择过程，在根本就没有接触过链霉素的情况下，筛选出大量的抗性菌落。这说明链霉素的抗性突变体在没有接触药物之前就存在，是自发产生的，与环境中链霉素的存在毫无关系，链霉素只是起到了筛选和鉴别抗性菌株的作用。

（二）基因突变的随机性

1. 随机性

波动实验的结果还说明了突变具有随机性，突变发生的时间是随机的，否则甲组各个小管中抗性菌落的数目不会有那样大的差别。在一个微生物群体中，对于细胞而言，哪个细胞将发生突变是随机的，并且一个细胞的突变不仅在时间和个体上是随机的，而且在 DNA 的哪个位点发生突变也是随机的，因而在一个含有突变体的群体中会存在不同遗传性状的突变类型。

也就是说，基因突变的发生从时间、个体、位点和所产生的表型变化等方面都带有比较明显的随机性。但随机性并非说突变是没有原因或是不可知的，突变这一偶然事件的必然性表现在特定的突变率上，也就是说，突变总是以一定的频率在群体中发生（表 2-2）。

表 2-2 一些细菌的抗药性基因的突变率

细菌	抗性对象	突变率
铜绿假单胞菌（*Pseudomonas aeruginosa*）	链霉素（1000μg/mL）	$4×10^{-10}$
大肠杆菌（*Echerichia coli*）	链霉素（1000μg/mL）	$1×10^{-10}$
大肠杆菌，链霉素依赖型（*E. coli*，streptomycin dependent）	链霉素（1000μg/mL）	$1×10^{-10}$
志贺菌（*Shigella* sp.）	链霉素（1000μg/mL）	$3×10^{-10}$
百日咳嗜血杆菌（*Bordetella pertussis*）	链霉素（1000μg/mL）	$1×10^{-10}$
百日咳嗜血杆菌	链霉素（25μg/mL）	$6×10^{-6}$
伤寒沙门菌（*Salmonella typhi*）	链霉素（1000μg/mL）	$1×10^{-10}$
伤寒沙门菌	链霉素（25μg/mL）	$5×10^{-6}$
大肠杆菌	紫外线	$1×10^{-5}$
大肠杆菌	噬菌体 T3	$1×10^{-7}$
大肠杆菌	噬菌体 T1	$3×10^{-8}$
金黄色葡萄球菌（*Staphylococcus aureus*）	磺胺噻唑	$1×10^{-9}$
金黄色葡萄球菌	青霉素	$1×10^{-7}$
巨大芽孢杆菌（*Bacillus megaterium*）	异烟肼	$5×10^{-5}$
巨大芽孢杆菌	对氨基柳酸	$1×10^{-6}$
巨大芽孢杆菌	异烟肼以及对氨基柳酸	$8×10^{-10}$

2. 突变热点

理论上，DNA 分子上每个碱基都能发生突变，但实际上突变位点并非完全随机分布。DNA 分子上各个部分有着不同的突变频率，某些位点的突变频率大大高于平均值，这些位点称为突变热点（hot spot of mutation），在自发突变和诱发突变中都存在突变热点。

分子遗传学研究表明，形成突变热点的最主要原因是 5-甲基胞嘧啶的存在，具体机制将在后面的内容中讲述。此外，形成突变热点的另一种情况发生在 DNA 上短的连续重复序列处，由于 DNA 复制时此处容易发生模板链和新生链之间碱基配对的滑动，从而造成插入或缺失突变，插入或缺失的正是这一重复序列。例如，大肠杆菌 *lacI* 基因中有三个连续的 CTGG 序列，很容易产生一个 CTGG 序列的插入突变或缺失突变。

突变热点还与诱变剂有关，因为诱变剂作用机制各不相同，使用不同诱变剂时出现的突变热点也不相同。

（三）基因突变的稀有性

1. 稀有性

突变的稀有性是指在正常情况下，突变发生的频率往往很低。突变频率也称突变率（mutation rate），指的是在一个世代中或其他规定的单位时间内，在特定的环境条件下，一个细胞发生某一性状突变的概率。为方便起见，突变率可以用某一群体在每一世代（即分裂 1 次）中产生突变株的数目来表示。例如，某基因的突变率为 10^{-8} 时，表示一个细胞在 10^8 次分裂的过程中该基因发生了 1 次突变，也可以看成是一个含 10^8 个细胞的群体分裂成 2×10^8 个细胞的过程中该基因发生了 1 次突变。

通常自发突变的频率很低，大约在 10^{-6} 以下，应用一般的检测方法检测出如此低的突变率非常困难。但使用选择性培养基技术可有效地对突变基因进行检出，如用含有药物的选择性平板可检出抗药性突变，用不含生长因子的基本培养基可检测出营养型到原养型的回复突变等。据测定，基因的自发突变率为 $10^{-9} \sim 10^{-6}$，转座突变率约为 10^{-4}，无义突变或错义突变的突变率约 10^{-8}，大肠杆菌乳糖发酵性状的突变率约为 10^{-10}。

2. 增变基因

生物体内有些基因与整个基因组的突变频率直接相关。当这些基因突变时，整个基因组的突变率明显上升，这些基因称为增变基因（mutator gene）。

目前已经了解的增变基因有两类，一类是 DNA 聚合酶的各个基因，如果 DNA 聚合酶的 $3' \rightarrow 5'$ 校对功能丧失或降低，则会使得突变率上升且随机分布。另一类是 *dam* 基因和 *mut* 基因，如果这些基因发生突变，则会使得错配修复系统功能丧失，也能引起突变率的升高。实际上增变基因是一种误称，因为这些基因在正常状态时恰恰是维持 DNA 精确性的因素，它的突变势必导致突变频率的大幅提升。

（四）基因突变的独立性

1. 独立性

突变的发生具有独立性。在微生物群体中，一个细胞的突变与其他个体之间互不相干，并且某一个基因的突变和另一个基因的突变之间也是互不相关的独立事件，也就是说一个基因的突变不受其他基因突变的影响，两个不同基因同时发生突变的频率为两个基因各自的突变率的乘积。

例如，巨大芽孢杆菌对异烟肼的抗性突变率为 5×10^{-5}，对对氨基柳酸的抗性突变率是 1×10^{-6}，同时具有这两种抗性突变的频率为 8×10^{-10}，约等于两个单独抗性突变率的乘积。

2. 交叉抗性

交叉抗性（cross resistance）是指细菌对两种抗生素等药物同时由敏感变为抗性。交叉抗性现象看似与突变的独立性相矛盾，但事实上都可以从生理机制上找到原因。例如大肠杆菌和酵母菌都有报道，某一种突变型由于透性的改变使得它能同时抗四环素和氯霉素。这主要是由于细胞内单一基因的突变导致微生物对于结构类似或作用机制类似的抗生素均有抗性，从而表现为交叉抗性。各种抗性突变发生的独立性和生理作用机制类似药物的交叉抗性对于药物治疗都有重要的指导意义。

（五）基因突变的可诱变性

自发突变的频率可以通过某些理化因素的处理而大为提高，一般提高幅度为 $10^1 \sim 10^5$ 倍。基因突变的可诱发性是诱变育种的基础，各种能促进突变率提高的理化因素称为诱变剂，是育种工作中非常有用的工具。需要指出的是，诱变剂的存在可大幅提高基因变异的频率，但并不改变突变的本质。

从本质上讲，突变不论是自然条件下发生的，还是诱发产生的，都是通过理化因子作用于 DNA，使其结构发生变化并最终改变遗传性状的过程。二者的区别仅在于自发突变是受自然条件下存在的未知理化因子作用产生的突变；而诱变则是人为地选择了某些可强烈影响 DNA 结构的诱变剂处理所产生的突变。因此，诱变所产生的突变频率和变异幅度都显著高于自发突变。

（六）基因突变的可遗传性

基因突变的实质是遗传物质发生改变的结果，突变基因和野生型基因一样是一个相对稳定的结构，可通过复制传递给子代 DNA，突变基因所表现的遗传性状也是一个稳定的性状。例如在影印培养实验中筛选出的链霉素抗性突变株，在不含链霉素的培养基上接种传代无数次后，其抗药性丝毫没有改变。

（七）基因突变的可逆性

1. 可逆性

野生型基因可通过突变成为突变基因称为正向突变（forward mutation），突变基因也可以通过再次突变回复到野生基因称为回复突变（reverse mutation）。

2. 抑制突变

真正的原位回复突变是指正好发生在原来位点上，使突变基因回复到与野生型基因完全相同的 DNA 序列，这种情况通常很少，大多数回复突变都是第二点突变抑制了第一次突变造成的表现型，即表型抑制，从而使得野生表现型得以恢复或部分恢复。

由于大多数回复突变都不是真正的原位回复突变，因此鉴定回复突变主要不是根据其基因型而是依据其表现型。

第二点的回复突变并非没有改变突变的 DNA 碱基序列，只是其突变效应被抑制了。因而第二点回复突变通常被称为抑制突变（suppressor mutation）。抑制突变可以发生在正向突变的基因中，也可以发生在其他基因中，前者称为基因内抑制突变（intragenic suppressor mutation），后者称为基因间抑制突变（intergenic suppressor mutation）。

第二节　突变的生成过程

生物体的遗传物质除了一部分病毒是 RNA 外，其余都是 DNA，由相同的四种核苷酸构成。理论上对于相同的诱变剂任何一个个体应该有相同的反应，但事实并非如此，原因就在于作用对象不是游离的 DNA。诱变剂在接触 DNA 之前必须要经过细胞表面和细胞质等屏障，在接触 DNA 并造成 DNA 损伤后，细胞中的各种修复系统会对 DNA 进行修复，各种修复系统对最终导致的突变又有不同的影响。从诱变剂进入细胞到突变体的形成是一个复杂的生物学过程（图 2-6），受到多种酶的作用和影响。细胞基因突变后需要克服表型延迟，才能表现出突变表型，突变表型菌落的形成还与环境因素及细胞的生理状态有关。

一、诱变剂接触 DNA 分子之前

诱变剂处理微生物细胞时首先要和细胞充分接触，然后诱变剂必须进入细胞，经过细胞质到达核质体与 DNA 接触才能诱发突变，在这一过程中会受到许多因素的影响。对于化学诱变剂来说，这个过程可能与诱变剂扩散速度的快慢、诱变效应和杀伤力强弱，以及细胞壁结构组成成分及细胞的生理状态有关。

许多生物的细胞对辐射的杀伤和诱变反应各不相同，这在很大程度上是由于细胞表面对辐射的穿透能力不同而造成的。而从细胞透性突变型的诱变效应中可以看到细胞的透性对化

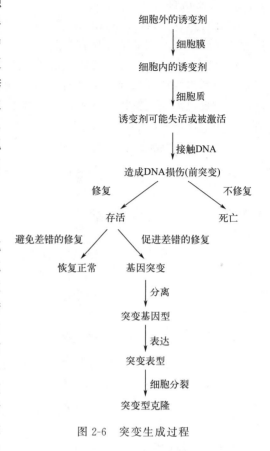

图 2-6　突变生成过程

学诱变剂诱变效应的影响。例如：脂多糖是 G⁻ 细菌细胞膜的一个重要成分，在鼠伤寒沙门杆菌中有一个突变型称为深度粗糙突变型（deep rough，*rfa*），由于它的脂多糖是不正常的，所以诱变剂很容易通过细胞膜而进入细胞，因此许多诱变剂对于这一菌株的诱变率比野生型菌株高出约 10 倍。

二、DNA 的损伤

诱变剂和 DNA 接触后能否发生突变，与 DNA 是否处于复制状态密切相关，而 DNA 复制活跃程度与某些营养条件和细胞的生理状态有关，因为 DNA 复制需要以蛋白质合成作为基础。诱变剂和 DNA 接触后，发生化学反应，继而使得 DNA 上的碱基发生变化，产生变异。

所谓的 DNA 损伤是指任何一种不正常的 DNA 分子结构，也称为前突变。DNA 损伤与 DNA 突变既密切相关又有明显差别，DNA 损伤可以通过酶来识别和修复，以未损伤的互补 DNA 链或同源染色体提供修复模板，DNA 损伤是造成突变的主要起因。而 DNA 突变是序列的改变，一般不会被酶识别。

根据 DNA 损伤的起源分为内源性损伤和外源性损伤，生物体内和体外许多因素都能造成 DNA 分子结构的异常，如正常代谢副产物形成的活性氧、环境中的紫外线、电离辐射、氧化剂、烷化剂、高温热破坏等因素。一种因素可能造成多种类型的损伤，而一种类型的损伤也可能来自不同因素的作用。具体造成损伤的内源因素和外源因素将在自发突变的机制和

诱变剂及其作用机制章节详细介绍。

DNA 分子的损伤类型很多，包括形成非标准碱基、碱基衍生物、碱基的丢失、烷基化损伤、链的断裂、交联等。其中以嘧啶二聚体，特别是胸腺嘧啶二聚体的形成和修复研究最为清楚。

（一）非标准碱基和碱基衍生物的形成

在 DNA 链中会存在非标准碱基和碱基的衍生物，例如尿嘧啶能够在 DNA 复制时掺入，胞嘧啶、腺嘌呤能自发氧化脱氨分别形成尿嘧啶和次黄嘌呤。此外，碱基在各种化学、物理因素如紫外线、电离辐射等的作用下，产生碱基的衍生物（如 3-甲基腺嘌呤、6-氢-5,6-二羟胸腺嘧啶、2,4-二氨基-6-羟-5-N-甲基甲酰亚胺嘧啶、嘧啶二聚体等）也会存在于 DNA 分子中。其中最常见的为胸腺嘧啶二聚体 [图 2-7（f）]。由于相邻的胸腺嘧啶产生二聚体，两个碱基平面被环丁基所扭转，引起双螺旋构型的局部变化，同时氢键结合力也显著减弱。当以胸腺嘧啶二聚体的 DNA 作为模板进行复制时，Pol Ⅲ 将两个腺嘌呤核苷酸加上去，但由于不能很好地形成氢键，然后又由 $3'{\rightarrow}5'$ 校对功能而将之水解。由于这样的事件反复发生，因而产生一个空耗的过程，即大量的 dATP 被分解，而 DNA 复制仍停留在胸腺嘧啶二聚体处。由于蛋白质仍在不断合成，而 DNA 不能复制，细胞也就不能分裂。这样就出现所谓的细丝状蛇形细胞，最后导致细胞死亡。

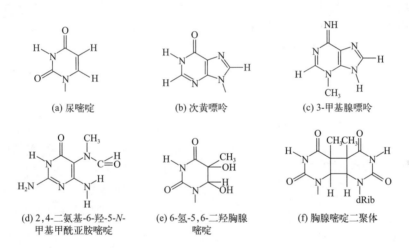

(a) 尿嘧啶　　(b) 次黄嘌呤　　(c) 3-甲基腺嘌呤

(d) 2,4-二氨基-6-羟-5-N-甲基甲酰亚胺嘧啶　　(e) 6-氢-5,6-二羟胸腺嘧啶　　(f) 胸腺嘧啶二聚体

图 2-7　非标准碱基和碱基衍生物

（二）碱基的丢失

一般说来，嘌呤或嘧啶碱基的甲基化作用往往会破坏 N-糖苷键。如鸟嘌呤甲基化后可形成 7-甲基鸟嘌呤，其结果就会使 DNA 分子立即发生脱嘌呤作用，形成无嘌呤位点。同样如果 DNA 分子中某个嘧啶碱基甲基化，就会发生脱嘧啶作用，形成无嘧啶位点。这些无嘧啶、无嘌呤位点统称为 AP 位点（apurinic and apyrimidinic site）。此外，细胞内的各种糖基化酶（N-glycosylase）也能产生 AP 位点。

（三）烷基化损伤

碱基的烷化通常是甲基化，许多烷化剂都能将 DNA 中的嘌呤特别是鸟嘌呤烷基化，除了 N7 和 N3 烷基化外，还能在 O6 位置上烷基化以及在磷酸骨架上出现烷基化，分别形成 7-甲基鸟嘌呤、3-甲基鸟嘌呤和 6-O-甲基鸟嘌呤。碱基的烷化可导致碱基转换，产生点突变。

（四）链的断裂和交联

许多理化因子能够引起 DNA 的单链断裂或双链断裂。电离辐射具有强烈的链断裂作用，这是由于辐射粒子的直接和间接作用（在体内产生次级高能电子和自由基作用于 DNA）造成的。过氧化物、巯基化合物、某些金属离子以及 DNase 等都能引起 DNA 链的断裂。

某些抗生素如丝裂霉素 C 和一些试剂如亚硝酸等能引起链内碱基交联和链间碱基的交联，就会引起双螺旋变形和阻遏复制时双链的分离。

三、DNA 的修复

DNA 是遗传信息的物质载体，对于生命状态的存在和延续来说是非常重要的。DNA 分子要求保持高度的精确性和完整性，细胞中没有哪种分子可以和它相比。在长期的进化中，生物体演化出了一系列保障 DNA 安全的修复系统（repair system），包括能纠正偶然复制错误的系统，如 DNA 多聚酶 3′→5′的校读功能、糖基酶修复系统、错配修复系统，以及能修复环境因素即体内外化学物质造成的 DNA 分子损伤的系统，如光复活修复系统、切除修复系统、重组修复系统、SOS 修复系统。此外，为了应对外源 DNA 的入侵，还演化出限制修饰系统。

自然界的各种生物都能通过 DNA 修复以降低自发突变和诱发突变的水平，使其在整体遗传变异与原有遗传信息的稳定性之间保持平衡。DNA 损伤的修复和基因突变有密切的关系，突变往往是 DNA 损伤与损伤修复这两个过程共同作用的结果。

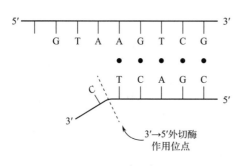

图 2-8　DNA 聚合酶的 3′→5′ 核酸外切酶活性

DNA 聚合酶的校读功能对于 DNA 作为遗传物质所必需的稳定性和极高的保真性至关重要。Pol Ⅰ 和 Pol Ⅲ 都具有 DNA 聚合酶的活性，但是 Pol Ⅰ 的聚合酶活性主要用于 DNA 的修复和 RNA 引物的替换，而 Pol Ⅲ 才是使 DNA 链延长的主要聚合酶。两者都具有 3′→5′核酸外切酶的活性（图 2-8），这种酶活性是基于对不配对碱基造成的单链的识别，因此这种酶活性对于保证 DNA 聚合作用的正确性是必不可少的，这种功能称为校对或编辑功能。从广义上说，DNA 聚合酶的校对功能也可以算作修复系统，不过它是 DNA 聚合酶所具备的性质，错误碱基并不存在于 DNA 链的内部，而是瞬时存在于链的生长点上，通常属于复制的范畴。

对于已经存在于 DNA 链上的损伤进行修复是一种复杂而又多样化的过程，以下主要讨论细菌中对各种 DNA 结构变异的修复机制，特别是对于胸腺嘧啶二聚体的修复机制研究得最清楚，主要有五种修复途径：直接修复、切除修复、错配修复、重组修复和 SOS 修复等。

（一）直接修复

有少数类型的 DNA 损伤可以在胞内特定酶催化体系的作用下，直接被修复，而无须切除任何核苷酸碱基，这类 DNA 损伤修复方式称为直接修复，主要包括光解酶修复和甲基转移酶修复两种类型。

1. 光解酶修复

光复活作用（photo reactivation）是指细菌在紫外线照射后立即用可见光照射，可以显著地增加细菌的存活率，突变率相应降低，而且细菌的存活率随着可见光的剂量而增加。在 20 世纪 50 年代人们研究光复活作用机理时发现这是一种酶促反应，在大肠杆菌中光复活修复只需要一个酶，即光复活酶（photo-reactivating enzyme，PR 酶），又叫光解酶（photolyase），由基因 phr 编码，分子质量为 $(5.5\sim6.5)\times10^4$ Da，在可见光的活化下，由光复活酶催化嘧啶二聚体裂解成为单体。目前已知，在细菌、真菌、原生动物和藻类等多种生物体中都存在光复活现象。

光解酶修复 DNA 嘧啶二聚体损伤的过程，首先是光解酶识别 DNA 分子中的嘧啶二聚体损伤位点，并在此位点与 DNA 结合成复合物。有两种生色团辅助因子参与吸收波长 $365\sim445$nm 的光子，以某种方式将能量转移给 T—T 中的环丁烷环，并激活光解酶的催化活性，利用光能切割胸腺嘧啶二聚体之间的 C—C 键，使得胸腺嘧啶二聚体断裂成单体，然后 PR 酶就从 DNA 分子上解离下来，修复嘧啶二聚体损伤，恢复了 DNA 分子正常构型（图 2-9）。光解酶催化的光复活作用是无差错修复，可以提高细胞的存活率，降低突变率。

参与的两种生色团辅助因子有还原型的黄素腺嘌呤二核苷酸〔FAD (H_2)〕以及依生物类型而异的还原型蝶呤或者脱氮黄素衍生物。光复活作用同样能使得细胞中形成的胞嘧啶二聚体以及胞嘧啶-胸腺嘧啶二聚体单体化。

2. 甲基转移酶修复

大肠杆菌中的 DNA 甲基转移酶修复也是一种直接修复，它依赖于甲基转移酶的转甲基特性，修复 DNA 分子的甲基化损伤。

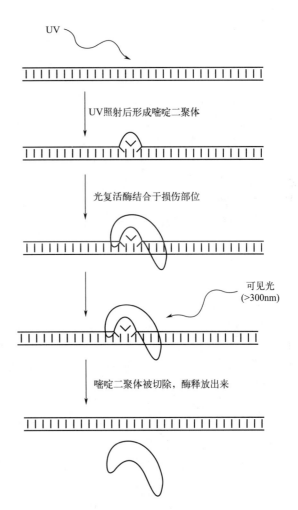

图 2-9　在紫外线作用下胸腺嘧啶二聚体的产生和修复

在胞内外环境中的作用下，DNA 发生甲基化，细胞就会被诱导产生一种酶蛋白，O^6-甲基鸟嘌呤-DNA 甲基转移酶（Ada 酶），由 ada 基因编码，分子质量为 39kDa，它可以从甲基化 DNA 分子的诸多位点移去甲基，直接逆转细胞中 DNA 甲基化效应，降低突变频率（图 2-10）。常见的鸟嘌呤碱基 O6 位、胸腺嘧啶碱基 O4 位、磷酸二酯主链的氧位点上的甲基都可以直接被转移后修复。

在大肠杆菌中 Ada 酶修复甲基化碱基的方式比较特殊，它以自身的甲基化受体位点，即 Ada 酶分子中的半胱氨酸（Cys）的硫原子，接受从甲基化 DNA 分子转移来的甲基，随后失去活性，因而又被称为自杀酶（suicide enzyme）。

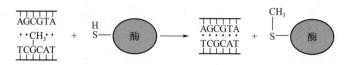

图 2-10　Ada 酶修复 DNA 甲基损伤

（二）切除修复

除非嘧啶二聚体或 O^6-甲基鸟嘌呤碱基等少数可以直接修复的 DNA 损伤之外，对于其他 DNA 损伤，细胞中还有其他诸多类型的修复体系，其中最重要的一种是切除修复（excision repair），因为它能在 DNA 复制之前就完成损伤的修复，是一种复制前修复，而且切除修复不需要可见光，在黑暗条件下也可以进行，因而又称为暗修复（dark repair）。

DNA 损伤切除修复涉及内切核酸酶、外切核酸酶、DNA 聚合酶以及 DNA 连接酶等多酶反应，是一个比较复杂的生化过程。依据 DNA 损伤切除的不同，分为碱基切除修复（base excision repair，BER）和核苷酸切除修复（nucleotide excision repair，NER）两种。但其基本步骤是相同的：切—补—（切）—封。首先在内切和外切核酸酶的切割作用下，移走 DNA 损伤的碱基或核苷酸序列；然后 DNA 聚合酶根据另一条 DNA 链为模板，合成缺口处正确的互补链，取代被移走的带损伤的单链 DNA；最后由 DNA 连接酶封闭切口，完成修复。

1. 碱基切除修复

碱基切除修复通常是从清除损伤碱基开始，由此引导参与修复的相关核酸酶的激活。其中一类称为 DNA 糖基化酶，可以特异性水解连接损伤碱基于脱氧核糖的 N-糖苷键，清除损伤碱基，留下的脱嘌呤或脱嘧啶位点称为 AP 位点。

这一类 DNA 糖基酶修复系统对于生物体的生存十分重要，对于 DNA 分子中的非标准碱基和碱基衍生物，如甲基化碱基，都是通过各自专一识别的糖基化酶来参与完成错误碱基的切除修复，这一系统所要修复的错误碱基已经存在于新生 DNA 链的内部，修复是在复制过程中或复制完成后较短的时间内进行。

以尿嘧啶-N-糖基酶系统为例介绍这一修复机制。DNA 链中尿嘧啶的来源有两种，一部分由 dCTP 自发氧化脱氨而产生，另一部分是由极少数逃逸 dUTPase 作用掺入到 DNA 中的，由于 DNA 聚合酶不能区分 dUTP 和 dTTP，因而 U 能和 A 发生氢键结合，从而使得 DNA 多聚酶的校对功能无法识别它。这些在 DNA 中的 U 必须要去除，就需要尿嘧啶-N-糖基酶修复系统的一系列酶的共同作用，包括尿嘧啶 N-糖基酶、AP 限制性内切酶、核酸外切酶、DNA 聚合酶 Pol I、DNA 连接酶。其修复过程如图 2-11 所示，首先在糖基化酶的作用下切开缺陷碱基与脱氧核糖之间的糖苷键，释放缺陷碱基，形成一个 AP 位点；然后在 AP 核酸内切酶的作用下，把 AP 位点的磷酸二酯键打开，进一步分解掉不带碱基的磷酸脱氧核糖，最后在 DNA 聚合酶 I 和连接酶的作用下完成修复。

DNA 糖基化酶广泛存在于几乎所有的生物体内，根据它们是否具有内在的 AP 限制性内切酶活性，可分为两类：第一类不具有 AP 内切酶活性，如尿嘧啶糖基酶、次黄嘌呤糖基酶、3-甲基腺嘌呤糖基酶、甲酰亚氨嘧啶糖基酶等。第二类具有内在的 AP 限制性内切酶活性，如嘧啶二聚体糖基酶、水合胸腺嘧啶糖基酶。

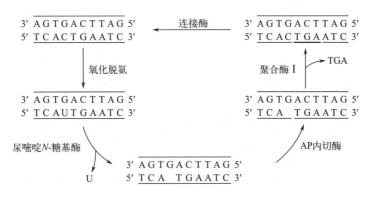

图 2-11　尿嘧啶-N-糖基酶系统的修复过程

2. 核苷酸切除修复

不同于碱基切除修复仅涉及一个损伤碱基，核苷酸切除修复可以涉及数个甚至数千个核苷酸，且修复的 DNA 损伤性质更加广泛，例如嘧啶二聚体、碱基交联，包含多个核苷酸的大型 DNA 损伤等，核苷酸切除修复是生物体内进行 DNA 修复的重要途径。

以研究最深入的胸腺嘧啶二聚体损伤的核苷酸切除修复为例，其是在限制性内切酶、核酸外切酶、DNA 聚合酶以及连接酶的协同作用下将嘧啶二聚体酶切除去，继而重新合成一段正常的 DNA 链以填补酶切所留下的缺口，使损伤的 DNA 分子恢复正常的修复方式。核苷酸切除修复是一种多步骤的酶反应过程，发生在 DNA 复制之前，是对模板的修复。

大肠杆菌的核苷酸切除修复系统中的内切酶由三种亚基构成，即 UvrA、UvrB、UvrC，结合形成依赖于 ATP 的 UvrABC 内切核酸酶复合物。大肠杆菌胸腺嘧啶二聚体 DNA 损伤的修复过程如图 2-12 所示。①首先两分子的 UvrA 亚基与一分子 UvrB 亚基结合，沿着 DNA 分子扫描。②一旦寻找到嘧啶二聚体或其他大的损伤后，复合物结合到不含嘧啶二聚

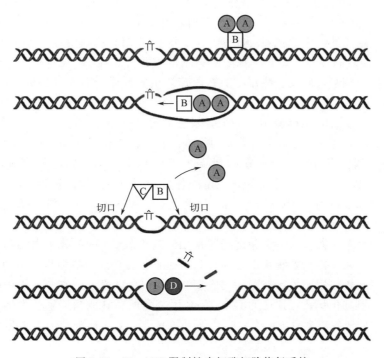

图 2-12　UvrABC 限制性内切酶切除修复系统

体的一侧，在 ATP 的参与下，UvrA 亚基与 UvrB 亚基分开，并从结合的 DNA 分子上解离下来，在 UvrB 亚基的催化作用下，DNA 损伤部分发生局部变性形成泡状的畸形结构。③然后 UvrB 亚基和 UvrC 亚基结合，其中 UvrC 亚基的核酸内切酶活性在距离损伤位置 $5'$ 一侧的 8 个核苷酸位点切割磷酸二酯键形成切口，UvrB 亚基的核酸内切酶活性在距离损伤位置 $3'$ 一侧的 $4\sim5$ 个核苷酸位点切割磷酸二酯键形成另一个切口。④在 uvrD 基因编码的 DNA 解旋酶 UvrD 参与下，DNA 双螺旋结构解旋，将两个切口之间的单链 DNA 片段切除，同时除去 UvrC 亚基。⑤两端由 UvrB 亚基连系着的 $12\sim13$ 个核苷酸的缺口，在 DNA 聚合酶 I 作用下，以互补另一条单链为模板，从游离的 $3'$-OH 端开始，按 $5'\rightarrow3'$ 方向合成一段新的互补链，取代被移走的带有损伤的单链。⑥最后由 DNA 连接酶完成切口的封闭。

修复系统中核酸内切酶对于胸腺嘧啶二聚体的识别是因为胸腺嘧啶二聚体引起 DNA 双螺旋的变形，因而 Uvr 系统不仅能修复胸腺嘧啶二聚体，也能识别其他能引起 DNA 双螺旋变形的损伤。也就是说 UvrABC 能修复不同类型的损伤，但它并不能直接识别任何一种损伤部位，相反它识别的是 DNA 某一部位非正常的形状。

许多生物中都有切除修复限制性内切酶，大肠杆菌、微球菌、酵母菌以及许多哺乳动物的细胞中 Uvr 限制性内切酶都已有详细的研究。在真核细胞中发生的 DNA 损伤切除修复基本类似于大肠杆菌，只是由于高等真核生物基因组 DNA 存在于染色体内部，结构复杂得多，因而在 DNA 损伤的扫描、识别、切除与修复各个方面需要更多的蛋白质参与，被切除的核苷酸数目有 $20\sim30$ 个。一些人类常染色体隐性遗传疾病，就是 DNA 损伤修复系统出现缺陷导致的，比如患有干皮性色素沉着（xeroderma pigmentosum）的患者就是因为 Uvr 内切酶系统编码的基因发生突变而缺乏切除修复的能力，这种患者对阳光极为敏感，短时间阳光照射就会发生皮肤损伤甚至有可能诱发皮肤癌。

（三）错配修复系统

DNA 聚合酶偶尔能催化不能与模板形成氢键的错误碱基的掺入，通常这种复制错误由 DNA 聚合酶的 $3'\rightarrow5'$ 校对功能立即纠正，然后才开始下一个核苷酸的聚合反应。尽管如此，少量的遗漏还是难免的。因此在新合成的 DNA 分子中，仍然会存在一些错配的碱基。

除了在 DNA 复制过程中，非正常配对碱基的掺入外，在 DNA 重组中，由于形成的异源双链而产生错配碱基，以及一些短小的寡核苷酸重复片段的插入或缺失而产生滑移错配，或是脱氨基等 DNA 化学修饰引发的碱基转换突变所造成的碱基错配。以上这种碱基错配的频率估计为 10^{-8}，即 10^8 个碱基中有一个碱基是不配对的错误碱基。

由于 DNA 的完整性和精确性是生命的根本所在，因而细胞中演化出一种特殊的修复系统，专门来纠正双链 DNA 分子存在的错误配对的碱基，称为错配修复系统（mismatch repair system）。从本质上说，错配修复也是一种特殊的切除修复，它能够在下一轮 DNA 复制之前，迅速准确地找到 DNA 分子中的错配碱基对，并准确完成新链中错配碱基的切除反应，从而使得人们实际测量到的突变频率为 10^{-10} 或 10^{-11}。

对于错配修复系统而言，一个关键问题是如何辨别双链 DNA 分子中哪一条是带有错配碱基的新生链，以确保修复系统纠正错配碱基，而不是改变原来的模板链中的碱基。识别标志与细胞中的甲基化作用有关：在刚刚完成复制的 DNA 区段，亲本链处于甲基化状态，而新生链还处于非甲基化状态，这样的 DNA 是半甲基化的，它成为识别亲本链和新生链的绝佳分子标记。因此错配修复系统被称为甲基化引导的错配修复系统（methyl-directed mismatch repair system）。

在 DNA 中天然的甲基化碱基有两种，一种是 N^6-甲基腺嘌呤（^mA），由脱氧腺苷甲基化酶（Dam）将甲基（-CH₃）转移到靶序列 5′-GATC-3′中的腺嘌呤，将靶序列转变成 5′-GᵐATC-3′。另一种是 5-甲基胞嘧啶，由脱氧胞苷甲基化酶（Dcm）将甲基（-CH₃）转移到靶序列 5′-CC(A/T)GG-3′中的第二个胞嘧啶而成。其中腺嘌呤的甲基化是错配修复系统的识别标志，GATC 序列遍布大肠杆菌基因组，理想条件下平均每隔 256bp（4⁴＝256）就会出现一次 GATC 靶序列，对于新生链序列中的 5′-GATC-3′要等到合成后 2～5min 才会被 Dam 甲基化。也就是说沿着新生的 DNA 链，存在一个甲基化的梯度，靠近复制叉处甲基化程度最小，而亲本链上甲基化程度高并且均一。根据这些特征，错配修复系统就可以识别出模板链和新生链，从而纠正新生链上的不配对碱基。

错配修复系统主要包括错配矫正酶、DNA 聚合酶和 DNA 连接酶，错配矫正酶（mismatch correction enzyme）由基因 *mutH*、*mutL*、*mutS* 所编码，是一个能识别新生链上错配碱基和未甲基化的 GATC 序列的内切核酸酶。错配修复过程如图 2-13 所示。首先 MutS 蛋白与错配位点结合，然后 2 个 MutH 蛋白和一个 MutL 蛋白结合到 MutS 蛋白上形成复合物。在 ATP 提供能量的条件下，DNA 链通过这个蛋白复合物进行双向滑动，形成一个含有错配碱基在内的 DNA 环，蛋白复合物中的 MutH 蛋白的一个亚基从 5′或 3′方向移动到最近的半甲基化的 GᵐATC/CTAG 序列时，切割未甲基化的链。被切割的 DNA 链在核酸外切酶的作用下从断裂处开始朝错配位点进行降解，然后在 DNA PolⅢ作用下以亲本链为模板合成新的 DNA 链。

错配修复对于去除掺入 DNA 的碱基结构类似物也很重要。一些碱基结构类似物能够与模板上的碱基配对生成氢键而不被 DNA 聚合酶的校对功能所识别，但是这种碱基类似物常有烯醇式和酮式的转变，因而在下一轮复制时可能会引发突变。错配修复系统能在下一轮复制之前将碱基类似物去除。

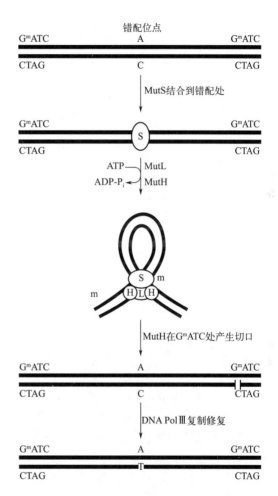

图 2-13 甲基化引导的错配修复系统

（四）重组修复

在正常的细胞中，除了切除修复 Uvr 系统外，还有 Rec 修复系统，其以不同的途径消除胸腺嘧啶二聚体造成的后果。Rec 修复系统和 Uvr 系统是两个相对独立的修复系统。Uvr 系统负责切除大量的胸腺嘧啶二聚体，而 Rec 修复系统则负责消除那些没有被切除的二聚体可能造成的可怕后果。

细胞中含有嘧啶二聚体或其他结构损伤的 DNA 可以通过两种途径使得 DNA 复制继续

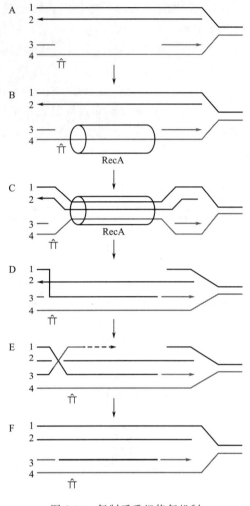

图 2-14　复制后重组修复机制

进行，一种是所谓的二聚体后起始合成（postdimer initiation synthesis），由重组修复系统负责；另一种是所谓的超越二聚体合成（transdimer synthesis），由 SOS 修复系统负责。

重组修复系统中，DNA 复制过程当 DNA 聚合酶Ⅲ靠近或到达胸腺嘧啶二聚体位点时，便无法合成新的子链，复制又停止前进，大约暂停 5s，而后 DNA 聚合酶Ⅲ在二聚体的后面（即顺流方向）相当的距离以一种未知的机制起始 DNA 复制，这种起始很可能不需要引发，很可能是下一个冈崎片段的起点。这样一来模板链上有一个二聚体，新合成的子链上就有一个大小约 1500bp 甚至更大的缺口，在合成的子链上存在许多大的缺口，这样的 DNA 分子如不经修复，是无法再复制下去的。然而通过姐妹链的交换机制，就能产生一条完整的 DNA 链，作为下一轮复制的模板。虽然原来亲本链上的二聚体仍然存在，但是细胞却完成了这一轮复制。亲本链上的二聚体可能被随后的切除修复或其他修复机制去除；或者虽然没有去除，但是随着细胞分裂的进行，这种损伤的 DNA 在细胞群体中逐渐被"稀释"（图 2-14）。不过，若两条链上的两个二聚体处于非常近的位置，则重组修复系统无法进行修复。

重组修复是非常重要的修复机制，它不同于切除修复处理的是 DNA 亲本链上胸腺嘧啶二聚体，需要等待很久后细胞的 DNA 才能复制。重组修复发生在 DNA 复制之后，是先复制再修复，因而重组修复又称为复制后修复（post-replication repair），修复处理的是 DNA 子链上的缺口损伤。重组修复还能修复某些不能为切除修复所去除的损伤，比如某些损伤并不引起 DNA 双螺旋的变形，但确实阻碍了复制的进行。对于这些损伤，Rec 修复系统比切除修复系统更为有效。在各种 DNA 损伤中 DNA 分子的双链断裂是最严重的一种，原核生物和单细胞真核生物主要通过同源重组实现修复。

在许多细菌中都发现了重组修复，重组修复所涉及的基因大多是细胞正常的遗传重组所需的基因，但重组修复和正常的遗传重组并不是完全一致的。在这个系统中，最关键的基因是 *recA*。RecA 具有催化 DNA 分子之间的同源联会和交换单链的功能，这对于正常的遗传重组和重组修复都是必不可少的。这两个系统还需要 *recBCD* 基因，RecB、RecC、RecD 是核酸外切酶 V 的亚基。

值得一提的是，RecA 这一特别的蛋白质不但有重组活性，催化 DNA 重组过程中同源单链的交换，直接参与 DNA 损伤的重组修复，而且还有单链 DNA 结合活性，形成 ssDNA-

RecA 以及由此产生的蛋白酶活性。正是这种蛋白酶活性诱发了许多基因特别是修复系统基因的表达，其中包括切除修复系统、重组修复系统和 SOS 修复系统。

（五） SOS 修复系统

大多数 DNA 损伤修复系统都是组成型的（表 2-3），在细胞中一直处于激活状态，但也有少数的 DNA 损伤修复系统只有在特定信号作用下被诱导表达。最典型的就是大肠杆菌的 SOS 修复系统。

表 2-3 大肠杆菌中与 DNA 损伤修复有关的基因产物

基因	细胞中该基因突变的效应	基因产物	功能
uvrA	对紫外线敏感	修复内切酶的 ATPase 亚基	除去胸腺嘧啶二聚体
uvrB	对紫外线敏感	修复内切酶的亚基	
uvrC	对紫外线敏感	修复内切酶的亚基	
uvrE	对紫外线敏感	未知	未知
recA	① 重组缺陷 ② DNA 损伤后不能诱发修复途径	RecA 蛋白，40kDa	① 重组及重组修复所需的 DNA 链交换活性 ② 诱导 SOS 修复系统所需的蛋白酶活性
recB	重组缺陷	外切核酸酶 V 的亚基	重组及重组修复所需
recC	重组缺陷	外切核酸酶 V 的亚基	
recD	重组缺陷	外切核酸酶 V 的亚基	
sbcB	抑制 *recBCD* 突变	外切核酸酶 I	未知
recF *recJ* *recK*	重组修复缺陷；在 *recBCD*、*sbcB* 突变体中重组缺陷	未知	未知
recE	重组缺陷	外切核酸酶 VIII	未知
umuC	不能产生 SOS 修复的突变效应	未知	未知
lon	UV 敏感，中隔缺失	结合于 DNA 的 ATP 依赖性的蛋白酶	控制荚膜多糖合成的基因
mutH，*mutL*，*mutS* 等 *mut* 基因	增加突变率	错配矫正酶亚基	错配修复系统所需
dam	UV 敏感，增加突变率	DNA 腺嘌呤甲基化酶	错配修复系统所需
lexA	使许多修复系统基因，特别是 SOS 系统的基因失去调节	阻遏蛋白，40kDa	控制许多修复系统基因的表达

1. UV 复活和 SOS 反应（SOS response）

紫外线照射过的大肠杆菌比没有照射过的大肠杆菌更能支持紫外线照射过的 λ 噬菌体的生长。这一现象叫做 UV 复活或 W 复活（以纪念这一现象的发现者 Jean Weigle）。

　　细菌在紫外线、丝裂霉素 C、烷化剂等作用下，造成了 DNA 损伤，从而抑制了 DNA 的复制。在这种情况下，细胞会产生一系列的表型变化，包括对损伤 DNA 的修复能力迅速增强、诱变率提高、细胞分裂停止，以及 λ 原噬菌体的诱导释放，这些反应统称 SOS 反应。SOS 修复只是 SOS 反应的一部分。不单单是造成 DNA 损伤的因素可以引发 SOS 反应，其他凡能抑制 DNA 复制的因素，如胸腺嘧啶饥饿、加入 DNA 复制的抑制剂以及某些重要的 DNA 基因突变等，均能触发 SOS 反应。

2. SOS 修复机制

　　SOS 修复系统的介入是紫外线诱发突变的主要原因，它能以某种方式对 DNA 聚合酶进行修饰，如改变某一个负责校对功能的亚基。称为 DNA 聚合酶 V，它能跨越嘧啶二聚体损伤，持续进行 DNA 合成，但具有易错或致突核酸聚合活性。

　　SOS 修复是一种旁路系统，它允许新生的 DNA 链越过胸腺嘧啶二聚体而生长，其代价是保真度的极大降低，这是一个错误潜伏的过程。有时尽管合成了一条和亲本一样长的 DNA 链，但往往没有功能。其原则是丧失某些信息而存活总比死亡好一些。SOS 修复系统引起校对系统的松懈，以使得聚合作用能够向前越过二聚体（超越二聚体合成），而不管二聚体处双螺旋结构的变形。

　　当 SOS 修复系统被活化以后，校对系统就大大丧失了识别双螺旋变形的能力，从而结束空耗过程，使得复制再继续前进。错误的碱基可以出现在生长链的任何位置，由于校对功能的丧失，在新合成的链上有比正常情况多得多的不配对错配碱基。这种情况下，虽然这些错配碱基可以被错配修复系统和切除修复系统纠正，但由于数量太大，没有被纠正的错配碱基仍然很多。

3. recA 基因和 lexA 基因

　　SOS 修复系统牵涉的几个基因中最清楚的是 recA 基因和 lexA 基因（即对紫外线抗性基因）。生物在长期的进化过程中，已经有了优良的校对功能以确保在复制中保持极高的准确性。在正常的细胞中，SOS 系统是关闭的，这一作用是通过 lexA 基因产物来实现的。LexA 蛋白是一种阻遏蛋白，结合在 SOS 系统中各基因的操纵子上，从转录水平上控制这些基因，使得这些基因没有活性，很少产生转录产物。在 SOS 修复系统的诱发过程中，LexA 蛋白起到了分子开关的作用。

　　recA 基因长 1059bp，包含 353 个氨基酸，分子质量为 40kDa。recA 基因产物有三种主要的生物化学活性：一是重组活性；二是单链 DNA 结合活性；三是蛋白酶活性。RecA 蛋白酶是一种特异的内肽酶，只作用于少数几种蛋白质的丙氨酸-甘氨酸之间的肽键，LexA 蛋白就是其中之一，将底物一分为二。

　　LexA 蛋白是一种阻遏蛋白，分子质量为 22kDa，在正常细胞内 LexA 蛋白非常稳定，控制着许多操纵子的表达，特别是各修复系统的基因，包括 recA、lexA、uvrA、uvrB、umuC、himA 等 17 个基因，统称 din 基因（damage inducible genes），又称为 SOS 基因。在这些基因中有的基因只有在 DNA 复制受到抑制时才表达；有的在正常的细胞中就有低水平的表达，而在 DNA 受到损伤时表达量急剧增加。在大肠杆菌的对数生长期，每个细胞有 2000～5000 个 RecA 分子，而在引起 DNA 损伤的处理之后（如紫外线、丝裂霉素 C、萘啶酮酸等），迅速增加到 15 万个分子。

　　当细胞中 DNA 合成正常进行时，RecA 蛋白是没有蛋白酶活性的。然而当 DNA 合成受到阻遏时，一部分已经存在于细胞中的 RecA 蛋白就转变为有活性的蛋白酶，这种活化作用需要单链 DNA。

如果 LexA 蛋白被水解成两个片段，就不能再阻止 SOS 基因的转录，从而开启了 SOS 系统。当修复完成时，DNA 合成转入正常，RecA 蛋白又失去了蛋白酶活性，LexA 蛋白又得以控制 SOS 系统基因的转录，从而关闭 SOS 系统（图 2-15）。

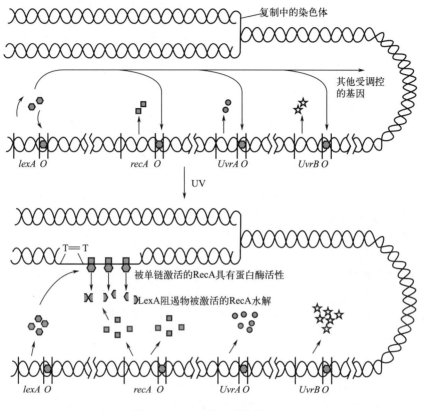

图 2-15　SOS 修复系统及原理

值得一提的是，在 SOS 系统的激活过程中，lexA 基因的表达也大量增加，这些大量增加的 LexA 注定要被 RecA 降解掉，一旦细胞度过了 DNA 复制受阻的难关，则 RecA 的蛋白酶活性很快消失，而大量产生的 LexA 又立即占领所有的 SOS 框，从而迅速关闭 SOS 系统。因为 SOS 修复过程是一个错误潜伏的过程，细胞不到万不得已是不会启动这一系统的。

光复活、切除修复和二聚体糖苷酶修复都是修复模板链，而重组修复是形成一条新的模板链，SOS 是产生连续的子链。SOS 修复是唯一导致突变的修复，其余的修复机制都是将 DNA 损伤恢复到损伤前的状态或产生与亲本完全相同的子代 DNA。

四、突变基因的形成

（一）前突变的不同命运

从前突变到突变基因的形成要经过相当复杂的过程，并不是所有突变都能形成突变体。当发生一个前突变后，要经过复制才能形成突变基因。在 DNA 复制过程中修复系统会对变异 DNA 进行修补，还有校正机制的作用和一系列酶反应都有可能使其复原，以保证生物自身遗传物质的相对稳定。也就是说 DNA 的结构发生改变后，经过多种修复作用后有两种可能性：一种是 DNA 变异分子经过修复系统修补后恢复成原有的 DNA 分子结构，不能形成突变体；另一种是 DNA 突变分子在复制过程中排除或克服修复系统的作用而成为突变体（图 2-16）。

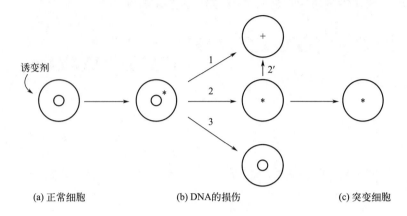

（a）正常细胞　　　　　　　（b）DNA的损伤　　　　　　　（c）突变细胞

图 2-16　前突变的可能结果

1—由于损伤未修复导致细胞死亡；2—通过错误的修复而固定损伤，细胞基因突变，这种突变也可能是致死的；3—通过正确修复而恢复原序列

上述的修复系统似乎能修复一切损伤，然而实际上当射线和化学物质作用时，还是会出现细胞大批死亡。其原因一是 DNA 产生了不可修复的损伤，如射线引起 DNA 双链在同一点断裂；二是修复系统本身受到损伤；三是修复系统被饱和，修复不了大量的损伤；四是修复引起的突变导致产生的对细胞生存所必需的产物没有活性。

（二）环境因素的影响

基因突变和 DNA 的损伤修复有关，所以影响修复系统中的酶活性的环境因素都能影响基因突变。例如咖啡碱能抑制切除修复系统中的酶，所以对于紫外线的诱变作用有强化效应。依赖于蛋白质合成的 SOS 修复系统属于促进差错的类型，因而丰富的培养基对于诱变作用有强化效应，而氯霉素则相反。

本身没有诱变作用，但是对于诱变剂的诱变作用具有增强效应的物质称为助变剂（comutagen），例如色氨酸焦化后转变为两种诱变剂和两种助变剂（图 2-17）。一些金属盐类如氯化锂、硫酸锰等本身没有诱变效果，但是与其他诱变剂复合使用，能发挥显著作用。而能够减弱诱变剂的诱变效应的物质称为抗变剂（anti-mutagen）。例如亚硝基胍（NTG）的诱变效应能被氯化钴和红细胞中的含硫化合物所减弱。

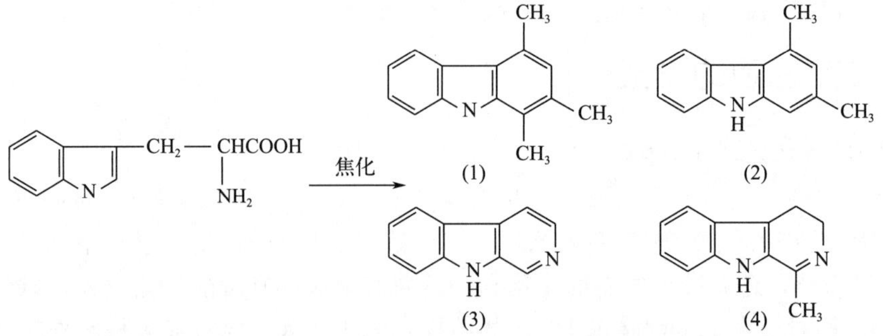

图 2-17　色氨酸焦化后转变为两种诱变剂（1）、（2）和两种助变剂（3）、（4）

五、从突变到突变表型

突变基因的出现并不意味着突变表型的出现，表型的改变落后于基因型的改变称为表型延迟（phenotype lag）。表型延迟现象是指微生物通过自发突变或人工诱变而产生新的基因型个体所表现出来的遗传特性不能在当代出现，其表型的出现必须经过 2 代以上的繁殖复制。

表型延迟的原因有两种，分别为分离性表型延迟（segregational lag）和生理性表型延迟（physiological lag）。

当突变发生在多核细胞的某一个核，该细胞就成为了杂核细胞。如果突变基因是隐性的，突变细胞的表型仍然是野生型的，那么直到通过细胞分裂出现同一细胞中所有细胞核都含有突变基因时，细胞的表型才是突变型，这一过程称为分离性表型延迟。

生理性表型延迟是由于原有基因产物的影响。野生型细胞中每个基因的功能产物，例如某种酶聚集在细胞内，当某个基因突变后，虽然失去了产生这种功能产物的能力，但是原有的功能产物仍然能起作用，必须要经过几代繁殖后，子细胞中原有的基因产物浓度逐步被稀释降低到最低限度，才表现出突变表型，这就是生理性延迟。

第三节　自发突变的机制

基因突变的机制是多样性的，可以分为自发突变（spontaneous mutation）和人工诱发突变（induced mutation）两大类。

自发突变是在自然状态下基因发生的突变，自发突变的产生并不是没有原因的。研究表明，引起自发突变的原因很多，包括微生物细胞所处的环境条件，如自然界中的各种辐射、环境中的化学物质；细胞内自身的化学反应所产生的代谢产物的诱变作用；DNA 分子内部自身的运动和自发损伤；DNA 的复制差错以及修复能力的缺陷；转座因子的转座作用等（图 2-18）。

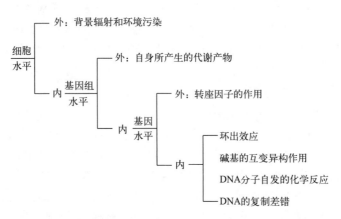

图 2-18　自发突变的原因

一、DNA 的复制差错

DNA 复制的精确性取决于复制过程的保真性和错误修复系统的有效性。在 DNA 复制过程中，复制差错可能源于 DNA 聚合酶产生的错误，DNA 分子运动而造成的碱基配对错误，以及修复系统的各种缺陷所导致的结果，这些错误和损伤并不都会形成突变，它们将会被细胞内大量的修复系统修复，使得突变率降到最低限度，以维护子代 DNA 的遗传稳定性。只有当复制过程中出现的错误或损伤，而校正系统失去活性或者错配修复系统未能有效修复时，才会再经过复制形成突变。

二、DNA 分子自发的化学变化

自发脱氨氧化作用。在 DNA 分子中，胞嘧啶 C 是一种不稳定的碱基，它很容易发生氧化脱氨基作用，自发地变成尿嘧啶 U 而形成错配的碱基对（图 2-19）。

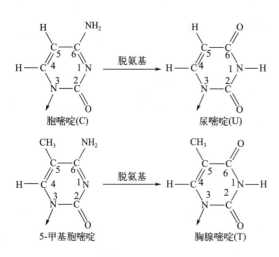

图 2-19 自发脱氨作用

5-甲基胞嘧啶（^{5m}C）是基因组中常见的一种经甲基化修饰的碱基，^{5m}C 同样易于自发脱氨基转变为胸腺嘧啶 T，则 DNA 链上的 GC 配对就变成 GT 的错配。如果 DNA 修复系统不完善，在下一轮 DNA 复制前，未能修复这一损伤，那么由于 DNA 双链的无义链上 ^{5m}C 转换为 T 后，使下一次复制中的有义链发生 G→A 的转换，子代 DNA 发生 GC→AT 的突变。

此外，腺嘌呤 A 脱氨基变成次黄嘌呤 H，其与胞嘧啶 C 配对。在复制过程中，就会出现碱基错误掺入而带来基因突变的可能。

三、DNA 分子的运动

由于 DNA 分子的运动，造成复制过程中的碱基配对的错误，引起自发突变。DNA 分子的运动包括 DNA 复制时运动引起的环出效应和 DNA 分子中碱基的互变异构作用。据统计，在 DNA 分子的复制过程中，每个碱基对配对错误的发生频率为 $10^{-11} \sim 10^{-7}$，而一个基因的平均长度约 1000bp，所以，由于碱基配对错误引起的某个基因的自发突变率为 $10^{-8} \sim 10^{-4}$。

（一）碱基的互变异构作用

自然界中互变异构是一个普遍现象，在细胞内 DNA 的碱基存在同分异构现象。根据四种碱基的第 6 位上的酮基和氨基，T 和 G 可以以酮式或烯醇式两种互变异构状态存在，而 C 和 A 可以以氨基式和亚氨基式两种状态存在（图 2-20）。在生理条件下，平衡一般倾向于酮式和氨基式，因而在 DNA 双链结构中总是以 AT 和 GC 的碱基配对方式出现。

碱基的稀有形式及其配对方式不同于正常形式（图 2-20），烯醇式胸腺嘧啶 Te 与鸟嘌呤配对，烯醇式鸟嘌呤 Ge 与胸腺嘧啶配对，而亚氨基式的腺嘌呤 Ai 与胞嘧啶配对，亚氨基式的胞嘧啶 Ci 与腺嘌呤配对。但稀有形式很容易又变为正常形式，如果在 DNA 复制时，这些碱基偶然以稀有的烯醇式或亚氨基式瞬时存在，就会造成碱基配对性质的改变，产生碱基对的错配。对于 DNA 分子来说，在任何一瞬间，一个碱基是酮式或烯醇式，是氨基式或是亚氨基式，以及 DNA 分子中各种可能的局部构型的变化都是无法预测的，所以任何时间任何一个基因都可能发生突变，可是在什么时候、什么基因将发生突

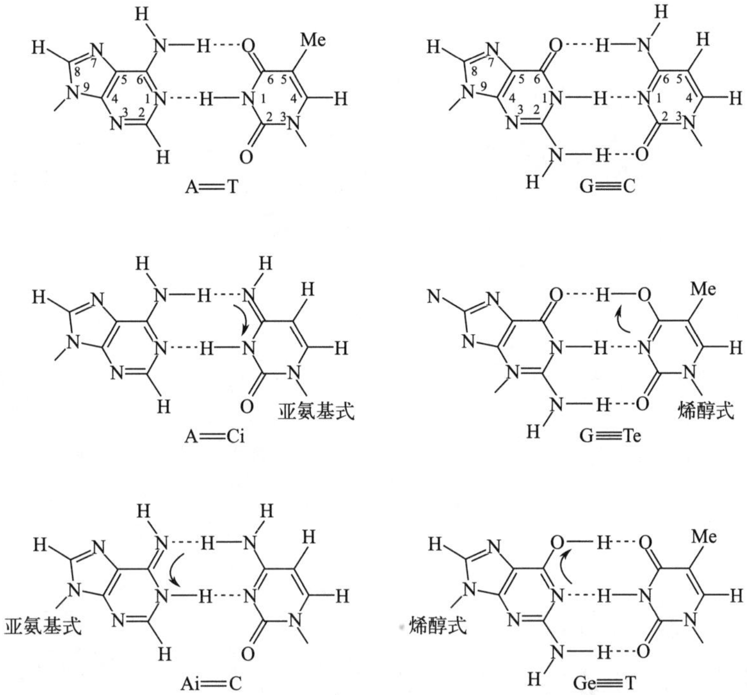

图 2-20　碱基的互变异构及其配对的改变
i—亚氨基式；e—烯醇式

变却是无法预见的。

（二）环出效应（loop out）

在 DNA 复制或修复过程中，由于链的运动，一条 DNA 链发生环状突起，DNA 聚合酶高速复制到此处时，环状突起区域并不复制，这样环状突起区域在子代 DNA 中就会发生缺失。如图 [2-21（1）] 所示，当模板链上有许多同一种碱基连续排列时更容易发生滑移错配（slipped mismatching）。如图 [2-21（2）] 所示，当 DNA 复制到 C 时，模板链上的碱基 G 向外滑动脱出配对位置，使得引物与模板发生过渡性的错排，当复制继续进行时，模板又恢复正常，其结果就在原来应出现 GC 碱基对的地方出现 GA 碱基对。碱基的错误掺入再经过一次 DNA 复制时，便会出现 TA，最终造成 GC→TA 的颠换。

四、转座因子的作用

DNA 序列通过非同源重组的方式，从染色体的某一部位转移到同一染色体上另一部位或其他染色体上某一部位的现象，称为转座（transposition）。转座是由一段特殊的 DNA 序列引起的，这种具有转座作用的 DNA 序列叫转座因子（transposable element，TE），也称可移动基因、可移动遗传因子或跳跃基因。转座因子包括原核生物中的插入序列、转座子以及转座噬菌体（如大肠杆菌的 Mu 噬菌体）等。由于转座因子的转座作用，会使某一段 DNA 分子在染色体上发生位置变化，由此可引发突变。转座因子不仅能在基因组内不同区域转移，而且也能改变插入基因或相邻基因的活性并导致功能改变，引起多种遗传变异，如插入突变和基因重排（缺失、重复、倒位）。

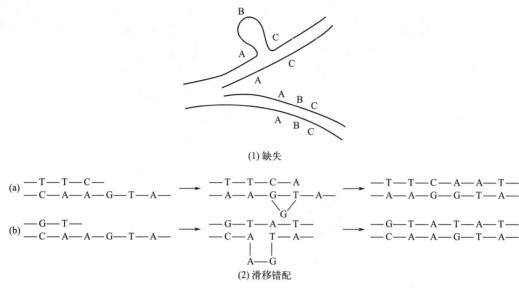

图 2-21　环出效应

五、自身代谢产物的诱变作用

微生物在自身代谢过程中，在细胞内产生的一些化合物如过氧化氢、咖啡碱、硫氰化物、二硫化二丙烯、重氮丝氨酸等具有诱变作用。细胞内所产生的这些物质会作用于 DNA 分子，由此引发突变的产生。

六、背景辐射和环境因素引起的诱变

微生物细胞所处的外环境因素是引起自发突变的主要原因之一。这些环境因素包括宇宙间的短波辐射、紫外线、高温、病毒以及自然界中普遍存在的一些低浓度的诱变物质等。自然环境中的这些低剂量的物理、化学诱变因素会导致 DNA 的变异。随着环境的恶化、臭氧层的破坏，这些因素的作用日益加强。

第四节　诱变剂及其作用机制

基因自发突变的频率是很低的，在实际生产中，为了获得遗传性状优良的菌种，往往通过人为的方法，利用物理、化学因素处理微生物以引起突变，这一过程称为诱发突变，简称诱变。凡是能诱发生物基因突变，且突变频率远远超过自发突变率的物理因子或化学物质，称为诱变剂（mutagen）。诱变剂可以分为两类，即化学诱变剂和物理诱变剂。

采用诱变剂进行的诱发突变与自发突变在效应上几乎没有差异，突变基因的表现型和遗传规律在本质上也是相同的。只是与自发突变相比，诱发突变速度快、时间短、突变频率高。诱发突变在工业微生物菌种选育与改造方面已经取得了惊人的效果。

一、化学诱变剂

化学诱变剂是一类能对 DNA 起作用，改变 DNA 结构，并引起遗传变异的化学物质。

自 20 世纪中后期，在选择有效化学诱变剂的工作中，已经试验过几千种化学物质，发现从简单的无机物到复杂的有机物都有许多具有诱变作用的物质，如金属离子、一般化学试剂、生物碱、代谢拮抗物、生长激素、抗生素、高分子化合物、药剂、农药、灭菌剂、染料等。虽然可以起诱变作用的物质很多，但效果较好的只是少数。由于化学诱变剂用量很少，诱变时设备简单，只要一般实验室的玻璃器皿就行，所以其应用发展较快。但是由于一般诱变剂都有毒，很多又是致癌物剂，所以在使用中必须非常谨慎，要避免吸入诱变剂的蒸汽以及避免使化学诱变剂与皮肤直接接触（尤其是带伤口的皮肤）。最好操作室内有吸风装置或蒸汽罩，有些人对某些化学诱变剂很敏感，在操作时就更应该注意。使用者除了注意自身安全，更要注意防止污染环境，以免造成公害。

化学诱变剂的诱变效应与其理化特性有很大的关系，常用的处理浓度为几微克每毫升至几毫克每毫升，但是这个浓度取决于诱变剂的种类、浓度以及微生物本身的特性，还受水解产物的浓度、一些金属离子以及某些情况下诱变剂延迟作用的影响。一种化学诱变剂处理剂量的参数主要是浓度、处理的持续时间及处理的温度。处理后一般采取稀释法、解毒剂或改变 pH 值等来终止反应。由于诱变过程中，有些诱变剂本身会起变化，因此影响了菌悬液的 pH 值，为此制备菌悬液最好用缓冲液。当然，各种微生物最合适的诱变剂和诱变条件是不一样的，同一诱变剂对不同微生物或同一种微生物在不同条件下处理，效果也不相同。就是在相同条件下，微生物细胞所处的生长阶段不同，处理效果也不相同。所有这些，在设计试验时都应认真考虑。

根据化学诱变剂的作用方式，可以分为三大类，即碱基类似物（base analogue）、碱基修饰剂（base modifier）、移码突变剂（frameshift mutagen）。

（一）碱基类似物

1. 碱基类似物的诱变机制

碱基类似物是指与 DNA 结构中天然的嘧啶嘌呤四种碱基 A、T、G、C 在分子结构上相似的一类物质。如 5-溴尿嘧啶（BU）是胸腺嘧啶（T）的结构类似物，2-氨基嘌呤（2-AP）是腺嘌呤（A）的结构类似物。

当将碱基类似物加入到培养基中，它们可在微生物的繁殖过程中掺入到 DNA 分子中，并与互补链上的碱基生成氢键而配对，从而抵抗 DNA 多聚酶的 $3'→5'$ 的外切酶活性的校对作用。碱基类似物的掺入不影响 DNA 的复制，如果仅仅是单纯的替代也并不会引起突变，因为在下一轮的 DNA 复制时又可以产生正常的分子。然而与四种标准碱基一样，碱基类似物也存在互变异构现象，而且由于电子结构的改变，互变异构现象在碱基类似物中出现的频率比正常的 DNA 碱基更高，可引发子代 DNA 复制时配对性质的改变，从而造成碱基置换突变，所有的碱基类似物引起的突变都是转换而非颠换。

由于其诱变作用是取代核酸分子中的正常碱基，再通过 DNA 复制引起突变的，显然这类诱变剂只对生长态的微生物细胞起作用，而对处于静止态的细胞（如细胞悬液、孢子悬液、芽孢悬液等）是没有效果的。

2. 5-溴尿嘧啶（5-BU）

（1）5-BU 的互变异构　5-溴尿嘧啶是一种常用的突变剂，具有与 T 极为相似的结构（图 2-22）。

在通常情况下 5-BU 以酮式（5-BU$_k$）存在，6 位上的酮基使其能和相对位置上腺嘌呤 A 6 位上的氨基之间形成氢键。但当它以烯醇式（5-BU$_e$）同分异构结构存在时，就不再和腺嘌呤 A 6 位上的氨基形成氢键，却可以和鸟嘌呤 G6 位上的酮基形成氢键（图 2-23）。

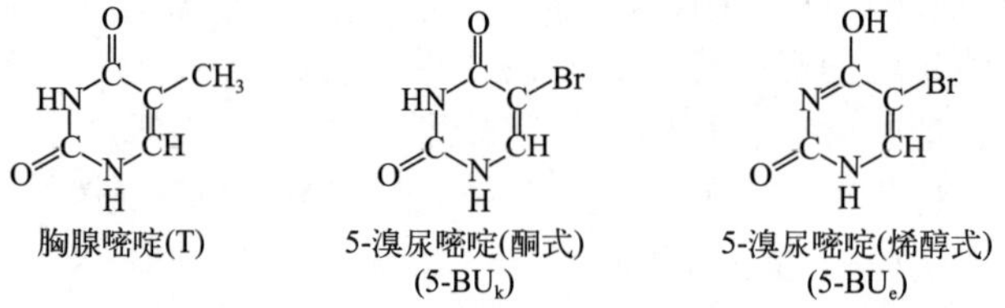

胸腺嘧啶(T)　　　5-溴尿嘧啶(酮式)　　　5-溴尿嘧啶(烯醇式)
　　　　　　　　　　(5-BU$_k$)　　　　　　　　(5-BU$_e$)

图 2-22　5-溴尿嘧啶（5-BU）与胸腺嘧啶（T）的结构对比

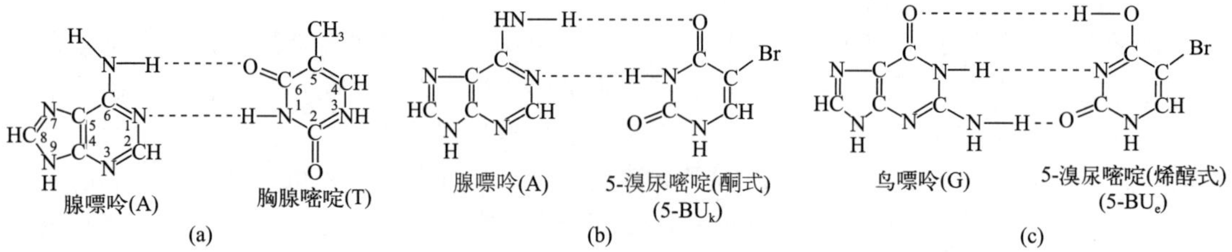

腺嘌呤(A)　　胸腺嘧啶(T)　　　　腺嘌呤(A)　　5-溴尿嘧啶(酮式)　　　鸟嘌呤(G)　　5-溴尿嘧啶(烯醇式)
　　　　(a)　　　　　　　　　　　　　　　(5-BU$_k$)　　　　　　　　　　　　　(5-BU$_e$)
　　　　　　　　　　　　　　　　　　　(b)　　　　　　　　　　　　　　　　(c)

图 2-23　5-溴尿嘧啶（5-BU）的碱基配对

由于 5-溴尿嘧啶分子中 5 位上的 Br 是电负性很强的原子，改变了酮式和烯醇式之间的平衡关系，使其烯醇式结构较为经常地出现，但出现的频率相对于酮式的 5-BU 还是要低一些，因此可以将 5-BU$_k$ 理解为正常的出现形式，将 5-BU$_e$ 理解为错误的出现形式。

（2）5-BU 诱发的突变　　5-BU 可以以两种不同的互变异构体的形式出现在 DNA 分子中，在 5-BU 掺入 DNA 后必须经过两轮复制才能产生稳定可遗传的突变。

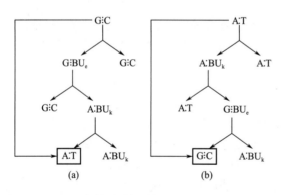

图 2-24　5-BU 所引起的掺入错误（a）和复制错误（b）

在第一次 DNA 复制过程中，若 5-BU 以"正常"形式的 5-BU$_k$ 取代 T 掺入 DNA 分子后，在第二次复制的瞬间呈现"错误"形式 5-BU$_e$，此时，G 出现在 BU 相对的位置上，第三次复制时 C 就会出现在 G 相对的位置上，其结果是，一个双链 DNA 分子经过三次复制所形成的 8 个分子中，就有一个发生了 AT→GC 的转换。这种 5-BU 以"正常"形式掺入 DNA 分子，在复制的瞬间呈现"错误"的形式，称作复制错误，可诱发 AT→GC 的转换。同样，如果 5-BU 在掺入 DNA 分子的瞬间呈现"错误"的形式 5-BU$_e$，而掺入以后回复成正常的 5-BU$_k$ 形式，则叫掺入错误，可诱发 GC→AT 的转换（图 2-24）。

（3）5-BU 诱发突变的特点

① 虽然突变是由 5-BU 所引起，但是在突变型 DNA 分子中却并没有由 5-BU 代替 T 的位置。

② 5-BU 可以诱发正向突变，也能够诱发回复突变。如果把 AT→GC 的转换看作是正向突变，那么 GC→AT 的转换就是回复突变。

③ 5-BU 更容易诱发 GC→AT 的转换。游离状态的 5-BU 比结合于 DNA 分子中的 5-BU

呈 5-BU。形式出现的频率要高，因为结合于 DNA 分子中的 5-BU 上的溴原子的作用部分被邻近基团所抵消，所以，DNA 分子中的 5-BU$_k$ 异构成 5-BU。的可能性与游离状态的 5-BU 相比更低，由此，5-BU 多是通过掺入错误而诱发突变的。

3. 2-氨基嘌呤

2-氨基嘌呤（2-aminopurine，简称 2-AP）是另一种常用的碱基类似物突变剂。2-AP 具有氨基和亚氨基两种异构形式，但氨基形式是 2-AP 的主要存在形式（图 2-25）。一般情况下，2-AP 能替代腺嘌呤与胸腺嘧啶配对，氨基式 2-AP 通过两个氢键与 T 配对，亚氨基式 2-AP* 通过一个氢键与 C 配对，但此时由于只有一个氢键，结合的牢固程度相对较低，所以 2-AP 与 5-BU 一样，也能诱发 AT↔GC 两个方向的转换，不过比较容易诱发 AT→GC 这一转换。在饥饿的细菌中，发生的频率更大。2-AP 与 5-BU 性质不同，尽管 2-AP 掺入 DNA 的量少，但能造成比 5-BU 更多的错误。

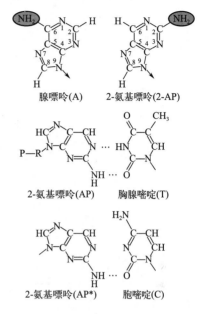

图 2-25　2-氨基嘌呤的不同配对性质

（二）碱基修饰剂

许多化学物质都能以不同的方式修饰 DNA 的碱基，从而改变其配对性质而引起突变。改变碱基结构的化学修饰剂包括脱氨剂、羟化剂、烷化剂。图 2-26 为最典型和常见的碱基修饰突变剂亚硝酸（HNO_2）、羟胺（NH_2OH）、甲基磺酸乙酯（EMS）和 N-甲基-N'-硝基-N-亚硝基胍（NTG）的分子式。

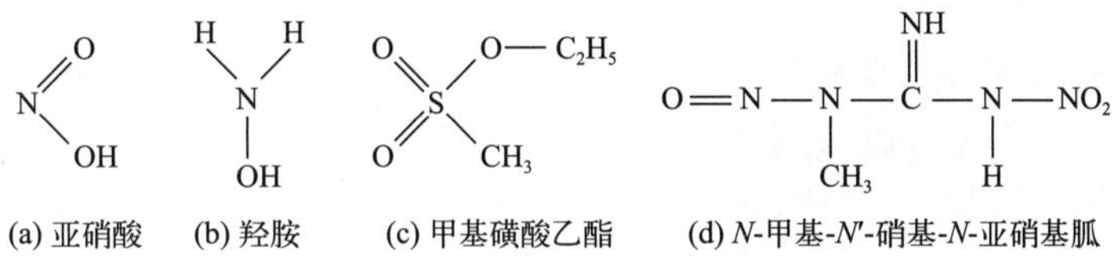

(a) 亚硝酸　(b) 羟胺　(c) 甲基磺酸乙酯　(d) N-甲基-N'-硝基-N-亚硝基胍

图 2-26　常见的碱基修饰剂

1. 脱氨剂

亚硝酸（nitrous acid）是典型的脱氨剂。凡是含有 NH_2 的碱基（A、G、C）都可以被亚硝酸作用产生氧化脱氨反应，使得氨基变为酮基，然后改变配对性质，造成碱基转换突变。与碱基类似物机制相似，不同的是碱基类似物是在 DNA 复制时由外界掺入，而亚硝酸是氧化 DNA 链上已有的碱基。然后同样需要两轮复制才能产生稳定的突变。

在亚硝酸作用下，胞嘧啶可以变为尿嘧啶，复制后可引起 GC→AT 的转换；腺嘌呤可以变为次黄嘌呤，复制后可引起 AT→GC 的转换，鸟嘌呤可以变为黄嘌呤，它仍然与 C 配对，因此不引起突变（图 2-27）。尿嘧啶、次黄嘌呤、黄嘌呤都可以为各自的糖基酶修复系统所修复，如果当修复系统还未来得及修复时，DNA 就开始复制，前两者则导致突变。

亚硝酸除了脱氨基作用以外，还可以引起 DNA 两条单链之间的交联作用，阻碍双链分

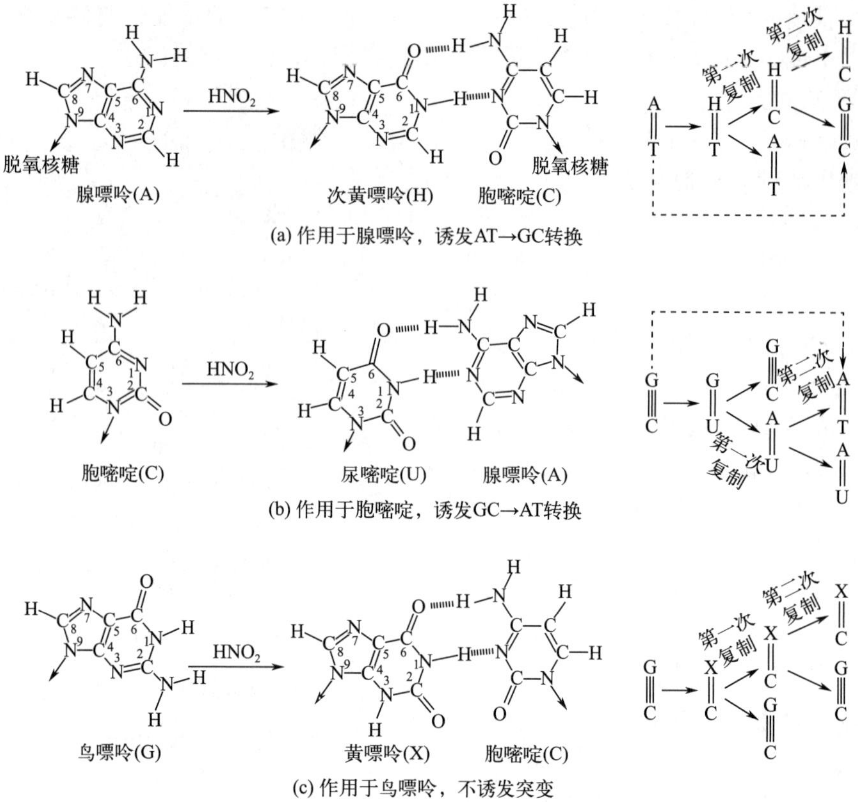

图 2-27　亚硝酸的脱氨基作用及其诱发的突变

开，影响 DNA 复制，也能引起突变。

2. 羟化剂

羟胺（hydroxylamine）是典型的羟化剂，是具有特异诱变效应的诱变剂，能专一性诱发 GC→AT 的转换，对噬菌体及离体 DNA 专一性更强。

羟胺主要作用于 DNA 分子上的胞嘧啶，使之形成羟化胞嘧啶（图 2-28）。羟化后的胞嘧啶不再与 G 配对，而是与 A 配对，从而引起 GC→AT 的转换。羟胺的这种专一性的诱变作用在 pH6.0 的环境中特别突出。在不同的 pH 和不同的羟胺浓

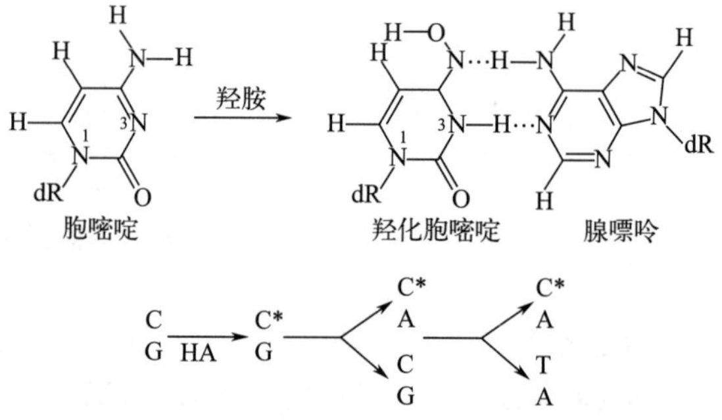

图 2-28　羟胺的诱发突变作用

度时有不同的产物，此外羟胺还能和细胞中的一些其他物质发生反应产生过氧化氢，这是非专一性的突变剂。

3. 烷化剂

（1）烷化剂及烷化作用　烷化剂是诱发突变中一种相当有效的化学诱变剂，这些化学物质具有一个或多个活性烷基，此烷基能转移到其他分子中电子密度极高的位置上去，它们易取代 DNA 分子中活泼的氢原子，使 DNA 分子上的一个或多个碱基及磷酸部分被烷化，从

而改变 DNA 分子结构，使 DNA 复制时导致碱基错配而引起突变。

烷化剂中活性烷基的数目表示它具有单功能、双功能或多功能。单功能烷化剂包括亚硝基类、磺酸酯类、硫酸酯类、重氮烷类和乙烯亚胺类化合物，双功能烷化剂则包括硫芥子类与氮芥子类等。所有这些物质通过烷化磷酸基、嘌呤和嘧啶而与 DNA 作用，因而双功能烷化剂的毒性比那些单功能的强。部分烷化剂和烷化碱基如图 2-29 所示。

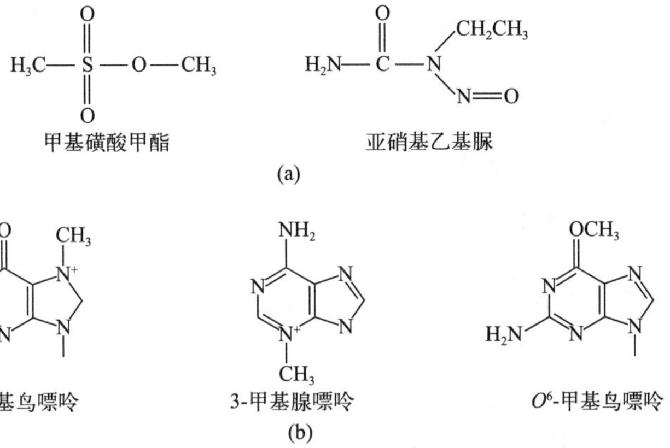

图 2-29 部分烷化剂（a）和烷化碱基（b）

碱基中最容易发生烷化作用的是嘌呤类。其中鸟嘌呤 N7 是最易起反应的位点，几乎可以被所有烷化剂所烷化。此外 DNA 分子中比较多的烷化位点是鸟嘌呤 O6、胸腺嘧啶 O4，这些可能是引起突变的主要位点。其次引起烷化的位点是鸟嘌呤 N3、腺嘌呤 N2、腺嘌呤 N7 和胞嘧啶 N3，但这些位点引起碱基置换的仅占烷化作用的 10% 左右，由这些位点的改变所引起的突变仅是少数。

（2）烷化剂的诱变机制 烷化剂的诱变机制比较复杂，有的尚未完全弄清。但是碱基转换引起错误配对是造成基因突变的主要原因。研究表明烷化剂通过对鸟嘌呤 N7 位点的烷化而导致突变有三种可能：一是烷化嘌呤引起碱基配对错误，二是脱嘌呤作用，三是鸟嘌呤的交联作用。

由于鸟嘌呤 N7 的烷基化，使之成为一个带正电荷的季铵基团，这个季铵基团产生两个效应：一是促进第 1 位氨基上的氢解离，由原来的酮式变为不稳定的烯醇式，烯醇式的烷基鸟嘌呤不能和胞嘧啶 C 配对，而是和胸腺嘧啶 T 配对，由此造成 GC→AT 转换（图 2-30），即烷化嘌呤引起碱基配对错误。二是 N7 成为季铵基团后，减弱了 N9 位上的 N-糖苷键，引起脱氧核糖-碱基键发生水解，使鸟嘌呤从 DNA 分子上脱落，而产生了去嘌呤作用（图 2-31）。大部分的无嘌呤位点都可以被无嘌呤内切酶系统所修复，但是有时在完成修复前复制就进行了，因此会在无碱基位点上插入任何一种碱基。在第二轮复制后，原来的 GC 就可能变为任何碱基对，有可能是转换，也有可能是颠换。

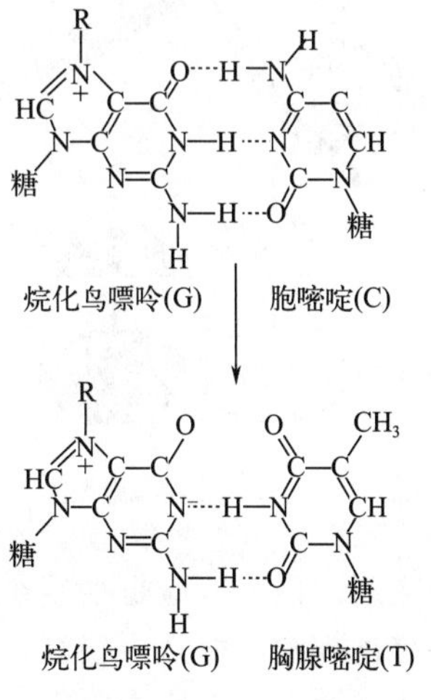

图 2-30 烷化鸟嘌呤的碱基配对

此外烷化剂可以使两个鸟嘌呤通过 N7 位点的共价结合而发生交联（图 2-32），交联可以发生在 DNA 分子中的单链内部相邻位置，也可以发生在两条单链之间。链内的交联往往会引起碱基置换，而链间的交联会严重影响 DNA 的复制，引起染色体畸变甚至个体的死亡。一般双功能烷化剂易引起 DNA 双链间的交联。

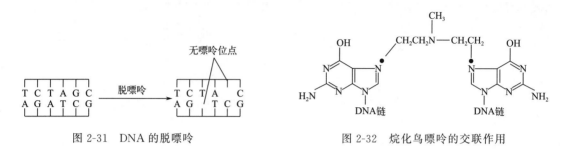

图 2-31　DNA 的脱嘌呤　　　　　　　　图 2-32　烷化鸟嘌呤的交联作用

碱基置换引起的突变是由于最终合成了新的蛋白质。由图 2-33 可见，突变导致了第三代细胞蛋白质的改变。

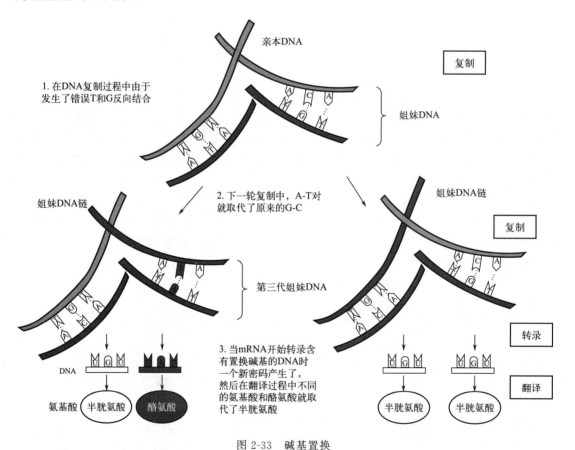

图 2-33　碱基置换

烷化剂的诱变效应也很复杂，它们能够诱发 DNA 多种突变，且形成各种突变类型。其中有些烷化剂的诱变效应很高，称为超级诱变剂，如亚硝基胍（NTG）。在实际应用烷化剂时，要注意由于它们具有很高的活性，而且能与水起作用，所以溶液必须在使用前配制，水溶液不易贮藏。水合作用后，通常就形成没有诱变能力的化合物，并且是有毒的。常见烷化剂及其主要性质如表 2-4 所示。

表 2-4　常见烷化剂的主要性质

烷化剂名称	理化特性			pH7 水中半衰期/h			分子量
	状态	水溶性	熔点或沸点	20℃	30℃	37℃	
甲基磺酸乙酯（EMS）	无色液体	约 8%	沸点 85～86℃（10mmHg）	93	26	10.4	124
乙烯亚胺（EI）	无色液体	易溶于水	沸点 56℃（760mmHg）				43
亚硝基乙基脲（NEU）	粉红色液体	约 5%	沸点 53℃（5mmHg）		84		117
亚硝基甲基脲（NMU）	黄色固体				35		103
硫酸二乙酯（DES）	无色油状物	不易溶		3.34	1	0.5	
亚硝基胍（NTG）	黄色固体		熔点 118℃				

（三）移码突变剂

移码突变剂是一类能够嵌入到 DNA 分子中的物质，包括吖啶类染料（acridine dye）、溴化乙锭（ethidium bromide，EtBr）和一系列 ICR 类化合物（图 2-34）。吖啶类衍生物都是平面的三环化合物，大小与嘌呤-嘧啶对大致相当，在水溶液中能与碱基堆积在一起，并插入到两个碱基对之间。ICR 类化合物是一系列由烷化剂和吖啶类相结合而形成的化合物，因由美国癌症研究所（The Institute for Cancer Research）合成而得名。

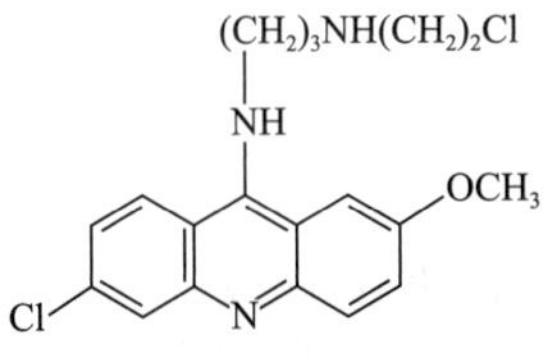

ICR-191

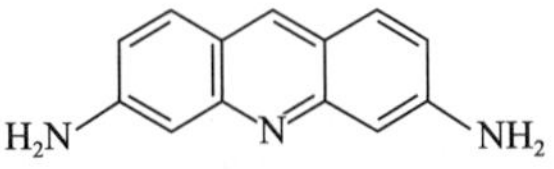

原黄素

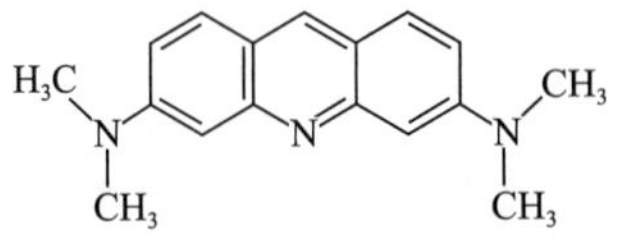

吖啶橙

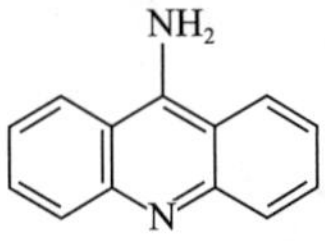

5-氨基吖啶

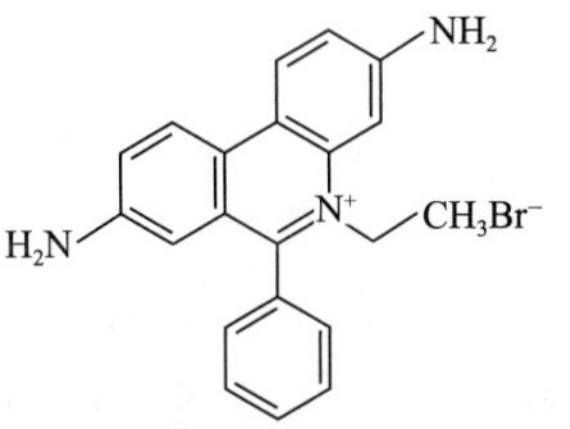

溴化乙锭

图 2-34　移码诱变剂

移码突变剂的诱变机制和它能嵌入到 DNA 分子中间这一特性有关。如图 2-35 所示，在 DNA 两个碱基之间插入扁平的染料分子，迫使相邻的两个碱基之间距离拉宽，使得 DNA

分子的长度增加。在复制过程中随着双螺旋伸展或解开一定的长度，造成阅读框的滑动，由于子代 DNA 分子上减少或增加一个或数个碱基，若增减的碱基数不是 3 的倍数，就会引起此后全部三联密码转录、翻译错误，导致移码突变。

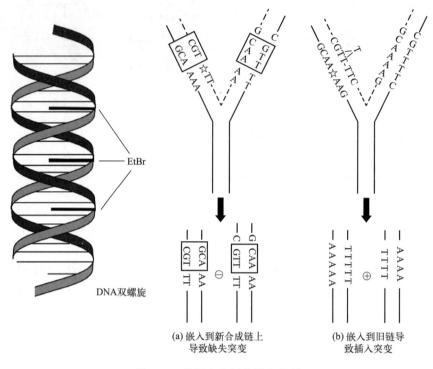

图 2-35　移码突变剂的诱变机理

移码诱变剂的嵌入并不导致突变，必须通过 DNA 的复制才形成突变，因此这类诱变剂只能作用于生长态的细胞。例如分子生物学实验室中利用溴化乙锭能嵌入到 DNA 分子的特性，将其作为常用的 DNA 染料；而在微生物遗传育种中溴化乙锭是酵母菌小菌落突变型的有效诱变剂。

二、物理诱变剂

物理诱变因素很多，有非电离辐射类的紫外线、激光和离子束等，能够引起电离辐射的 X 射线、γ 射线和快中子等。诱变育种工作中常用的有紫外线和 γ 射线等。

（一）紫外线

紫外线是波长短于紫色可见光而又紧接紫色光的射线，波长范围为 136～390nm。它是一种非电离辐射，紫外线波长虽较宽，但诱变有效范围是 200～300nm，其中又以 260nm 左右效果最好。其之所以具有诱变作用，主要是紫外线的作用光谱与核酸的吸收光谱相一致，所以 DNA 最容易受紫外线的影响。当然各种微生物对紫外线的敏感性并不相同，有的差异很大，可以相差几千倍，甚至上万倍。一般诱变用 15W 低功率的紫外灯，这时灯光的光谱比较集中于 2537nm，是比较有效的诱变作用光谱。若用高功率紫外灯照射，由于放出的光谱分布比较均匀，范围较宽，效果不如低的好。也有人认为，微生物在生长过程中对紫外线的敏感性，长波比短波更显著。用长波紫外线照射时，若同时加入光敏化物质如 8-假氧基补骨烯（8-methoxypsoralen）诱变效果更好。紫外线诱变育种已沿用多年，目前仍为大家所普遍使用。这种育种效果比较好，操作也方便，例如糖化酶产生菌黑曲霉变异株的出发菌株产酶不到 1000U/mL，经过紫外线诱变后选育的突变株，产量提高到 3000U/mL。

1. 紫外线的诱变机理

已经证明紫外线的生物学效应主要是它引起 DNA 变化而造成的。图 2-36 表示紫外线照射 DNA 后引起的结构改变。由于 DNA 强烈吸收紫外线，尤其是它链上的碱基，因此引起了 DNA 的变化。已知嘧啶比嘌呤对紫外线更敏感，几乎要敏感 100 倍。紫外线引起 DNA 结构变化的形式很多，如 DNA 链的断裂、DNA 分子内和分子间的交联、核酸与蛋白质的交联及嘧啶产生两类光化合物，即水合物和二聚体（环丁烷型的嘧啶二聚体）。二聚体大多数为胸腺嘧啶二聚体 T＝T（图 2-37），但也有 T＝C 和 C＝C 二聚体。其中 T＝T 的形成是改变 DNA 生物学活性的重要原因。

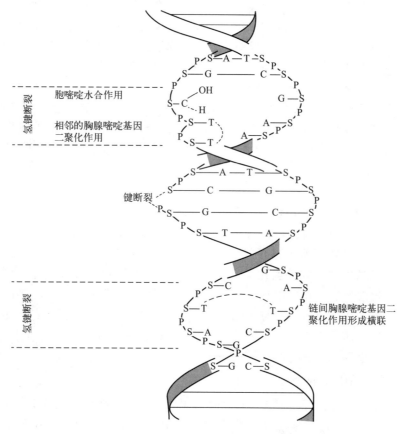

图 2-36　紫外线辐射引起的 DNA 结构变化

通常 T＝T 是在 DNA 链上相邻的嘧啶之间交联而成的。这个二聚体对热和酸都稳定，因为这时两条链的相应部分已由化学键代替了原来的氢键，使连接更为牢固。在 DNA 复制时，两链之间的二聚体会阻碍双链的分开和复制。而在同一链上二聚体的形成则会阻碍碱基的正常配对。

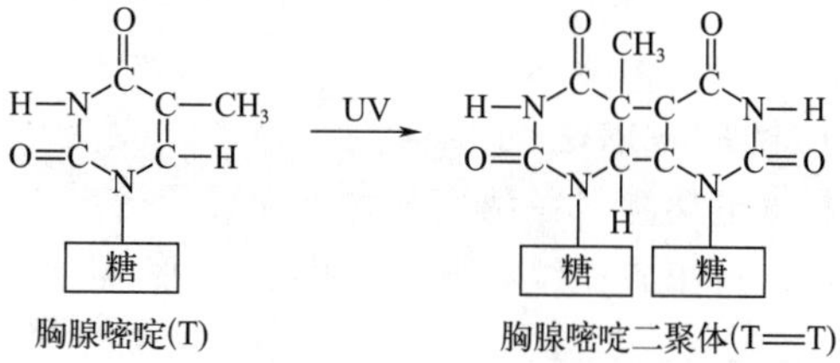

图 2-37　紫外线辐射所形成的胸腺嘧啶二聚体

在正常情况下，T 与 A 配对，若二聚体形成，就要破坏 A 的正常掺入，复制就会在这一点上突然停止或错误进行，以至在新形成的链上有了一个改变了的碱基序列。

在对生物复活能力的试验中，发现复活率与二聚体的减少有对应关系，这就说明紫外线照射后产生二聚体是 DNA 突变的主要原因之一。在被研究过的所有大肠杆菌中，发现每产生一个二聚体所需要的紫外线照射剂量是相同的，为 6 个二聚体/(erg·mm^{-2})[❶]。当然，不同菌株形成 T＝T 二聚体所需能量并不相同。

2. 紫外线剂量的测定

紫外线的强度单位为 erg/mm^2，但测定比较困难，所以在诱变工作中，常用间接法测定，即用紫外线照射的致死时间或致死率作为相对剂量单位。

微生物所受紫外线照射的剂量主要取决于紫外灯的功率、灯与微生物的距离和照射时间。如果距离和功率固定，那么剂量就和照射时间成正比，即可用照射时间作为相对剂量。紫外线的剂量随着灯与被照射物的距离缩短而增加，在短于灯管长 1/3 的距离内，强度与距离成反比关系，在此距离之外，则和距离的平方比成反比关系。按照这个关系，适当增加距离并延长照射时间，可以跟缩短距离及缩短照射时间取得相等的效果。另外，若其他条件固定，分次处理与一次处理的照射时间一致，处理结果也应类似。

在很多文献中，紫外线的照射剂量还用微生物的死亡率来表示，因为在一般情况下，每种菌种在一定条件下对紫外线的抗性是固定的，一定的死亡率必定对应于一定的照射剂量。有时同一类型的紫外线灯管所产生的紫外线波长范围会有不同，所以紫外线强度也不尽相同，而且还会随使用时间的延长而下降。所以用照射时间表示剂量并不确切，用微生物的死亡率表示剂量还比较实用。

3. 紫外线照射的操作方法

在暗室中安装的 15W 紫外线灯管最好装有稳压装置，以求剂量稳定。处理时，可将 5mL 菌悬液放在直径 5cm 的培养皿中，置于磁力搅拌器上，使培养皿底部离灯管 30cm 左右，培养皿底要放平，处理前应先开灯 20～30min 预热稳定。照射时启动磁力搅拌器，以求照射均匀。一般微生物营养细胞在上述条件下照射几十秒到数分钟即可死亡，芽孢杆菌 10min 左右也可死亡，革兰阳性菌和无芽孢菌对紫外线比较敏感。当然，在正式进行处理前，应作预备实验，作出照射时间与死亡率的曲线，这样就可以选择适当的剂量了。

为了避免光复活作用，应在红光下操作，处理后的菌悬液若需进行增殖培养，也可用黑布包起来进行避光培养。

（二）　X 射线和 γ 射线

X 射线和 γ 射线都是高能电磁波，两者性质很相似。X 射线波长是 0.06～136nm，γ 射线的波长是 0.006～1.4nm，短波 X 射线也就是 γ 射线。X 射线和 γ 射线作用于某种物质时，能将该物质的分子或原子上的电子击出而生成正离子，这种辐射作用称为电离辐射。能量越大，产生的正离子越多。生物学上所用的 X 射线一般由 X 光机产生；γ 射线来自于放射性元素钴、镭或氡等。

1. 电离辐射诱变机理

尽管电离辐射在诱变育种方面开展较早，机理方面也早就提出靶子说，但它对 DNA 的作用还未得出较完整的概念。由于 X 射线和 γ 射线是一个一个光子组成的光子流，光子是

---

❶　1erg＝10^{-7}J。

不带电的，所以它不能直接引起物质电离，只有与原子或分子碰撞时，把全部或部分能量传递给原子而产生次级电子，这些次级电子一般具有很高的能量，能产生电离作用，因而能直接或间接改变 DNA 结构。直接的效应是造成碱基与脱氧核糖之间的糖苷键、脱氧核糖与磷酸之间的磷酸二酯键的断裂。间接的效应是电离辐射从水或有机分子产生自由基。自由基作用于 DNA 分子，引起缺失和损伤，自由基的作用对嘧啶更强。此外还能引起染色体畸变，即因染色体断裂引起染色体的倒位、缺损和重组等。但发生了染色体断裂的细胞常常不稳定，因为复制时会引起分离，这是此类诱变剂的一个缺点。

2. 剂量的测定

物理方法测定是直接测定每毫升空气内发生电离的数目或测定能量〔单位以 erg/g（以受照物计）表示〕。化学方法测定是用硫酸亚铁法，此法原理是亚铁受一定能量的 X 射线或 γ 射线照射后就产生一定量的高铁，在一定范围内高铁生成量与所吸收的能量成正比。高铁的量可用紫外分光光度计在 304nm 波长处测定消光值，再由公式换算出剂量。

3. X 射线和 γ 射线的应用

各种微生物对 X 射线和 γ 射线的敏感程度差异很大，可以相差几百倍，引起最高变异率的剂量也随着菌种有所不同。照射时一般用菌悬液，也可用长了菌落的平板直接照射。一般照射剂量为 $(4\sim10)\times10^4$R[1]。

（三）快中子

1. 快中子及其诱变作用

中子是原子核中不带电荷的粒子，可以从回旋加速器、静电加速器或原子反应堆中产生。中子具有很高的能量，其中快中子具有的能量最高，为 $0.2\sim10$MeV。中子不带电荷，也不会直接引起物质的电离，但却能与被照射物质的原子核相撞击而将能量转移给后者，接收了中子能量的原子核释放出质子，其带正电荷并具有很高的能量。当这些质子透过物质时引起物质的电离。在受快中子照射的物质中，质子是被不定向地打出来的，电离是在受照射物体内沿质子的轨迹集中分布的。质子电离作用所引起的生物学效应与 X 射线和 γ 射线基本相同，但是由于快中子较 X 射线和 γ 射线具有更大的电离密度，因而能够引起基因突变和染色体畸变，特别是正突变，因而近年来应用较广。

快中子的剂量通常以戈（Gy）表示，其定义为 1g 被照射物质吸收 100erg 辐射能量的射线剂量为 10^{-2}Gy，即 1rad[2]。由于测定较困难，在水中和空气中也不一样。为了比较起见，可以转换以库（C/kg）为单位，1 伦琴（R）$=2.58\times10^{-4}$C/kg，即产生的离子数与 1R X 射线所产生的离子数相当时的剂量为 1R，常用 X 射线剂量计在快中子照射下进行测定。

2. 快中子的应用

可将放在安瓿管中的菌悬液或长在平皿上的菌落置射线源一定距离处，进行快中子照射。所用剂量范围为 $10\sim150$krad，约为 $100\sim1500$Gy。有人报道，用 $10\sim30$krad 的剂量进行处理，控制致死率为 50%～85%，产生的正突变率可达 50%。

（四）离子注入

近年来，离子注入技术的应用逐渐从物质表面修饰等方面发展成一种新型的生物诱变手段，并以其独特的诱变机理和较显著的生物学效应受到关注，被广泛地应用于植物、微生物

---

[1]　$1R=2.58\times10^{-4}$C/kg。

[2]　$1rad=10mGy$。

育种和转基因。离子注入的质量、电荷、能量参数可以按需要进行不同组合,这种联合作用不但使诱变具有较高的方向性和可控性,还可使产生的生物学效应比单一辐射更为丰富,这就为筛选有利的突变型提供了较大的空间。

离子注入技术的基本原理是用能量为 100keV 量级的离子束入射到材料中去,离子束与材料中的原子或分子将发生一系列物理的和化学的相互作用,入射离子逐渐损失能量,最后停留在材料中,并引起材料表面成分、结构和性能发生变化,从而优化材料表面性能,或获得某些新的优异性能。

(五)常压室温等离子体诱变技术

1. 常压室温等离子体诱变技术的原理

常压室温等离子体(atmospheric and room temperature plasma,简称 ARTP)诱变技术的原理是使用射频大气压辉光放电(RF-APGD)技术,使氦、氩等惰性气体放电,形成非热等离子体射流。等离子体中的高能化学活性粒子作用于细胞形成多种损伤,其中对遗传物质 DNA 的损伤形式多样,包括碱基脱落、磷酸-脱氧核糖核酸链的断裂,以及两者的损伤、改变等。这些损伤进一步引发细胞本身的 SOS 修复,最终形成各种形式的基因突变。

2. 常压室温等离子体诱变技术的特点

安全、高突变率和广泛适用性是常压室温等离子体技术的重要特点。

常压室温等离子体技术由我国科技工作者开发应用于遗传育种工作,其设备占用空间小,操作简单。等离子体形成过程只涉及电子的剥夺,不涉及原子核聚变、裂变等反应,不形成有害气体,因此该技术是一种对环境无污染、对操作者安全友好的新技术,一般不需要防护装置。常压室温等离子体诱变技术是一种对遗传物质的损伤机制多样、获得的突变类型丰富、突变率显著高于传统的诱变方法。该诱变是在常温常压下完成,用于诱变的样品可以是细胞悬浮液、动植物组织、固体细胞团或孢子粉、冻干粉等各种形态的生物体。几乎所有形式的生物样品都可以采用常压室温等离子体技术诱变。由于在安全性、诱变效率和普适性方面的优势,常压室温等离子体诱变成为近年来诱变育种工作中应用推广最快的热点技术之一。

3. 常压室温等离子体的诱变条件与应用

常压室温等离子体诱变技术具有高突变率的特点,但和其他诱变技术一样,诱变条件对高突变率的获得具有重要的影响。影响常压室温等离子体诱变的主要因素有气体气压(0.15~2MPa)、气流速率(8~10SLM❶)、组分(氦、氩等)或功率和诱变时间等。照射剂量是影响常压室温等离子体突变率的关键条件。马樱芳等(2016)研究者采用常压室温等离子体诱变技术对枯草芽孢杆菌进行诱变,通过等离子体照射时间控制诱变剂量,筛选高产重组酶蛋白的突变菌株。结果显示,当照射时间为 30s 时突变效果最好,与对照菌株相比较,突变株的重组淀粉酶酶活力提高了 35%。

常压室温等离子体诱变技术不仅应用于微生物的诱变育种,在动物、植物、高等真菌等的育种方面也同样表现出高突变率的特点。有研究者用常压室温等离子体技术对钝吻鲂鱼的精子进行诱变,并采用高通量测序技术进行基因组测序。在照射剂量优化的条件下,基因组中的平均突变率达到 2.98×10^{-3}。用常压室温等离子体照射玉米萌动种子,对其 M3 代矮秆突变株系与其亲本基因组 DNA 重测序表明,常压室温等离子体诱导玉米基因组突变率为

---

❶ SLM 表示标准状况下(0℃,1atm)升每分钟。

0.083%，远高于化学诱变。原生质体诱变是真菌育种的常用技术，常压室温等离子体技术条件温和、可适用于液体样品，因此在真菌育种工作中被广泛应用。蛹虫草、桑黄、灵芝、猴头菇、木耳等多种真菌采用常压室温等离子体辐照原生质体的方法均获得了高突变率并筛选到性能显著提高的突变体。

常见诱变剂及主要突变效应见表 2-5。

表 2-5　化学和物理诱变剂的主要效应

诱变剂	在 DNA 上的初级效应	遗传反应
碱基类似物	掺入作用	AT↔GC 转换
羟胺	同胞嘧啶起羟化反应	GC→AT 转换
亚硝酸	A、C 的脱氨基作用 DNA 交联	AT→GC 转换 缺失
烷化剂	烷化碱基（主要是 G）而导致：脱嘌呤作用；烷化碱基的互变异构作用；DNA 链的交联作用；糖-磷酸骨架的断裂	碱基置换（AT↔GC 转换、AT→TA 颠换、GC→CG 颠换）及染色体畸变
吖啶类	个别碱基的插入或缺失	移码突变
紫外线照射	形成嘧啶二聚体；形成嘧啶的水合物；DNA 交联；DNA 断裂	AT→GC 转换、AT→GC 颠换及移码突变
电离辐射	脱氧核糖-碱基之间化学键及脱氧核糖-磷酸之间化学键断裂；通过自由基对 DNA 的作用	AT↔GC 转换、移码突变及染色体畸变

 思考题

① 名词解释：突变，染色体畸变，基因突变，同义突变，错义突变，无义突变，移码突变，条件致死突变型，回复突变，沉默突变，突变率，转座因子，诱变剂，光复活作用，切除修复，重组修复，SOS 修复，ARTP，表型延迟。

② 基因突变的特点有哪些？

③ 如何从突变的分子机制来解释突变的自发性和随机性？

④ 试述各种诱变剂的作用机制。

⑤ 根据所学的关于诱发突变的知识，你认为能否找到一种仅仅对某一基因具有特异性诱变作用的化学诱变剂？为什么？

⑥ DNA 链上发生的损伤是否一定发生表型的改变？尽你所能说出理由。

⑦ 紫外线引起的胸腺嘧啶二聚体对微生物有何影响？哪些修复系统可对此进行修复，其结果如何？

⑧ 突变后其基因型是否会很快表现？为什么？

⑨ 基因型的变异在表现型上有哪些可能的类型？

第三章 传统育种技术及应用

工业微生物菌种的性能是影响工业发酵生产水平、产品质量和生产成本的关键因素，也决定着发酵产业的竞争力。因此，通过育种技术选育性状优良的工业微生物菌种对发酵工业而言极为重要。微生物育种技术经历了传统诱变、基因重组、代谢调控和基因工程等不同发展阶段，特别是近年来，随着合成生物学技术、基因编辑技术等前沿生物技术的快速发展，微生物育种技术进入了新阶段，实现了多种新型微生物细胞工厂的构建。然而，传统的育种技术在当前的工业发酵领域，特别是大宗发酵产品的工业生产菌种选育方面依然发挥着重要作用。

本章将主要介绍工业微生物育种技术中早期形成的传统育种技术及其在发酵工业领域的应用。

第一节 诱变育种

诱变育种是用物理和化学等因素，人为地对出发菌株进行诱变处理，然后运用合理的筛选程序及适当的筛选办法把符合要求的优良变异菌株筛选出来的一种育种方法。其工作过程并不复杂，包括诱变与筛选两步。用诱变剂处理出发菌株，诱发遗传物质发生突变，从变异群体中筛选优良菌株，然后再诱变，再筛选，如此连续反复，不断选育出一个又一个优良菌株，利用这种诱变育种技术实现了多种工业菌种的筛选，如生产抗生素的产黄青霉、好氧法生产甘油的产甘油假丝酵母、生产柠檬酸的黑曲霉等重要的工业菌种。作为工业微生物育种学史上出现较早的方法，诱变育种是迄今工业微生物育种工作中最行之有效和最常用的方法之一。

一、概述

（一）诱变育种技术的产生与发展

在诱变技术产生之前，人们主要通过自然选育技术培育工业微生物菌种，即从自然界中直接筛选高产菌株或通过自发突变（驯化）选育高产菌株。自然界存在的微生物，都是经过长期进化演变而来的，对其自身代谢有很严格的调节控制。代谢产物的合成大多被控制在满足其自身生长代谢需要的范围，很难有太多的"过剩"积累或分泌到细胞外。而自发突变频率低，突变幅度也不大。因此，单纯依靠自然选育进行工业微生物育种无疑有很大的局限性，不能满足发酵生产的需要。特别是抗生素工业兴起以后，对微生物育种技术的发展要求更为紧迫。青霉素卓越疗效的发现，是发酵工业的大事，也是关乎国计民生的大事。但菌种水平太低和不适于大规模生产培养的缺陷阻碍了生产的发展和其临床应用。从自然界中广泛寻找新的生产菌株和用单孢子纯化方法进行自然选育，虽然使得自然选育育种技术逐步成熟，但收效却不令人满意。因此，育种工作者们急需一种有效的育种手段。当时，从微生物遗传学家那里传来一个令人振奋的消息。Thom 和 Steinberg（1939）用 X 射线在真菌中首次诱发基因突变成功。很快，这一人工诱变方法被成功地应用于高产菌株的选育。继 X 射线之后，紫外线诱变也获得成功。在短时间内，利用这些物理诱变因素使得青霉素产量突飞猛进，翻了好几番。并且这一方法被迅速推广到其他抗生素生产菌株的育种工作中。除物理诱变剂外，各种化学诱变剂也被广泛应用。

自此后的二三十年间，即从 20 世纪 40 年代中期至 70 年代末，诱变育种技术迅速发展。育种学家对一些有关的问题进行了探索。如 Davis（1964）通过对各种诱变筛选程序的统计学比较，提出了多步积累诱变育种法优于一次高效法的结论；Calam（1964）通过比较各种诱变剂量下的产量分布曲线，得出了低剂量和中等诱变剂量有利于获取高产菌株的结论；Dahl 等（1972）通过分析筛选工作的可能误差，从而提出了应使用对照菌株的概念等。这些有益的探索使诱变育种技术日益成熟，成为工业微生物育种史上成就最辉煌的育种技术。而随着各种自动化和高通量筛选技术的出现，诱变育种的工作效率也得以大大提高。

（二）诱变育种技术在育种工作中的作用

诱变育种技术是工业微生物育种史上成就最辉煌的育种方法。可以说，目前发酵工业中所使用的生产菌株，几乎都曾经过诱变处理。诱变育种的作用主要体现在以下几个方面。

1. 提高目标产物的产量

通过诱变育种可以提高代谢产物的产量，即可以获得高产突变株。在抗生素工业发展的过程中，通过诱变育种而提高抗生素的发酵效价的效果非常显著，有的产品产量提高了几百倍，甚至上千倍。例如青霉素 1943 年开始生产时发酵效价才 20U/mL，而 1955 年就达 8000U/mL，1979 年已达 50000U/mL，目前发酵效价已超过 85000U/mL；又如链霉素，1949 年刚发现时才 50U/mL，而 1955 年则达到 5000U/mL 以上，1979 年已达 25000U/mL，目前发酵效价已超过 35000U/mL；四环素和红霉素分别由刚发现时的 200U/mL（1948 年）和 100U/mL（1955 年）达到 1979 年的 30000U/mL 和 10000U/mL。当然其中还涉及很多其他的技术进步，但主要因素还在于菌种的诱变选育。

2. 改善菌种特性，提高产品质量，简化工艺条件

通过诱变育种可以改进产品质量。如青霉素的原始生产菌株产黄青霉 *Penicillium chrysogenum* Wis Q-176，在深层发酵过程中产生的黄色素，在产品的提取过程中很难除去，影响产品质量。经过诱变育种获得的无色突变株 DL3D10 不再产生黄色素，既提高了产品质量，又可以简化产品分离提取工艺，降低了生产成本。

通过诱变育种还可以提高有效组分的含量。像抗生素一类的大多数微生物次级代谢产物都是多组分的，除了有效组分外，还有不少活性低或毒副作用强的组分。通过诱变育种获取消除或减少无益组分的优良高产突变株的例子屡见不鲜。如麦迪霉素产生菌通过诱变育种获得了有效组分 A_1 含量高的突变株；替考拉宁产生菌通过诱变获得了 A_{2-2} 组分高的突变株。

通过诱变育种还可以选育出更适合于工业化发酵要求的突变株，简化工艺条件。如选育产孢子量多的突变株可以减少种子的工艺难度；选育产泡沫少的突变株可以节省消泡剂、增加投料量、提高发酵罐的利用率；选育抗噬菌体突变株可以减少发酵过程中噬菌体污染的可能性；选育对溶氧要求低的突变株，可以降低发酵过程的动力消耗；选育发酵黏度小的突变株，有利于改善溶氧状况，并有利于提高发酵液的过滤性能等。

3. 开发新产品

通过诱变，可以改变微生物的原有代谢途径，使微生物合成新的代谢产物。例如在对产柔红霉素产生菌 *Streptomyces peucetins* 的诱变育种工作中，筛选得到产具抗癌功能的阿霉

素的突变株；四环素产生菌通过诱变育种可以获得 6-去甲基金霉素和 6-去甲基四环素的产生菌；卡那霉素产生菌通过诱发突变获得小诺霉素产生菌也是成功范例之一。

4. 给代谢调控育种提供技术手段

诱变育种技术与代谢调控知识结合，形成了代谢调控育种技术，使工业微生物育种技术迈上了理性育种的新台阶，在氨基酸、核苷酸等高产菌株的选育中取得了非凡成功。有关内容将在下面的章节中加以介绍。

目前，在育种方法上，虽然杂交育种、原生质体融合育种以及遗传工程育种技术等已逐步应用于工业微生物菌种的选育与改良工作中，但诱变育种仍为最主要也是使用最广泛的一种手段。

（三）高产菌株诱变育种的特点

诱变育种的主要目标是选育目的代谢产物的高产菌株。目的代谢产物的产量是一种数量性状。数量性状是一个连续分布的变化，例如抗生素、氨基酸等微生物代谢产物的生产能力从高到低的差异是连续性差异。数量性状是由多个基因控制的，每个基因所起的作用是有限的，并且环境条件对表型有着很大的影响。

数量性状的上述特点和基因突变所具有的随机性、稀有性和独立性等特点，决定了高产菌株的诱变选育具有以下特性：①由于基因突变具有随机性和不定向性，而数量性状的变异又呈现连续性分布，因此，出发菌株诱变后其产量变化往往缺乏明显的正负效应，这就造成筛选工作具有相当大的盲目性。②由于数量性状受多基因控制，其诱变过程十分复杂，因此诱变后高产突变株出现的比例很低，需要从大量群体中进行筛选，这使得筛选工作十分繁琐，工作量很大。③由于产量突变是多次细微突变的积累，一般一次诱变很难得到产量大幅度提高的突变株，因此，在诱变育种实际工作中常常采用多步累积诱变育种法，这就使得整个诱变育种工作周期很长。单个诱变育种阶段的产量提高幅度一般不大，多数情况下只有5%～15%，这与出发菌株产量波动范围十分接近，加上筛选过程中操作误差也很大（主要来自于培养和分析误差），有时甚至超过 5%～15%，这都增加了诱变育种工作的难度，降低了诱变育种工作效率。④由于基因突变具有独立性，多个基因同时发生突变的概率很低，因此，诱变育种很难集合多个优良性状。

二、诱变育种方案的设计

由于从自然界分离筛选得到的野生菌大多对诱变剂比较敏感，因此，在诱变育种工作的早期阶段，工作进展一般比较顺利，一次诱变提高幅度较大，一个比一个高的突变株不断涌现。但经历长期诱变史得到的高产菌株，再进一步提高时，进展会逐渐变慢，困难也越来越多。因此，在诱变育种工作的早期设计一个周密的育种工作方案十分重要。在制定诱变育种工作方案时，必须考虑以下一些基本问题。

（一）制定明确的选育目标

正如前面所提到的，诱发突变是随机而不定向的，在诱变育种工作中有可能出现多种突变株。除高产性状外，生产菌株的选育还要考虑其他有利性状。但在一次诱变中，试图集合所有优良性状是不现实的。对于经过多次诱变的高产菌株，产量变异幅度越来越小，正变率越来越低，负变率却越来越高，即使单单考虑提高产量，经一次诱变，产量大幅度提高的可能性也不大。因此，一次诱变育种工作所定目标不可太高、太多，如超过筛选可能性，就会欲速则不达，导致整个育种工作的失败。要充分估计实验室的人力、设备、测试能力，以及诱变过程中产量变异幅度和操作误差等因素，然后谨慎确定育种目标，包括选育什么样的菌株、选育多少株以及大致进度等。

对于从自然界分离筛选的生产菌，诱变育种的总体目标基本是明确的，那就是要满足大规模生产最基本的技术经济指标，使产品具有市场竞争力。在制定育种方案时，就要考虑达到这一总体目标需要进行多少次诱变选育、每一步的选育目标以及整个育种工作的分步进度和总体进度等，统筹考虑育种工作的效率及可行性。

（二）建立可行的筛选方法

与从自然界中分离生产菌株时对适宜培养条件几乎一无所知完全不同的是，在诱变育种工作中，往往对待筛选菌株的培养环境条件（培养基和培养条件）比较了解，可以较容易地确定筛选工作中的培养条件，即可以先采用对出发菌株优化过的培养条件进行初步筛选，然后再考虑对初步确定的正变菌株进行培养条件的优化。因此，与从自然界中直接分离筛选高产菌株相比，在诱变育种工作中，筛选方法的建立要容易一些，其关键问题便是确立一种测定产物的方法。要求该方法既简便易行又准确可靠，既有较高的可信度，又适于处理大量样本。这样，人们就和从自然界中分离筛选生产菌时遇到了同样的问题，即如何处理筛选过程中质与量的问题。一般现生产过程中所采用的发酵分析方法往往是一些经典方法或标准方法，可信度高，但大多情况下操作较繁琐，不适于处理大量样本；而一些简便的分析方法又往往可信度较差，误差较大。由于在高产菌株的诱变育种工作中，一次诱变其正变幅度往往只有 5%～15%，若分析方法误差较大会对筛选工作造成一定影响。因此，在筛选工作中，建立什么样的测定方法，必须具体情况具体分析，权衡利弊，慎重考虑。而筛选方案一旦建立，要有一定的稳定性，不要频繁多变，以利于总结改进。

（三）确定诱变筛选方案

方案设计是诱变育种工作的中心内容。比如说，拟将出发菌株的生产能力提高 20% 左右，可以按两种方案进行。一种是一次诱变筛选大量样本，从中选育产量提高 20% 以上的菌株；另一种育种方案是进行两次诱变，第一次选取生产能力提高 10% 左右的菌株，第二次再选取提高 10% 左右的菌株。第一种方案虽然筛选的工作量大，但整个育种周期可能会较短；第二种方案虽然多进行了一次诱变，但每次的筛选工作量会降低，并且实现筛选目标相对较有把握。那么，在实际育种工作中应该采取哪种工作方案呢？统计资料表明，对于既往诱变史较少的低产菌株，采用第一种方案将有利于提高育种工作的进度。而对于已经进行过多次诱变处理的高产菌株，第二种方案就远比第一种方案有利，有时第一种方案根本就筛选不到满足目标的菌株。因此，在具体工作中，要视具体情况，设计合理而有效的工作流程。

三、诱变育种的一般流程

诱变育种的流程并不复杂，主要包括诱变与筛选两步以及培养环境条件的优化。用诱变剂处理出发菌株，诱发遗传物质发生突变，从变异群体中筛选优良菌株，然后再诱变，再筛选，如此连续反复，不断选育出一个又一个优良菌株。由于多步累积诱变选育法是目前高产菌株诱变育种工作中常用的育种工作方案，因此，图 3-1 就以这种方案为例，介绍诱变育种工作的一般流程。下面将从诱变和筛选两个方面对这一工作流程中的有关问题进行介绍。其大致包括如下基本步骤：出发菌株的选择、诱变菌株的培养、诱变菌悬液的制备、诱变处理、后培养和高产突变株的分离与筛选等。

（一）出发菌株的选择

用于进行诱变处理的菌株叫做出发菌株。诱变育种的目的是提高目的代谢产物的产量，改进质量。选好出发菌株对提高诱变效果有着极其重要的意义。由于在诱变育种工作中总是对某一特定物质的野生菌进行诱变处理，有时是对原有生产菌株进行进一步的诱变选育，因此，出发菌株的选择余地通常是有限的。如果有多株不同菌种，或同一菌种的多个菌株可供选择，那就应该从以下几个方面认真考虑。

1. 尽量选择既往诱变史少的高产菌株

用于诱变育种的出发菌株常有以下几类。

（1）从自然界分离的野生型菌株　这类菌株的特点是对诱变因素敏感，容易发生变异，而且容易产生正突变。

（2）在生产中经历生产条件考验的菌株　这类菌往往是经自发突变而筛选得到的菌株，从细胞内的酶系统和染色体 DNA 的完整性上看类似于野生型菌株，产生正突变的可能性大。另一方面，由于出发菌株已经是生产菌株，对发酵设备、工艺条件等已具备了很好的针对性，经过诱变育种所获得的正突变株易于推广到工业生产。

（3）已经过诱变甚至是多次诱变改造过的菌株　这类菌株在育种工作中经常采

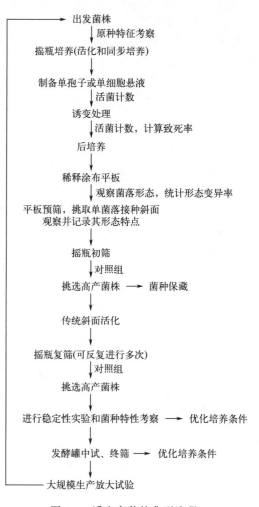

图 3-1　诱变育种的典型流程

用。对于这类菌株，由于情况比较复杂，必须视具体情况区别对待。一般的看法是，经过多次诱变的高产菌株，经过再诱变，容易产生负突变，这种菌株要继续提高就比较困难。相比之下，产量较低的野生型菌株容易提高产量。所以，有人认为产量最高的菌株，不一定是继续提高产量潜力最高的菌株。当然既往诱变史较多的高产菌株的育种工作也应当做，如果采用针对性的育种方法能改变其遗传保守性，一旦获得正变菌株，则对于提高生产效率和降低成本，效果将非常显著。一般认为最为合理的做法是，在每次诱变处理后选出 3～5 个较高产菌株作为出发菌株，继续诱变。如果是产量特别高的菌株，可结合其他育种手段，如杂交育种或原生质体融合育种，对其遗传背景进行较大幅度地改变，再作为诱变的出发菌株，就有可能得到好的效果。

2. 挑选纯系菌株

纯系菌株遗传性单一，作为诱变育种的出发菌株，诱变效果较好。如出发菌株的遗传性不纯时，应先进行分离纯化，然后再进行诱变处理。这些所谓的遗传性不纯现象，在采用丝状真菌的菌丝体进行诱变时更为常见，如出发菌株本身是异核体，这对诱变及其诱变后的筛选都将造成不利影响。

3. 选择对诱变剂敏感的菌株

对于诱变剂的敏感性也是选择出发菌株的依据之一。不同的菌株对同一诱变剂的敏感性有时会差异很大。在许多情况下，微生物的遗传物质具有抗诱变作用，这种情况说明某些微生物的遗传性能稳定，像这类菌株用到生产上是很有益的，而作为出发菌株则不适宜。作为出发菌株，应对诱变剂具有较高的敏感性。

测定不同菌株对某诱变剂敏感性的方法很多，如测试同一剂量下产量分布范围；同一剂量下的致死率；同一剂量处理诱发回复突变的频率等。通过测试同一剂量下产量分布范围考察出发菌株的敏感性最为可靠，但是该方法太复杂，相当于未进行任何出发菌株的选择，就对所有菌株进行了一次诱变处理。因此，在实际工作中通常通过测试同一剂量下的致死率和同一剂量处理诱发回复突变的频率来选择出发菌株。

有些菌株在发生某一变异后会提高对其他诱变因素的敏感性，故有时可考虑选择已发生其他变异的菌株作为高产菌株诱变育种的出发菌株。如在对金霉素生产菌株诱变育种工作中，曾发现以分泌黄色素的菌株作为出发菌株时，绝大多数变异为产量降低的负突变，而以失去色素的变异株作为出发菌株时，则产量会不断提高。在育种工作中还发现，有的菌株在发生抗紫外线变异后，经过回复，对紫外线更加敏感；有的菌株对特殊的诱变剂特别敏感；有的菌株在发生回复突变失去生产能力后再经诱变可比回复前的产量提高数倍等。上述各种现象在选择出发菌株时有一定的参考价值。

4. 采用多出发菌株

在诱变育种工作中，在不了解特定的出发菌株对诱变剂敏感性的情况下，有时为了缩短育种周期，可以考虑采用多出发菌株进行诱变。一般情况下，可以选择3～4株具有不同遗传背景和既往诱变史不同的菌株作为出发菌株，这样可以提高诱变育种工作的效率。

5. 更换出发菌株

当某一选育谱系经长期诱变处理效果不理想或继续提高有困难时，更换出发菌株，建立新的诱变谱系可能会有效。在育种实践中不乏成功的实例，如在青霉素诱变育种工作中，用产黄青霉替代音符青霉做出发菌株，从而大大提高青霉素的产量。

6. 对出发菌株的其他要求

作为出发菌株，必须具有合成目的产物的代谢途径。这在选育氨基酸和核苷酸类的生产菌时尤为重要。一般情况下，若某菌株能够积累少量目的产物或其前体，说明该菌株本来就具有该产物的代谢途径，通过诱变而改变原有的代谢调控，就比较容易获得积累目的产物的突变株。

出发菌株最好是单倍体的单核细胞。单倍体细胞中只有一个基因组，单核细胞中只有一个细胞核，通过诱变所造成的某一变化就会是细胞中唯一的变化，不会发生分离现象。若是双倍体或多核细胞，一般情况下，突变只发生在双倍体中的一条染色体或多核细胞中的一个核，该细胞在诱变后的培养过程中会发生性状的分离现象，必须注意进行充分的后培养和判别，以免影响诱变结果和进一步诱变。因此，对于丝状菌，通常选择其单倍体孢子进行诱变，而不使用其菌丝体。但在此时一定要和诱变剂的选择进行统筹考虑，因为要注意有些诱变剂的诱变机理可能使它们对休眠的孢子作用效果很差，甚至没有诱变效果。

总之，在诱变育种的实际工作中，要想选择一个好的出发菌株，不仅要积累实际经验，而且还需要和诱变方法密切配合，从而得到好的结果。

（二）诱变菌株的培养

若出发菌株是细菌或酵母菌等单细胞微生物，一般采用营养细胞进行诱变处理。处理前，细胞应处于最旺盛的对数期，群体应尽可能达到同步生长状态，细胞内应具有丰富的内源性碱基，这样诱变剂对群体中各细胞的处理均一，DNA 被诱变剂作用后所造成的损伤能快速通过复制而形成突变，可以获得较高的突变率。通常把诱变前对出发菌株的这种特定培养称为前培养。

前培养的目的是将诱变细胞的生理状态调整到处于同步生长状态的旺盛的对数生长期，而细胞内又要含有丰富的内源性碱基。前培养的培养基的嘌呤、嘧啶碱基含量要丰富，一般可以通过直接补充碱基或添加富含碱基的酵母提取物而实现。细菌可使用 LB 培养基，酵母菌可使用 YEPD 培养基。

对于大肠杆菌，前培养的方法为：

① 用培养 24h 的斜面培养物接种 LB 液体培养基，于 37℃振荡培养过夜（约 16h）；

② 以 5%接种量转接新鲜 LB 培养基，于 37℃振荡培养 4～6h，使细胞处于对数生长期；

③ 将上述培养物于 4～6℃放置 1h，低温诱导同步生长；

④ 将经低温诱导的细胞以 20%接种量转接新鲜 LB 培养基，于 37℃振荡培养 30～50min，使细胞处于同步生长状态，立即置冰浴中保藏 10min，离心收获细胞。

对于丝状菌，一般取其孢子进行处理，因为多数丝状菌的孢子是单核，经诱变处理后不易发生分离现象。但孢子处于休眠状态，所以诱变效果不如营养细胞好。可将孢子培养至刚刚萌发，使其处于生理活性高的同步生长状态。在试验中可取成熟而新鲜的孢子，接种于富含碱基的培养基中振荡培养一定的时间，使其芽管的长度相当于孢子直径的 0.5～1 倍，立即置冰浴中保藏 10min，离心收获。

对于某些不产孢子的真菌，可直接采用年幼的菌丝体进行诱变处理。有三种方法：第一，对菌丝尖端进行诱变处理。取灭菌后的玻璃盖片，紧贴于平皿内的琼脂培养基表面，在玻璃盖片上滴加数滴液体培养基，接种菌丝。培养至菌丝刚生长延伸到盖片以外的琼脂培养基上，揭去盖片及其上的菌丝，使盖片周围部分菌丝尖端断裂而留在琼脂培养基上，然后对这些菌丝进行诱变处理。第二，对单菌落边缘菌丝进行处理。取生长于琼脂培养基平板上的年轻菌落（控制每个平板上 1 个或少数几个菌落），利用紫外线、X 射线、γ 射线等物理因素直接对菌落进行诱变处理，或在培养基中加入致死率较低剂量的化学诱变剂进行处理。继续进行培养，使菌落继续生长延伸。然后，从菌落边缘新延伸的菌丝尖端挑取小段菌丝，接种于斜面培养基，经培养后进行筛选。第三，对小段菌丝悬浮液进行诱变处理。取培养后相当年幼的菌丝体，用玻璃研磨器进行匀浆处理，经过滤后制成小段菌丝的悬浮液，然后进行诱变处理。

（三）诱变菌悬液的制备

对于诱变菌悬液的制备，需从三方面加以考虑。

1. 选择合适的介质

菌悬液一般可用生理盐水或缓冲液制备，当用化学因素处理时，要使用缓冲液，因很多化学诱变剂需要在一定的 pH 环境中才能发挥作用，而且在处理过程中 pH 值也会变动。

2. 使细胞或孢子处于良好的分散状态

采用单细胞悬浮液诱变处理的理由有两个：一是如果几个细胞聚在一起，诱变时受的剂量不均匀，导致几个细胞变异情况不一致，长出的菌落就是由几种不同状态的细胞组成，每批、每代筛选结果将产生很大的误差，给筛选造成很大的麻烦，造成不能将真正的突变菌株筛选出来；二是细胞聚集在一起，会使细胞不能和诱变剂充分接触，从而会降低诱变的效果。

使细胞分散均匀的方法是先用玻璃珠振荡分散，然后再用脱脂棉或二层擦镜纸过滤。经过如此处理后，分散度可达 90% 以上，这种均匀分散的细胞供诱变处理较为合适。

3. 调节适当的细胞或孢子密度

一般处理真菌孢子或酵母细胞悬浮液的浓度为 $10^6 \sim 10^7$ 个/mL。放线菌或细菌密度大些，可在 10^8 个/mL 左右。悬浮液的细胞数可用平板菌落计数法估计活菌数，也可用血球计数器或光密度法测定细胞总数，其中以活菌计数法较为准确。

（四）诱变处理

为了获得良好的诱变效果，对出发菌株的单细胞悬液进行诱变处理，要考虑诱变剂的种类、诱变剂量和诱变处理方式三方面的因素。

1. 诱变剂的选择

各种诱变剂有其作用的特殊性，但由于目前对绝大多数微生物表现各种性状的相应基因了解还不够，因此，目前还不能肯定哪一种诱变剂在高产菌株选育中最优异。同时，出发菌株的性状，尤其是既往诱变史对诱变效果有更重要的影响。但并不是说不需要对诱变剂进行选择，相反，选择诱变剂仍然十分重要。以下一些原则和经验将有助于对诱变剂的选择。

①诱变剂多为致癌因子，因此在不影响诱变效果的前提下，尽量选择毒性小、易于防护、安全性强的诱变剂。②尽量选择操作简便易行、便宜易得的诱变剂。③尽量选择不易发生回复突变的诱变剂。有些化学诱变剂主要引起碱基置换，得到的突变株的回复率变高，是一大缺点。而能引起移码突变和染色体畸变的电离辐射、紫外线和吖啶类物质等诱变剂，则不易产生回复突变。④诱变处理一些既往诱变史少的低产菌株，往往使用任何诱变剂都有效。这时，紫外线通常是首选诱变剂，因为它使用方便、经济，危险性小，并在多种工业微生物菌株中均被证明效果良好。而经历了多次诱变处理的高产菌株对多数诱变剂反应迟钝，这时，宜采用能诱发染色体发生重排等较大损伤的强诱变剂。⑤在反复使用同一诱变剂进行长期诱变处理后，诱变剂的诱变效果会逐步减弱，这时，换用其他诱变剂可能会提高诱变效果。

直至目前，尚无一种诱变剂是十全十美的，诱变剂的选择还只能决定于实际上的便利和经验上的成功。

2. 诱变剂量的选择

诱变剂量的高低对诱变效果十分重要，而剂量的选择也是一个比较复杂的问题。因为最适剂量涉及的因素至少有诱变剂种类、菌种的遗传特性、诱变史、生理状态以及处理条件等。若单讲剂量与变异率之间的关系，是不完全的。因为在工业微生物中，至少涉及到三个方面的变异，即生产性能的提高（称为正突变）、生产性能降低（称为负突变）、形态突变。三种突变中，希望的是提高正突变率，这样获得优良菌种的概率就增加了。

对于各种诱变剂所进行的剂量-效应曲线的研究表明，在多数情况下，正突变较多的出现在低剂量或中等剂量区（致死率 30% ~ 70%），而负突变和形态突变株则较多地出现在偏高剂量区（致死率 90% 以上）。具有不同既往诱变史的菌株诱变结果也有所不同。低产野生菌正变株高峰远高于负变株，并且出现于较高剂量区；而经长期诱变的高产菌株，往往负变株大于正变株，并且多出现在低剂量区。图 3-2 和图 3-3 列举了两种不同的高产菌株在不同诱变剂处理下所获得的结果。

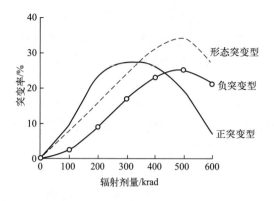

图 3-2 X 射线的照射剂量与亚热带链霉菌
白霉素高产菌株 39# 变异的关系

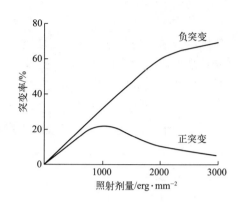

图 3-3 紫外线照射剂量与龟裂链霉菌土霉素
高产菌株 293# 变异的关系

鉴于以上统计学结论，一般在选择诱变剂量时应遵循以下原则：①对于低产菌和野生菌，采用较高的诱变剂量（致死率 90% 以上），这样，可以提高诱变效果和产量变异幅度；②一次较高剂量的强诱变后，通常接着进行 2～3 次较低剂量的温和诱变，以利于菌株遗传性状的稳定；③对于经过长期诱变的高产菌株，通常采用较低的诱变剂量进行处理（致死率 30%～70%）；④多次低剂量处理反应太迟钝时，也可采用一次大剂量的高强度诱变，以达到对菌株的遗传背景有较大幅度地改变；⑤对于多核细胞或孢子来说，则宜采用较高的诱变剂量，因为高剂量的诱变处理可以杀死细胞中的绝大多数核，而个别存活下来的核中则会发生突变，可以消除突变菌株的分离现象，最终能形成较纯的变异菌落；⑥在实际工作中，还可以在一次诱变中，分别采用不同剂量处理出发菌株，从中选出最佳剂量。

总之，对剂量的选择目前还停留在经验和统计学原则上，后期通过进一步的研究，有些规律也许会更加清晰。

诱变剂量的控制方法：化学诱变剂主要通过调节诱变剂的浓度、处理时间和处理条件（温度和 pH 等）来实现；物理诱变剂可以通过控制照射距离、照射时间和照射条件（氧、水等）实现。

3. 诱变处理的方式和方法

诱变处理可以采用单因子处理和复合处理两种方式进行。单因子处理是指采用单一诱变剂处理出发菌株；而复合处理是指采用两种以上的诱变剂同时进行诱变处理或进行两次以上的诱变处理后再进行筛选。复合处理又可分为以下几种方式：两种或两种以上诱变剂同时处理、不同的诱变剂交替处理、同一诱变剂连续处理以及紫外线与光复活交替处理等。

为了提高诱变效果，采用复合处理是一个不错的选择。如乙烯亚胺和紫外线复合处理、紫外线和 LiCl 复合处理、紫外线与光复活的交替处理等都是效果明显的复合处理组合。图 3-4 是乙烯亚胺和紫外线单独或复合

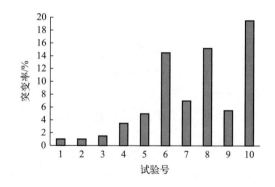

图 3-4 乙烯亚胺与紫外线复合诱变的处理结果
1—对照；2—乙烯亚胺（浓度 1∶7000）；
3、5、7、9—紫外线；4、6、8、10—乙烯亚胺加紫外线
紫外线的剂量（erg/mm²）：3、4—2000；
5、6—4000；7、8—6000；9、10—10000

处理时对金色链霉菌变种形态突变的结果。可以看到，用乙烯亚胺加不同剂量的紫外线处理的效果都比单独处理时效果好，突变率有显著提高。有人报道，灰色链霉菌经 6 次紫外线照射与光复活的交替处理，变异率从最初的 14.6％提高到了 35％。

但在进行复合处理时，需要注意一些问题。首先，并不是任何两种诱变剂复合处理都能提高诱变效果，有些诱变剂之间是不能搭配进行复合处理的。例如，发现亚硝基胍等化学诱变剂预处理能减弱紫外线或 X 射线的诱变效果。其次，即使两个诱变剂具有复合效应，其处理顺序对诱变效果也可能有很大影响。如先用 X 射线处理，再复合紫外线具有相加作用，而反过来就有相减作用。这种事例不少，在复合处理时需要多加注意。此外，需要注意的是，只有诱变能力强的、对 DNA 作用较为广谱的诱变剂可以采用同一诱变剂连续处理的方式，而对于作用方式单一的诱变剂，如羟胺、碱基类似物等，则不宜采用该方式，因为诱变剂作用于 DNA 上的位点是有限的，连续重复处理并不会提高突变率，甚至会导致回复突变的发生。

诱变处理可以采用直接处理和生长过程处理两种方法进行。前者是指在缓冲液或无菌生理盐水体系中对出发菌株进行诱变处理，然后涂平板分离突变株；而后者是指在摇瓶培养基或固体平板中加入诱变剂，在菌体生长时进行诱变处理。后者一般适用于那些诱变率高而致死率却较低的诱变剂，或只对分裂中的细胞（复制过程中的 DNA）起作用的诱变剂。采用哪种诱变处理方法需结合诱变剂的作用机理和出发菌株的特性进行选择。

（五）后培养

后培养是指诱变处理后，立即将处理过的细胞转移到营养丰富的培养基中进行培养，使突变基因稳定、纯合并表达。

遗传物质经诱变处理后发生的改变，必须经过 DNA 的复制才能稳定成突变基因，而突变基因则要经过转录和蛋白质的合成才能表达，呈现突变型表型。研究指出，诱变后的一个小时内必须进行新的蛋白质合成，变异才有效。后培养所用培养基的营养一定要丰富，必须含有足量的氨基酸和嘌呤、嘧啶碱基，可以通过添加酪素水解物或酵母浸出物等富含生长因子的天然物质而实现。

后培养的一个重要作用是可以消除表型迟延。表型迟延是指表型的改变落后于基因突变的现象。其原因有二，即分离性迟延和生理性迟延。对于具有表型迟延的突变，诱变后必须进行充分的后培养以后再进行分离筛选。若直接将诱变处理后的菌悬液接种筛选平板，则很难获得突变型个体。

（六）高产突变株的分离与筛选

经后培养的诱变菌悬液经过适度稀释后涂布平板进行分离培养。由于经诱变处理后正变株仍属少数，特别对经多次诱变的高产菌株更是如此。即使产量有所提高，幅度也不会很大。因此，诱变后往往需要筛选大量的菌落才能获得高产突变株。由于目前大规模生产多采用通风液体发酵，因此，在诱变育种工作中，筛选过程常常采用摇瓶发酵培养法，以尽量保证和大规模生产条件的接近。

1. 筛选工作步骤

筛选工作步骤是很重要的战术问题。在实际育种工作中必须从实际条件出发，如设备水平与数量、检测手段、人员等，估计出最大筛选量、筛选测试误差、高产菌株的可能突变率以及可能筛出率等，并据此来制定筛选步骤。为了合理解决筛选工作量与准确性的矛盾，一般将筛选工作分成初筛和复筛两个阶段进行。在初筛阶段，量是主要矛盾。要在实验室工作条件一定的情况下，筛选尽量多的菌株。初筛的菌株越多，优良菌株的漏筛机会就少。当然准确性也很重要，但为了尽量扩大挑选范围，可以暂时退居次位。为此，一般初筛时，一个菌株做一瓶发酵。实际上，初筛时，多选菌落、一瓶发酵，或少选菌落、多瓶发酵，对于哪个更合理的问题，有人做过统计，结果发现前者更合理。为了缩短初筛周期，往往还采用平板菌落预筛的方法对初筛方法进行简化（见下文）。进入复筛阶段，已经淘汰了 80％～90％ 的菌株，剩下的菌株已经不多了，这时对菌株的发酵性能和稳定性的测定准确性就显得格外重要了，一般一个菌株要同时做 3～5 个平行发酵。有时甚至连接做几次复筛。为了更有效地获得高产菌株，还可参照生产的工艺条件采用不同的培养基和培养条件进行一次复筛，使每个菌株都能最大限度地发挥自己的生产潜力，然后每株菌都在自己的最优培养条件下和其他菌株进行比较，择优保留。

有人通过统计学分析，推荐如下高产突变株的筛选工作步骤（摇瓶工作限量 200 只）：

出发菌株 $\xrightarrow{\text{诱变处理}}$ 挑取 200 个单细胞菌株 $\xrightarrow[\text{1 瓶/株}]{\text{初筛}}$ 选出 50 株 $\xrightarrow[\text{4 瓶/株}]{\text{复筛}}$ 选出 5 株 $\xrightarrow{\text{再次诱变处理}}$ 每株各挑 40 株，共 200 株 $\xrightarrow[\text{1 瓶/株}]{\text{初筛}}$ 选出 50 株 $\xrightarrow[\text{4 瓶/株}]{\text{复筛}}$ 选出 5 株 $\xrightarrow{\text{再次诱变处理}}$ 用同样方式进行筛选

2. 筛选方法

筛选可以采用随机筛选，也可以采用平板预筛方法提高初筛的效率。

（1）随机筛选　也称摇瓶筛选。即从分离平板上随机挑选菌落进行摇瓶筛选。具体做法是：将经过后培养的菌液在琼脂平板上进行分离，培养后随机挑选单菌落，一个菌落转接一支斜面作为原始菌株保藏。初筛时，每个菌株接一个摇瓶，振荡培养后测定目的产物的产量，根据产量的高低决定取舍。而复筛时，应先培养液体种子，每个菌株接 3～5 个摇瓶。复筛可多次进行，直至获得产量最高的突变株。

一般情况下，正突变的概率远小于负突变的概率，所以要挑取足够数量的菌落进行筛选，如果挑取菌落数较少，很容易筛选不到正突变变异株。

（2）平板预筛　在随机的突变群体中，正突变率极低，为了获得高产突变株，大量菌株的筛选是十分有必要的。初筛用摇瓶发酵培养，不仅花费大量的人力物力，而且筛选周期长，限制了筛选数量，降低了高产突变株的获得概率。因此，在诱变育种工作中，育种工作者常根据特定代谢产物的特性，在琼脂平板上设计一些特殊的筛选方法对产物进行粗测，这就是平板预筛法。大量菌落经过平板预筛，可保留 5％～15％ 的菌株，再进行摇瓶发酵培养，从中筛选高产突变株。这样，在总工作量不增大甚至减小的前提下，可放大筛选范围。平板菌落预筛是摇瓶初筛前的一种预筛，实际上是初筛工作的一部分。具体的方法有多种，但常用的有根据形态变异淘汰低产突变株和根据平皿生化反应直接挑取高产突变株两种。

① 根据形态变异淘汰低产菌株。对于霉菌和放线菌，若形成不产孢子的变异株，一般可立即淘汰，因为它们会引起接种的困难。但在有些情况下，不产孢子的变异株可能是高产突变株。如在黑曲霉产糖化酶高产菌株育种中就发现，不产孢子的光滑凹陷型菌落具有较高的产酶能力。对于某些菌落形态突变与生产性能有对应关系的情况，可以采用平皿上直接筛选。如在灰黄霉素生产菌种中，菌落暗红色变深者产量则提高；在赤霉菌中发现有可溶性紫色色素的菌落，赤霉素产量一般都很低；四环素产生菌经诱变后，若在固体培养基上，菌丝呈赤褐色，还分泌可溶性色素的，就只产生去甲基金霉素和去甲基四环素。从上述数例可以看到形态与生理变化的相关性，但从目前的研究情况来看，多数变异菌落外观形态和生理的相应关系还不那么清楚。尽管有人提出，形态特征的剧烈变化常与活性完全丧失或部分丧失有关，但活性已发生显著变化而菌落形态几无变化的例子也有。为此，从菌落形态变化来挑

取优良菌株的方法，目前还只能用于少数几种生产菌，就多数情况而言，仍是一个待研究的问题。目前，一般情况还是挑取正常的菌落，因为这种菌落往往保留了正常代谢的基本能力，但要注意观察这些菌落之间的细微差异，因为正突变多数与细微的形态突变有密切相关性。

② 根据平皿反应直接挑取高产菌株。所谓平皿反应系指每个菌落产生的代谢产物与培养基内的指示物作用后的变色圈、透明圈等的大小。因其可表示菌株生产能力的高低，所以可作为预筛标志。具体方法与从自然界筛选某些代谢产物的产生菌时所用的方法相同，在此不再赘述。需要注意的是，在从自然界直接分离菌种时，平皿反应可直接反映出某菌落是否产生目的产物，获得阳性菌落比较容易；在诱变育种时，由于出发菌株已经具有产生目的产物的能力，有时甚至产量已经很高，而诱变后菌株之间的产量差异也相对较小，因此，在诱变育种工作中，根据平皿反应直接挑取高产突变株的概率较低，其作用和从自然界分离筛选微生物时相比，重要性相差很大。其在诱变育种工作中的主要作用是淘汰明显的负变株，这也能达到减小摇瓶筛选工作量、提高筛选效率的作用。

除了上述两种主要的筛选方法，近十几年来，结合了自动化筛选和大批量分析的高通量筛选方法也已在诱变育种工作中广泛使用，从而大大提高了筛选工作的速度和效率，扩大了筛选量（一次诱变可以筛选成千上万个单菌落），从而增加了获得高产菌株的可能性。

四、诱变育种需要注意的一些问题

1. 安全问题

在诱变育种工作中所使用的各种诱变剂几乎都有致癌作用，因此在操作中应时刻注意安全问题。安全问题包括个人安全和环境安全两个方面。

（1）个人安全 所谓个人安全问题是指在操作时注意防护，不要让诱变剂对操作者造成伤害。不同的诱变剂要求不同的防护方法，如γ射线辐射防护要求较高，需要按有关管理规程进行防护，一般需要在专门的设备内由专人进行操作；而紫外线防护要求较低，只需要普通玻璃就可以阻止它对人体的伤害。化学诱变剂则要求不与身体有关部位直接接触，一般需要戴塑料或乳胶手套进行操作，对于具有挥发性的化学诱变剂，则需要在具有通风条件的隔离设备内进行操作。

（2）环境安全 所谓环境安全问题是指在诱变剂的使用过程中和诱变剂使用后，要严格控制诱变剂对环境的污染和由此引起的对他人的伤害。这就要求对所用物品要进行必要的解毒处理，而诱变过程中形成的液体也要经过解毒或充分稀释后才可以排放。在操作过程中要严格控制诱变剂的滴漏，若出现这种现象要及时对受污染的设备、实验台面或地面进行必要的解毒处理。诱变操作最好在规定的实验室或设备中进行，并有明确的提示及警示标记。此外，诱变剂的领用和储存也要严格按照相关的管理规定进行，要有专人进行管理，并有明确的购买、领取和使用台账记录。

2. 要养成良好的工作习惯

在诱变育种工作中，养成良好的工作习惯对提高育种工作效率大有帮助。如应仔细观察每次诱变和筛选工作中菌株细微的形态变化；要详实记录菌株的诱变史和诱变谱系。

3. 诱变育种技术与其他育种手段相结合

在育种工作中，传统的诱变育种策略，其效率受到诸多限制。传统诱变育种结合高通量筛选、胞内生物传感器筛选等前沿的育种技术能够大幅提高育种效率。

4. 诱变育种工作的合理设计

诱变育种由于其突变的不定向性和筛选的盲目性，工作量十分大，因此要对整个工作进行合理设计并结合新技术提高其工作效率。

第二节 营养缺陷型突变菌株的筛选与应用

自 Thom 和 Steinberg（1939）用 X 射线在真菌中首次通过诱发基因突变获得营养缺陷型突变株成功以后，20 世纪 40 年代初，遗传学家开始采用微生物作为遗传学研究材料。在各种微生物中，相继获得了大量营养缺陷型菌株，筛选营养缺陷型的方法也不断发展完善。微生物遗传学家和生化学家在一些微生物中利用这些菌株，初步阐明了部分代谢产物的合成途径，以及这些途径之间的关系和调控特点。

当时，诱变育种技术使用已相当普及。虽然此方法行之有效，但也暴露出一些缺点，如筛选盲目性大、工作繁琐等。

为克服这一缺点，育种工作者们建立了一种合理的高效选育方法，就是利用代谢调控知识指导筛选工作的代谢调控育种技术。通过筛选某些营养缺陷型菌株，改变代谢流向，使氨基酸生产菌的产量有了重大突破。接着，用抗代谢反馈突变株来解除代谢控制，在氨基酸和核苷酸高产菌株的选育中也获得成功。

随着对微生物代谢途径的研究不断深入，越来越多的代谢途径和代谢调控方法被阐明。这些研究推动了代谢调控育种技术的发展。目前，代谢调控育种技术已成为常用的育种方法，被广泛应用于多种代谢产物高产菌株的选育中，在以下几节中将分别加以介绍。

一、营养缺陷型及其应用

（一）营养缺陷型

从自然界分离到的微生物在其发生突变前的原始菌株，称为野生型菌株。营养缺陷型菌株是野生型菌株经过人工诱变或自发突变失去合成某种生长因子的能力，只能在完全培养基或补充了相应的生长因子的基本培养基中才能正常生长的变异菌株。营养缺陷型菌株经回复突变或重组变异后所产生的、在营养要求上与野生型相同的菌株叫做原养型菌株。

营养缺陷型是一种生化突变型，是由基因突变引起的。生长因子的合成代谢是在一系列酶的催化下通过多步生化反应而完成的。若编码其中任何一个酶的基因发生突变导致该酶失活，则反应将在此处受阻，相应的生长因子就不能合成，菌株就表现为该生长因子的营养缺陷型。

在筛选营养缺陷型突变株的工作中，有三种常用培养基。第一种是基本培养基（minimal medium，MM），它是仅能满足微生物野生型菌株生长要求的培养基。不同的微生物，其基本培养基也是不同的。一般从自然界分离的青霉菌、曲霉菌等霉菌大多数能在察氏培养基（Czapek's medium）上生长；放线菌能在瓦克斯曼（Waksman）培养基上生长；大肠杆菌能在格氏（Gray）培养基上生长等。这些基本培养基都是仅含糖类、无机氮和其他一些无机盐类的合成培养基。第二种是完全培养基（complete medium，CM），它是能满足某微生物所有营养缺陷型菌株营养要求的天然或半合成培养基。完全培养基的营养丰富、全面，一般可在基本培养基中加入富含氨基酸、维生素和碱基等生长因子的天然物质（如牛肉膏、蛋白胨、酵母浸出物等）配制而成，也可以直接用天然物质制备（如培养大肠杆菌用的 LB 培养基，培养真菌用的麦汁培养基等）。第三种是补充培养基（supplemental medium，SM），凡是只能满足某营养缺陷型生长需要的合成培养基，称为补充培养基。补充培养基是通过向基本培养基中直接添加相应的生长因子制备而成的。补充了 A 营养因子的补充培养基可用"MM＋A"表示。野生型菌株、营养缺陷型菌株和原养型菌株之间的相互关系以及它们各自所能生长的培养基如图 3-5 所示。

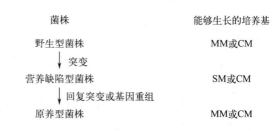

菌株	能够生长的培养基
野生型菌株	MM或CM
↓ 突变	
营养缺陷型菌株	SM或CM
↓ 回复突变或基因重组	
原养型菌株	MM或CM

图 3-5　野生型菌株、营养缺陷型菌株与原养型菌株之间的关系

应该指出，有些从自然界分离得来的微生物本身就需要某些维生素或氨基酸才

能生长。例如啤酒酵母一般需要维生素 B_1、吡哆醇、肌醇、生物素等两三种或三四种维生素；生产谷氨酸的棒杆菌和短杆菌都需要生物素。这是自然界存在的变种，是自然突变后长期自然选择留下来的。这些营养突变株较之用人工诱变的同类变异株要稳定，为了区别于人工诱变的营养缺陷型，人们把自然界分离的这类变株称为野生营养缺陷型菌株。

营养缺陷型不但有缺少一种营养物质的，而且有缺两种、三种或更多的，可以分别称为单缺、双缺、三缺或多缺的缺陷型。有的不但需要补充氨基酸，还需要补充维生素，所以营养缺陷型的种类是多样的。

（二）营养缺陷型突变株的应用

营养缺陷型突变株的筛选，在理论研究和生产实践上都有重要的意义。在理论研究中，营养缺陷型不仅被广泛应用于阐明微生物代谢途径上，而且在遗传学的研究中具有特殊的地位。在转化、转导、原生质体融合、质粒和转座因子等遗传学研究中，营养缺陷型是常用的标记菌种。此外，营养缺陷型菌株还是研究基因的结构与功能常用的材料。在生产实践中，营养缺陷型可以用来切断代谢途径，以积累中间代谢产物；也可以阻断某一分支代谢途径，从而积累具有共同前体的另一分支代谢产物；营养缺陷型还能解除代谢的反馈调控机制，以积累合成代谢中某一末端产物或中间产物；也可将营养缺陷型菌株作为生产菌种杂交、重组育种的遗传标记。营养缺陷型突变株广泛用于核苷酸及氨基酸等产品的生产。下面通过几个具体事例来阐述营养缺陷型在菌种选育中的应用。

1. 阻断代谢途径，积累中间代谢产物

生物化学研究表明，微生物在长期进化过程中形成的代谢调控机制，使其中间代谢产物几乎不积累。如果想要积累重要的中间代谢产物，需要通过筛选营养缺陷型突变株，阻断代谢途径。一个典型的例子是利用谷氨酸棒杆菌的精氨酸缺陷型进行鸟氨酸发酵（图 3-6）。由图可知，由于合成途径中酶⑥的缺陷，导致后续代谢途径中断，终产物精氨酸不能合成，解除了对酶①的反馈抑制，从而积累了鸟氨酸。

图 3-6　利用谷氨酸棒杆菌的精氨酸缺陷型积累鸟氨酸

⟹营养缺陷；----→反馈抑制

①乙酰谷氨酸合成酶；②乙酰谷氨酸激酶；③乙酰谷氨酸半醛脱氢酶；④乙酰鸟氨酸转氨酶；⑤乙酰鸟氨酸酶；⑥鸟氨酸转氨甲酰酶；⑦精氨琥珀酸合成酶；⑧精氨琥珀酸酶

利用营养缺陷型突变株积累中间代谢产物的另一个例子是肌苷酸（IMP）的生产。肌苷酸是一种重要的呈味核苷酸，它是嘌呤核苷酸生物合成过程中的一个中间代谢产物。谷氨酸棒杆菌的肌苷酸合成途径及其代谢调节机制见图 3-7。由图可知，肌苷酸是腺苷酸（AMP）和鸟苷酸（GMP）生物合成的共同前体物质，只有选育一个发生在 IMP 转化为 AMP 或 GMP 的代谢过程发生障碍的营养缺陷型突变株，才有可能积累 IMP。如选育腺苷琥珀酸合成酶缺失的 AMP 缺陷型，由于 GMP 对酶⑤的反馈抑制没有解除，因此，该突变株可以积累 IMP。当然，AMP 的缺失，还可以部分解除对核糖-5-磷酸焦磷酸转氨酶的反馈抑制，从而更有利于 IMP 的积累。

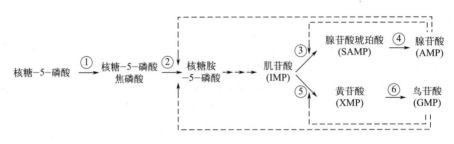

图 3-7　谷氨酸棒杆菌的 IMP 合成途径及其代谢调节

①核糖-5-磷酸焦磷酸激酶；②核糖-5-磷酸焦磷酸转氨酶；③腺苷酸琥珀酸合成酶；④腺苷琥珀酸分解酶；⑤肌苷酸脱氢酶；⑥黄苷酸转氨酶，虚线箭头表示反馈抑制

2. 阻断分支代谢，改变代谢流向，积累另一终端代谢产物

在微生物的合成代谢中，存在很多具有共同前体的分支代谢途径。通过筛选一条分支途径的缺陷型突变株，就可以改变代谢流向，积累另一代谢途径的终端产物。这方面最典型的例子是赖氨酸的生产。

赖氨酸是一种必需氨基酸，而且是许多禾谷类蛋白质中较为缺乏的一种氨基酸，因此添加到食品和饲料中可提高它们的营养价值。北京棒杆菌的 L-赖氨酸生物合成部分途径及其调节见图 3-8。

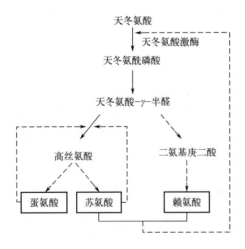

图 3-8　北京棒杆菌 L-赖氨酸生物合成
部分途径及其调节
虚线表示反馈抑制

从图 3-8 的代谢途径可以看出，天冬氨酸-γ-半醛将全部转化成赖氨酸、蛋氨酸和苏氨酸三种氨基酸，如果要求该代谢反应只积累赖氨酸，就要选育高丝氨酸的营养缺陷型，使天冬氨酸-γ-半醛完全转化为赖氨酸。当然这时必须添加少量高丝氨酸（或苏氨酸和蛋氨酸），使突变株维持一定的生长。生产谷氨酸的北京棒杆菌 AS1.299 经硫酸二乙酯处理，得到的高丝氨酸缺陷型变株 AS1.563，便能积累赖氨酸。同时，高丝氨酸合成的缺陷，造成苏氨酸不能合成，从而解除了苏氨酸和赖氨酸对天冬氨酸激酶的协同反馈抑制，从而更有利于赖氨酸的积累。

蛋白质中的 20 余种氨基酸除 5～6 种采用合成法生产外，多数都已用发酵法生产，在这方面，营养缺陷型起着主要的作用。

3. 解除反馈抑制，积累代谢产物

从上面的例子可以看出，营养缺陷型不仅可以改变代谢流向，而且可以同时部分解除代谢终产物对合成途径的反馈抑制，从而有利于中间产物或某一分支代谢终产物的合成。在此，不再列举其他育种实例。

4. 利用渗漏缺陷型进行代谢调控育种

渗漏缺陷型是一种特殊的营养缺陷型，是一种遗传代谢障碍不完全的营养缺陷型。其特点是酶的活力下降但不完全丧失，使其能少量合成某一代谢产物，但产物的量又不造成反馈抑制。因此，这种缺陷型菌株在不添加该生长因子时，在基本培养基上能缓慢生长。其在大生产中的优点是不需要限量添加缺陷的生长因子。由于往发酵培养基中限量添加生长因子是很难控制的，因此，渗漏缺陷型突变株应用于发酵生产具有其独特优势。例如在上面赖氨酸发酵生产的例子中，采用高丝氨酸渗漏缺陷型，就可以不需要限量添加高丝氨酸。

二、营养缺陷型突变株的筛选

营养缺陷型突变株的筛选，一般包括诱变处理、后培养、淘汰野生型、检出缺陷型和鉴别缺陷型、生产能力测试等主要步骤，具体操作流程和方法见图 3-9、图 3-10。

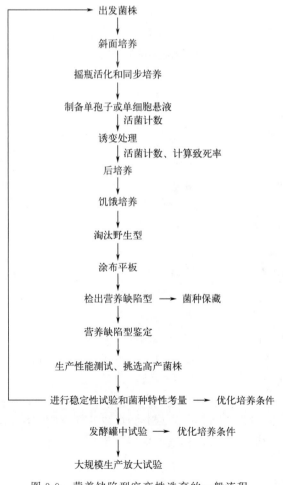

图 3-9 营养缺陷型突变株选育的一般流程

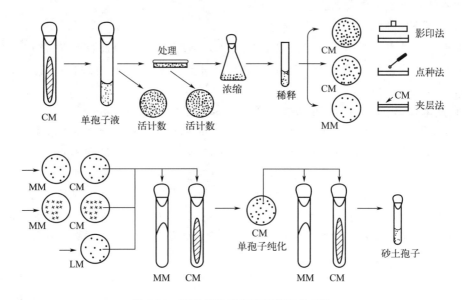

图 3-10　营养缺陷型突变株筛选的方法

（一）诱变处理

从操作流程可以看出，对于诱变这一步，营养缺陷型突变株筛选与经典诱变育种工作的操作完全相同。因此，在出发菌株的选择、诱变剂的选择上，它们遵循的原则是相同的。但关于诱变剂量的选择，二者却有所不同。前面讲过，在高产菌株诱变育种工作中发现，正变菌株高峰往往出现在较低剂量区，而生化突变株和形态突变株却往往出现在高剂量区。因此，在高产菌株的经典诱变育种工作中，倾向于选择低剂量或中等剂量，而在营养缺陷型筛选等代谢调控育种工作中则选择较高剂量（致死率 90%～99.9%）。

（二）后培养

在营养缺陷型的筛选过程中也需要进行后培养，该步骤有时也称为中间培养。其原理、目的及方法与经典诱变育种的步骤和方法中的后培养相同。后培养的培养基可以是营养丰富的完全培养基或补充培养基，培养过夜即可。

（三）淘汰野生型

经后培养的细胞中除有营养缺陷型菌株外，也含有大量野生型菌株，一般缺陷型仅占百分之几或千分之几，甚至更低。为了后期筛选简便，需要把野生型细胞大量淘汰，起到"浓缩"缺陷型的作用。由于野生型菌比营养缺陷型具有生长优势，因此，无法设计一种选择培养基，使营养缺陷型生长而野生型不生长。因此，在淘汰野生型时采取的是另外一种策略。限制营养成分使缺陷型细胞生长受抑制，而野生型细胞则在生长过程中被杀死或在生长后被除去。常用的方法有热差别杀菌法、抗生素法和菌丝过滤法。

为了防止由于细胞内源性营养物质的存在而引起对营养缺陷型菌株的"误杀"，在浓缩前就必须先使细胞耗尽体内或细胞表面的营养。所以在淘汰野生型之前，应将经后培养的细胞先用基本培养基洗涤，接着再用无氮基本培养基培养 4～6h，该步骤被称为饥饿培养。

1. 热差别杀菌法

利用产芽孢细菌的芽孢或产孢子微生物的孢子比其相应的营养体细胞耐热，让诱变后的菌株形成芽孢或孢子，然后把处于芽孢或孢子阶段的微生物转移至基本培养基中进行培养，野生型芽孢或孢子萌发成营养体，而缺陷型芽孢或孢子不萌发，此时将培养物加热到80℃处理一定时间，野生型营养细胞大部分被杀死，而仍处于芽孢或孢子状态的营养缺陷型则得以保留。该方法适用于产芽孢的细菌，有时也用于一些产其他孢子的微生物。

2. 抗生素法

抗生素法常用于细菌和酵母菌营养缺陷型的浓缩，前者用青霉素法，后者用制霉菌素法。在加有青霉素的基本培养基中接入细菌以后，由于细菌细胞壁的主要成分是肽聚糖，而青霉素能抑制细菌细胞壁肽聚糖链之间的交联，阻止合成完整的细胞壁，所以，处于生长态的野生型细胞对青霉素非常敏感，因而被杀死，处于休止状态的缺陷型细胞由于不需要合成细胞壁，不能被杀死而得以保留下来，达到相对浓缩的目的。制霉菌素作用于酵母细胞膜上的甾醇，引起细胞膜的损伤，从而可杀死处于生长状态的野生型酵母细胞，起到浓缩缺陷型的作用。青霉素法的具体操作步骤如下。

将经后培养的细胞先用基本培养基洗涤，接着再用无氮基本培养基培养4～6h进行饥饿培养，消耗内源营养因子。然后加入2N（正常氮源浓度的2倍）基本培养基，并加入一定浓度的青霉素（一般革兰阴性细菌加500～1000μg/mL，革兰阳性细菌加50μg/mL），培养不同的时间（12～24h）。取样分别涂布MM和CM平板，菌落数差异大的浓缩效果较好。为了避免在处理期间由于野生型细胞自溶产生的营养物质促进缺陷型细胞的生长，处理细胞的浓度要限制在10^6个/mL。同时为了防止由于野生型细胞壁被破坏导致细胞崩溃、释放出胞内营养物质而促进缺陷型细胞的生长，应在培养基中加入渗透压稳定剂如20%蔗糖，也可使用较高单位抗生素和短时间的处理法。

3. 菌丝过滤法

真菌和放线菌等丝状菌的野生型孢子在基本培养基中能萌发长成菌丝体，而营养缺陷型孢子则不能萌发。将诱变处理后的孢子接种至液体MM中，振荡培养一定时间，使野生型孢子萌发的菌丝刚刚肉眼可见，用无菌脱脂棉、滤纸等过滤除去菌丝。然后将滤液继续培养，每隔3～4h过滤一次，重复3～4次，尽可能多地除去野生型细胞。最后，将滤液稀释涂布完全培养基平板进行分离。该方法适用于那些产孢子的丝状微生物。

4. 饥饿处理法

该方法用于在某些条件下浓缩双缺突变株。微生物的某些缺陷型菌株在某些培养条件下会因代谢不平衡自行死亡，可是如果在细胞中发生了另一营养缺陷型突变，这一细胞反而会因代谢平衡的部分恢复而避免死亡，从而双重缺陷型突变株可被浓缩。如胸腺嘧啶缺陷型细菌不加胸腺嘧啶时，在短时间内细胞大量死亡，而残留下来的细菌中可以发现许多其他营养缺陷型。又如二氨基庚二酸是合成赖氨酸和细胞壁物质的共同前体。二氨基庚二酸营养缺陷型在不加赖氨酸的情况下不生长也不死亡。而给以赖氨酸，则因细胞能生长时不能合成细胞壁大量死亡。如果细胞中发生了另一个营养缺陷型突变，它反而可以存活。因此，在加入赖氨酸的补充培养基中培养二氨基庚二酸营养缺陷型，可以富集二氨基庚二酸和其他生长因子的双重缺陷株。

（四）检出营养缺陷型

用浓缩法得到的培养物，虽然营养缺陷型的比例较大，但仍然是营养缺陷型与野生型的混合物，还需通过一定的方法将缺陷型从群体中分离检出。常用的方法有逐个检出法、夹层检出法、限量补充检出法和影印检出法。

1. 逐个检出法

把上述处理液在 CM 平板上进行分离，然后将平板上长出的菌落用无菌牙签逐个按一定次序点种到 MM、CM 平板相应的位置，经过培养后，逐个对照，如发现某一位置上在 CM 上长出菌落，而在 MM 上不长，就可初步认定这是一个营养缺陷型菌株。图 3-11 上有 3 株可能为营养缺陷型。

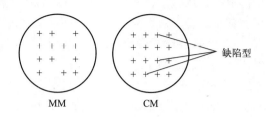

图 3-11　营养缺陷型的逐个检出法

2. 夹层检出法

先在培养皿内倒一层 MM 作底层，冷后加上一层含处理细胞的 MM 层，待凝固后再继续加第三层 MM。经培养一段时间，平板上长出野生型菌落，在皿底相应位置作记号，再在上面加一层 CM，继续培养。在加入 CM 后新长出的菌落，个体较小，可能是缺陷型菌落，而在加入 CM 之前已经形成的野生型菌落个体较大（图 3-12）。此法虽然操作简便，但可靠性差，需对检出的菌落进一步确认。

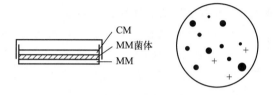

图 3-12　营养缺陷型的夹层检出法

3. 限量补充检出法

将经过处理的菌液接种在含有微量（0.01％或更少量）蛋白胨的 MM 上培养，野生型迅速生长成较大菌落，而营养缺陷型生长较慢，形成小菌落，因而可以检出，此为限量法。如果要筛选特定的营养缺陷型，可以在 MM 中加入少量的这种单一生长因子，此为补充法。所需补充生长因子的量，最好能用已有的缺陷型进行测定后确定。

4. 影印检出法

就是采用一种专用的接种工具——"印章"，一次将一个 CM 平板上长出的菌落依次分别转接到 MM 和 CM 两个平板上，经过培养，分别观察在两个平板相应位置上长出的菌落，如果在 CM 上生长，而在 MM 上不长，可初步认定是营养缺陷型（图 3-13）。也可省略影印 CM，因为从原 CM 平板上就可以比较出。

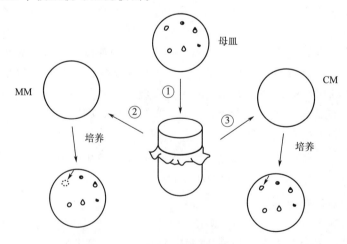

图 3-13　营养缺陷型的影印检出法
①用印章从母皿平板上取菌；②转印至 MM 上；③再转印至 CM 上

接种"印章"的制作方法：将一块边长 15cm 的正方形灭菌绒布，绒面向上蒙在一个直径 8cm、高度 10cm、上面平整的铜柱或木柱上，并用圆形的金属卡子固定。每影印一次，更换一块绒布。使用后，将绒布洗净晒干，用刷子将绒面理平，把绒面朝里平整叠起，蒸汽灭菌。

对于霉菌，因孢子容易分散，所以，用此"印章"影印会引起误差，有人用薄纸代替"印章"，即将薄纸放在 CM 平板上，涂孢子液于薄纸上，待孢子长出的菌丝伸入 CM 中，就将薄纸移到 MM 平板上，以便在相应位置上长出菌落，以资比较。但由于薄纸易粘带 CM，所以在 MM 平板上需多移植几个平板作平行试验。为了防止某些霉菌菌落的扩散和蔓延，可以在培养基中加入 0.5％左右的去氧胆酸钠，使菌落长得小而紧密。

（五）营养缺陷型的鉴定

经过缺陷型的检出，确定菌株为营养缺陷型后，就需进一步测定它到底是什么缺陷型？是氨基酸、维生素缺陷型，还是嘌呤、嘧啶缺陷型，如果是氨基酸缺陷型，还要确定氨基酸的类型，这就是缺陷型的鉴定。营养缺陷型的鉴定通常有两种方法：一是在一个培养皿上加入某一种生长因子，测试许多营养缺陷型菌株对该种生长因子的需要情况；另一种是在同一培养皿上测定一个缺陷型菌株对多种生长因子的需求情况，由此确定该菌株是何种生长因子的缺陷型，该方法称作生长谱法，是鉴定缺陷型常用的一种方法。其基本步骤如下。

1. 营养缺陷型菌株平板的制备

将待测微生物从生长斜面上用无菌生理盐水洗下或从液体培养物中离心收集细胞，沉淀物用生理盐水洗涤后制成浓度为 $10^6 \sim 10^8$ 个/mL 的悬浮液。取 0.1mL 涂布在 MM 上，也可以与已融化并冷到 50℃ 的 MM 混匀，倾注平板。

2. 营养缺陷型类别的确定

在含菌体平板上不同位置加入少量下列四种试验物质，或者用直径 0.5cm 的滤纸片蘸取试验物质的溶液，用镊子放到平皿的四个相应位置，观察其生长情况，确定缺陷的营养类别。四种营养物质分别为：

① 不含维生素的酪素水解液或氨基酸混合物或蛋白胨，含有氨基酸类生长因子；

② 水溶性维生素混合物，含有维生素类生长因子；

③ 0.1％碱水解酵母核酸，含有嘌呤、嘧啶类生长因子；

④ 酵母浸出物，含有所有的生长因子。

培养后，观察各滤纸片周围菌株的生长情况，若①和④号滤纸片周围出现生长圈，则表明该菌株为氨基酸类的缺陷型，依次类推（图 3-14）。当然类别的归并完全是按需要进行的，可以根据具体要求进行组合。

(a) 氨基酸缺陷型　　(b) 氨基酸-维生素缺陷型　　(c) 嘌呤嘧啶缺陷型

图 3-14　缺陷型营养类别的生长谱形式

3. 缺陷型所需生长因子的确定

当某一营养缺陷型突变株所需的营养大类确定后，就应确定它需要的是哪一种氨基酸、

微生物遗传育种学 第二版

维生素或碱基，有的缺陷型可能是双缺、三缺或更多。在这里主要介绍单缺菌株生长因子的确定方法。

一般来说，当变异株不多，而实验用的营养因子数目较多时，多把试验突变株做成含菌的 MM 平板，把蘸有生长因子组合溶液的纸片放在上面观察其生长情况。这就是通常所说的分组法。

（1）营养成分编组　如果采用 21 种生长因子（如 21 种氨基酸），可以编成 6 组，每组 6 种（表 3-1）；15 种生长因子（如 15 种维生素），可以编成 5 组，每组 5 种（表 3-2）。这 15 种可以全是氨基酸，也可以是氨基酸和维生素，还可以是其他组合，可以根据需要去编组。

表 3-1　21 种生长因子组合设计

组别	组合生长因子					
A	1	7	8	9	10	11
B	2	7	12	13	14	15
C	3	8	12	16	17	18
D	4	9	13	16	19	20
E	5	10	14	17	19	21
F	6	11	15	18	20	21

表 3-2　15 种生长因子组合设计

组别	组合营养因子				
A	1	2	3	4	5
B	2	6	7	8	9
C	3	7	10	11	12
D	4	8	11	13	14
E	5	9	12	14	15

（2）培养　将蘸有组合营养因子溶液的滤纸片放在涂有试验菌的 MM 平板上，培养后观察生长情况。图 3-15 表示了 15 种生长因子分 5 组时的部分生长谱。表 3-3 则列出了在此情况下，各种单缺所对应的生长情况。平板① 上的菌株只在 D 组周围生长，查表 3-3 可知是生长因子 13 的营养缺陷型；平板② 上的菌株在 A 与 B 周围均生长，表示该菌株为生长因子 2 的缺陷型。若出现③ 的情况，则是由于需要 A、B 组合中的两个或多个营养因子。若出现④ 的情况，则是由于所加入的营养物质浓度过高，产生了抑制圈，当浓度变稀后，仍可生长，这是一株缺营养因子 1 的缺陷型。表 3-4 列出了 21 种生长因子的生长谱形式及对应需求生长因子。

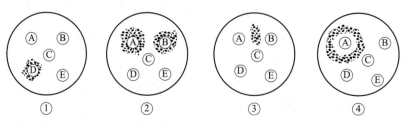

图 3-15　组合营养因子的生长谱形式

082

表 3-3　15 种生长因子的生长谱形式及对应需求生长因子

生长组合	要求的生长因子	生长组合	要求的生长因子	生长组合	要求的生长因子
A	1	A 与 B	2	B 与 D	8
B	6	A 与 C	3	B 与 E	9
C	10	A 与 D	4	C 与 D	11
D	13	A 与 E	5	C 与 E	12
E	15	B 与 C	7	D 与 E	14

表 3-4　21 种生长因子的生长谱形式及对应需求生长因子

生长组合	要求的生长因子	生长组合	要求的生长因子	生长组合	要求的生长因子
A	1	A 与 C	8	B 与 F	15
B	2	A 与 D	9	C 与 D	16
C	3	A 与 E	10	C 与 E	17
D	4	A 与 F	11	C 与 F	18
E	5	B 与 C	12	D 与 E	19
F	6	B 与 D	13	D 与 F	20
A 与 B	7	B 与 E	14	E 与 F	21

（六）生产性能检测及高产菌株筛选

经以上步骤筛选得到的营养缺陷型菌株，并不一定都是高产菌株，还需要对所得到的菌株进行生产性能的测试，从中选出高产突变株。由于一些代谢产物的合成途径往往有很多步反应，筛选得到的有些营养缺陷型突变株可能阻断了太靠近终端代谢产物的酶，从而积累一些不需要的中间代谢产物。如前面提到的鸟氨酸发酵的例子中（图 3-6），如果筛选的不是酶⑥的缺陷株，而是酶⑦的缺陷株，同样表现为精氨酸营养缺陷型，后者则不是积累鸟氨酸，而是积累瓜氨酸。而在谷氨酸棒杆菌赖氨酸高产菌选育时，如果筛选 Thr⁻ 或 Met⁻ 等营养缺陷型菌株，就有可能不是累积赖氨酸，而是大量累积高丝氨酸（图 3-8）。如有人发现，在钝齿棒杆菌中，筛选 Hse⁻ 突变株，其赖氨酸产量为 17.93g/L，而筛选 Thr⁻ 或 Thr⁻ ＋ Met⁻ 突变株，其赖氨酸产量却分别只有 2.33g/L 和 2.00g/L。

第三节　抗反馈调节突变型的筛选及应用

一、反馈调节和抗反馈调节突变

（一）反馈调节

自然界的微生物在漫长的进化过程中，对其细胞内的代谢途径一般都具有比较严密的调节控制，细胞内代谢产物往往恰好满足其自身生长代谢的需要。其中，对合成代谢的调节控制最重要的方式是反馈调节。所谓反馈调节，是指当合成代谢途径的终产物或分支代谢途径的终产物过量合成时，抑制合成代谢途径的关键酶（往往是代谢途径或分支代谢途径第一步的酶）的活力或其酶合成。反馈调节分为反馈抑制和反馈阻遏。

反馈抑制是指合成代谢途径终产物对该途径前端某些酶活性的抑制作用。反馈抑制发挥调节作用的机理如下：合成代谢途径的关键酶（代谢途径或分支代谢途径第一步的酶）是一种变构酶（也称调节酶），具有两个结合位点。一个是与底物结合的催化中心，另一个是与效应物结合的调节中心。代谢终产物是该酶的变构效应物。当其过量时，可以和变构酶的调节中心结合，促使变构酶构象发生变化，从而反馈抑制酶活性，终止产物的合成［图 3-16（a）］。反馈抑制直接以产物浓度控制关键酶的活性，从而控制整个代谢途径，具有快速、有效、经济和直接的特点。在微生物合成代谢中涉及范围十分广泛。

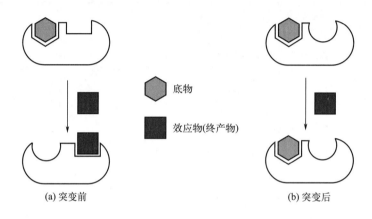

底物

效应物(终产物)

(a) 突变前　　　　　　　　　　　　　　　　(b) 突变后

图 3-16　反馈抑制与抗反馈抑制突变型

反馈阻遏是指微生物合成代谢中高浓度终产物对该途径上酶合成的抑制作用。其形成机理如下：合成代谢途径的酶构成一个操纵子，其表达受终产物的阻遏。其调节基因合成的是无活性的阻遏蛋白，代谢终产物是辅阻遏物，当其过量时，可以激活阻遏蛋白，从而关闭操纵子中结构基因的表达，终止合成途径中相关酶的合成［图 3-17（a）］。反馈阻遏作用是胞内产物过量后终止酶合成的一种机制，与反馈抑制相比，反应较慢，并且往往影响代谢途径中所有酶（整个操纵子）的合成。

（二）抗反馈调节突变

所谓抗反馈调节突变是指解除了反馈调节的突变株，包括抗反馈抑制突变和抗反馈阻遏突变。

抗反馈抑制突变是指解除了反馈抑制的突变株，可能由两种机制产生。一种是变构酶的调节中心经突变后发生构象的改变，造成其与变构效应物（终产物）的结合能力下降，甚至完全丧失。当终产物合成过量时，不能再和变构酶结合，从而无法抑制变构酶的活力［图 3-16（b）］。另一种机制是变构酶的其他位点发生变化，造成其构象改变，但并未影响其酶活性。这种突变的酶即使调节中心结合了效应物，其构象也不再发生足以造成酶活性下降或丧失的改变。

抗反馈阻遏突变则可能通过以下原因形成。一是相应的调节基因发生突变，所合成的阻遏蛋白不再能和辅阻遏物（终产物）结合，从而不能生成有活性的阻遏蛋白。或者突变后的阻遏蛋白即使能和辅阻遏物结合，也不能形成有活性的阻遏蛋白［图 3-17（b）］。二是操纵子中对应的操纵基因发生了突变，使其和阻遏蛋白的结合能力下降，或者完全丧失结合能力，从而也可以造成过量的辅阻遏物（终产物）不能关闭相关基因的转录与酶合成。

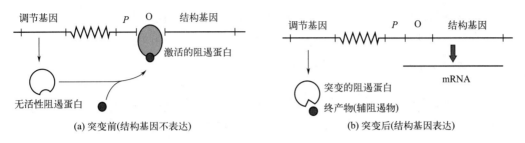

图 3-17　反馈阻遏与抗反馈阻遏突变型

（三）抗反馈调节突变株的筛选

抗反馈调节突变株可以通过筛选抗结构类似物突变和回复突变两种方法获得。关于抗结构类似物突变将在下文进行专门介绍，因此，在此只介绍利用回复突变筛选抗反馈调节突变株的方法。

1. 初级代谢产物营养缺陷型回复突变筛选抗反馈调节突变株

由野生型向营养缺陷型的突变是由于催化代谢终产物合成酶的结构基因突变使酶活性丧失所导致，对于调节酶，这种酶活性的丧失可能是只有催化中心的改变，使其不能与底物结合引起，也可能同时伴随有调节中心的改变，使其也不与代谢终产物结合。对于后一种情况，回复突变若只发生在催化中心区域，而调节中心仍保持不能与代谢终产物结合的状态，则该回复突变就实现了对反馈调节作用的解除。用回复突变的方法筛选抗反馈调节突变株是通过"原养型→营养缺陷型→原养型"的选育途径进行的。营养缺陷型回复突变株的筛选方法是首先将野生型菌株通过诱变处理，筛选代谢终产物的缺陷型突变株，然后，再对该突变株进行诱变处理，用基本培养基筛选原养型回复突变，然后从这些原养型回复突变株中分离筛选能过量积累代谢终产物的突变株。

例如，在图 3-7 中，从谷氨酸棒杆菌筛选腺苷酸和黄嘌呤核苷酸的双重缺陷型（ade^- xan^-），由于酶③和酶⑤的缺陷，因此可大量积累肌苷酸。该营养缺陷型再诱变得到黄嘌呤核苷酸的回复突变株（ade^- xan^+），得到了既能积累肌苷酸，也能积累鸟苷酸的菌株。这是因为回复突变使次黄嘌呤脱氢酶的结构基因发生突变，导致酶的调节中心改变而失去和终产物鸟苷酸结合的能力，解除了鸟苷酸对该酶的反馈抑制作用，因此，能大量累积鸟苷酸。

2. 次级代谢产物营养缺陷型回复突变筛选抗反馈调节突变株

在抗生素生产中，只有个别营养缺陷型突变株的抗生素产量较高，一般缺陷型产量都很低。但其回复突变型有的产量却很高。Dulaney 等使用"原养型→营养缺陷型→原养型"的路线，在提高金霉菌的金霉素产量中获得成功。蛋氨酸是金霉素生物合成的甲基供体，从金霉菌蛋氨酸营养缺陷型中筛选回复突变型，其中 88％ 的回复突变株的金霉素产量比亲株高，产量是亲株的 1.2～3.2 倍。

3. 次级代谢产物零产量回复突变筛选抗反馈调节突变株

用回复突变方法筛选次级代谢产物产生菌抗反馈调节突变株还可以利用"高产株→零变株→高产株"的选育途径进行。抗生素产生菌经反复诱变后，有时会出现不产抗生素的零产量突变株。这种突变型一般是抗生素生物合成途径中某一酶的结构基因发生障碍性突变所致。再次诱变处理筛选抗生素合成的回复突变株，有时也可以解除次级代谢途径的反馈调节，从而获得高产菌株。例如，用诱变剂处理金霉素产生菌，得到了金霉素产量的零变株，再次进行诱变处理，得到了产金霉素的回复突变型。其金霉素产量大都很低，但部分回复突变株的金霉素产量却比亲株高 3 倍左右。因此，在抗生素产生菌的选育中，应注意零变株的出现，如再进行诱变处理，有望得到高产突变株。

二、抗结构类似物突变株的筛选及应用

（一）结构类似物与抗结构类似物突变

所谓结构类似物（亦称代谢拮抗物）是指那些在结构上和代谢终产物（氨基酸、嘌呤、嘧啶、维生素等）相似，可起到代谢物所具有的调节作用而不具备其生理活性的一类化合物。图 3-18 所示的是一些氨基酸和它们的结构类似物。

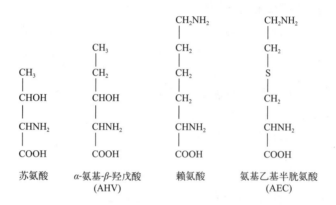

图 3-18　部分氨基酸及其结构类似物

由于和代谢终产物结构上相似，它们和代谢终产物一样，能够与变构酶的调节中心相结合而抑制酶的活性，或可以作为辅阻遏物激活阻遏蛋白，从而终止合成途径中酶的合成。因此，可以起到代谢产物所具有的反馈调节作用。所不同的是，终产物可以掺入到生物大分子中，从而具有一定的生理功能；而结构类似物不能用于合成有活性的生物大分子。并且终产物与酶的结合是可逆的，当终产物被用于合成生物大分子后，其在细胞中的浓度下降，酶的调节中心空闲，酶活性恢复。而结构类似物由于不掺入细胞结构，在细胞中的浓度是不变的，其反馈调节作用不能被解除。因此，在含有结构类似物的基本培养基中，由于结构类似物的存在，代谢终产物的合成被抑制。由于这种代谢产物是生长所必需的，野生型细胞必然不能生长。而那些能在含有结构类似物的基本培养基中生长的菌株被称作抗结构类似物突变株。它们之所以能够生长，是因为它们解除了反馈调节。

抗结构类似物突变株可能是抗反馈抑制突变株。由于酶的结构基因的突变，新合成的酶的调节中心不再与结构类似物结合，使结构类似物失去了对该酶的反馈抑制作用。细胞在突变酶的催化下合成代谢终产物供细胞生长所需，因此，其能在结构类似物存在的情况下生长。

结构类似物抗性突变也可能是解除了终产物对代谢途径酶的反馈阻遏作用。调节基因突变后不能合成阻遏物蛋白或合成的阻遏物蛋白不再与结构类似物结合，操纵基因突变后不再与阻遏物蛋白-结构类似物复合物结合，都可以解除结构类似物的阻遏作用。

（二）抗结构类似物突变株在代谢调控育种中的应用

由于抗结构类似物突变的实质是解除了反馈抑制或反馈阻遏，因此，在这类突变株中，合成代谢途径也不再受代谢终产物的反馈调节，能够在终产物过量积累的情况下还不断合成

该产物，从而大大提高终产物的合成量。抗结构类似物突变在氨基酸、核苷酸和维生素等初级代谢产物的高产菌株选育中被广泛应用。表3-5列出了其中的一些例子。

表 3-5　部分结构类似物抗性突变及其积累的代谢产物

结构类似物	过量积累产物	使用的菌种
S-（2-氨基乙基）-L-半胱氨酸（AEC）	赖氨酸	黄色短杆菌
甲基赖氨酸（ML）		乳糖发酵短杆菌
苯酯基赖氨酸（CBL）		乳糖发酵短杆菌
α-氯己内酰胺（CCL）		谷氨酸棒杆菌
α-氨基-β-羟基戊酸（α-AHV）	苏氨酸	黄色短杆菌
		谷氨酸棒杆菌
邻甲基-L-苏氨酸（MT）		大肠杆菌
		黄色短杆菌
乙硫氨酸（ET）	蛋氨酸	谷氨酸棒状菌
N-乙酰正亮氨酸		大肠杆菌
ET＋蛋氨酸氧肟酸（Met-Hx）		鼠伤寒沙门菌
（Met-Hx）＋硒代蛋氨酸		谷氨酸棒杆菌
L-精氨酸氧肟酸（Arg-Hx）	精氨酸	枯草芽孢杆菌
α-噻唑丙氨酸（α-TA）		黄色短杆菌
D-精氨酸（D-Arg）		谷氨酸棒杆菌
苯丙氨酸氧肟酸（Phe-Hx）	苯丙氨酸	谷氨酸棒杆菌
对氟苯丙氨酸（PFP）		
对氨基苯丙氨酸（PAP）		
6-氟代色氨酸（6-FT）	色氨酸	谷氨酸棒杆菌
5-甲氨色氨酸（5-MT）		黄色短杆菌
对氟苯丙氨酸（PFP）	酪氨酸	大肠杆菌
D-酪氨酸（D-Tyr）		枯草芽孢杆菌
酪氨酸氧肟酸（Tyr-Hx）		谷氨酸棒杆菌
3-氨基酪氨酸（3-AT）		枯草芽孢杆菌
三氟亮氨酸	亮氨酸	链孢霉
2-噻唑丙氨酸（2-TA）		乳糖发酵短杆菌
亮氨酸氧肟酸（Leu-Hx）		
α-氨基丁酸（α-AB）	缬氨酸	黏质赛氏杆菌
2-噻唑丙氨酸（2-TA）		乳糖发酵短杆菌

续表

结构类似物	过量积累产物	使用的菌种
3,4-二羟脯氨酸	脯氨酸	大肠杆菌
硫胺胍（SG）		黄色短杆菌
硫胺胍（SG）	谷氨酰胺	黄色短杆菌
8-氮杂鸟嘌呤（8-AG）	肌苷	短小芽孢杆菌
异烟肼	吡哆醇	酿酒酵母

（三）抗结构类似物突变株的筛选

抗结构类似物突变株可以用一次性筛选法和梯度平板法进行筛选。实际工作中更多的是采用梯度平板法进行筛选。

1. 一次性筛选法

在对于出发菌株完全致死的环境中一次性筛选少数抗性突变株的方法，称为一次性筛选法。

在采用此方法筛选抗性突变株时，首先要测定药物对出发菌株的临界致死浓度。然后将经过后培养的细胞以较高的密度涂布或倾注到含有高于临界致死浓度的药物平板上，经培养后长出的菌落即为抗性突变株。使用一次性筛选法筛选抗性突变株的前提是药物不是很昂贵，允许一定的用量。由于一些结构类似物价格昂贵，因此一般使用药物梯度平板法进行筛选。

2. 梯度平板法

使用药物浓度梯度平板筛选在对敏感菌致死的药物浓度区生长的抗性突变株的方法叫梯度平板法或阶梯性筛选法。此法适用于筛选对昂贵药物具有抗性的突变株。

该方法的第一步是制备药物浓度梯度平板，如图 3-19 所示。先在培养皿中倾注 7～10mL 不含药物的琼脂培养基，将培养皿一侧搁置在木条上，使培养基形成的斜面刚好完全覆盖培养皿的底部。待培养基凝固后将培养皿放平，再倾入 7～10mL 含有一定浓度药物的琼脂培养基，也使之刚好完全覆盖下层培养基，凝固并放置过夜。由于药物在上下层培养基之间的扩散作用，在平板内形成了随上层培养基由厚到薄的药物浓度梯度。将经过后培养的细胞涂布此平板，经培养后会逆药物的浓度梯度形成菌落的密度梯度。如果细胞对药物存在临界致死浓度，则菌的生长也呈现明显的界线。在低药物浓度区，细胞大量生长，形成厚厚的菌苔；高药物浓度区，菌落数逐渐减少。在菌落的稀少及几乎空白区域所长出的少数菌落即为抗性突变株。越是靠近高浓度药物区域出现的抗性菌株，其抗性越强。应用此法，还可以在同一平板上获得抗性不同的突变菌株。

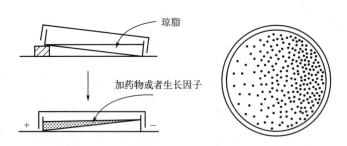

图 3-19 药物梯度平板的制备及生长情况

阶梯性筛选的另一方法是将固体药物直接加到涂有菌的平板表面，在培养过程中，药物逐渐溶解并向周围扩散，形成一个以固体药物为中心的药物浓度梯度。经培养后，能看到固体药物的周围有一个明显的抑菌圈，存在清晰或模糊的边缘，在抑菌圈区域长出的少数菌落即为抗药性菌株。也可以先将药物制成一定浓度的溶液，然后用较厚的圆形滤纸片吸取一定量的药液，放置于涂有菌的平板上。利用药物的自然扩散在圆形滤纸片周围形成药物浓度梯度。

3. 筛选抗结构类似物突变株应注意的问题

采用上述方法筛选抗结构类似物突变株时，要注意以下三个问题：

① 如果终产物是和其他分支途径的终产物通过协同反馈抑制对共同前体合成途径进行调节，则要在基本培养基中添加起协同反馈抑制作用的产物或其结构类似物。如前面所讲的赖氨酸高产菌选育中，由于赖氨酸和苏氨酸协同反馈抑制天冬氨酸激酶活性，筛选 AEC^r 突变株时，必须在含 AEC 的基本培养基中同时加入苏氨酸或其结构类似物 AHV。否则，虽然有 AEC 存在，但野生型在苏氨酸被过量合成之前，是不会关闭整个代谢途径的，因此，也可以合成赖氨酸而生长。

② 抗结构类似物突变是由多基因控制的，属于数量性状，可通过逐渐提高结构类似物的浓度使产物的积累水平逐渐提高。

③ 抗结构类似物突变和营养缺陷型突变等共同使用，提高产量的效果会更好。如在钝齿棒杆菌中，单独筛选 AEC^r 突变株，赖氨酸产量为 20g/L，而筛选 AEC^r Hse$^-$ 突变株，赖氨酸产量可以达到 50g/L。

第四节 其他突变型的筛选及应用

一、组成型突变株的筛选

一些工业酶制剂是诱导酶，即只有在诱导底物存在时才能合成相应的酶。诱导物有时很昂贵，且诱导效果受诱导物种类和浓度的影响。如果经突变后，酶的结构基因未发生改变，而调节基因或操纵基因发生变异，将获得在没有诱导底物存在时也能产生大量诱导酶的突变株。这种突变株就是组成型突变株。通过诱变处理，使调节基因发生突变，不产生有活性的阻遏蛋白，或者操纵基因发生突变不能再与阻遏物相结合，从而使诱导型酶变为组成型酶。

组成型酶的筛选主要通过两类方法进行。一类方法是创造一种有利于组成型菌株生长而不利于诱导型菌株生长的培养条件，造成对组成型的选择优势，从而富集并筛选出组成型突变株；另一类方法是选择适当的鉴别培养基，直接在平板上识别两类菌落，从而把组成型突变株选择出来。具体方法有如下几种。

（一）限量诱导物恒化培养法

控制低于诱导浓度的诱导物作碳源进行恒化连续培养。野生型细胞由于不能合成诱导酶而不能利用底物，所以不能生长，而组成型酶突变株由于可自行合成酶，所以就能够生长。虽然由于底物浓度很低，组成型酶突变株生长速度也不会过高，但只要控制合适的流加速度，经过一定时间连续不断地流加新鲜培养基，野生型就会被"洗出"，组成型突变株就会被不断"浓缩"，从而可以很容易地从培养液中分离获得组成型酶突变株。例如在低浓度乳糖的恒化器中，经连续培养生长的大肠杆菌突变株不用诱导物，也能生成 β-半乳糖苷酶，生成量达细胞总蛋白的 25%。

（二）循环培养法

在一个不含诱导物的培养基上和一个含诱导物为唯一碳源的培养基上进行连续循环培养时，就能使组成型突变株在生长上占优势而予以选出。例如把大肠杆菌先在含有葡萄糖的培养基中培养一定时间，这时组成型突变株和诱导型菌株都能生长，但组成型突变株已开始合成 β-半乳糖苷酶而诱导型菌则不能合成。把这些混合菌体移植到以乳糖为唯一碳源的培养基中，这时组成型菌立即可以分解利用乳糖进行生长繁殖，而诱导型菌则还需一段诱导期。这样组成型在繁殖速率上就占优势。培养一定时间后再将其转回含有葡萄糖的培养基中培养，诱导型的 β-半乳糖苷酶不再被合成，当再次转移到乳糖培养基上又需要一段时间进行酶的诱导合成，从而在生长上再次落后于组成型突变株。如此反复几个生长周期，最终组成型在数量上占绝对优势，很容易被分离筛选出来。

（三）诱导抑制剂法

有些化合物能阻止某些酶的诱导合成，称为诱导抑制剂，如 α-硝基苯基-β-岩藻糖苷对大肠杆菌的 β-半乳糖苷酶的合成有抑制作用。为了选择组成型变株，可将细胞培养在含有乳糖和 α-硝基苯基-β-岩藻糖苷的培养基中。由于 β-半乳糖苷酶的诱导被抑制，只有组成型酶突变株才能利用乳糖生长繁殖。

（四）低诱导能力底物培养法

利用诱导能力很低但能作为良好碳源的底物作为唯一碳源对诱导后的菌液进行培养，组成型突变株由于能合成分解该底物的酶，因此能生长；而需要诱导的野生型菌则不能生长，从而可以筛选出组成型突变株。

（五）鉴别培养基法

利用在鉴别培养基平板上，两种类型的突变株可以形成不同颜色的菌落，可以直接挑选出组成型突变株。例如，将诱变后的菌液涂布在以甘油为唯一碳源的平板上进行培养，待长出菌落后，在菌落上喷洒邻硝基苯酚-β-D-半乳糖苷（ONPG）。组成型突变株由于不需要底物诱导就能产生 β-半乳糖苷酶，能分解无色的 ONPG，产生黄色邻硝基苯酚，故而形成黄色菌落；而诱导型菌株由于在无底物诱导的情况下不能合成 β-半乳糖苷酶，故菌落呈白色。

二、抗降解代谢物阻遏突变株的筛选与应用

在微生物代谢中，一些易分解利用的碳源或氮源及其降解代谢产物阻遏与较难分解的碳氮源利用相关的酶的合成，称为降解代谢物阻遏效应。如大肠杆菌中葡萄糖降解代谢对乳糖利用的阻遏作用，当培养基中还有葡萄糖时，即使存在诱导物乳糖，与乳糖利用有关的酶也不能被合成。降解代谢物阻遏在微生物中广泛存在。在工业生产中，一般使用缓慢利用的碳氮源（如多糖或黄豆粉等）或流加低浓度的易利用碳氮源（如流加葡萄糖和氨）的方法避开降解代谢物阻遏作用。但若能从育种学角度，筛选抗降解代谢物阻遏突变株，则能简化生产工艺，便于发酵控制，可以更好地满足工业生产需要和提高发酵水平。

（一）抗碳源降解代谢物阻遏突变株的筛选

常常采用选育抗葡萄糖结构类似物突变株的方法筛选抗碳源降解代谢物阻遏突变型。用于这种筛选的葡萄糖结构类似物包括 2-脱氧-D-葡萄糖（2-dG）和 3-甲基-D-葡萄糖（3-mG）等。具体筛选方法是将诱变后的菌涂布在含葡萄糖结构类似物的琼脂培养基上培养。筛选培养基要含有氮源、无机盐、生长因子、低浓度的 2-dG 或 3-mG 等，以及一种可被菌株利用

的生长碳源。这种生长碳源必须经相应的诱导酶水解才能被微生物同化利用。由于葡萄糖结构类似物会阻遏诱导酶的合成，因此，野生型菌不能在此培养基上生长，而抗碳源降解代谢物阻遏突变株则由于解除了这种阻遏作用，故而可以在此培养基上生长。

例如，螺旋霉素的生物合成为葡萄糖降解代谢物所阻遏，选育出的 2-dG 的抗性突变株，解除了这种阻遏作用，大幅度提高了螺旋霉素的发酵效价。

（二）抗氮源降解代谢物阻遏突变株的筛选

氮源降解代谢物阻遏主要是指分解含氮底物的酶受快速利用氮源的阻遏。抗生素等次级代谢产物的生物合成可被氨或其他快速利用氮源阻遏。解除这种阻遏的方法是筛选氨结构类似物和氨基酸结构类似物抗性突变株，甲胺是最常用的氨结构类似物。例如，螺旋霉素的生物合成受 NH_4^+ 的阻遏，选育耐甲胺突变株可以解除此阻遏作用，提高螺旋霉素的发酵效价。

三、细胞膜透性突变株的筛选与应用

如果细胞膜透性增强，则细胞内代谢产物容易向外分泌，使细胞内浓度降低，有利于酶促反应的进行，从而提高产物的生成量。同时，随着产物胞内浓度的降低，还可以使产物在胞内的浓度维持在低于发生反馈抑制或反馈阻遏的程度，以利于过量合成产物。因此，在工业微生物育种工作中，选育细胞膜透性突变株应用于发酵生产，其优点是显而易见的。

通过基因突变改变细胞膜透性的措施很多，所涉及的基因突变主要是与细胞壁或细胞膜的一些组成成分的合成有关。下面将通过一些具体的示例加以说明。

1. 利用生物素营养缺陷型改变细胞膜透性

生物素作为催化脂肪酸合成最初反应的酶——乙酰辅酶 A 羧化酶的辅酶，参与脂肪酸的合成，进而影响磷脂的合成和细胞膜结构的完整性。因此，筛选生物素营养缺陷型突变株，并在发酵过程中限量添加生物素，可以改变细胞膜的通透性。在谷氨酸发酵中，利用这种方法大幅度提高谷氨酸的发酵水平，是利用生物素营养缺陷型改变细胞膜透性从而过量积累产物最成功的范例。

2. 利用油酸营养缺陷型改变细胞膜透性

油酸是细胞膜主要组成物质磷脂的重要组成成分。因此，油酸的缺陷型将因为失去合成油酸的能力而不能合成磷脂，进而影响细胞膜的完整性而使细胞膜透性增加。在棒杆菌谷氨酸发酵中，利用油酸营养缺陷型，并在发酵培养基中控制油酸的用量，提高谷氨酸产量也取得了成功。

3. 利用甘油营养缺陷型改变细胞膜透性

甘油营养缺陷型由于丧失了自身合成甘油的能力，从而丧失了合成磷脂的能力，因此，通过控制培养基中甘油的添加量，就可以改变细胞膜的透性。甘油营养缺陷型也是谷氨酸发酵中常用的细胞膜透性突变之一。

4. 利用温度敏感突变株改变细胞膜透性

温度敏感突变株是一种条件致死突变株，是指那些在许可温度下能正常生长，而在非许可温度下不能生长的一类突变株。而这种非许可温度野生型却可以正常生长。造成突变株对温度敏感的原因很多，细胞生长必需的任何酶或蛋白发生对温度变化更敏感的突变都可能形成这种条件致死突变型。其中，细胞膜结构或功能的缺损就是主要原因之一。因此，可以通过选育因细胞膜结构或功能缺陷而形成的温度敏感突变株，就可以在生长阶段结束后通过调节发酵温度来控制细胞膜透性，从而增加产物的产量。这种温度敏感突变株也已成功应用于谷氨酸发酵中。

5. 利用溶菌酶敏感突变株提高细胞膜透性

对溶菌酶敏感的菌株往往是细胞膜结构不完整的突变细胞。因此，可以通过选育对溶菌酶敏感的突变株来提高细胞膜的透性。

6. 其他改变细胞膜透性的突变型

除上述在谷氨酸发酵中取得成功的各种改变细胞膜透性的突变株，发酵生产中还有一些利用其他突变型改变细胞膜透性成功的案例。例如，在肌苷酸生产中，利用腺苷酸营养缺陷型可以大量合成肌苷酸，但不能分泌到细胞外，只有在 Mn^{2+} 浓度低于 $10\,\mu g/L$ 限量浓度时，肌苷酸才能向细胞外分泌，从而限制了肌苷酸的发酵水平。但在工业生产中，将 Mn^{2+} 浓度控制在如此低水平上是十分困难的。通过选育对 Mn^{2+} 浓度不敏感的突变株，改变了细胞膜的透性，能在 Mn^{2+} 过量存在（Mn^{2+} 浓度 $100\,\mu g/L$ 以上）的情况下，正常分泌肌苷酸，从而达到过量积累肌苷酸的目的。再如，诱变处理头孢霉素 C 产生菌顶头孢霉菌，筛选到多烯类抗生素如制霉菌素、抗念菌素的抗性突变株，改变了细胞膜透性，从而提高了头孢霉素 C 的产量。

四、次生代谢障碍突变株的筛选与应用

在抗生素等次生代谢产物生产菌的选育工作中，往往会用一些特殊的次生代谢合成障碍突变株来积累一些特定的次生代谢产物。

1. 利用次生代谢障碍突变合成同系新抗生素

在抗生素合成途径中某一途径由结构基因突变引起的代谢障碍性改变（称为区段突变），使抗生素结构发生某些变化，从而导致形成同系物新抗生素。如四环素产生菌经诱变育种获得的蛋氨酸营养缺陷型突变株具有了产生去甲基金霉素的能力。

2. 利用次生代谢障碍突变合成抗生素中间体

区段突变还可以导致次级代谢产物合成途径的阻断，从而积累中间体。例如，利福霉素 SV 是利福霉素 B 生物合成的中间体，利福霉素 B 产生菌经诱变可以得到能产生利福霉素 SV 的次生代谢障碍突变株。这些中间体往往是半合成抗生素的原料。

3. 利用次生代谢障碍突变和人工前体合成新抗生素

通过筛选丧失了合成天然前体能力的突变株，加入前体的结构类似物，有可能把这种结构类似物结合到抗生素分子中，从而形成新的半合成抗生素。这是人工改造抗生素结构的一种新方法，被称作突变生物合成或突变合成（mutasynthesis）。

4. 利用次生代谢障碍突变改善抗生素的组分

有些抗生素产生菌，由于次级代谢合成途径的复杂性，会产生多组分抗生素，其中一些组分是有效组分，而另一些组分是无效的或低效的，而这些无效或低效组分在临床上却往往具有较大的毒副作用，需要在产品提取过程中将其分离除去。由于其和主成分的结构具有较高的相似性，因此，为产品的分离提取增加了很大困难，影响了产品的提取收率和产品质量。通过次生代谢障碍突变株的筛选，可以阻断这些无益组分的合成途径，从而提高产品产量，简化生产工艺，改善产品质量。这有些类似于利用营养缺陷型，阻断分支代谢，改变代谢流向，积累另一终端的某一初级代谢产物。例如，庆大霉素的生物合成途径含有两个分支途径（图 3-20），从共同途径庆大霉素 X_2 开始，分别产生庆大霉素 C_1 和庆大霉素 C_{2b}，其中组分 C_1 为有效组分，组分 C_{2b} 为无效高毒组分。通过诱变获得了 C_{2b} 支路阻断的代谢障

碍突变型，不再合成 C_{2b} 而大量积累 C_1。

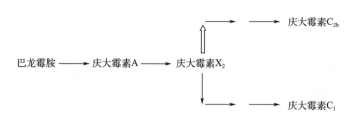

图 3-20　庆大霉素的生物合成途径

五、其他抗性突变株的筛选与应用

除了前面提及的用于解除反馈调节的抗结构类似物突变株外，在工业微生物育种工作中，还会选育一些其他的抗性突变株，如抗药突变株、抗噬菌体突变株和耐自身产物突变株等。

（一）抗药突变株

所谓抗药突变株是指对抗生素或化学药物具有耐受性的突变株。这类突变株是微生物遗传学研究中最早使用，也是最常使用的遗传标记之一。其在工业微生物育种工作中的应用则主要体现在以下几方面：①作为杂交育种等基因重组育种工作中亲本菌株的重要遗传标记手段，用于重组菌的选择。②有些发酵产品的产量与生产菌株的抗药性密切相关，可以通过筛选抗药性突变株提高产品的产量。例如，有人研究发现，在用芽孢杆菌发酵生产 α-淀粉酶时，筛选红霉素抗性菌株可以提高淀粉酶的发酵水平。但这种相关性的机理还不太清楚。③在抗生素发酵中，通过筛选抗自身药物的抗药性突变，既可以解除终产物对合成途径的反馈调节作用，也可以解除抗生素对产生菌本身的毒害作用，从而提高抗生素的产量。

抗药突变株的筛选和前面所提到的抗结构类似物突变的筛选方法相同，在此不再赘述。

（二）抗噬菌体突变株

在细菌发酵中，污染噬菌体往往会导致发酵的彻底失败，严重的还会造成发酵厂较长时间的停产，会给企业造成严重的经济损失和信誉损失。因此，在以细菌为生产菌种的发酵生产中，通过筛选抗噬菌体突变株来降低污染噬菌体的可能性，具有重要的实践价值。

抗噬菌体突变株的筛选可以在发酵生产污染噬菌体后利用自然筛选的方法进行，也可以在实验室中通过诱变进行选育。当采用自然选育时，可将污染了噬菌体的发酵液接种新鲜液体培养基进行振荡培养，大量涂布平板，在平板上能生长的菌，尤其是那些生长在噬菌斑内的菌，就可能是抗噬菌体突变株。若采用诱变筛选，则将诱变处理的菌体涂布平板后，先培养一定时间，然后喷洒上待测噬菌体，继续培养，生长出来的菌落则是抗药突变株。需要注意的是，如果在工厂进行抗噬菌体突变株的选育，一定要在远离菌种室的独立实验室进行，并最好与菌种室之间没有人员的交叉，以免对生产菌株造成噬菌体感染。另一个需要注意的问题是，在筛选温和噬菌体抗性突变株时，要保证筛选的菌株不是含有原噬菌体的溶源性菌株。此外，还有一点需要说明，由于有些细菌可能不止会感染一种噬菌体，因此，筛选得到某种噬菌体的抗性菌株后，并不能保证该菌株在生产中不被其他噬菌体污染。

（三）耐自身产物突变株

除了上面所讲的抗生素，还有其他一些发酵产物会对产生菌本身造成伤害，如在酒精发酵和乳酸发酵等发酵过程中，高浓度的产物都会对产生菌产生抑菌或杀菌作用。因此，对于这类发酵过程，若要高产，必须本身能耐受较高的终产物。如在酒精生产中，就常常通过选育能耐受更高酒精浓度的突变株来选育高产酒精的菌株。

（四）耐前体或前体结构类似物突变株

这类突变株主要应用于抗生素生产菌的选育中。所谓前体是指可被微生物利用或部分利用后掺入到代谢产物中的化合物，分为外源性前体和内源性前体。外源性前体是指产生菌不能合成或合成量极少，必须由外源添加到培养基中以满足代谢产物的合成。例如，将苯乙酸和苯氧乙酸加入到产黄青霉菌的发酵培养基中，分别用于合成青霉素 G 和青霉素 V。内源性前体是指产生菌自身合成后用于代谢产物生物合成的物质，例如，在青霉素和头孢霉素的生物合成中，所需要的由 α-氨基己酸、半胱氨酸和缬氨酸组成的三肽前体就是由产生菌自身合成的，不需要进行外源添加。许多抗生素的生物合成直接与产生菌利用前体的能力或合成前体的能力有关。过量的前体往往对产生菌有毒性（如苯乙酸）或具有反馈调节作用（如缬氨酸）。通过筛选耐前体或前体类似物突变株，可以提高抗生素产生菌利用外源前体或合成内源前体的能力，从而提高菌株合成抗生素的能力。例如，在青霉素 G 产生菌产黄青霉中，通过诱变选育苯乙酸抗性突变株，发现其部分菌株的产量明显超过敏感菌株。

六、无泡沫突变株的筛选与应用

酵母酒精发酵时大量泡沫的形成，使发酵罐的充满系数受到很大的限制，筛选无泡沫突变株有一定的实用价值。无泡沫突变株通常采用气泡上浮法筛选。以优良的酿酒酵母作出发菌株，用紫外线诱变，然后接种管式发酵器（发酵管）中，从发酵管的底部不断通入新鲜培养基和无菌压缩空气，使发酵液不断鼓泡，易产生泡沫的酵母就随泡沫而从发酵管上部的溢流口除去，不易产生泡沫的变异酵母就留下来，连续培养进行一定的时间后，发酵管中的泡沫逐渐减少，直至完全消失，此时，从发酵液中进一步分离筛选，很容易获得无泡沫突变株。

无泡沫突变株还可用凝集法进行筛选。因为酵母如果与乳酸杆菌同时存在，由于两种细胞表面的静电吸力，而使之凝集除去。用这些方法得到的无泡沫变异株，其凝集力没有或极弱，或凝集力有某种程度的减弱。

用苯胺蓝染色法可筛选产生泡沫少的酵母突变株。其原理是根据突变株细胞壁成分和结构变化，就会引起与染料结合能力的变化。若变蓝，突变株产生泡沫就少。具体方法是将诱变处理的菌种在 1％葡萄糖、2％蛋白胨和 1％酵母汁组成的 pH7.2 的培养基中培养过夜，然后适当稀释。涂布在含 3％葡萄糖、0.5％酵母汁、0.005％苯胺蓝和 2％琼脂，pH7.0 的培养基上，30℃培养 4 天，一般野生型呈浅蓝色，少泡沫的突变株呈深蓝色。

第五节　原生质体育种

1953 年 Weibull 等人首次用溶菌酶处理巨大芽孢杆菌获得原生质体，并提出了原生质体的概念。细胞壁被酶水解剥离，剩下由细胞质膜包围着的原生质部分称为原生质体（protoplast）。原生质体基本保持原细胞结构、活性和功能，具有细胞的全能性，但由于不具有细胞壁，所以原生质体不能分裂，对渗透压特别敏感。Macquillen 于 1955 年首次发现巨大芽孢杆菌原生质体的再生方法，使之恢复成正常的细胞并继续生长繁殖。

与正常细胞相比，原生质体具有一些新的特性，进而发展出一系列新的育种技术。原生质体育种技术主要有原生质体融合、原生质体诱变育种和原生质体转化等。原生质体技术育种是在经典基因重组基础上发展的一种新的更为有效的方法，在微生物育种中占有重要地位。

一、原生质体融合育种

原生质体融合是 20 世纪 70 年代发展起来的基因重组技术。将双亲株先经酶法破壁制备原生质体，然后用物理、化学或生物学方法，促进两亲株原生质体融合，经染色体交换、重组而达到杂交目的，通过筛选获得集两亲株优良性状于一体的稳定融合子，这就是原生质体育种。原生质体融合技术在微生物育种方面的成功例子举不胜举，其已成为微生物育种的有效工具。

（一）原生质体融合育种的优势

（1）重组频率高 由于原生质体没有细胞壁的障碍，而且在原生质体融合时又加入促融剂聚乙二醇（PEG），因此微生物原生质体间的重组频率明显高于其他常规杂交方法，霉菌和放线菌已达 $10^{-3} \sim 10^{-1}$，细菌与酵母已达 $10^{-6} \sim 10^{-5}$。

（2）重组的亲本范围扩大 二亲株中任何一株都可能起受体或供体的作用，因此有利于不同种属间微生物的杂交。与真核微生物的有性生殖及准性生殖相比，其消除了接合型与致育性的障碍，使几乎所有的微生物都可以实现基因重组，可以实现常规基因重组方式无法实现的门间、属间、种间等的远缘亲株的基因重组。

（3）遗传物质传递更完整 原生质体融合是二亲株的细胞质和细胞核进行类似合二为一的过程。原生质体融合时，两亲本的整套染色体都参与交换，而且细胞质也完全融合，能产生更丰富的性状组合，融合子集中两亲本优良性状的机会增大。而常规的基因重组方式如原核微生物的接合、转导、转化等，只能将部分或个别供体染色体基因传递给受体，优良性状的整合率低。如果进行三亲本甚至多亲本的原生质体融合，则集中各亲株优良性状于一体也有望实现。

（二）原生质体融合育种的方法

原生质体融合育种包括标记亲本的选择、原生质体的制备、原生质体的融合、原生质体的再生和融合子的筛选等步骤。图 3-21 表示了酵母原生质体融合的过程。

1. 亲本及遗传标记的选择

作为原生质体融合育种的两亲株，第一，要有遗传差异较大的良好的生产性状，以便通过融合后使优良性状叠加。如一个亲株产量较高，但不耐高渗透压，在高浓度糖的培养基中生长较差，另一个亲株耐高渗，但产量较低。不同优良性状叠加的可能性比同一性状（如两亲株均为产量较高的突变株）叠加的可能性要大。第二，两亲株的亲缘关系要近，这样基因重组的概率高。第三，两亲株要带有不同的遗传标记，有利于融合子的检出。如果两亲株带有互补的营养缺陷型标记，则可用基本培养基检出融合子。但由于多数营养缺陷型标记都会影响代谢产物的产量，而且建立营养缺陷型标记要耗费大量的时间和人力，在实际工作中可采取将其中一个亲株灭活的方法，而只对另一个亲株建立遗传标记。虽然采用灭活亲株的融合频率较低，但操作简单。

2. 原生质体的制备

制备大量有活性的原生质体是原生质体融合育种的前提。原生质体制备是去除细胞壁使原生质体从细胞中释放出来的过程。酶法破壁是最有效、最常用的方法。其基本操作为：取年轻的菌体经洗涤后转入高渗溶液中，加入有关水解酶，在一定的温度、pH 值等条件下酶

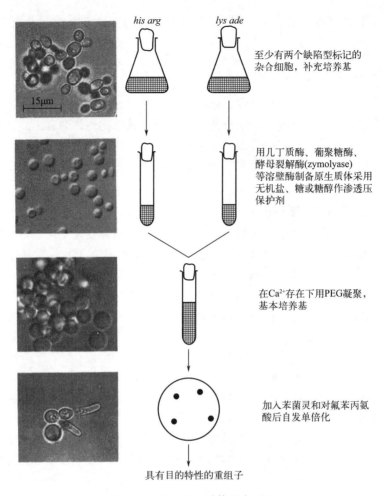

图 3-21　酵母原生质体融合过程

解细胞壁，直至原生质体释放。有关单细胞和丝状菌原生质体的形成模式如图 3-22 所示，图 3-23 则显示杆菌细胞及其原生质体滑出壁鞘的状态。

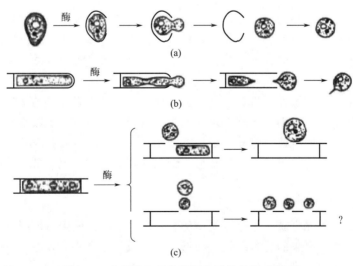

图 3-22　单细胞和丝状菌原生质体的形成模式

影响原生质体制备的因素有以下几种。

① 酶与酶浓度。不同的微生物须使用不同的酶进行破壁。原核微生物中的细菌和放线菌细胞壁的主要成分是肽聚糖，可用溶菌酶（lysozyme）进行破壁；霉菌可以用蜗牛酶、纤维素酶等进行破壁，酵母菌可以使用蜗牛酶、酵母裂解酶（zymolyase-20T）、β-葡聚糖酶等破壁。溶菌酶对于细菌的使用浓度范围为 $0.1 \sim 0.5\text{mg/mL}$，对于链霉菌多

图 3-23　原生质体滑出壁鞘的状态

为 1mg/mL。处于不同生长阶段的微生物所需要酶的浓度也有所不同，大肠杆菌对数期细胞需要溶菌酶的浓度为 0.1mg/mL，而饥饿状态时则为 0.25mg/mL。

② 渗透压稳定剂。由于去除细胞壁的原生质体对渗透压非常敏感，只有处于高渗环境中才能避免吸水膨胀而破裂，所以，原生质体育种的整个操作过程都必须保持高渗环境。常用的无机稳定剂有 KCl、$NaCl$、$MgSO_4 \cdot 7H_2O$、$CaCl_2$ 等，常用的有机稳定剂包括蔗糖、甘露醇、山梨醇等。细菌多使用蔗糖或 $NaCl$，链霉菌经常使用蔗糖，而酵母菌则可使用山梨醇或 KCl。使用的有效浓度为 $0.3 \sim 1.0\text{mol/L}$，浓度过高会使原生质体皱缩，影响其活性。有效的渗透压稳定剂种类和浓度的选择要通过试验综合考虑原生质体的形成率和再生率而确定。

③ 菌体的培养时间。为了使菌体细胞易于原生质体化，一般选择对数生长期的菌体。这时的细胞正在生长，代谢旺盛，细胞壁对酶解作用最为敏感。

④ 菌体的前处理。是指在培养基中或菌悬液中加入某些物质对菌体进行处理，以抑制或阻止某种细胞壁成分的合成，使细胞壁结构疏松，有利于酶渗透到细胞壁中进行酶解。酵母菌和某些丝状真菌可使用 β-巯基乙醇等含巯基的化合物，这类化合物可通过还原细胞壁中的二硫键而使细胞壁疏松；酵母菌可使用巯基乙醇和/或乙二胺四乙酸（EDTA）抑制细胞壁中葡聚糖层的合成；放线菌培养液中加入 $1\% \sim 4\%$ 的甘氨酸可代替丙氨酸进入细胞壁而干扰细胞壁网状结构的合成；细菌通常加入亚致死量的青霉素，以抑制细胞壁中肽聚糖的生物合成。其中革兰阴性细菌细胞壁中含有脂多糖及多糖类，须用 EDTA 预处理约 1h，然后再加入溶菌酶。

此外，影响原生质体制备的因素还有酶作用的温度与 pH 值、菌体密度、酶解方式等。在实际工作中，由于菌体本身的差异，酶解破壁的各种条件都要经过反复试验才能最后确定。判断的依据是测定原生质体的形成率。鉴于原生质体在低渗的蒸馏水中非常容易破裂，而且在普通的琼脂培养基上不能再生细胞壁形成菌落，可以采用不同的方法对不同的微生物进行测定。对于细菌及酵母等单细胞微生物，可以对酶解混合物分别用高渗溶液和蒸馏水稀释，使用血球计数板对两种稀释液分别计数，或将两种稀释液分别涂布于再生培养基上，培养后对长出的菌落进行计数，稀释前后细胞数（或菌落数）的差值占稀释前细胞数（或菌落数）的百分比即为原生质体形成率。对于放线菌和霉菌等丝状菌，酶解所形成的原生质体成串成堆，而未破壁的细胞又是菌丝体，使用血球计数板难以计数，所以只能通过培养的方法测定原生质体形成率。

制备好的原生质体最好立即使用，其活性随保存时间的延长而降低。在一般冷藏条件下可保存的时间很短，有些种类几小时就失活。加入 5% 的二甲基亚砜（DMS）或甘油等保护剂，迅速降温可保藏于液氮或 $-80 \sim -70\text{℃}$ 冰箱中。

3. 原生质体的诱导融合

仅仅将原生质体等量混合在一起，融合频率很低。只有加入促溶剂聚乙二醇（PEG）或

在电场诱导下才能进行较高效率的融合。

PEG 具有强制性促进原生质体结合的作用。关于 PEG 诱导融合的机理尚不完全清楚。一般认为是通过两个方面起作用：一是 PEG 可以使原生质体的膜电位下降，然后原生质体通过 Ca^{2+} 交联而促进凝集；二是由于 PEG 的脱水作用，打乱了分散在原生质膜表面的蛋白质和脂质的排列。

适用于促进原生质体融合的 PEG 的分子量为 $1000\sim6000$，常用浓度为 $30\%\sim50\%$。不同种类的微生物对 PEG 的分子量及浓度要求不尽相同，实际工作中需通过预备试验加以确定。

具体融合操作以酵母菌为例：将两种原生质体以 $1:1$ 混合达到 10^8 个/mL，以 $2000r/min$ 的转速离心 15min 收集原生质体，然后将其悬浮于含有 0.6mol/L KCl、30%PEG6000、10mmol/L $CaCl_2$、10mmol/L pH 6.8 磷酸缓冲液中，30℃保温 60min，此时原生质体凝集到一起，3000r/min 离心 15min 收集凝集块，以 0.6mol/L KCl 洗涤，再在 5℃放置 60min 以达到完全融合。图 3-24 为酵母原生质体融合的显微照片，图 3-25 显示了加入 PEG 后形成的原生质体聚合群。

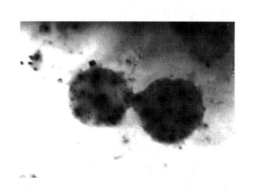 

图 3-24　电子显微镜下酵母原生质体的融合　　　　图 3-25　加入 PEG 后的原生质体聚合群

电融合是一种物理促融方法，可以用于难以用化学物质诱导融合的情况。电场诱导原生质体融合，主要分两个阶段进行：第一阶段是将原生质体的悬浮液置于大小不同的电极之间，然后加上电场，原生质体向电极较小的方向泳动。与此同时，细胞内产生偶极，由此促使原生质体相互黏接起来，并沿电场方向连接成串珠状。第二阶段是加直流脉冲后，原生质体膜被击穿，从而导致原生质体融合。

4. 原生质体的再生

原生质体虽具有细胞的全能性，但本身不能立即分裂、增殖，必须首先重新合成细胞壁物质，恢复成完整的细胞形态，才能进一步生长和繁殖，这一过程就是原生质体再生。

原生质体的再生是一个十分复杂的过程。许多研究表明，若原生质体的细胞壁消化不太彻底，则有助于细胞壁的再生，残留的细胞壁就如同结晶时的"晶种"。而细胞壁消化太彻底会引起再生率大幅度下降。影响原生质体再生的因素主要有菌种本身再生特性、原生质体制备条件、再生培养基成分、再生培养条件等。

再生培养基对原生质体的再生至关重要。再生培养基的组成尤其是其碳源会影响原生质体的再生率。也有报道称再生培养基中加入 0.1%水解酪蛋白，可以促进细胞壁的再生；丝状真菌、酿酒酵母等微生物的原生质体仅能在固体培养基上再生，在液体培养基中细胞壁再生不彻底，不能完全复原；像破壁缓冲液一样，再生培养基也必须含有渗透压稳定剂，确保原生质体不受渗透压的破坏。

向再生琼脂培养基上接种操作要温和，不能使用玻璃棒涂布。因为原生质体对机械损伤无抵抗能力，涂布接种会使原生质体破裂。一般是将原生质体悬浮液与 3～10mL 软琼脂再生培养基（含琼脂 0.5%～0.7%）混合，迅速涂布至含 2% 琼脂的再生培养基表面，形成双层平板。原生质体埋在软琼脂培养基内部，有利于再生。

原生质体的再生率是衡量原生质体制备和再生条件的指标。各类微生物的再生频率是不同的，细菌原生质体的再生频率在 90% 以上，放线菌的再生频率为 50%～60%，真菌的再生频率为 20%～70%。同一微生物，其再生频率的波动也很大，可在 10^{-3}～10^{-1}。原生质体再生率是指再生的原生质体占总原生质体数的百分率，可用下列公式计算：

$$再生率 = \frac{C-B}{A-B} \times 100\%$$

式中　A——总菌落数，未经酶处理的菌悬液涂布于琼脂平板上生长的菌落数；

B——未原生质体化细胞数，酶解混合液经蒸馏水稀释后涂布琼脂平板上生长菌落数；

C——再生菌落数，酶解混合液经高渗溶液稀释后涂布再生培养基上生长菌落数。

5. 融合子的筛选

一般认为，有两个遗传标记互补的就可以确定其为融合子。因此，就可以通过那些选择性标记，在选择培养基上挑出融合子。应用原生质体融合技术改良一些具有重要商品价值的菌种时，利用营养缺陷型标记。往往会造成一些优良性状的丢失或下降。加上营养缺陷型的获得繁琐费时，实践可以采用灭活原生质体等方法。灭活原生质体融合可以在很少或没有标记下进行，并挑出融合子。

原生质体融合会产生两种情况，一种是真正的融合，即产生杂合双倍体，或单倍重组体；另一种是暂时的融合，形成异核体。它们都能在基本培养基上生长出来，但前者一般较稳定，后者则是不稳定的，会分离成亲本类型，有的甚至可以异核状态移接几代。所以要获得真正的融合子，在融合原生质体再生后，应进行数代的自然分离、选择。否则以后会出现各种性状不断变化的状态。

微生物原生质体融合是一种基因重组技术，它具有某种定向育种的含义。但是融合后产生的融合子类型仍然是各式各样的，性能不同、产量不同的情况依然存在，只是性状变化的范围有所限制。所以最后人为地定向筛选目标融合子仍然是重要的一步。

二、原生质体诱变育种

原生质体诱变育种是将出发育种先制备原生质体，继而采用物理或化学诱变剂对原生质体进行诱变处理，然后接种至再生培养基上再生，最后从再生菌落中筛选高产突变株的育种方法。

原生质体诱变育种对霉菌及放线菌等丝状菌效果突出。在常规诱变育种时，为防止表型迟延和严重的遗传分离现象，一般采用单孢子为材料进行诱变处理。孢子壁结构致密牢固，不利于诱变剂的渗透；孢子处于休眠期，即使处于萌发初期，代谢也不活跃，不利于诱变剂造成的 DNA 分子上的损伤通过 DNA 的复制得以转化成突变基因，因此，用孢子作材料的诱变育种正突变频率较低。原生质体是从处于对数生长期的菌丝细胞制备而得，细胞内代谢活跃，同时去除了对诱变剂渗透进细胞有阻碍作用的细胞壁，所以，用原生质体作材料进行诱变育种具有明显的优势。

原生质体诱变育种在工业微生物育种上收效显著。以扩展青霉 PF-868 菌株作为出发菌株，经原生质体诱变并结合琥珀酸钠和制霉菌素筛选抗阻遏突变和高渗漏型突变株，最终获得突变株 FS1884-1，其碱性脂肪酶产量由 2260U/mL 提高到 7000U/mL，提高幅度达 3 倍多，这在常规诱变育种中很难实现。

三、原生质体转化技术

如前所述，转化在工业微生物遗传改良及基因工程中占有十分重要的地位。但除少数细菌外，多数微生物的自然转化能力很低，特别是真核微生物几乎很少能发现自然转化，而且霉菌中人工诱导法实现完整细胞的转化的成功例子不多。

实践证明，很多微生物都可以通过原生质体实现转化。外源 DNA 导入丝状真菌中常使用的方法是 $CaCl_2$/PEG 介导的原生质体转化。首先是用溶壁酶处理菌丝体或萌发的孢子获得原生质体，然后将原生质体、外源 DNA 混合于一定浓度的 $CaCl_2$、PEG 缓冲液中进行融合转化，最后将原生质体涂布于再生培养基中选择转化子。

一般来说，用染色体 DNA 或其他线状 DNA 转化原生质体时，转化率仍然较低，而用质粒 DNA 能得到较高的转化率。转化 DNA 进入寄主细胞后，可独立于寄主细胞核染色体而自主复制，或整合到寄主染色体上而随寄主染色体一起复制，前者被称为复制型转化，后者被称为整合型转化。

已实现转化的丝状真菌中，大多数都是整合型转化。早期应用的载体通常以一些细菌质粒（pBR322、pUC）为主，转化效率较低，一般每微克转化 DNA 产生 100 个以下的转化子。复制型转化的效率明显要高，但需要构建含有真菌复制子的复制型载体。

有关芽孢杆菌原生质体质粒转化的报道，革兰阴性菌和革兰阳性菌都有。在枯草杆菌的转化系统中，用 30％ PEG6000 短时间处理可以得到很高的转化频率，在巨大芽孢杆菌中使用同样的方法转化频率比较低。据报道在 20％PEG 存在下，外源染色体 DNA 可使原生质体转化并产生重组体，每个标记最高转化频率大约为再生原生质体的 5×10^{-5}，最适 DNA 浓度为 $1 \sim 2 \mu g/mL$。

在以枯草芽孢杆菌为供体转化地衣芽孢杆菌的原生质体时，转化频率为 $10^{-5} \sim 10^{-2}$，这一数据较细胞为受体高 10000 倍（图 3-26）。这个频率大大高于它们的原生质体融合频率 100 倍以上，而且除营养和抗性标记能互补外，产芽孢性能和分泌红色色素的性能也能转移。

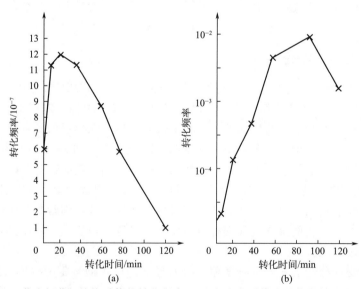

图 3-26　芽孢杆菌细胞为受体的转化频率（a）与原生质体为受体的转化频率（b）

第六节　基因组改组技术

基因组改组（genome shuffling）技术是基于原生质体融合育种原理而发展的一种更为有效的微生物育种技术。两者最大的区别在于基因组改组使用多亲本而非双亲本，并且进行递推式循环原生质体融合。相对于经典的诱变育种，基因组改组在工作量没有增加的前提下，极大地增加了子代筛选群体内的遗传多样性，从而提高获得优良性状菌株的概率，在很大程度上弥补了经典诱变方法的缺陷。

一、基因组改组技术的原理

传统育种技术通常是将每一轮产生的最佳突变株作为下一轮诱变或原生质体融合的出发株，而基因组改组技术则是将包含若干正向突变株的突变体库作为原生质融合的亲本，经递推式多轮融合，最终使各正突变基因重组到同一个细胞株内。与传统育种技术相比，这种方法改造菌种的速度更快。基因组改组技术有效模拟自然进化中的有性繁殖过程，通过"递推原生质体融合"（recursive fusion）的方法使几个亲本多次重组，即基因组改组只需在进行首轮重组之前，通过经典诱变方法获得不同性状的初始突变株，然后将包含若干正突变的突变株作为第一轮原生质体融合的出发菌株，经过多轮递归融合，基因组发生重排，使正向突变的不同基因重组到同一个融合子中，使生物的性状快速改良（图3-27）。基因组改组技术的核心内容是多个亲本的优良性状经过多轮重组集中于同一株菌株中，在此过程中不必了解整个基因组的序列信息和代谢网络的信息。

传统诱变技术正突变率很低，仅为 10^{-9} 左右，改良一个菌种所需的筛选量很大，而且菌种在经过多次诱变后自身抗性增强，导致诱变效率下降。基因组改组只需在构建初始突变子库时采用诱变方法，可以避免上述问题。此外，基因组改组技术通过多轮递推原生质体融合可以有效地将多个亲本株的优良基因整合在同一细胞株中，研究表明将 4 株弗氏链霉菌（*Steptomyces fradiae*）营养缺陷型菌株作为亲本菌株，经过 4 轮无选择性的原生质体融合、再生，检验其基因整合的效果。4 轮递推融合后同时出现 4 种遗传标记的细胞株比例高达 2.5%，而单次融合的重组概率仅为 0.000045%。

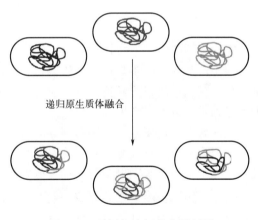

递归原生质体融合

图 3-27　基因组改组技术原理图

二、基因组改组技术的操作流程

基因组改组技术首先通过诱变选育，获得已优化了目标性状的正突变菌株相应的基因组库，将各正突变株分别制备原生质体后等量混合，对各正突变株的全基因组进行随机改组，并通过定向筛选的方法获得性状上有提高的融合株。然后，再将第一轮基因组改组获得的性状提高的亲株与通过诱变获得的正突变株随机组合，进一步用同样方法进行改组，通过筛选以获得性状上更进一步提高的融合株。多次重复上述方法后，筛选获得性能有大幅度提高的菌株（图 3-28）。基因组改组的成功与否，取决于突变体文库构建的可靠性、基因重组的效率以及筛选方法的有效性。

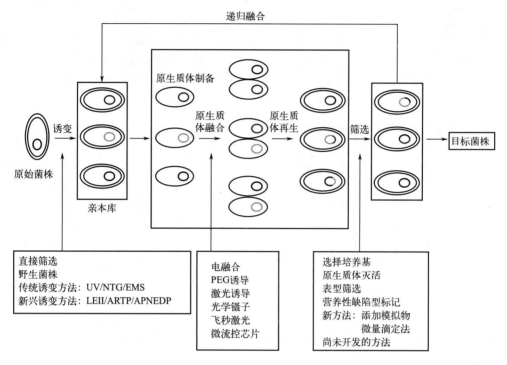

图 3-28　基因组改组技术流程图

（一）突变体文库的构建

基因组改组的第一步是选择原始菌株，然后构建突变体的候选株文库，以这些表型提高的菌株作为基因组改组的对象。在构建突变体文库时一般都会选用多种经典的诱变育种方法对原始菌株进行改进以产生遗传表型的改变，在对有益表型进行选择时，目前选择标准均聚焦在产量或者是对环境耐受性提高等方面，除此以外菌株的生长特性也应该是值得关注的一个方面，因为菌株产量或者是对环境耐受性的提高往往伴随着对生长的不利影响，所以，在突变体文库中最好留有野生型的亲本菌株以提高子代的生长性能。

（二）递推式循环原生质体融合

以突变子作为亲本进行原生质体融合，再生得到的融合子进一步制成原生质体以同样的方法再次融合，如此重复多次。随后通过定向筛选，将目标性状提高的子代作为亲本，再进行下一轮递归融合，直至获得性状优良的目的菌株。与传统育种过程中每代 2 个亲本相比，基因组重组的"递推原生质体融合"原理允许多亲本交叉，能产生各种各样的突变组合，从而达到快速进化微生物表型的目的。

（三）融合子的筛选

在基因组改组的整个进程中，选择有效的方法对递推式循环原生质体融合的子代进行筛选是最为关键也是最困难的一步。对于筛选产酶菌株产量是否提高经常通过生理生化特征来鉴定，比如说，可以在琼脂平板上检测其水解圈、透明圈及抑菌圈的大小，这种方法比较直观效果也较好。然而，对于一些生长周期长、产胞内次级代谢产物的菌株，至今仍没有高效的筛选方法。目前已经开发出一些适用于基因重组的高通量筛选方法，大多是依靠 96 孔板结合酶标仪进行的高通量筛选，同时光谱仪也成为非常灵敏的高通量分析仪器，可通过串联质谱提供精确的化学数据，但高通量筛选技术还有待于进一步开发。

三、基因组改组技术的应用

20 世纪 90 年代中期，Stemmer 首次提出基因组改组的概念。2002 年，《自然》（*Nature*）杂志上发表了首篇应用基因组改组技术改良微生物菌株的报道。该研究以泰乐菌素（tylosin）生产菌弗氏链霉菌（*Streptomyces fradiae*）为研究对象，采用经过 20 年、20 轮理化诱变（SF1-SF21）的一系列突变菌株作为对照菌株。他们采用的方法是将 SF1 菌株经 NTG 化学诱变剂诱变，得到 22000 个突变株，再以筛选出的 11 株菌作为融合的出发株，经过 2 轮原生质体融合，最终筛选出 2 株产率高于 SF21 的菌株 GS1 和 GS2。仅用 1 年的时间，通过 2 轮原生质体的递归融合，筛选 24000 株菌，快速增强了泰乐菌素的合成能力。该基因组改组技术的改良成效，相当于诱变育种工作 20 年、筛选 10^6 株菌的效果。

自基因组改组技术产生之后，其在菌种优化和研发方面取得了很好的应用效果。例如，以稀有的替考游动放线菌为靶标，在 1 年的时间内，对这一类型的放线菌进行了 3 轮基因组改组，最终选出了 648 株菌。目标代谢物替考拉宁的含量显著提高 65.3%。要达到以上目的，通常要花 4 年时间，并通过筛选 2.5 万～3 万个菌株才能完成。除此之外，基因组改组技术在细菌、放线菌、真菌等多种类型的菌株中都得到了成功的应用，有效提高了菌株的代谢物产量、菌株耐受能力、底物利用效率等方面的性能。

众多研究表明基因组改组技术是一种有效的菌种改良技术，为菌种选育提供了巨大推动力。首先，此法简化了选育的步骤，缩短了周期；其次，该技术不需要对微生物的遗传特性完全掌握，只需在了解微生物遗传性状的基础上就可以实现定向育种，获得大幅正突变的菌株，为一些经过多年诱变或对理化诱变已不太敏感的菌株提供了新的改良方法；该技术在微生物复杂代谢调节研究方面也起到了信息源的作用。特别需要指出的是，利用基因组改组得到的目标物种与用基因工程技术得到的物种，最显著的差异就是前者可以直接应用到食品行业中。因此，这项技术的产生与运用，将为微生物育种工作开辟一条崭新的道路。

建立普适的高通量筛选策略是基因组改组技术的一个关键问题，没有合适的高通量的筛选方法将使基因组重组融合子筛选工作非常复杂。基因组改组技术无需了解操作菌株的遗传背景，因此有望对远源的微生物细胞进行基因组重组育种，以提高细胞的生产能力。然而，目前为止还没有跨种属的基因组改组报道，这些都将是基因组改组技术研究和应用的发展方向。基因组改组技术从根本上改变了诱变育种的低效性，突破了改良过程中的诸多局限，尽管如此，这项技术还远未完善，仍需不断改进。可以预见，基因组改组技术将日趋发展成熟，并在生产菌株的改良中得到更广泛的应用。

第七节 菌种退化及其防止措施

选育一株合乎生产要求的菌种是一件艰苦的工作，而欲使菌种在生产中始终保持优良的生产性能，便于长期使用，还需要做很多日常的工作。但实际上要使菌种永远不变也是不可能的，由于各种各样的原因，菌种退化是一种潜在的威胁。只有掌握了菌种退化的某些规律，才能采取相应的措施，使退化了的菌种复壮，或用一定的手段减少菌种的退化。

一、菌种退化及其表现

菌种退化是指生产菌种、优良菌种或典型菌种经传代或保藏后，由于自发突变的结果，而使其群体中原有的一系列生物学性状减退或消失的现象。具体表现有：①原有的形态性状变得不典型，包括分生孢子减少或颜色改变等，如放线菌和霉菌在斜面上多次传代后产生"光秃"型等，从而造成生产上用孢子接种的困难；②生长速度变慢；③代谢产物的生产能力下降，即出现负突变，例如黑曲霉的糖化力、放线菌抗生素发酵单位的下降，所有这些都对生产不利；④致病菌对宿主侵染能力的下降；⑤对外界不良条件包括低温、高温或噬菌体侵染等抵抗能力的下降；⑥遗传标记丢失等。菌种退化的原因是多方面的，但是必须将其与培养条件的变化导致菌种形态和生理上的暂时改变区别开来，因为优良菌种的生产性能是和发酵工艺条件密切相关的。倘若培养条件发生变化，如培养基中某些微量元素缺乏，会导致孢子数量减少，也会引起孢子的颜色改变；温度、pH 值的变化也会使产量发生波动。这些现象都是表型暂时的改变，只要条件恢复正常，菌种的原有性能就能恢复正常，所以由这些原因引起的菌种变化不能称为退化。此外，杂菌污染也会造成菌种退化的假象，产量也会下降，当然，这也不属于菌种退化，因为生产菌种一经分离纯化，原有性能即行恢复。综上所述，只有正确判断菌种是否退化，才能找出正确的解决办法。

二、菌种退化的原因

（一）基因突变是引起菌种退化的主要原因

微生物在传代或保藏过程中会发生自发突变，这是引起菌种退化的主要原因。退化的过程是发生在群体中一个由量变到质变的逐步演化过程。开始时，在一个群体中只有个别细胞发生自发突变（一般为负突变），如果这个负突变个体的生长速率大于正常细胞，则随着不断地传代，群体中负突变细胞所占的比例就会逐步增大，最后发展成为优势群体，从而使整个群体表现出严重的退化。

在育种过程中，经常会发现初筛时产量很高，而复筛时产量又下降的情况。这其实也是一种退化现象，其主要是由表型延迟造成的诱变后菌株遗传性不纯引起的。一般突变都发生在 DNA 单链的个别位点上，经过 DNA 复制和细胞分裂后，两个子细胞一个变为突变细胞，另一个为正常细胞。经过传代繁殖，正常细胞的繁殖速度如果比高产菌株快，就会导致群体产量性状的下降。

在某些丝状菌的育种工作中，如果选用的是其多核菌丝体细胞，则会因为诱变过程中仅有其中一个核发生高产突变，而造成在后续传代过程中出现分离现象，导致退化。如果突变后形成的高产突变株是非整倍体或部分二倍体，在繁殖过程中也会发生性状分离现象而导致退化。

除了核基因突变外，某些控制产量或遗传标记的质粒脱落也会导致菌种的退化。

（二）传代次数是加速退化的一个重要原因

微生物的自发突变都是在其细胞繁殖过程中发生的。因此，移种传代次数越多，发生突变的概率也就越高。另外，基因突变在开始时仅发生在个别细胞，如果不传代，个别低产细胞不会影响群体的表型。只有通过传代繁殖后，低产细胞才能在数量上占优势，从而导致菌种退化。现以芽孢杆菌的黄嘌呤缺陷型在斜面上移植代数对回复突变率和产量的关系予以说明（表 3-6）。显而易见，虽然菌种总的保存时间都为 147 天，但随着移植代数的增加，回复突变率也增加，腺苷的产量逐步下降。这也说明，退化并不突然明显，而是当退化细胞在繁殖速率上大于正常细胞时，每移植一代，使退化细胞的优势更为显著，从而导致退化。

表 3-6　产腺苷的黄嘌呤缺陷型菌株在接种传代中产量和回复子频率之间的关系

实验	传代数	每代斜面保存时间/d	回复子频率	腺苷产量/(g/L)
Ⅰ	1	……………………147…………………	2.2×10^{-7}	13.2
Ⅱ	2	……………133………………14……	4.2×10^{-7}	14.9
Ⅲ	6	…47.3.9.3……71………14…	4.5×10^{-6}	10.7
Ⅳ	7	…47.3.9.3……13……58……14…	2.9×10^{-7}	13.1
Ⅴ	9	47.3.9.3…13…8.3…47…14	1.9×10^{-4}	8.1
Ⅵ	12	…47.3.9.3…13…8.3.4…14.6.6…31…	1.0×10^{-3}	7.4

（三）不适宜的培养条件和保藏条件是加速退化的另一个重要原因

培养条件对不同类型的细胞或细胞核的数量变化产生影响，例如把米曲霉的异核体培养在含有酪蛋白的培养基上，异核体中带有酪蛋白酶基因的核，在数量上也会由劣势转变为优势，而在酪蛋白水解物培养基上，就处于劣势。显然，哪一种菌占优势，在酪蛋白酶的产量上就占主导地位，因此培养条件会影响退化的产生。综合传代与培养条件对菌种退化的影响，可用糖化酶产生菌泡盛曲霉说明。泡盛曲霉经亚硝基胍和紫外线诱变得到的突变株在不同的培养基斜面上连续传代十次，培养基种类和传代次数对淀粉葡萄糖苷酶产量都有一定的影响。在马铃薯葡萄糖培养基斜面上传代酶产量下降极少，这个培养条件对防止菌种退化是有利的。而在麦汁酵母膏培养基斜面上传代，产酶量随着传代的进行逐渐明显下降，至第十代时，产酶能力降至 25％。

不良的菌种保藏条件也会引起菌种退化。在菌种保藏过程中，要确保菌种不死亡、不污染、不生长，因为如果菌种在保藏过程中仍能进行繁殖，则有可能因自发突变而造成菌种退化。

三、防止菌种退化的措施

遗传是相对的，变异是绝对的，细胞在繁殖过程中总是会以一定的概率发生自发突变，虽然这种概率在多数情况下极低。因此，菌种退化几乎是不可避免的，这就需要采取某些积极的措施防止菌种退化的发生。基于以上对菌种退化原因的分析，为防止菌种退化，可以采取以下措施。

由于菌种退化问题的复杂性，各种菌种退化的情况不同，加之对有些退化原因还不甚了解，所以下述防止退化的措施仅对常见问题进行了总结和梳理。而要切实解决具体问题，还需根据实际情况，通过实验正确地加以运用。

（一）从菌种选育方法上考虑

从菌种选育的角度考虑，可以采取两种措施来尽量降低菌种退化。一是在诱变育种工作中，进行充分的后培养和分离纯化，消除表型延迟现象和由此造成的菌株遗传性不纯；二是增加突变位点，减少基因回复突变的概率，从而降低菌种退化发生的可能性。

（二）从菌种使用及保藏方式上考虑

加强菌种的使用与保藏管理，采用合理的菌种使用与保藏方式，可以降低菌种退化的风险。具体措施包括以下几种。

1. 控制传代次数

细胞的自发突变是发生在细胞繁殖过程中。尽量避免不必要的移种和传代，并将必要的传代降到最低限度，可以减少自发突变的概率。对于生产菌种，要尽可能利用适宜于该菌种的保藏方法进行保藏，可以采取一次接种足够数量的原种进行保藏，在整个保藏期内使用同一批原种。

2. 创造适宜的培养条件

实践中发现，创造适合于原种的培养条件，可在一定程度上防止退化。如上述产腺苷的黄嘌呤缺陷型芽孢杆菌，在培养基中加入黄嘌呤、鸟嘌呤以及组氨酸和苏氨酸可以降低回复突变的数量；对于抗药性突变株和抗代谢类似物高产菌株等具有抗性标记的菌株，在培养基中加入一定浓度的相应药物，可以将个别回复突变细胞及时杀死，起到抑制回复突变发生的作用。对于一些具有遗传标记的基因工程菌株，加入一定浓度的抗生素，可以防止质粒的丢失。

3. 利用不易退化的细胞传代

在放线菌和霉菌中，由于菌丝体常为多核细胞，甚至是异核体，因此，若用菌丝体接种就容易发生分离甚至退化，而孢子一般是单核的，用于接种时可保持性状的稳定。

4. 采用有效的菌种保藏方法

对于工业微生物生产菌种，采用针对性的有效的保藏方法可延缓退化的发生。例如，对于啤酒酿造上所使用的酿酒酵母，保持其优良的发酵性能最有效的保藏方法是$-70℃$低温保藏法，其次是$4℃$低温保藏法，而对于绝大多数微生物保藏效果很好的冷冻干燥保藏法和液氮保藏法在保藏酿酒酵母上效果并不理想。同时，选择适宜的保藏培养基也是很重要的。例如，保藏具有遗传标记的基因工程菌，在保藏培养基中加入一定量的抗生素对防止质粒丢失是必要的；采用含可溶性淀粉的培养基保藏产淀粉酶的芽孢杆菌对于其产酶性状的退化具有预防作用；采用无糖斜面保藏谷氨酸棒杆菌，有利于其产酸能力的保持，而含葡萄糖的斜面则适于菌种活化，但不宜用于菌种保藏。

（三）从菌种管理的措施上考虑

从菌种管理的措施上，除上述加强菌种使用和保藏的管理外，还可以通过定期进行菌种复壮来防止菌种退化。

四、退化菌种的复壮

菌种退化是指群体中退化细胞在数量上占一定比例后，所表现出群体性能变劣的现象。因此，在已经退化的群体中，仍有一定数量尚未退化的个体。

狭义的复壮是指在菌种已经发生退化的情况下，通过纯种分离和筛选，从已经退化的群体中筛选出尚未退化的个体，以达到回复原菌株固有性状的措施。而广义的复壮是在菌种的典型特征或生产性状尚未退化前，常有意识地进行纯种分离和筛选，以期从中选择到自发的正突变个体或淘汰掉少量已退化的个体，前者也被称作生产育种，实际上是一种自然选育的育种手段。由此可见，狭义的复壮是一种消极的措施，而广义的复壮才是一种积极的措施。

在此需要说明的是在什么情况下（何时）需要进行这种复壮工作以及需要分离筛选多少

菌株。一般情况下，对于生产企业，菌种管理都要求对菌种进行定期的分离纯化，也就是说分离筛选一般都是在退化发生之前就进行的一种常规工作，是防止菌种退化或生产育种而采取的一种积极措施。另外，在出现发酵水平较高和较低的情况下，也会进行菌种的分离筛选，前者的目的是期望从发酵液中分离出高产菌株，而后者则是期望从可能已退化的种子中分离出尚未退化的菌株，而筛选的量则取决于分离筛选的目的。当目的是剔除少量负变菌株，防止菌种退化时，由于未变异的高产菌株的比例还很高，一般挑取 40～100 株进行筛选就足够，甚至有人认为 20～40 株都可以接受。如果目的是进行自然选育更高产的菌株，由于自发正变的概率很低，这时当然是越多越好，一般建议不低于 400～500 株。如果是作为狭义的菌种复壮，由于未变异的高产菌株的比例已经较低，但比自发突变的比例还是要高许多，因此一般认为挑取 100～200 株基本能够获得恢复生产性能的菌种。

对于一些寄生性微生物，特别是一些病原菌，长期在实验室人工培养会发生致病力降低的退化。可将其接种到相应的昆虫或动、植物宿主中，通过连续几次转接，就可以从典型的病灶部位分离到恢复原始毒力的复壮菌株。

 思考题

① 试述高产突变株诱变选育的一般步骤及每步的目的及注意事项。

② 何谓营养缺陷型？举例说明其在工业微生物菌种选育中的应用。

③ 试述营养缺陷型突变株选育的一般步骤及每步的目的及注意事项。

④ 在营养缺陷型突变株选育过程中，有哪些方法可以用于淘汰野生型？简述每种方法的原理及适用对象。

⑤ 何谓抗反馈调节突变型？如何进行筛选？

⑥ 简述抗结构类似物突变株过量积累代谢产物的原因。

⑦ 简述抗结构类似物突变株筛选的一般方法和应注意的问题。

⑧ 何谓组成型突变？如何进行筛选？

⑨ 何谓抗降解代谢阻遏突变型？如何进行筛选？

⑩ 细胞膜透性突变株在菌种选育中有何意义？举例说明如何筛选。

⑪ 试述原生质体融合育种的特点及步骤。

⑫ 何谓菌种退化？试述其表现、原因、防治方法。

⑬ 何谓基因组改组？其主要流程有哪几步？

⑭ 何谓菌种复壮？如何进行？

第四章　基因重组与分子育种技术

基因突变和基因重组（遗传重组）是导致遗传变异的两个主要过程，也是提供生物进化的主要动力。基因重组广义而言是指基因型不同的个体交配产生不同于亲本基因型的个体，这表明个体之间进行了遗传信息的重组。

微生物变异是由于遗传物质的成分和结构发生改变引起的。遗传物质的这些变化，可以发生在一个细胞内部，由自发突变或诱发突变引起；也可以通过两个细胞间遗传物质的重组而实现。通过两个细胞间遗传物质的重组而实现的工业微生物育种称基因重组育种。

在不同类型的微生物中，导致基因重组的形式也不相同。微生物中部分导致基因重组的形式如表 4-1 所示。

表 4-1　微生物中部分导致基因重组的形式

基因重组形式	微生物类别	供体菌 DNA 进入受体的途径	重组涉及的范围
转化	原核微生物	细胞间不接触，吸收游离 DNA 片段	个别或少数基因
原生质体融合	所有微生物	原生质体间的融合	整个染色体组
转导	原核微生物	细胞间不接触，噬菌体介导	个别或少数基因
细菌接合	大肠杆菌等细菌	细胞间暂时沟通	部分染色体
F 因子转导	大肠杆菌等细菌	细胞间暂时沟通，F 因子介导	个别或少数基因
放线菌接合	天蓝色链霉菌等放线菌	菌丝间连接	部分染色体
有性生殖	真菌	有性孢子的接合	整个染色体组
准性生殖	真菌	体细胞的接合	整个染色体组

第一节　基因重组的方式

一、转化

转化（transformation）是指受体细胞从环境中吸收游离的 DNA 片段，并从中获得基因的过程。这是一种水平方向的单向基因重组过程，根据感受态建立方式的不同，可分为自然转化和人工转化。转化不需供体和受体细胞的直接接触，参与转化的基因供体只是游离的 DNA 分子（常称为转化因子），经转化所得到的重组子叫转化子。随着对转化机制的不断了解，人们已可以对一些不能进行自然转化的微生物实现人工转化。

（一）自然转化

自然转化中受体细胞通常不需经过特殊处理，能直接吸收裸露的外源 DNA 并与其自身遗传物质发生重组。转化过程（图 4-1）一般可人为地分为 DNA 吸收和 DNA 整合两个阶段。实现转化的条件有两个，即感受态的受体细胞和有活性的供体 DNA 片段。

以枯草芽孢杆菌为例，细胞向胞外分泌一种小分子的蛋白质（称为感受态因子），当培养液中的感受态因子积累到一定浓度后，与细胞表面受体（A 位点）相互作用，通过一系列信号传递系统诱导一些感受态特异蛋白质（competence specific protein）表达，其中一种是自溶素（autolysin）。它的表达使感受态细胞表面的 DNA 结合蛋白及核酸酶裸露出来，使其具有与 DNA 结合的活性（图 4-2）。

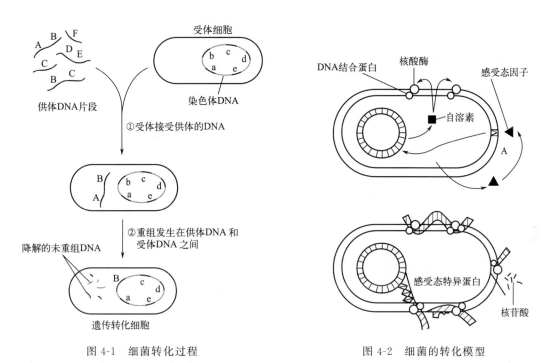

图 4-1　细菌转化过程　　　　　　　图 4-2　细菌的转化模型

对于受体细胞而言，无论其是否处于感受态，都能吸附转化因子，但是只有感受态细胞的吸附才是稳定的。不同的微生物对转化因子的吸附专一性不同。枯草芽孢杆菌和肺炎链球菌对于转化因子的吸附没有专一性；而流感嗜血杆菌却有高度的专一性，只能吸附同种不同菌株的 DNA。

一般认为革兰阳性和革兰阴性细菌对双链 DNA 的吸附和吸收有所不同。对肺炎链球菌、枯草芽孢杆菌等革兰阳性菌而言，双链 DNA 在细胞表面的特异性受体（DNA 结合蛋白）上结合，其中一条单链 DNA 被核酸酶降解成为寡核苷酸，另一条单链 DNA 与 DNA 结合蛋白结合后被转运进入细胞。对流感嗜血杆菌等革兰阴性菌而言，双链 DNA 被吸附并进入细胞壁，一条单链 DNA 在周质空间中被核酸酶降解成单链，另一条单链 DNA 进入细胞质。

研究表明，无论枯草芽孢杆菌、肺炎链球菌还是流感嗜血杆菌，DNA 在细胞内的整合过程基本相同。对于枯草芽孢杆菌，形成部分杂合双链 DNA 如图 4-3 所示，进一步的复制和细胞分裂即得到重组子，再通过选择性培养基进行分离即可获得转化子。综上所述，转化效率取决于以下三个内在因素：① 受体细胞的感受态，它决定转化因子进入受体细胞；② 受体细胞的限制系统，它决定转化因子在整合前是否被分解；③ 供体和受体 DNA 的同源性，它决定转化因子的整合。

质粒转化分为复制型转化（replicative transformation）和整合型转化（integration

transformation），复制型转化是指外源 DNA 片段在转化过程中通过自身复制机制在宿主细胞中进行复制和传递的过程。在这种转化方式中，外源 DNA 片段并不整合到宿主细胞染色体中，而是通过自身的复制机制在细胞内独立复制，形成额外的拷贝，从而在细胞中传递和继续表达。整合型转化则是指外源 DNA 片段在转化过程中被稳定整合到宿主细胞的染色体中的过程并进行表达。

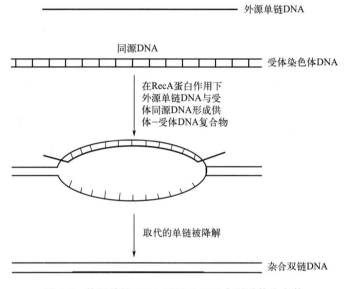

图 4-3 外源单链 DNA 通过重组整合到受体染色体

（二）人工转化

人工转化是指在实验室中用特殊的化学方法或电击处理来完成转化，为许多不具有自然转化能力的细菌提供了一条获取外源 DNA 的途径，也是基因工程的基础技术之一。

1. 人工诱导感受态

高浓度的 Ca^{2+} 能诱导细胞使其成为能吸收外源 DNA 的感受态。在 Ca^{2+} 诱导人工转化大肠杆菌过程中，其转化 DNA 必须是一种独立 DNA 复制子（如质粒），而对线性 DNA 片段则难以转化。可能的原因是线性 DNA 在进入细胞质之前被周质空间中的核酸酶消化，而缺乏这种核酸酶的大肠杆菌能够高效地转化外源线性 DNA 片段。

2. 电穿孔法（electroporation）

电穿孔法是一种将核酸分子导入受体细胞的有效方法，它对真核生物和原核生物均适用。所谓电穿孔法是用高压脉冲电流击破细胞膜或将膜击成小孔，使各种大分子（包括 DNA）能通过这些小孔进入细胞，所以又称为电转化。该方法最初用于将 DNA 导入真核细胞，后来也逐渐用于转化包括大肠杆菌、谷氨酸棒杆菌等原核细胞。

（三）转化育种程序

要达到转化的目的，首先要挑取合适的供体菌株并提取其 DNA，转化因子 DNA 必须具备一定的纯度和生物活性。此外，感受态细胞与 DNA 的亲和性与 DNA 片段大小有关，小的 DNA 片段可以更快速地进入细胞内部，穿过细胞膜，避免被核酸酶降解，而较大的 DNA 片段在进入细胞过程中受到一些限制，如难以穿透细胞膜、易受核酸酶降解等。对于某一菌株，活性的 DNA 片段应该具备适当的长度，既不能太短以致无法包含完整的功能基因或调控元件，也不能太长以致难以在转化过程中稳定传递和表达。因此，对于不同的菌株和转化目的，活性的 DNA 片段的长度范围会有所不同。其次，可转化的菌株要在某特定的条件下才能出现感受态，而且有一定的周期性。最后，需要进行转化操作并检出转化子。

二、转导

转导（transduction）是以噬菌体作媒介，将一个细胞的遗传物质传递给另一个细胞的过程。与转化一样，转导无需供体细胞和受体细胞的直接接触。转导的实现除了供体细胞和受体菌以外，还需要转导噬菌体的参与。转导可分为普遍性转导（generalized transduction）和局限性转导（specialized transduction）两种类型，前者指能传递供体细菌染色体上任何基因的转导；而后者指只能传递染色体上原噬菌体整合位点附近少数基因的转导。

（一）普遍性转导

细菌普遍性转导的过程如图 4-4 所示，整个过程分为两个阶段，即转导颗粒的形成和转化子的形成。

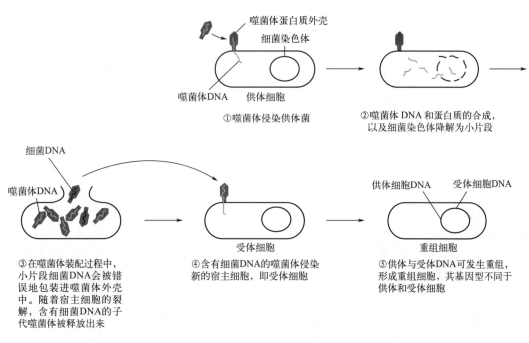

图 4-4　细菌的普遍性转导

1. 转导颗粒的形成

能进行普遍性转导的噬菌体既可以是温和性噬菌体也可以是烈性噬菌体，如伤寒沙门菌噬菌体 P22 和大肠杆菌噬菌体 P1。当烈性噬菌体感染供体细菌或溶源性供体细菌被诱导剂（例如化合物、温度等）诱导时，细菌体内的噬菌体 DNA 将大量复制和表达，负责包装噬菌体 DNA 的酶偶尔误将宿主 DNA 包装进噬菌体头部，由此形成转导颗粒。在转导颗粒内，只有供体染色体 DNA，不含噬菌体 DNA，但它像正常噬菌体一样具有感染能力。

2. 转导子的形成

当转导颗粒感染受体细菌，并把 DNA 注入受体细胞后会发生两种情况。一种是流产转导（abortive transduction）：经转导颗粒所引入的野生型供体基因，在受体细胞内既不进行交换、整合（与染色体 DNA 发生重组）和复制，也不迅速消失，而是仅表现为稳定的转录、翻译和性状表达。当该细胞分裂成两个细胞时，只有一个子细胞获得该基因，另一个子细胞则没有这一基因，菌落中只有一个细胞带有不复制的野生型供体基因（图 4-5）。另一种是完全转导（complete transduction）：由于导入的外源 DNA 片段可与受体细胞染色体上的同源区段配对，并会以较低的频率通过基因重组而交换到受体染色体上，形成遗传上非常稳定的转导子（图 4-6 以具体例子说明）。

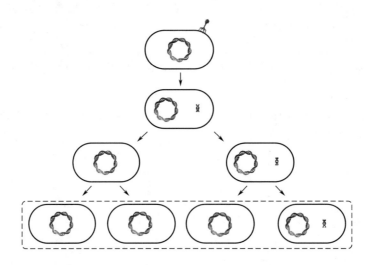

图 4-5　流产转导子的形成机制

细胞中的环形核苷酸序列表示细菌染色体；线形核苷酸序列表示由转导噬菌体导入的野生型基因；虚线范围内是一个微小菌落中的全部细胞

转导颗粒有时可以将供体细胞染色体上距离十分接近的几个基因同时转导到受体细胞，即所谓的共转导。此外，如果进入受体的外源 DNA 被受体细胞降解，则会导致转导失败，在选择平板上无菌落形成。

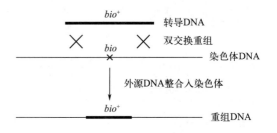

图 4-6　在完全转导中转导 DNA
整合入受体染色体的过程

（二）局限性转导

1956 年人们发现了 λ 噬菌体也具有转导功能，只是它的转导活性只局限在 *gal* 基因和 *bio* 基因。这种局限性转导仅能将其基因组中特定区域的 DNA 片段传递给宿主细胞，而不是随机地将宿主细胞 DNA 片段包装到新生噬菌体颗粒中。

1. 转导噬菌体的形成

能进行局限性转导的噬菌体为温和性噬菌体。转导噬菌体是通过诱导溶源性供体细菌来获取。噬菌体感染细菌后，外源 DNA 先环化，再通过 *att* 位点整合到寄主染色体上，从而使宿主细胞成为溶源性细菌。当原噬菌体被诱导，外源 DNA 将从整合处切离，形成一个完整的噬菌体基因组。但会发生非常低频率（10^{-6}）的不正确切离。外源 DNA 从整合处被切离的过程中，与原噬菌体相邻的一段染色体 DNA 也被一起切离，同时一段外源 DNA 留在染色体上，如图 4-7 所示。切离的噬菌体 DNA 正常复制与包装成噬菌体颗粒，由此形成了局限性转导噬菌体。该转导噬菌体上缺少一段 DNA，属于缺陷噬菌体。由于整合位点的两侧分别是 *gal* 和 *bio* 基因，所以形成的转导噬菌体分别为 d*gal* 和 d*bio*，其中的 d 表示缺陷。

2. 转导子的形成

d*gal* 转导噬菌体感染 *gal⁻* 受体细菌后，通常有两种结果。

① 形成不稳定的转导子。转导噬菌体发生溶源化反应而将其 DNA 整合到受体菌染色体上，形成溶源性 *gal⁺* 转导子，在其染色体上共存有两个 *gal* 基因，即为 *gal⁺/gal⁻* 部分二倍体，这种类型的转导子在遗传上不稳定，会经常地分离出 *gal⁻* 细胞 [图 4-8（a）]。

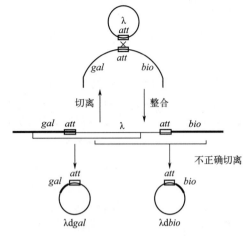

图 4-7 局限性转导噬菌体的形成

② 形成稳定的转导子。转导噬菌体 DNA 与受体染色体 DNA 之间在 *gal* 基因区发生重组，使转导噬菌体所携带的 *gal⁺* 取代了受体菌 *gal⁻* 基因，由此得到非溶源性 *gal⁺* 转导子，这种类型的转导子在遗传上非常稳定，约占总转导子的 1/3 [图 4-8（b）]。

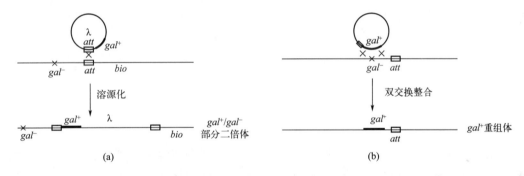

图 4-8 转导噬菌体感染受体细菌后转导子的形成机制

（三）转导育种程序

转导育种大致程序为：首先制备转导噬菌体，其次将受体菌在 LB 液体培养基中培养到对数期后，控制噬菌体感染受体菌细胞，之后涂布于选择培养基平板，根据选择性标记挑选转导子。

转导目前主要用于细菌基因的分析。在转导育种方面已有成功的报道，例如在生产色氨酸方面，野生型菌株积累的色氨酸低于 30mg/mL，而转导育种获得的突变菌株可积累 700mg/mL。也有人用转导育种去生产 α-淀粉酶，产量从 600U/mL 到 800U/mL。因此，在分子生物学及分子遗传学发展的基础上，用转导方法可以定向改变现有微生物的遗传特性。

三、接合

接合（conjugation）作用是指通过细胞与细胞的直接接触而产生的遗传信息转移和重组过程。接合与转化主要有以下两点差异：① 接合需要细胞间的直接接触；② 供体细胞必须携带接合型质粒。接合现象普遍存在于 G⁻ 细菌和 G⁺ 细菌中，大肠杆菌的接合是发现最早的细菌接合，也是至今研究最为透彻的。下面以大肠杆菌为例，介绍 F 因子、接合现象和作用机制。

（一）F 因子与大肠杆菌的性别

1. F 因子

F 因子又称性因子或致育因子（fertility factor），是首个发现与细菌接合作用有关的质粒。F 因子既可在细胞内独立存在，也可整合到核染色体组上；它既可通过接合而获得，也可通过吖啶类化合物、溴化乙锭等试剂的处理进而从细胞中消除；它既是合成性纤毛基因的载体，也是决定细菌性别的物质基础。

整个 F 因子的基因组由转移区、复制区、插入区三个主要区域组成（图 4-9）。转移区（transfer region）负责 F 因子的转移和性纤毛的合成；复制区（replication region）负责 F 因子的自我复制；插入区（insertion region）与 F 因子的整合、切除、易位有关。F 因子的整合是通过其插入序列（insertion sequence，IS）与染色体 DNA 之间发生重组，从而将 F 因子整合入染色体 DNA 中，形成一个大的环状 DNA 分子（图 4-10）。

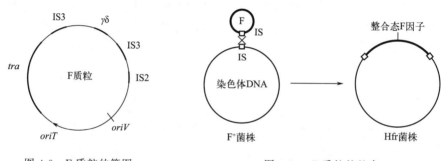

图 4-9　F 质粒的简图　　　　　　图 4-10　F 质粒的整合

2. 大肠杆菌的性别

F 因子是决定大肠杆菌性别的物质基础。根据 F 因子在细胞内的存在方式，可以把大肠杆菌分为 3 种不同接合型菌株：F$^-$、F$^+$ 和 Hfr 菌株。F$^-$ 菌株即"雌性"菌株，指细胞内不含 F 质粒的菌株；F$^+$ 菌株即"雄性"菌株，指细胞内存在一至几个游离态的 F 质粒的菌株；Hfr 菌株（高频重组菌株，high frequency recombination strain），指细胞内含有整合态的 F 质粒的菌株。Hfr 菌株与 F$^-$ 菌株相接合后，发生基因重组的频率要比 F$^+$ 与 F$^-$ 接合后的频率高出数百倍。它们三者之间的关系如图 4-11 所示。由于 F 质粒插入染色体的位点并不是唯一的，所以一个 F$^+$ 菌株最多可转变成 20 多个 Hfr 菌株。

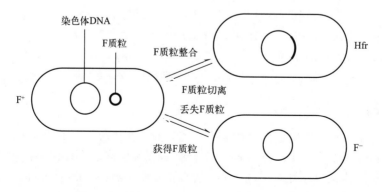

图 4-11　F$^+$、F$^-$ 和 Hfr 三种菌株之间的关系

与原噬菌体一样，F 质粒在脱离 Hfr 细胞的染色体时也会发生差错，从而形成带有细菌染色体基因的 F′质粒。携带有 F′质粒的菌株称为 F′菌株。

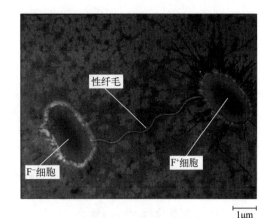

图 4-12　细菌结合

（二）大肠杆菌的接合过程

大肠杆菌接合作用的研究已十分透彻。F⁺、Hfr 和 F′菌株分别都可以和 F⁻菌株发生接合。大肠杆菌的接合如图 4-12 所示。

其接合方式包括：①F⁺ 与 F⁻ 菌株的接合［图 4-13（a）］；②Hfr 细胞和 F⁻ 细胞接合［图 4-13（b）、（c）］，Hfr 菌株染色体基因向受体菌的转移过程见图 4-14；③F′和 F⁻ 细胞接合，F′质粒的形成如图 4-15 所示，也有人把通过 F′因子的转移而使受体菌改变其遗传性状的现象称为性导。

(a) 当一个F因子(质粒)从供体(F⁺)向受体(F⁻)传递时，F⁻细胞转变为F⁺细胞

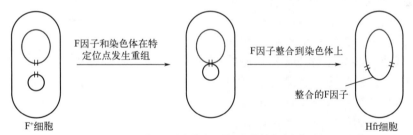

(b) F因子整合到染色体上，使F⁺细胞转变为高频重组(Hfr)细胞

(c) Hfr供体细胞部分染色体向F⁻受体的传递，形成重组F⁻细胞

图 4-13　大肠杆菌的接合

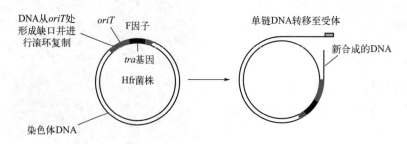

图 4-14　Hfr 菌株染色体 DNA 向受体菌转移过程

（三）细菌接合育种程序

　　第一步是细菌接合育种的准备过程，供体菌应是 Hfr 菌株，多为野生型并带抗生素敏感（如 str^s）标记，受体菌是 F⁻ 菌株，多为营养缺陷型并带抗生素抗性（如 str^r）标记。第二步是使亲株间进行接合，又称为杂交；第三步根据菌株携带的不同特性，利用选择性培养基（如含有 str 的基本培养基）检出重组子。

　　细菌的接合育种在细菌育种工作中应用尚不广泛，但也进行了一些具有应用潜力的试验。例如，肺炎克氏杆菌具有固氮能力，但不具有可转移的质粒；而大肠杆菌不能固氮，但具有可转移的 R 因子。肺炎克氏杆菌能接受来自大肠杆菌的 R 因子，并能将其整合入染色体 DNA 中，形成类似 Hfr 的菌株，该菌株再次与 F⁻ 大肠杆菌接合，就能将其染色体 DNA 传递给大肠杆菌。以大肠杆菌诱变获得的组氨酸缺陷型和抗链霉素突变株作受体，用这一突变株和对链霉素敏感的野生型供体肺炎

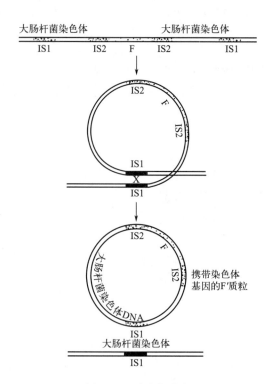

图 4-15　F′质粒形成

克氏杆菌混合培养进行杂交，然后接种到含有链霉素的基本培养基上，形成的菌落就是杂交株。已知肺炎克氏杆菌的固氮基因和组氨酸基因是紧密连锁的，所以从 $his^+ str^r$ 杂交子代中很容易得到具有固氮能力的大肠杆菌。

四、真菌的有性生殖

　　真菌是在细胞结构和遗传体制上具有特殊性的真核微生物。它们具有类似于高等动植物的细胞核和染色体结构，可通过有性生殖进行基因重组。子囊菌纲的真菌具有与更高等的动植物相同的减数分裂机制及经典遗传关系，所不同的是两个体细胞的结合形成受精胞，这个过程称为接合作用。

　　以下以粗糙脉胞菌的有性生殖为例介绍。

1. 粗糙脉孢菌的生活史

粗糙脉孢菌（*Neurospora crassa*）常作为遗传学研究的模式菌，属于子囊菌纲，具有单倍体生活史。有性生殖是异宗接合，需要两种类型的配子接合完成生命周期（图 4-16）。粗糙脉孢菌的菌丝体是单倍体，无性繁殖可产生两种分生孢子（conidium），即含有一个核的小型分生孢子和含有二个核的大型分生孢子。属于不同接合型（mating type）A 和 a 的两个菌株的细胞接合以后，原子囊果成熟为含有子囊的子囊果（ascoma），每一个子囊中含有 8 个子囊孢子（ascospore）。

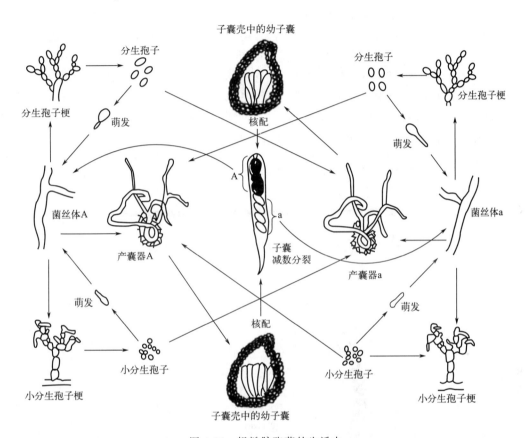

图 4-16　粗糙脉孢菌的生活史

2. 顺序四分体的遗传学分析

粗糙脉孢菌有性生殖过程中，合子核减数分裂的产物会形成双倍体（diploid）的受精胞，这个受精胞随后会经过顺序四分体（sequential tetrad）的过程，从而产生四个单倍体（haploid）的孢子。这些孢子处于一个子囊内，并且呈直线排列。将这样的以直线方式排列在同一个子囊内的四个减数分裂产物称为顺序四分体。

真菌的有性生殖是真菌在自然条件下进行遗传物质转移和重组的主要途径。早期用经典遗传学的分析方法对顺序四分体进行研究，主要集中于染色体上基因的定位、基因连锁判断等方面。20 世纪 70 年代发展起来的原生质体融合技术为丝状真菌遗传物质的转移和重组提供了便捷且有效的手段，并使获得种间甚至属间杂种成为可能。随着重组 DNA 技术的不断发展和丝状真菌 DNA 转化系统的建立，丝状真菌的遗传研究跨入了分子遗传学时代，主要进行基因分离、基因结构和基因表达调控等方面的研究。

第二节　重组质粒的构建

一、质粒载体

质粒（plasmid）是细菌或细胞染色质以外的、能自主复制的、与细菌或细胞共生的遗传成分，其特点如下。

① 是染色质外的双链共价闭合环形 DNA，可自然形成超螺旋结构；

② 能自我复制，是能够进行独立复制的复制子（autonomous replicon）；

③ 对宿主生存并不是必需的。这点不同于线粒体，线粒体 DNA 也是环状双链分子，也有独立复制的调控，但线粒体的功能是细胞生存所必需的。

现在分子生物学使用的质粒载体与天然存在的质粒不同，而是经过了人工改造。图 4-17 展示的是在大肠杆菌克隆中常用质粒 pUC19 的图谱，此质粒的复制起点处序列经过改造，能高频率进行质粒的复制，使一个细菌 pUC19 的拷贝数可达 $500\sim700$ 个。pUC19 质粒还携带一个抗氨苄青霉素基因（amp^r）用于重组子的筛选。

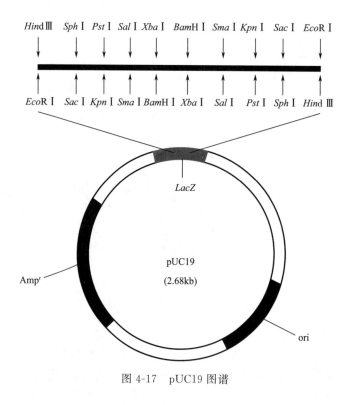

图 4-17　pUC19 图谱

二、工具酶

（一）限制性内切核酸酶与 DNA 分子的体外切割

限制性内切核酸酶（restriction endonuclease）简称限制性内切酶，是一类能够识别双链 DNA 分子中的某种特定核苷酸序列，并能切割特定序列的双链 DNA。根据酶的功能、大小和反应条件及切割 DNA 的特点，可以将限制性内切核酸酶分为 Ⅰ 型酶、Ⅱ 型酶、Ⅲ 型酶三类。

① Ⅰ型酶有特异的识别位点但没有特异的切割位点，而且切割是随机的，所以在基因工程中应用不多。

② Ⅱ型酶分子质量较小，只有一种多肽，通常以同源二聚体的形式存在，作用时只需存在 Mg^{2+}。该型酶识别位点是一个回文对称结构，并且切割位点也在这一回文对称结构上。由限制性内切核酸酶的作用所造成的 DNA 分子的断裂类型分为两种，一种是黏性末端，是指 DNA 分子在限制酶的作用之下形成的具有互补碱基的单链延伸末端结构；另一种是平末端，是指两条链上的断裂位置处在一个对称结构的中心，如图 4-18 所示。

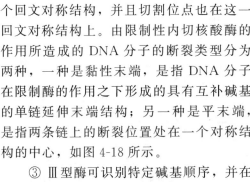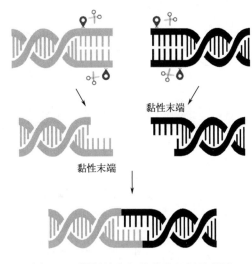

图 4-18　限制性内切核酸酶切割示意图

③ Ⅲ型酶可识别特定碱基顺序，并在这一顺序的 3′ 端 24～26bp 处切开 DNA，所以它的切割位点也是没有特异性的。

另外还有其他限制性内切核酸酶，包括同裂酶（isoschizomers）、同尾酶（isocaudarners）等。影响限制性内切核酸酶活性的因素包括 DNA 的纯度、DNA 的甲基化程度、酶切消化反应的温度、DNA 的分子结构以及限制性内切核酸酶的缓冲液。

（二）　DNA 连接酶与 DNA 分子的体外连接

目前已知有三种方法可以用来在体外连接 DNA 片段：第一种方法是用 DNA 连接酶连接具有互补黏性末端的 DNA 片段；第二种方法是用 T_4 DNA 连接酶直接将平末端的 DNA 片段连接起来，或是用末端脱氧核苷酸转移酶给平末端的 DNA 片段加上 poly（dA）-poly（dT）尾巴之后，再用 DNA 连接酶将它们连接起来；第三种方法是先在 DNA 片段末端加上化学合成的衔接物或接头，使之形成黏性末端之后，再用 DNA 连接酶将它们连接起来。

这三种方法虽然互有差异，但共同的一点都是利用了 DNA 连接酶所具有的连接和封闭单链 DNA 的功能，将 DNA 片段在体外连接。DNA 连接酶能够将 DNA 链上彼此相邻的 3′-羟基（3′-OH）和 5′-磷酸基团（5′-P）在 NAD^+ 或 ATP 供能的作用下形成磷酸二酯键。但是 DNA 连接酶只能连接缺口（nick），不能连接裂口（gap）。而且被连接的 DNA 必须是双螺旋 DNA 分子的一部分。连接酶有不同的来源，DNA 连接酶来源于大肠杆菌染色体，T_4 DNA 连接酶来源于大肠杆菌 T_4 噬菌体 DNA。

用 DNA 连接酶连接具有互补黏性末端的 DNA 片段时，由于具有黏性末端的载体易发生自连，使用来源于细菌或小牛肠的碱性磷酸酶处理载体，碱性磷酸酶会移去 5′-磷酸基团，使载体不能自连。而外源片段的 5′-P 能与载体的 3′-OH 进行共价键的连接。这样形成的杂种分子中，每一个连接位点中载体 DNA 只有一条链与外源片段相连，失去 5′-P 的链不能进行连接，形成 3′-OH 和 5′-OH 的缺口（图 4-19）。

（三）其他酶

常用的 DNA 聚合酶有大肠杆菌 DNA 聚合酶、大肠杆菌 DNA 聚合酶Ⅰ的 Klenow 大片段酶、T_4 DNA 聚合酶、T_7 DNA 聚合酶、反转录酶等。这些酶的共同点是把脱氧核糖核苷酸连续地加到双链 DNA 分子引物链的 3′-OH 末端，从而催化核苷酸的聚合作用。

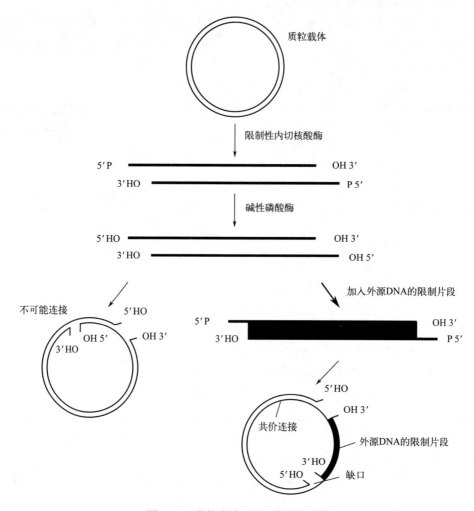

图 4-19 黏性末端 DNA 片段的连接

1. 大肠杆菌 DNA 聚合酶

大肠杆菌中纯化出了三种不同类型的 DNA 聚合酶，即 DNA 聚合酶Ⅰ、DNA 聚合酶Ⅱ和 DNA 聚合酶Ⅲ，它们分别简称为 PolⅠ、PolⅡ和 PolⅢ。PolⅠ和 PolⅡ的主要功能是参与 DNA 的修复过程，而 PolⅢ的功能主要是同 DNA 的复制有关。

PolⅠ同 DNA 分子克隆的关系最为密切，催化的 DNA 链的合成是按 5′→3′方向生长的。其切割特点是其所切割的 DNA 链必须位于双螺旋的区段上；切割部位可以是末端磷酸二酯键，也可以是在距 5′末端数个核苷酸远的一个键上发生；DNA 的合成可以增强 5′→3′的核酸外切酶活性；5′→3′核酸外切酶的活性位点同聚合作用的活性位点以及 3′→5′的水解作用位点是分开的。

2. Klenow 片段与 DNA 末端标记

Klenow 片段是由大肠杆菌 DNA 聚合酶经枯草杆菌蛋白酶的处理之后产生出来的大片段分子。仍具有 5′→3′的聚合酶活性和 3′→5′的核酸外切酶活性，失去了全酶的 5′→3′核酸外切酶活性。其主要用途是修复经核酸外切酶消化的 DNA 所形成的 3′隐蔽末端；标记 DNA 片段的末端；cDNA 克隆的第二链 cDNA 的合成；DNA 序列的测定。

3. T₇ DNA 聚合酶

T$_7$ DNA 聚合酶是从感染了 T$_7$ 噬菌体的大肠杆菌寄主细胞中纯化出来的一种核酸酶。其具有 $5'\rightarrow3'$ 的聚合酶活性和很高的单链及双链的 $3'\rightarrow5'$ 核酸外切酶活性。

T$_7$ DNA 聚合酶主要用于对大分子量模板的延伸合成（不受 DNA 二级结构的影响，聚合能力较强可延伸合成数千个核苷酸）；通过延伸或取代合成法标记 DNA 的 $3'$ 末端；将双链 DNA 的 $5'$ 或 $3'$ 突出末端转变成平末端的结构。

4. 反转录酶

具有反转录酶活性和 RNAse H 活性。主要作用是以 mRNA 为模板合成 cDNA；用来对 $5'$ 突出末端的 DNA 片段作末端标记。

5. 重组酶

重组酶是一类具有催化 DNA 特定序列断裂和连接的酶，重组酶主要分为两类：Ⅰ型重组酶和Ⅱ型重组酶。Ⅰ型重组酶通过切断 DNA 双链，并在没有同源序列的情况下将 DNA 片段重新连接，从而实现 DNA 的重组。Ⅱ型重组酶如 Cre 重组酶，则依赖于特定的 DNA 序列（例如 loxP 位点）进行位点特异性的重组。

三、重组体的筛选与鉴定

由体外重组产生的 DNA 分子，通过转化、转染、转导等适当途径引入宿主会得到大量的重组体细胞或噬菌体。面对这些大量的克隆群体，需要采用特殊的方法才能筛选出可能含有目的基因的重组体克隆。同时也需要用某种方法检测从这些克隆中提取的质粒或噬菌体 DNA，看其是否确实具有一个插入的外源 DNA 片段。

目前已经发展和应用了一系列构思巧妙、可靠性较高的重组体克隆检测法，包括使用特异性探针的遗传检测法、物理检测法、核酸杂交法和免疫化学法等。

（一）遗传检测法

遗传检测法可分为根据载体表型特征和根据插入序列的表型特征选择重组子两种方法。

1. 根据载体表型特征选择重组子

在基因工程中使用的所有载体分子都带有一个可选择的遗传标记或表型特征。例如抗药性标记的插入失活作用，或者是如 β-半乳糖苷酶基因的显色反应。

（1）标记插入失活选择法　pBR322 质粒是 DNA 分子克隆中最常用的一种载体分子，含有编码有四环素抗性基因（*tet*^{r}）和氨苄青霉素抗性基因（*amp*^{r}）。只要将转化后的细胞培养在含有四环素或氨苄青霉素的生长培养基中，便可以容易地检测出获得了此种质粒的转化子细胞。

检测外源 DNA 插入作用的一种通用方法是插入失活效应（insertional inactivation）。在 pBR322 质粒的 DNA 序列上，有许多种不同的限制性核酸内切酶的识别位点都可以接受外源 DNA 的插入。外源插入会导致菌体失活，那么存活的菌落就必定是已经获得了这种重组体质粒的转化子克隆。

（2）β-半乳糖苷酶显色反应选择法　外源 DNA 插入到 *lacZ* 基因上，从而造成 β-半乳糖苷酶失活效应。因此，可以通过大肠杆菌转化子菌落在 X-*gal*-IPTG 培养基中的颜色变化直接观察出来。

2. 根据插入序列的表型特征选择重组子的直接选择法

重组 DNA 分子转化到大肠杆菌宿主细胞之后，如果插入在载体分子上的外源基因能够实现其功能的表达，那么分离带有此种基因的克隆最简便的途径便是根据表型特征重组子的直接选择法。这种选择法依据的基本原理是转化进来的外源 DNA 编码的酶能够对大肠杆菌宿主菌株所具有的突变发生体内抑制或互补效应，从而使被转化的宿主细胞表现出外源基因编码的表型特征。

（二）物理检测法

在大多数场合下，基因克隆的目的都是要求将某种特定的基因分离出来在体外进行分析。常用的重组子的物理检测法有凝胶电泳检测法、PCR 法、DNA 测序。

（三）核酸杂交筛选法

从基因文库中筛选带有目的基因序列的克隆是最广泛使用的核酸分子杂交技术。它所依据的原理是利用放射性同位素（^{32}P）标记的 DNA 或 RNA 探针进行 DNA-DNA 或 RNA-DNA 杂交，即利用同源 DNA 碱基配对的原理检测特定的重组克隆。

1. 原位杂交

原位杂交（*in situ* hybridization）亦称菌落杂交或噬菌体杂交，因为生长在培养基平板上的菌落或噬菌斑按照其原来的位置不变地转移到滤膜上，并在原位发生溶菌、DNA 变性和杂交作用。这种方法对于从成千上万的菌落或噬菌斑中鉴定出含有外源 DNA 的菌落或噬菌斑具有特殊的实用价值。

2. R 环检测法

RNA 通过取代与其序列一致的 DNA 链而与双链 DNA 杂交，被取代的 DNA 单链与RNA-DNA 杂交双链所形成的环状结构称为 R 环。在临近双链 DNA 变性温度下和高浓度（70%）的甲酰胺溶液中，即所谓的形成 R 环的条件下，双链的 DNA-RNA 分子要比双链的DNA-DNA 分子更为稳定。因此，将 RNA 及 DNA 的混合物置于这种退火条件下，RNA 便会同它的双链 DNA 分子中的互补序列退火形成稳定的 DNA-RNA 杂交分子，而被取代的另一条链处于单链状态。R 环结构一旦形成就十分稳定，而且可以在电子显微镜下观察到。所以应用 R 环检测法可以鉴定出双链 DNA 中存在的与特定 RNA 分子同源的区域。

3. Southern 印迹杂交

Southern 印迹杂交用于检测 DNA 样本中特定 DNA 序列的存在与数量。其操作流程一般为：①将待检测的 DNA 样本经过限制性内切酶消化后通过琼脂糖凝胶电泳分离出不同大小的 DNA 片段；②将凝胶中的 DNA 片段转移到固体载体（通常是硝酸纤维素膜或尼龙膜）上；③利用紫外线照射或热处理等方法，将 DNA 片段固定在载体上；④制备含有放射性同位素或荧光标记的 DNA 探针，该探针可以与待检测 DNA 样品中的特定序列互补配对，形成互补的双链 DNA；⑤洗脱探针未结合的 DNA 片段，以减少背景信号；⑥通过放射自显影或酶反应显色等方法，检测探针与 DNA 片段的结合情况。

4. Northern 印迹杂交

Northern 印迹杂交用于检测 RNA 样本中特定 RNA 序列的存在与数量。与 Southern 印迹杂交类似，Northern 印迹杂交是由 Southern 印迹技术演化而来，但只适用于 RNA 检测。

（四）免疫化学检测法

直接的免疫化学检测技术同菌落杂交技术在程序上是十分类似的，但它不是使用放射性同位素标记的核酸作探针，而是用抗体鉴定含有外源 DNA 编码抗原的菌落或噬菌斑。只要一个克隆的目的基因能够在大肠杆菌寄主细胞中实现表达，合成出外源蛋白质，就可以采用免疫化学法检测重组体克隆。

1. 放射性抗体检测法

现在已被许多实验室广泛采用的放射性抗体测定法所依据的原理为：①一种免疫血清含有好几种 IgG 抗体，它们识别抗原分子，并分别同各自识别的抗原相结合；②抗体分子或抗体的 Fab 部分能够十分牢固地吸附在固体基质（如聚乙烯等塑料制品）上而不会被洗脱掉；③通过体外碘化作用，IgG 抗体便会迅速地被放射性同位素^{125}I 标记。将标记抗体与样本中的目标抗体反应，形成抗原-抗体复合物，再通过放射免疫沉淀或其他方法将抗原-抗体复合物从未结合的物质中分离出来。测定分离后的抗原-抗体复合物中的放射性同位素标记，通常通过放射计数来测定标记的强度，来确定样本中目标抗体的存在和水平。

2. 免疫沉淀检测法

免疫沉淀检测法同样也可以鉴定产生蛋白质的菌落。其做法是：在生长菌落的琼脂培养基中加入专门抗该蛋白质的特异性抗体，如果被检测菌落的细菌能够分泌出特定的蛋白质，那么在它的周围就会出现一条抗原-抗体沉淀物所形成的白色圆圈。

3. 表达载体系统的免疫化学检测法

现在已经发展出一套专门适用于免疫化学检测技术的表达载体系统。如酵母双杂交（yeast two-hybrid）是一种常用的 DNA-蛋白质相互作用筛选方法。该方法利用酵母细胞中的转录因子的分离来检测蛋白质与 DNA 序列的相互作用，从而筛选出与目标蛋白质相互作用的 DNA 序列。

（五） DNA-蛋白质筛选法

DNA-蛋白质筛选法（southwestern screening）是一种用于发现和研究蛋白质与 DNA 之间相互作用的实验方法。这种筛选法通常用于确定蛋白质与 DNA 结合的特定区域、识别蛋白质与 DNA 的结合亚单位、研究蛋白质-DNA 相互作用的动力学和功能等方面。

第三节　基因的表达

基因是一个具有特定功能的最小的遗传单位，生物化学中基因是一段可表达的 DNA 序列。一般而言，基因表达（gene expression）的产物是 RNA 和蛋白质。因此基因表达是指结构基因所包含的遗传信息，遵照"中心法则"通过转录生成 RNA，以及转录后再经过翻译生成蛋白质的过程。

真核生物与原核生物的各种基因均以其特定的规律，在来自机体内外各种因素、因子的精准调节和控制下进行表达，即通过这种基因表达调控机制，控制着数以千万计的基因以最为经济、有效的时空模式进行转录和翻译，从而实现对环境的适应、细胞的分化、组织的特化和个体的发育需要，维持机体正常生命活动。

一、目的基因的获得

（一）基因组 DNA 的非特异性断裂

用超声波或高速组织捣碎器处理基因组 DNA，得到不同大小的 DNA 片段，通过克隆可筛选目的基因。

（二）染色体 DNA 的酶解

Ⅱ型限制酶可专一识别并切割特定的 DNA 序列，产生不同类型的 DNA 末端。若载体 DNA 与插入片段用同一种限制酶消化，可以直接进行连接。限制酶识别的 DNA 序列长短与降解产生的 DNA 片段大小有直接关系，若识别序列为 4bp，则该序列在 DNA 链上出现的概率为 4^4，即在碱基随机排列的前提下，每 256bp 就有一个切点。对于识别 6bp 的限制性内切酶，其序列出现的频率为 4^6，可获得较大的 DNA 片段，这些片段可用作目的基因，也可用于 DNA 文库的建立。

（三）通过 mRNA 反转录获得 cDNA

该方法以 mRNA 为模板，得到可以长期保存和进一步分析的 DNA 序列（cDNA）。此外，这个过程也是许多分子生物学实验的基础步骤之一。

基因组 DNA 中重复序列和假基因占有很大比例，克隆完整的基因比较困难。可用 mRNA 反转录成 cDNA，得到相应的双链 cDNA，再进行克隆，获得较完整的连续编码序列，容易在宿主细胞中表达。具体步骤为：首先通过反转录，以 mRNA 为模板，合成一条与 mRNA 互补的 DNA 单链，mRNA 与 DNA 单链结合，形成 RNA-DNA 杂交分子；然后，核酸酶作用于 RNA-DNA 杂交分子，使其中的 RNA 链降解，从而得到单链的 DNA；最后，以开始得到的单链 DNA 为模板，在 DNA 聚合酶的作用下，合成另一条与其互补的 DNA 链，即形成了双链 DNA 分子 cDNA。

（四）聚合酶链式反应体外扩增目的基因

聚合酶链式反应，简称 PCR 技术，是一种体外扩增特异 DNA 片段的技术。PCR 技术实际上是在模板 DNA、引物和 4 种脱氧核苷酸存在的条件下依赖于 DNA 聚合酶的酶促合反应，PCR 技术的特异性取决于引物和模板 DNA 结合的特异性。反应分三步：①变性（denaturation）；②退火（annealing）；③延伸（extension）。此法操作简便，可短时间内在试管中获得数百万个特异的目的 DNA 序列的拷贝，目前 PCR 技术已渗透到分子生物学的各个领域，在分子克隆、目的基因检测、遗传病的基因诊断等方面得到了广泛的应用。

（五）用基因芯片或 cDNA 文库筛选

若要研究有某种功能的基因，但对其结构一无所知，则获取目标基因比较困难，有多种策略可以选择，有些方法的原理和方法十分复杂。近年常用策略是用基因芯片或 cDNA 文库筛选找出若干个候选目标基因，再根据研究目的确定目标基因。

二、原核表达系统

原核表达系统是一种利用原核生物细胞进行外源基因表达的技术体系。这个系统主要由原核宿主细胞和表达载体构成，通常根据宿主细胞和研究目标选择合适的表达载体。常见的原核表达系统有大肠杆菌表达系统、枯草芽孢杆菌表达系统、谷氨酸棒杆菌表达系统和其他原核生物（如放线菌、蓝藻等）表达系统。如图 4-20 所示，原核表达载体通常包括启动子、多克隆位点、终止密码子、复制子、筛选标记或报告基因等元件。原核生物因其具有生长迅速、遗传操作简单等优势，使原核表达系统成为实验室规模和工业规模最常用的蛋白质过量生产系统，其允许在短时间内获得大量的重组蛋白。

（一）大肠杆菌表达系统

大肠杆菌（*Escherichia coli*）又名大肠埃希氏菌，是一种革兰阴性细菌，普遍存在于自然界中，通常生活在人和其他动物的肠道内，是人类和动物的正常肠道菌群之一。因具有培养成本低廉、生长繁殖迅速、基因工程操作手段完善等优势大肠杆菌成为生物技术中使用最多的宿主微生物。

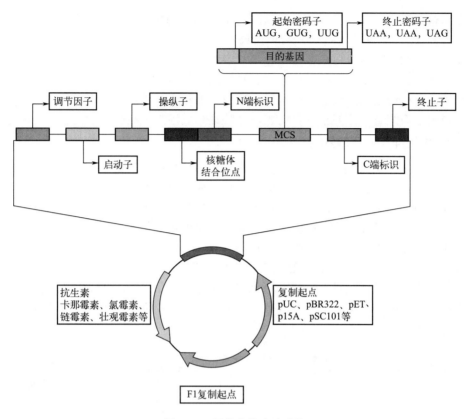

图 4-20　原核生物表达系统

pET 载体系列是大肠杆菌表达重组蛋白使用最广泛的系统，也是最成功的原核表达系统，包括 pET-28a（＋）、pET-24a（＋）、pET-Duet 等。此外 pACYCDuet-1、pEX1/2/3、pCold 等也是大肠杆菌中常用的表达载体（表 4-2）。

表 4-2　大肠杆菌常用的表达载体

质粒	复制子	启动子	筛选标记
pET-28a（＋）	F1	*T7*	*Kan^R*
pACYCDuet-1	P15A	*T7*	*Chl^R*
pETDuet-1	ColE1	*T7*	*Amp^R*
pMAL-p2x	M13	*Ptac*	*Amp^R*
pBAD/His A	pBR322ori	*araBAD*	*Amp^R*
pGEX-4T-1	ori	*Ptac*	*Amp^R*

启动子强度是影响代谢负荷的主要因素之一。*LacI* 衍生的启动子（*PT7lac*、*Ptrc* 和 *Ptac*）均基于 *LacI* 的负调控，其表达由乳糖或不可代谢的乳糖类似物异丙基-β-D-硫代半乳糖苷（IPTG）诱导。*Ptrc* 和 *Ptac* 启动子被认为是强启动子，*T7* 启动子调控的基因可被某些大肠杆菌菌株中存在的噬菌体 T_7 RNA 聚合酶转录，如 BL21（DE3）。

复制原点是影响表达载体拷贝数的主要因素。具体而言，大肠杆菌的不同复制原点在拷贝数上存在很大差距。例如，pMB1（也称为 pBR322）与中等拷贝数质粒有关，一些 pMB1 衍生物具有高拷贝数质粒，而 p15A 与低拷贝数质粒有关。

总体来说，大肠杆菌表达系统是一种广泛应用于生命科学领域的强大工具，但也存在一些局限性和缺点。例如蛋白折叠性较差，容易形成包涵体；没有真核转录后加工的功能，不能表达真核的基因组基因；大肠杆菌本身含有内毒素和毒性蛋白，可能混杂在终产物里。因此，在选择表达系统时，需要根据目的蛋白的特性和应用需求综合考虑。

（二）枯草芽孢杆菌表达系统

枯草芽孢杆菌（*Bacillus subtilis*）是一种革兰阳性细菌，其形态为椭圆至杆状，广泛存在于土壤、水体、植物表面等自然环境中，能够形成抗逆芽孢，不含外毒素和内毒素，是一种非致病性细菌。枯草芽孢杆菌具有分泌表达水平高和生物安全等诸多优良特性，广泛应用于淀粉酶、蛋白酶等多种工业蛋白质和维生素、核苷等重要化学品的生产。

如表 4-3 所示，枯草芽孢杆菌表达载体常用的组成型启动子有 *PaprE*、*P43* 等。其中 *P43* 启动子为强启动子，在枯草芽孢杆菌中应用最为广泛，它来自枯草芽孢杆菌胞苷脱氨酶（CDD）基因的启动子。目前，比较研究中经常使用 *P43* 来衡量枯草芽孢杆菌中不同启动子的强度。常见的诱导型启动子有以 IPTG 为诱导剂的启动子 *Pspac* 和以木糖为诱导剂的启动子 *Pxyl* 等。

表 4-3　枯草芽孢杆菌常用的表达元件

质粒	复制子	启动子	筛选标记
pHTO1	ori	*P43*	*Amp^R*
pWB980-mt2938	ori	*P43*	*Kan^R*
pWB980	pUB110 ori，pUC18 ori	*P43*	*Kan^R*
pP43NMK	pUC	*P43*	*Amp^R*
pMA5	pUC ori，F1 ori	*PaprE*，*Phpall*	*Kan^R*，*Amp^R*
pMA0911	pUC ori，F1 ori	*P43*	*Amp^R*

枯草芽孢杆菌细胞内富含各种蛋白质折叠辅助因子，如分子伴侣蛋白 CsaA、BdbD 等，可以帮助目标蛋白质正确折叠。而且与其他细菌宿主不同，枯草芽孢杆菌没有外膜或周质空间，使得它可以将蛋白质直接分泌到周围环境中。因此枯草芽孢杆菌广泛应用于生物酶制剂的生产，例如脂肪酶、丝氨酸纤溶蛋白酶、谷氨酰胺酶、天冬酰胺酶等。

（三）谷氨酸棒杆菌表达系统

谷氨酸棒杆菌（*Corynebacterium glutamicum*）是一种来源于土壤的革兰阳性放线菌，已被广泛应用于氨基酸（如 L-谷氨酸和 L-赖氨酸）、醇和有机酸的工业生产。近年来，随着对新型蛋白质生物制剂（如抗体、生长因子和激素）的市场需求增加，谷氨酸棒杆菌因其蛋白酶活性低、具有分泌胞外蛋白的能力、鲁棒性强、培养密度高等优点，被认为是一种理想的重组蛋白生产宿主。

如表 4-4 所示，多数棒杆菌表达系统中采用了大肠杆菌启动子和 lac 操纵子-阻遏子系统，如 pXMJ19、pWLQ2、pEKEx2、pDXW-10、pEC-XK99E、pVWEx1、pCRC200、pECt 及 pBB1 等。常用诱导型启动子包括大肠杆菌来源的 *PlacUV5*、*Ptac-M* 和 *Ptrp*。然而由于谷氨酸棒杆菌对 IPTG 的通透性较差，表现出较低的诱导表达强度，因此，乙酸诱导启动子（*PaceA* 和 *PaceB*）、阿拉伯糖诱导启动子（*ParaBAD*）、葡糖酸诱导启动子（*PgntP* 和 *PgntK*）也被开发用于重组蛋白表达的调节。此外，在谷氨酸棒杆菌中鉴定出的内源性组成型启动子如 *PcspB*、*PglnA*、*Psod* 和 *Ptuf* 已广泛用于增强目的基因表达。

表 4-4　棒杆菌常用的表达元件

质粒	复制子	启动子	筛选标记
pWLQ2	pSR1	*Ptac*	*Kan^R*
pEKEx1	pBL1	*Ptac*	*Kan^R*
pXMJ19	pBL1	*Ptac*	*Chl^R*
pVWEx1	pCG1	*Ptac*	*Kan^R*
pDXW-10	pMB1	*Ptac-M*	*Kan^R*
pEC-XK99E	pGA1	*Ptrc*	*Kan^R*
pCH	pMB1	*HCE*	*Kan^R*

三、真核表达系统

真核表达系统是一种利用真核生物细胞进行外源基因表达的技术体系。与原核表达系统相比，真核表达系统能够更真实地模拟真核生物体内的基因表达过程，因此表达的蛋白质通常具有更接近天然的结构修饰和功能。常见的真核表达系统包括酵母表达系统、丝状真菌表达系统和哺乳动物细胞表达系统。

（一）酵母表达系统

酵母细胞具有生长繁殖快、易于遗传操作、易于实现高密度培养和大规模发酵等优点，因此成为理想的表达宿主。其中，酿酒酵母、毕赤酵母、解脂耶氏酵母、乳酸克鲁维酵母等已被广泛用于异源蛋白生产。

1. 酿酒酵母表达系统

酿酒酵母（*Saccharomyces cerevisiae*）是研究真核生物的模式生物。其遗传背景清晰、操作简单、生长速度快、翻译后加工能力强、能够以天然形式分泌异源蛋白，且没有任何对人类致病的内毒素，因此，酿酒酵母已经成为生产各种外源蛋白和代谢产物的理想细胞工厂。

酿酒酵母常用的表达载体有 YEp、YIp 和 YRp 载体。YEp 载体以酵母内源 2 μm 质粒为基础，2 μm 质粒是一种小分子双链环状 DNA，存在于酵母属的大多数菌株中。YEp 载体含 2 μm 质粒的 REP3 位点，它是保证质粒稳定性必要的因子。此外还含 2 μm 质粒的 ori、选择标记和与细菌有关的 DNA 序列。YEp 载体的稳定性比较好，是酵母遗传工程中应用最广泛的载体系统，常用于酵母菌中的一般克隆和基因表达。严格受调控的诱导型启动子是控制外源基因表达的关键。半乳糖调控启动子（如 *GAL1*、*GAL2*、*GAL7* 和 *GAL10*），受葡萄糖强烈抑制，最初用于控制参与半乳糖代谢的基因，是酿酒酵母中表达强度最高且受到严格调控的启动子。这些 *GAL* 启动子已被用于代谢工程以重建复杂的异源代谢途径，并在基因工程中用于稳定的遗传操作。乙醇脱氢酶 2 基因（*ADH2*）和转移酶基因（*SUC2*）在加入葡萄糖时表达受到强烈抑制，而降低培养基中的葡萄糖浓度可激活它们的表达，也被开发成诱导型启动子用于控制酿酒酵母中的异源基因表达。

与诱导型启动子相比，组成型启动子的特点是细胞内外环境在一定范围内，该启动子始终保持一定水平的转录活性，从而驱动基因的持续表达。启动子 *ADH1* 是酵母中使用最广泛的组成型启动子之一，其来源于乙醇脱氢酶，伴随着菌体生长即可启动基因表达。另一个组成型启动子 *pTEF1* 控制翻译延伸因子 EF1α 的表达，其表达强度高于启动子 *ADH1*，且不受乙醇的抑制，已被用来促进酿酒酵母重组蛋白的生产。

2. 毕赤酵母表达系统

巴斯德毕赤酵母（*Pichia pastoris*）是分子生物学中生产重组蛋白最常用的宿主之一。它不仅能够有效地对外源蛋白基因进行转录和翻译，而且能够进行蛋白质折叠和糖基化，因此可以用来生产与天然蛋白在生理、生化功能上非常接近的蛋白。此外，由于毕赤酵母表达系统分泌较少的内源性蛋白，使重组蛋白易于后续纯化。

毕赤酵母中使用的表达载体与酿酒酵母相同，也是大肠杆菌-酵母穿梭载体。常用毕赤酵母生产分泌蛋白的表达载体有 pPIC9K、pPICZa、pHIL-S1、pGAPZα、pJL-SX、pBLHIS-SX 等。用于生产细胞内蛋白的常见表达载体有 pPIC3.5K、pPICZ、pGAPZ、pJL-IX、pBLHIS-IX 等。

3. 解脂耶氏酵母表达系统

解脂耶氏酵母是一种重要的产油酵母，其广泛存在于土壤、海洋水域、受石油污染的环境和各种食物（特别是肉类和乳制品）中。解脂耶氏酵母能利用多种疏水性底物，具有良好的酸、盐等胁迫耐受性，并且三羧酸循环通量高，可提供充足的乙酰辅酶 A 前体，因此被认为是生产萜类、聚酮类和黄酮类等天然产物的理想宿主。近年来，越来越多的基因编辑、表达和调控工具被开发，从而促进了解脂耶氏酵母合成各种天然产物的研究。

解脂耶氏酵母常见的游离质粒包括着丝粒序列（centromere，CEN）、染色体自主复制序列（autonomously replicating sequence，ARS）和 2 μm 复制序列。截至目前，解脂耶氏酵母属菌株中未发现天然游离质粒。通过染色体自主复制序列/着丝粒（ARS/CEN）能够设计解脂耶氏酵母人工游离型载体，其在单个细胞中的拷贝数为 1~3 个。

解脂耶氏酵母中最常用的强启动子为 *PXPR2*，但它的调控很复杂，只有在培养基 pH 大于 6.0，最适碳氮源耗尽，且有大量蛋白胨存在时，才能被完全激活。强组成型杂合启动子 *Hp4d* 是由 4 个 *PXPR2* 的 UAS1 串联再加上 *LEU2* 启动子杂交形成的组成型强启动子，它几乎可以在所有的培养基条件下使用，不受环境的影响。

与其他模式宿主相比，解脂耶氏酵母具有较强的代谢能力，可以生产大量的燃料、油脂等化学物质，使解脂耶氏酵母成为一个有吸引力的真菌宿主。然而利用解脂耶氏酵母生产天然产物依然面临诸多挑战，需要进一步提高转化效率、构建新的遗传工具以及开发更多代谢网络模型。

（二）丝状真菌表达系统

丝状真菌是一类广泛存在于自然界中的真核微生物，它们通常表现出强大的生物活性，在自然界中从难以降解的聚合物中获取营养进行生长。丝状真菌作为表达宿主具有培养成本低、适合大规模发酵、易于诱导、蛋白质分泌效率高、转录和翻译机制更接近高等动物等优点。在重组蛋白生产中占主导地位的丝状真菌是曲霉属，包括黑曲霉、阿瓦森曲霉和米曲霉等。

曲霉属已在各种工业生产中得到应用，如生产有机酸（如柠檬酸和葡萄糖酸）和重组蛋白（如 α-淀粉酶、内切蛋白酶和外肽酶等水解酶）。尽管曲霉菌属使许多真核生物蛋白质的异源表达成为可能，但高级真核生物的蛋白质高水平合成和分泌仍是一项具有挑战性的任务。

淀粉糖化酶基因启动子 $PglaA$、转录延伸因子启动子 $Ptef1$、3-磷酸甘油脱氢酶基因启动子 $PgpdA$、酸性磷酸酶基因启动子 $PpacA$ 等是曲霉属真菌中常用的组成型强启动子。木聚糖内切酶基因启动子 $PexlA$ 是常用的诱导型启动子，其基因的转录水平较高。此外，为了满足高水平合成目标蛋白的需要，研究者还提出了多拷贝启动子、启动子组合模块、人工合成启动子等策略，用于提升目标蛋白的合成水平。

黑曲霉（*Aspergillus niger*）是一种重要的工业生产菌株，作为丝状真菌的一员，黑曲霉拥有极强的分泌能力和较为完善的蛋白折叠和修饰能力，能胜任大部分真核胞外蛋白的表达，被广泛地应用于生产酶制剂和有机酸，是工业和食品用酶的主要生产者之一。根据转化方式的不同，质粒的类型包括以 pUC 克隆载体和 mini-Ti 载体作为骨架的两类载体，以 mini-Ti 载体作为骨架的质粒一般选择农杆菌介导转化，以 pUC 克隆载体作为骨架的质粒一般采用原生质体转化。

四、基因的表达与调控

微生物体内的基因在不同的时间阶段和空间位点进行选择性表达，进而使微生物展现出不同的表型。基因的选择性表达与基因的表达调控密切相关，基因表达调控是指细胞在特定条件下控制不同基因的表达水平，以便适应不同的外部环境和内部需求。在自然条件下微生物可以根据自身需求或者受外界因素影响调控基因的表达，从而避免积累无用的代谢产物，如果人为地改变细胞的表达调控方式，就可以获得大量积累目标代谢物的工业菌种，因此，掌握基因表达调控方式具有重要的生产实践意义。

掌握基因表达调控首先要了解基因是如何表达的，即基因表达的过程。基因表达包括 DNA 转录生成 RNA、RNA 通过核糖体翻译成蛋白质、生物体通过调控表达的各个过程。

虽然基因翻译成产物的每一步都受到调控，但最常见的调控节点是转录起始阶段，这是由两个原因造成的：首先，转录起始是决定基因是否表达的第一步，是能量效率最高的调控步骤，能够减少能量或资源的浪费；其次，转录水平的调控更容易实现，一般情况下基因是单拷贝的，因此只需要调控单个 DNA 分子上的单个启动子就可以实现目标基因的表达调控。相比之下，如果在翻译水平调节目标基因的表达，必须同时对多个 mRNA 分子进行作用。

（一）基因表达的调控与方式

基因表达调控是细胞和生命体系维持恒态的重要机制，主要从以下几个水平实现：DNA 水平、转录水平、转录后水平、翻译水平和翻译后水平。

1. DNA 水平的调控

真核细胞在 DNA 水平调控基因表达的方式包括 DNA 甲基化与去甲基化、染色质结构、基因重排和基因扩增等。与真核细胞在 DNA 水平的调控方式多样性不同，由于原核生物细胞核无核膜包裹，只存在称作核区的裸露 DNA，这种简单结构导致原核生物在 DNA 水平的调控方式较少，基本只包括基因重排和基因扩增。

（1）DNA 甲基化与去甲基化 DNA 甲基化是指在 DNA 甲基化转移酶的作用下，基因组上特定的核苷酸通过共价键结合的方式获得一个甲基基团的化学修饰过程。它通常发生在启动子区域的 CpG 二核苷酸（即 C 和 G 直接连续排列的一类 DNA 序列）上。DNA 去甲基化是指在 DNA 去甲基化酶的作用下脱去核苷酸上的甲基化修饰。真核细胞中的甲基化和去甲基化可以直接影响基因的组装状态和启动子区域的易位程度，从而影响基因转录。

（2）染色质结构　在真核细胞的细胞核中，DNA 与蛋白质组成的复杂结构称为染色质。组蛋白是这些蛋白质中最重要的一类。组蛋白修饰与 DNA 水平调控基因表达密切相关，它涉及到不同组蛋白的化学修饰，如乙酰化、甲基化等。这些修饰会直接影响 DNA 的紧密程度和折叠程度，从而影响基因的转录。

（3）基因重排和基因扩增　除了上述的调控方式外，真核细胞还可以通过基因重排和基因扩增的方式来调控基因表达。例如通过基因重排将基因从远离启动子的位置移动至距启动子较近的位置，从而有利于基因的转录。在真核细胞基因组中，某些特定基因在一定条件下也可以通过基因扩增的方式短时间内产生大量的基因产物，从而满足细胞的生长需求。基因扩增是指特定基因的拷贝数选择性地增加而其他基因的拷贝数并未按比例增加的过程。

2. 转录水平的调控

在基因转录成 RNA 的过程中，可以通过转录因子的结合、RNA 聚合酶的激活或抑制、剪接等方式对基因表达进行调控。

（1）转录因子　转录因子是指一类能够结合到 DNA 上并调控目标基因的蛋白质。它们通过调整 RNA 聚合酶与 DNA 的结合方式、活性或定向性来调节基因的转录过程。原核和真核细胞中含有数量繁多的转录因子，不同的转录因子识别特定的 DNA 序列，从而在不同类型的细胞中诱导不同基因的表达。

（2）原核生物特有的转录水平调控方式　目前基因工程应用最普遍的基因调控策略是在转录水平控制启动子或者阻遏蛋白使目标基因强化或弱化。此外，还可以通过插入终止子使目标基因提前终止转录，或者在基因组上敲除目标基因，从而实现对基因是否表达的调控。

这种策略的思路来源于人们发现微生物自身存在的操纵子，原核生物的一个转录区段可视为一个转录单位，也称作操纵子。操纵子包含一个或多个结构基因，这些结构基因会被转录成为一个 mRNA，进而编码多个蛋白质；在结构基因上游的是启动子序列，能结合 RNA 聚合酶引发转录；在启动子附近的是操纵基因；操纵子还包含调控基因，如阻遏基因能编码调控蛋白质，使之与操纵基因结合及阻止转录。

常见的操纵子包括乳糖操纵子、色氨酸操纵子、阿拉伯糖操纵子，以乳糖操纵子为例（图 4-21），在大肠杆菌的乳糖系统操纵子中，β-半乳糖苷酶、半乳糖苷渗透酶、半乳糖苷转酰酶的结构基因以 *LacZ*（*Z*），*LacY*（*Y*），*LacA*（*A*）的顺序分别排列在质粒上，在 *LacZ*（*Z*）的上游有操纵序列 *LacO*（*O*），更前面有启动子 *LacP*（*P*），编码乳糖操纵子系统中阻遏物的调控基因 *LacI*（*I*）位于 *LacP*（*P*）上游的邻近位置。

针对原核生物中操纵子这一特殊结构，常常直接将基因调控的手段集中在更换启动子上，通过使用不同强度的启动子，能够快速调控基因的表达。这是因为启动子是基因的重要组成部分，其主要功能为调控基因表达（转录）的起始时间和表达程度。

根据启动子对转录水平的调控程度，将其分为弱启动子和强启动子。此外，参照转录模式，其又可被分为以下几种。

① 组成型启动子（constitutive promoter），其特点是细胞内外环境在一定范围内，该启动子始终保持一定水平的转录活性；

② 诱导型启动子（inducible promoter），即在某些特定的物理或化学信号刺激后，基因转录水平在该类启动子的调控下大幅度地提升；

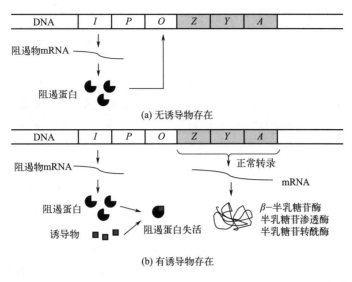

图 4-21　乳糖操纵子结构图

③ 组织特异性启动子（tissue-specific promoter），作为真核细胞特有的启动子，其调控作用使得基因往往只在某些特定器官或组织中表达，且表现出发育调节的特性。

（3）真核生物特有的转录水平调控方式　转录水平的调控是真核生物基因表达调控中最重要的环节，主要调控节点是转录起始。与原核生物转录因子简单的调控方式不同，真核生物主要通过反式作用因子（转录因子）、顺式作用元件和 RNA 聚合酶相互作用来完成。真核细胞 RNA 聚合酶自身对启动子并无特殊亲和力，单独不能进行转录，需要众多的转录因子和辅助转录因子形成复杂的转录系统。在基因转录起始阶段，通用转录因子协助 RNA 聚合酶与启动子结合，但其作用很弱，不能高效率地启动转录。只有在反式作用因子（基因特异性转录因子）的协助下，RNA 聚合酶Ⅱ和通用转录因子才能有效地形成转录起始复合物。

在实际应用中，针对常见工业菌株酵母的转录水平调控就聚焦在启动子和转录因子上。这是因为酵母常使用组成型启动子表达外源基因，外源基因从工程菌开始繁殖就有很高的表达，表达的产物可能会严重影响酵母细胞的生长，以至最终难以得到高表达。研究表明把组成型启动子的上游激活序列和染色体上某些具有相同增强子序列的基因的短启动子（例如染色体 *GAPDH* 基因启动子）链接构建成杂合启动子，能够起到更好的表达效果。

3. 转录后水平的调控

转录后水平的调控包括 RNA 剪接和 RNA 加工，其过程和参与因素与转录水平的基因表达调控类似。

（1）RNA 剪接　RNA 剪接是指将转录后的 pre-mRNA 剪接成 mRNA 的过程，该过程涉及不同的剪接因子（splicing factors）的参与，从而产生不同的可翻译区域（CDS）和剪接突变体。

（2）RNA 加工　RNA 加工过程则包括 RNA 修饰、RNA 结构变化、RNA 复合物形成等环节。这些过程都会影响 RNA 在细胞中的表达和功能。在细胞中，有多种机制可以导致 RNA 降解，从而限制转录和表达，如 RNA 外切酶和 RNA 核酸酶的联合作用等。

4. 翻译水平的调控

与转录水平的调控相比，调控翻译过程的优势在于能够对外界刺激做出迅速的反应。在蛋白质翻译水平的调控消除了改变 mRNA 转录水平所需的时间（在真核生物中也包括

mRNA 的加工和向细胞质的运输），从而导致蛋白质丰度的快速变化。与其他类型的调控一样，翻译水平的调控通常发生在起始阶段，调控方式包括对核糖体结合位点的设计和mRNA 的调控。

（1）核糖体结合位点（ribosome binding site，RBS） 核糖体结合位点是指起始密码子ATG 上游的一段富含嘌呤的非翻译区，是控制翻译起始和蛋白质表达的关键区域。利用RBS 工程对目标基因的表达进行精细调控，优化目标产物合成途径通量，构建具有高效生产能力的细胞工厂，已经逐渐成为合成生物学研究的热点。

通过人工设计 RBS 的序列可以得到一个 RBS 文库，结合流式细胞技术进行筛选可以得到强度不同的 RBS，通过替换原核细胞中原有的 RBS 序列可以起到调控基因表达强度的效果。

（2）mRNA 调控 由起始密码子和终止密码子所定义的开放阅读框（open reading frame，ORF）位于 mRNA 上，由于密码子读写起始位点的不同，mRNA 序列可能按不同方式读取和翻译。ORF 识别则是确定哪种开放阅读框对应真正的多肽编码序列的过程。在不同的细胞类型和状态下，翻译过程的组成元件、调控机制以及翻译的速率可能会发生改变，从而控制不同基因的表达模式。

5. 翻译后水平的调控

相比于原核细胞，真核细胞中存在众多复杂的细胞器，能够对蛋白质进一步加工和修饰，所以也有许多翻译后水平的调控方式，包括信号肽的切除、新生肽链的修饰、肽链的剪接与正确折叠等，通过这些方式能够实现翻译后水平的调控。

五、基因表达性能测定

基因表达性能测定用于评估基因在不同条件下的表达水平、变异性和调控机制。通过对基因表达的定量和定性分析，可以深入理解基因调控网络和细胞功能。基因表达性能测定的方法多种多样，可根据研究目标选择合适的方法。

（一）实时荧光定量 PCR

实时荧光定量 PCR（quantitative real-time PCR）是一种常用的基因表达定量分析技术，它通过检测荧光信号实时监测扩增产物的累积量，从而定量分析起始模板的数量。实时PCR 可以高灵敏地、准确地测定目标基因的表达水平，且具有快速、高通量和自动化等优点，被广泛应用于研究基因表达调控、生物标记物鉴定和疾病诊断等领域。根据使用技术类型的不同，实时荧光定量 PCR 又可以分为三类，见表 4-5。

表 4-5 实时荧光定量 PCR 的分类

类别	实时荧光定量 PCR 分类		
	DNA 结合染料法	基于探针的化学法	猝灭染料引物法
举例	SYBR Green I	TaqMan、分子信标、Scorpion 和杂交探针	Amplifluor 和 LUX 荧光引物
基本原理	应用一种带有荧光的、非特异的 DNA 结合染料检测 PCR 过程中积累的扩增产物	应用一个或多个荧光标记的寡核苷酸探针检测 PCR 扩增产物；依赖荧光能量共振传递（FRET）检测特异性扩增产物	采用荧光标记引物扩增，从而使荧光标记基团直接掺入 PCR 扩增产物中；依赖荧光能量共振传递（FRET）

类别	实时荧光定量 PCR 分类		
	DNA 结合染料法	基于探针的化学法	猝灭染料引物法
特异性	检测所有双链 DNA 扩增产物，包括非特异反应产物，如引物二聚体	仅检测特异性扩增产物	检测特异性扩增产物及非特异反应产物，如引物二聚体
应用	DNA 及 RNA 定量；基因表达验证	DNA 及 RNA 定量；基因表达验证；等位基因鉴别；SNP 分型；病原体和病毒检测；多重 PCR	
优点	可对任何双链 DNA 进行定量；不需要探针，因此减少了实验设计及运转成本；适合于大量基因的分析；简单易用	探针和目标片段的特异性结合产生荧光信号，因此减少了背景荧光和假阳性；探针可标记不同波长的荧光基团，用于多重 PCR 反应	
缺点	由于染料可同时检测特异性及非特异性 PCR 产物，因此会产生假阳性；需要 PCR 后处理过程	对于不同的靶序列需要合成不同的探针，原料成本较高	

（二）十二烷基硫酸钠-聚丙烯酰胺凝胶电泳技术

实验室常用的直观反映基因表达的技术策略是十二烷基硫酸钠-聚丙烯酰胺凝胶电泳（SDS-PAGE）技术，其是一种常用的蛋白质分离和分析技术。

聚丙烯酰胺凝胶作为具有网状立体结构的凝胶，是电泳的载体，而十二烷基硫酸钠（SDS）带有大量的负电荷，且能使蛋白质变性形成带负电性的蛋白质-SDS 复合物；此时，蛋白质分子上所带的负电荷量远远超过蛋白质分子原有的电荷量，掩盖了不同蛋白质间所带电荷上的差异，因此，各种蛋白质-SDS 复合物在电泳时的迁移率不再受原有电荷和分子形状的影响，只受蛋白质分子量的影响。

在常规 SDS-PAGE 技术的基础上发展了更加复杂的蛋白质印迹技术（western blot，WB），这是一种复合性的免疫学检测技术。该方法利用 SDS-PAGE 技术，在生物样本中将蛋白质分子根据其分子量在凝胶上进行分离，随后通过电转移的方式将这些蛋白质转移到固相膜上，固相膜上的蛋白质充当抗原，与相应的抗体发生免疫反应，接着与酶标记的第二抗体发生反应。最终，通过底物显色或荧光成像等手段，检测电泳分离的特异性目的基因表达的蛋白质，如图 4-22 所示。目前该技术被广泛应用于研究蛋白质表达、抗体诊断以及生物医学研究等领域。

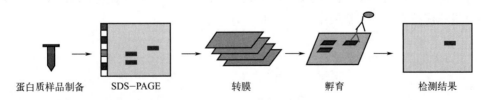

蛋白质样品制备　　SDS-PAGE　　转膜　　孵育　　检测结果

图 4-22　蛋白质印迹技术流程图

（三）酶活强度测定

对于目的基因性能检测的主要目的是利用该基因的某些性质或功能，比如催化某些反应，由于酶活和基因表达性能成正比，最广泛的测定基因表达性能的方法是对目的基因表达产生的酶进行酶活测定。

酶活性又称酶活，是指酶催化某种化学反应的能力。酶活性的大小可以用它在一定条件下催化的化学反应的转化速率来表示，即酶催化的转化速率越快，酶的活性越高；反之亦然。所以，测定酶的活力就是测定酶促转化速率。酶促转化速率可以用单位时间内单位体积中底物的减少量或产物的增加量来表示。

（四）报告基因检测

基于报告基因的检测是指将报告基因与目的基因融合，通过微生物体的特定外在性状反映基因的表达性能。其中，荧光素酶报告基因分析是以荧光素为底物来检测萤火虫荧光素酶活性的一种报告系统，也是一种常用的测定启动子强度的方法。通过将启动子与荧光素酶报告基因串联，转化到细胞中进行表达，利用荧光素酶底物产生的荧光信号来表征启动子的强度。同时也可以评估转录调控因子对基因表达的调控能力，揭示基因调控网络和细胞信号传导途径。

表 4-6 显示的是几种常见的报告基因。

表 4-6　常见的报告基因

报告基因	优点或用途	缺点
荧光素酶报告基因	简单，灵敏度高	检测仪器较贵
氯霉素乙酰转移酶（CAT）	真核细胞没有背景表达，平板抗性检测	操作复杂，线性范围窄
β-半乳糖苷酶	操作简单，蓝白斑筛选	细菌，血清等内源活性高
绿色/红色荧光蛋白（GFP/RFP）	不需要底物，能够实现亚细胞定位	受到细胞自身背景荧光的干扰，背景荧光较高
远红荧光蛋白（mKate2）	属于组成型荧光蛋白，发光强度高，具有较好的光稳定性	成熟速度较慢，在酸性环境下会失去荧光活性
β-葡萄糖醛酸酶	具有良好的稳定性	需要通过裂解细胞、添加额外的底物或测定酶活性
儿茶酚 2,3-双加氧酶基因	链霉菌中启动子活性鉴定的报告基因	需要通过裂解细胞、添加额外的底物或测定酶活性

（五） RNA 测序

RNA 测序（RNA-Seq）即转录组测序技术，能够全面地分析细胞或组织中所有的 RNA 分子的表达水平，包括 mRNA、miRNA 和 lncRNA 等，从而揭示基因调控网络和生物学功能。转录组测序技术主要包括两个阶段，如图 4-23 所示。

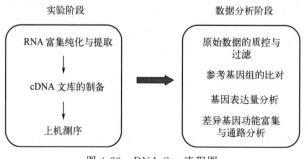

图 4-23　RNA-Seq 流程图

目前用于基因表达分析的常用 RNA-Seq 方法包括亚型和基因融合检测、数字基因表达谱、靶向测序和单细胞分析。通过对 RNA 的测序分析，能够检测全转录组的变化，发现未知的 RNA，分组和比较不同的基因表达谱，了解基因表达的开启和关闭。此外，RNA 测序也应用于研究疾病状态、治疗反应、环境条件等因素对基因表达的影响。

根据 RNA-Seq 中基因集的表达量信息可绘制热图，图 4-24 体现了 A-1 到 C-2 六株不同高产菌株在相同发酵条件下不同阶段的基因表达差异。其中颜色深浅程度表示基因表达量的差异，颜色越深差异越大，线表示数据相关性，距离越近代表数据相似性越高。根据转录组的数据可以快速锁定表达量异常的基因，并根据不同阶段的表达强度推测验证该基因的功能。

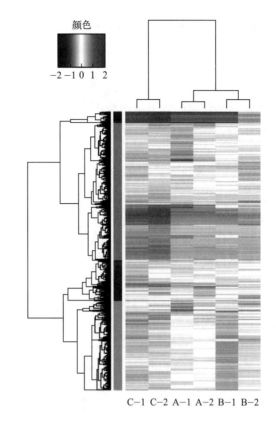

图 4-24　RNA-Seq 结果图

第四节　基因编辑育种

微生物的基因编辑育种是一种利用基因编辑技术对基因进行精确修饰的育种方法。与依赖自然或人工诱导突变的传统育种方法相比，基因编辑技术提供了精确、可预测的基因组修改方法，使快速获得优质菌株成为可能。因此，基因编辑技术的发展将为微生物育种带来新的机遇。

一、基因重组系统

基因重组也称遗传重组，是指不同性状个体的基因转移到一起，使 DNA 分子内或分子间的遗传信息重新整合，形成新的基因型个体。微生物体内的基因重组类型包括同源重组、位点特异性重组和转座重组。其中，同源重组修复机制在基因编辑育种过程中发挥着关键作用。当 DNA 被切割后，可以利用已有的 DNA 片段通过同源重组来精确地插入、删除或替换特定的 DNA 片段，重新修复 DNA，从而实现基因改造。

同源重组是基因编辑育种中不可或缺的一部分。通过利用同源重组修复机制，科学家可以精确地修改基因，从而培育出具有特定性状的菌株种类。

（一）同源重组原理

细胞内或细胞间的同源序列能在自然条件下以一定的频率发生重新组合，这个过程称为同源重组（homologous recombination，HR）。不同来源或者不同位点的 DNA 或 RNA，只要二者存在同源片段，都可以进行同源重组。在同源区附近诱导双链断裂（double strand breaks，DSB）可显著提高同源重组发生的频率，在现代基因编辑方法中，这一现象在同源重组的使用中发挥了重要作用，是目前使用的所有基因编辑技术的核心机制。

同源重组修复（homologous recombination repair，HRR）是 DNA 双链断裂修复的主要机制。同源重组修复缺陷是使用不准确、非保守形式的 DNA 修复途径，从而引起序列变异和结构损伤的积累。基因组中发生双链断裂时，有两种主要类型的 DNA 修复机制，即利用同源重组的同源定向修复（homology directed repair，HDR）和非同源末端连接（non-homologous end-joining，NHEJ），NHEJ 在没有供体模板的情况下发生。在基因编辑中，DNA 分子发生双链断裂后，HDR 和 NHEJ 两种修复途径可以精确地插入或删除目的基因。

（二）原核微生物的基因同源重组

为了在大肠杆菌中创建一个灵活可靠的同源重组系统，1998 年研究人员发现了一种替代策略，最初称为 ET 重组或 ET 克隆，后来被称为重组（也称为 Red/ET recombineering）。重组是一种体内基因工程方法，主要用于不依赖 RecA 的大肠杆菌。相反，它依赖于噬菌体衍生蛋白对，分别是来源于 λ 噬菌体的 Redα/Redβ 介导的同源重组和来源于 Rac 原噬菌体的 RecE/RecT 介导的同源重组。Red/ET 重组工程在体内完成 DNA 的组装，该技术能够在细菌细胞内通过同源重组的方式对 DNA 序列进行精确的修饰，因此除了用作分子克隆外，Red/ET 重组工程又常被用作定点修饰基因组的基因工程技术。Red 同源重组属于 λ 噬菌体的重组系统，主要借助 λ 噬菌体衍生的 Red 重组蛋白，包括 Gam、Exo 和 Beta。Gam 可防止宿主核酸酶降解线性 DNA 模板。Exo 基因可以产生 λ 核酸外切酶，用于切断双链 DNA。Beta 与 Exo 产生的单链区域结合，并通过促进单链退火到同源靶位点来促进重组，即载体和插入片段的黏性末端互补形成稳定的带缺刻的环状重组质粒。当这种重组质粒转化入大肠杆菌后，能自动被修复为闭合的环状质粒。大肠杆菌 Rac 原噬菌体所编码的蛋白质 RecE/RecT 对同源重组具有促进作用，随后在大肠杆菌菌体中发现与之具有相似作用的蛋白质对 Redα/Redβ。之后这 2 个重组酶体系合并，命名为 Red/ET 重组工程。其工作原理如图 4-25 所示。

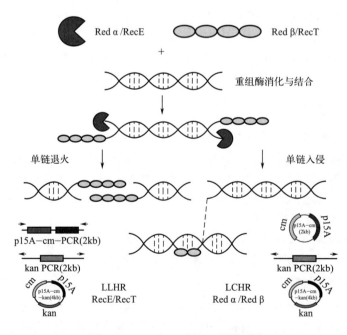

图 4-25　Red/ET 重组工程原理图

Red 同源重组技术具有同源序列短（15～50bp）、重组效率高、操作简单、快速等特点，可在 DNA 靶分子的不同位点进行基因敲除、敲入、点突变等，不需要限制性内切酶和连接酶参与。

（三）真核微生物的基因同源重组

真核微生物中的同源重组包括减数分裂重组和基因转换。通过对从正在进行减数分裂的酵母细胞中提取的 DNA 所做的遗传和物理分析，表明在减数分裂过程中常在重组热点区产生双链断裂。对 DNA 断裂部位进行分析表明，双链断裂分布在整个染色体上，然而断裂的位置是随机的。据统计，在每次减数分裂中，平均产生 200 个双链断裂（包括所有染色体上发生的双链断裂）。

若在重组过程中，基因只发生单向的转移，称基因转换（gene conversion）。基因转换可在 3 种情况下发生：①有丝分裂时姐妹染色单体的等位基因之间；②有丝分裂和减数分裂时姐妹染色单体的非等位重复基因之间；③有丝分裂和减数分裂时同一条染色单体上非等位重复基因之间。在后两种情况中，基因转换的频率远远高于相应的交互重组频率。

二、基因编辑技术

基因编辑技术通常是指基因组编辑技术，是在基因组的特定位点上进行精准定位并进行定点敲除、插入、修改或替换的技术，以改变目的基因的表达量或编码信息。基因编辑技术发展的历史如图 4-26 所示，主要包括三代：第一代的锌指核酸酶（zinc finger nuclease，ZFN）技术，第二代的转录激活因子样效应物核酸酶（transcription activator-like effector nuclease，TALEN）技术和第三代的成簇规律间隔短回文重复序列（clustered regularly interspaced short palindromic repeat，CRISPR）相关蛋白（CRISPR associated proteins，Cas）技术，其中 CRISPR 技术应用最为广泛。

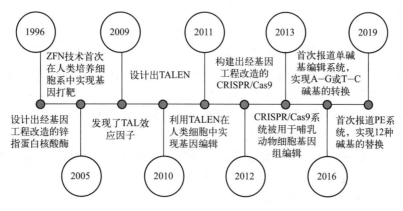

图 4-26 基因编辑技术发展的历史

（一）锌指核酸酶技术

2009 年，研究人员将细菌限制性内切酶 FokⅠ的内切酶结构域与 DNA 结合锌指结构域融合在一起，产生了一种既能与特定位点的 DNA 结合，又能将其切割的蛋白质，称为锌指核酸酶（ZFN）。ZFN 是人工改造的蛋白，可以利用锌指蛋白（ZFP）结构域对 DNA 序列进行特异性识别，从而准确定位靶点。每个锌指之间，通常是由几个氨基酸连接，每个 ZFP 可以特异性识别 DNA 序列上一个三联碱基。一个 ZFP 只能识别 3bp 碱基，对于全基因组来说，至少有 18bp 才能确保靶位点的特异性。因此，每个单体至少需要有 3～6 个 ZFP 串在一起，才能实现长片段的特异性识别。特异性识别靶 DNA 后，锌指核酸酶利用 FokⅠ限制性内切酶水解 DNA，使靶 DNA 双链断裂，双链断裂后细胞的修复机制被激活，通过同源重组或非同源末端连接实现基因重组。

由于 ZFN 蛋白与目标序列结合的特异性并不严格，构建针对基因组中特定序列的锌指组合的过程非常复杂，另外该技术的编辑效率在不同细胞类型之间存在较大差异，因此难以推广应用。

（二）转录激活因子样效应物核酸酶技术

研究人员受锌指核酸酶技术和天然存在的转录激活因子样效应器（TALE）的启发开发了 TALEN 技术。这些转录激活因子来源于植物中的致病菌，从黄单胞菌属中发现和鉴定 TALE 蛋白是基因工程史上的一项重要成就。TALE 可以直接识别特异 DNA 序列，TALE 蛋白由 34 个重复序列氨基酸残基构成，每个重复序列能分别识别和结合单一的核苷酸。在这 34 个氨基酸中有 32 个氨基酸是高度保守的，发生变化的是位于第 12 位和第 13 位的氨基酸，该位点不同组合的氨基酸能使 TALE 蛋白特异性识别和结合到 DNA 上的特点碱基序列，因此这两个氨基酸位点称作重复变异双残基（RVD）。RVD 和 FokⅠ结合后产生以 TALE 为基础的核酸酶（TALEN）。两个 TALEN 以尾对尾结合的方式通过 TALE 部分特异性结合到靶 DNA 上，两个 FokⅠ单体相互作用形成二聚体，进而对靶标序列进行切割，从而实现基因编辑。TALEN 相比于 ZFN 具有更高的特异性和亲和力，位点选择自由度更高，脱靶效应低。

但如何挑选高识别效率低脱靶率的 TALEN 位点仍是需要解决的问题。TALEN 蛋白通常由数十个元件组成，大分子的外源基因的导入往往会诱发菌体的免疫反应，同时大分子外源基因的构建会更困难，并且在宿主中的表达效率低。

（三）CRISPR 技术

CRISPR/Cas 系统是一种适应性免疫机制，被各种单细胞生物（主要是古细菌和细菌）用来抵抗入侵的病毒。CRISPR 序列中含有大量的重复序列和间隔序列，间隔序列长度大致相同，但序列具有特异性。CRISPR/Cas 所构建的特殊防御系统能够有效地抵抗病毒以及外界各种基因元件对其造成的干扰，同时其具有免疫记忆功能，当再次受到这些基因元件侵染时，细菌将通过 CRISPR/Cas 免疫系统识别并降解噬菌体或质粒的 DNA，以抵抗噬菌体和质粒的二次侵染。由 CRISPR/Cas 系统进行的针对病毒的免疫反应主要包括三个阶段：适应、表达、干扰。第一阶段（适应）包括从入侵病毒中获取特异性间隔基因。在这一阶段，一个特异性 Cas 蛋白复合体在目标 DNA 上识别一个原间隔邻近基序（PAM）的短序列，CRISPR 序列 5′末端的重复序列随后被复制，Cas 蛋白复合体将原间隔 DNA 引入该序列，从而使其成为间隔 DNA。在第二阶段（表达），CRISPR 基因被转录成单个 RNA 分子，即 pre-CRISPR RNA（pre-crRNA）。pre-crRNA 随后被加工成成熟形式的 CRISPR RNA（sgRNA），其中包含间隔序列和部分侧翼重复序列。在第三阶段（干扰），sgRNA（通常与 Cas 蛋白复合物结合）作为识别靶或入侵基因组中的原间隔物的向导，被 Cas 蛋白切割。

根据所涉及的效应蛋白，CRISPR/Cas 系统大致分为两类，其分类情况如图 4-27 所示。一类系统中包括类型Ⅰ、Ⅲ、Ⅳ，在一类系统中干扰和靶切割是由多个 Cas 蛋白复合完成的，这些蛋白协同作用以识别并切割 DNA；二类系统中包括类型Ⅱ、Ⅴ、Ⅵ，在二类系统中只有一个 Cas 蛋白完成这些功能。在一类系统中，Cas7 和 Cas5 等几种 Cas 蛋白参与组成了一类系统多个不同亚型的效应复合体，同时每种类型有自己独特的 Cas 蛋白；Cas6 参与了几种一类 pre-crRNA 的加工。在二类系统中，pre-crRNA 的加工是由除 Cas9 外的效应 Cas 分子完成的，Cas9 需要核糖核酸酶Ⅲ来加工 pre-crRNA。在一类和二类系统中，Cas1、Cas2 和 Cas4 都参与进行间隔的整合。

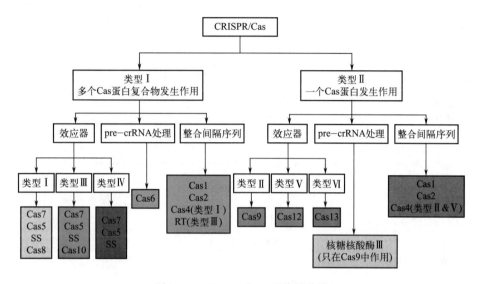

图 4-27　CRISPR/Cas 系统的分类

相较于 ZFN 和 TALEN 来说，CRISPR/Cas9 是基因组定点编辑领域的又一次革新，首先它只需要合成一个 sgRNA 就能实现对基因的特异性修饰，而且 Cas9 蛋白不具有特异性，理论上认为所有物种都可以通过 CRISPR/Cas9 系统进行 DNA 的定点修饰；其次 sgRNA 的序列较短，构建起来更加简单；CRISPR/Cas9 系统还可以同时设计多个位点进行多基因敲除（表 4-7）。图 4-28 展示了 ZFN、TALEN 和 CRISPR/Cas 进行基因编辑的示意图。这三种基因编辑技术先诱导双链 DNA 断裂，然后利用细胞内源性 DNA 修复机制对断裂的 DNA 进行修复。如果不提供修复模板，则使用非同源末端连接机制引入缺失或错误修复，导致移码突变而沉默基因的表达。相反，如果提供修复模板，则使用同源重组修复机制将目的模板插入靶位点。

表 4-7　三代基因编辑技术的比较

比较项目	ZFN	TALEN	CRISPR/Cas9
DNA 识别元件组成	蛋白质	蛋白质	RNA
DNA 编辑元件	锌指和 FokⅠ域	TALE 和 FokⅠ蛋白	Cas 蛋白和引导 RNA
目标 DNA 分子的长度	9～18bp	30～40bp	22bp＋PAM 区
切割机制	FokⅠ双链断裂	FokⅠ双链断裂	Cas 蛋白单/双链断裂
特点	结构复杂；可以使用预定义的目标特异性锌指序列；阵列组装可以改变相邻 ZFN 序列的结合特异性	比 ZFN 更简单；与 CRISPR 相比，已有的目标特异性相对较低	易于构建，但目标序列必须包含 PAM 序列；预先设计可获得所需目标的 sgRNA 和 Cas9 质粒

续表

比较项目	ZFN	TALEN	CRISPR/Cas9
编辑效率	不确定性	高效但有不确定性	高效但有不确定性
成本	昂贵	比 ZFN 便宜，但不划算	经济
多路复用能力	不可行	不可行	可行

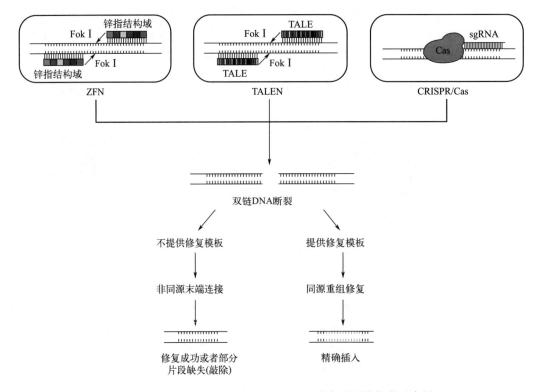

图 4-28　ZFN、TALEN 和 CRISPR/Cas 进行基因编辑的示意图

　　科学家还开发出 CRISPR/Cas12a（也称 CRISPR/Cpf1 系统）、CRISPR/Cas13a 等其他 CRISPR 系统，并拓宽了 CRISPR/Cas 系统的应用范围。相较 Cas9 蛋白，Cpf1 体积更小，更利于转化宿主。同时，Cpf1 剪切产生黏性末端，更利于基因编辑后的修复，进一步扩充了靶点范围。

三、基因编辑技术的应用

　　根据对基因修改方式的不同，基因编辑技术的应用分为三种，即基因敲除、基因敲入、碱基编辑器。同源重组是生物体修复 DNA 损伤的内在机制，也是基因敲除/敲入的分子生物学基础，由重组酶介导的多种重组系统可使外源 DNA 与生物体基因发生重组，进而实现靶基因的敲除/敲入。随着科学技术的进步，以 CRISPR/Cas 系统为代表的第三代人工核酸内切酶技术的应用，成为基因敲除/敲入的新型手段。同时碱基编辑系统快速发展，在大肠杆菌和哺乳动物细胞中实现了高效的碱基编辑，大大提高了碱基编辑治疗的安全性。碱基编辑器以 CRISPR/Cas 和 TALE 结构为基础进行衍生，充分发挥了可编程核酸酶的功能和优势，期待其未来广泛应用于基础研究、临床研究和农业育种等不同领域。

（一）基因敲除/敲入技术

1. 基因基因敲除/敲入技术介绍

基因敲除（gene knock-out）技术是自 20 世纪 80 年代末以来发展起来的一种新型分子生物学技术，是对序列已知的特定基因，通过外源基因与染色体 DNA 之间的基因重组，将该基因去除或用设计的同源片段代替，使机体特定的基因失活或缺失的一种分子生物学技术。基因敲除作为基因工程重要的基因修饰技术，也是微生物代谢途径改造的重要手段。在基因层面进行改造，具有位点专一性、遗传稳定性等特点。

基因敲入（gene knock-in）是利用基因同源重组，将外源功能基因（基因组原先不存在或已失活的基因），转入细胞与基因组中的同源序列进行同源重组，插入到基因组中，在细胞内获得表达的技术，它是研究基因功能、实现基因稳定过表达的一种有效工具。

随着基因编辑技术的发展，新的原理和技术也逐渐被应用，包括 RNA 干扰（RNAi）、第一代的 ZFN 技术、第二代的 TALEN 技术和第三代的 CRISPR/Cas 技术，它们均可以达到基因敲除/敲入的目的。基因敲除/敲入逐渐成为现代生物发酵工业聚焦于设计和创制高效的微生物细胞工厂的基础，实现原料向目标产品的定向转化。

微生物是廉价、可持续发展的自然资源，其代谢产物可广泛用于工业发酵，但微生物自身固有的代谢途径往往并非最适于工业生产。利用基因敲除/敲入技术改变某一代谢途径的路径是最常见的改造方法之一。早期的研究集中在一些模式微生物上，如大肠杆菌和酵母菌。从那时起，基因敲除/敲入技术在微生物领域的应用逐渐发展和扩展，成为微生物研究和工程化的重要工具之一。在代谢途径改造方面，基因敲除/敲入有助于理解和改变微生物的代谢，这对于提高微生物在工业生产中的效率和产出有重要意义；在提高生物技术应用方面，基因敲除/敲入可以用于改造工业微生物，提高其在生物技术过程中的性能，如提高生产特定化合物的产量或改善发酵过程；在抗生素抗性研究方面，基因敲除/敲入有助于研究微生物对抗生素的抗性机制，为开发新的抗生素或改进现有抗生素的使用提供线索。

2. 基因敲除/敲入的方法

（1）Red 重组系统介导的同源重组　　Red 同源重组技术的原理是将一段携带与靶基因两翼各有 40～60bp 同源序列的 PCR 片段导入宿主菌细胞，利用 λ 噬菌体 Red 重组酶的作用，使导入细胞的线性 DNA 片段与染色体（或载体）的特定靶序列进行同源重组，靶基因被标记基因置换下来（图 4-29）。现今，Red 重组系统仍具有一定的局限性，如何提高靶基因与菌株之间重组效率是其中的一项重大难题。有研究表明，适当增加同源序列的长度可以有效提高重组效率，除此之外，采用电穿孔法或接合转移等转化方式替换传统的热激转化法可以大大提高转化效率，进而提高同源重组发生的概率。

目前对 Red 重组系统的研究已经十分深入且应用广泛，该系统已在大肠杆菌、假单胞菌、沙雷氏菌、苏云金芽孢杆菌等绝大多数细菌中实现基因敲除，虽然对于真菌的基因敲除存在一定难度，并不能广泛适用，但 Red 重组系统介导的基因敲除仍具有很大的发展空间，进一步优化与完善该方法对于细菌工程菌株的构建具有重要意义。

（2）自杀质粒介导的同源重组　　自杀质粒也称非复制型质粒，其携带的复制元件可以在大肠杆菌中正常作用，但在待改造菌株中无法正常发挥其功能。自杀质粒介导的同源重组又分为一次交换重组和双交换重组两种方式。一次交换重组主要是通过引入抗性标记的方法使外源基因插入宿主菌的基因组中，从而使目的基因失活。但是，抗性基因的引入可能造成极性效应，影响菌体的生长或其他功能性基因的表达。为了克服这一缺陷，双交换重组得到了

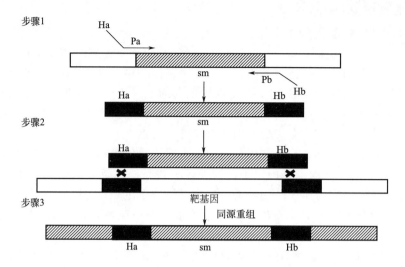

图 4-29　利用 Red 同源重组技术实现基因敲除的原理

Ha 和 Hb—同源重组区域；Pa 和 Pb—引物位点；sm—筛选标记

应用，即在一次交换重组的基础上再进行一次等位替换，从而去除基因编辑过程中不需要的外源部分（图 4-30）。

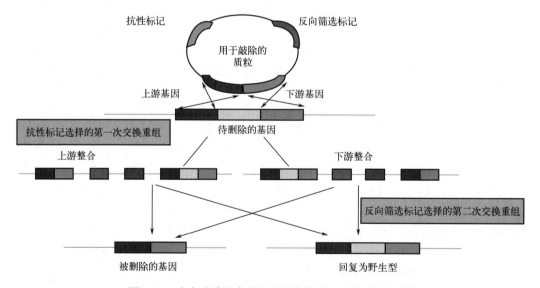

图 4-30　由自杀质粒介导的基因敲除的双交换重组机制

常见的自杀载体有 pK18mob、pCVD442、pS-VP202、pKSV7、pEX18Tc 等，各种自杀质粒实现自杀的原理不尽相同，如 pCVD442 是因为大多数宿主菌体无法产生 π 蛋白。而自杀质粒 pKSV7 同时也是温度敏感型质粒。

在谷氨酸棒状杆菌中，依赖于双交换重组的基因敲除系统主要是通过含有反向筛选标记的自杀性质粒来实现的，其中最常用的反向筛选标记为蔗糖致死基因 *sacB* 基因。早在 1994 年，Schäfer 等便将源于大肠杆菌的 pK 系列质粒如 pK18、pK19 与 RP4 质粒的转移机制相结合，再将来源于枯草芽孢杆菌的 *sacB* 基因扩增到具有转移性质的 pK 系列质粒中，基于同源重组的原理对谷氨酸棒状杆菌的基因组进行改造，敲除了其基因组上的 *thrB* 基因。此外，与自杀质粒具有相同作用的条件复制型质粒也经常出现在谷氨酸棒状杆菌的基因编辑过程中。目前在谷氨酸棒状杆菌中有报道的主要是温度敏感型质粒，其在不同温度条件下，质粒拷贝数不同。在谷氨酸棒状杆菌的基因敲除过程中，经常使用含有温敏型复制子的质粒有 pBS5T 和 pSFKT2。

（3）Cre-loxP 和 Flp-FRT 介导的位点特异性重组　Cre-loxP 系统包括 Cre 重组酶和 loxP 位点两部分，Cre 重组酶由大肠杆菌噬菌体 P1 的 *cre* 基因编码，loxP 由两个 13bp 的反向重复顺序和 8bp 的间隔区域构成。Cre 重组酶可切除同向重复的两个 loxP 位点间的 DNA 片段和一个 loxP 位点，同时保留一个 loxP 位点。Cre 重组酶的重组效率高，能够不受切除长度和位置的限制准确标记靶基因。因此，Cre-loxP 系统能够高效地应用于基因敲除。

在真核细胞内 Flp-FRT 系统与 Cre-loxP 系统具有一定的相似性。Flp 重组酶是酵母细胞内一个由 423 个氨基酸组成的单体蛋白，它的识别位点（flp recognition target，FRT）与 loxP 位点非常相似，同样由两个长度为 13bp 的反向重复序列和一个长度为 8bp 的核心序列构成。在该系统发挥作用时，FRT 位点的方向决定了目的片段的缺失还是倒转。Cre-loxP 系统和 Flp-FRT 系统的区别是它们发挥作用的最佳温度不同，Cre 重组酶的最佳作用温度为 37℃，而 Flp 重组酶的最佳作用温度为 30℃。loxP 和 FRT 位点的序列见图 4-31 所示。

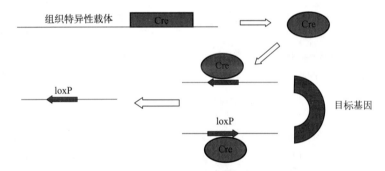

loxP位点　ATAACTTCGTATAGCATACATTATACGAAGTTAT　Cre重组酶

FRT位点　GAAGTTCCTATTCTCTAGAAAGTATAGGAACTTC　Flp重组酶

图 4-31　利用 Cre-loxP 或 Flp-FRT 技术实现基因敲除的原理

（4）利用 CRISPR/Cas 技术的基因敲除/敲入　现阶段基于 CRISPR 的基因工程改造技术主要分为 CRISPR 干扰（CRISPR interference，CRISPRi）调控目的基因表达和 CRISPR/Cas 蛋白介导的基因敲除、插入，以及 CRISPR 介导的碱基编辑 3 个方面。其中，CRISPRi 调控系统是将 CRISPR 基因编辑体系中具有核酸内切酶活性的 Cas9 蛋白替换为失去核酸内切酶活性的 dCas9 蛋白，然后在导向 RNA（guide RNA，gRNA）的引导下与目的基因序列结合，产生空间位阻效应，从而干扰靶基因的转录。

CRISPR/Cas 介导的基因编辑系统中研究最为成熟的是 CRISPR/Cas9 系统，其最早被发现于酿脓链球菌，该系统结构简单，作用快速，被广泛用于动、植物以及微生物的基因功能研究。2012 年报道了 CRISPR/Cas9 系统的结构，如图 4-32 所示，其仅包括一个 Cas9 蛋白以及 crRNA 和 tracrRNA 两个非编码的 RNA，当有外源 DNA 进入细胞后，菌体自身的核糖核酸酶Ⅲ催化 crRNA 成熟，然后与 tracrRNA 结合形成双链，从而引导 Cas9 蛋白与靶序列结合，并对双链 DNA 进行剪切，形成双链断裂（double strand break，DSB），再通过非同源修复与同源修复两种机制来实现基因编辑，且成功实现了体外 20bp 重复间隔序列区域双链的靶位点特异性切割。

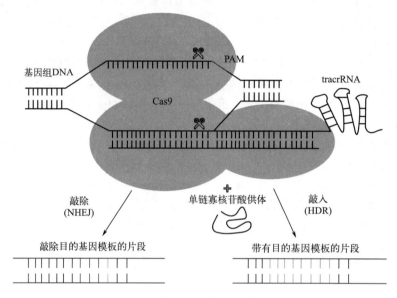

图 4-32 基于 CRISPR/Cas9 基因敲除与基因敲入的示意图

CRISPR/Cas9 的基因敲除原理是当 Cas9 内切酶切割双链 DNA 时，细胞自身启动更具优势的非同源末端连接（NHEJ）修复途径，导致切割位点产生移码突变或片段缺失，从而造成基因沉默，功能丧失，实现基因敲除。

CRISPR/Cas9 的基因敲入原理是当 Cas9 内切酶切割双链 DNA 时，同时提供一段与靶基因高度同源的 DNA 修复模板，生物体即可启动同源定向修复（HDR）路径。这段模板可以是单链 DNA（ssDNA），也可以是双链 DNA（dsDNA），上面包含一段目的序列，其两侧序列与切口附近的基因组序列一致，因此可以作为同源臂将一段 DNA 序列精准地插入特定的基因组位点，从而实现精确的基因敲入。

（二）碱基编辑器技术

1. 碱基编辑器的发展

第一代碱基编辑器（base editor，BE）是在 CRISPR/Cas9 系统的基础上，将 Cas9 蛋白与一种作用于 ssDNA 的脱氨酶融合，在不需要双链断裂（DSB）的情况下实现精确的点突变。迄今为止，已经开发了胞嘧啶碱基编辑器（cytosine base editor，CBE）和腺嘌呤碱基编辑器（adenine base editor，ABE）两类主要的单碱基编辑器。CBE 和 ABE 被应用于多种细胞类型的基因编辑和点突变以及生物体中碱基转换造成的疾病模型构建和疾病治疗。

2. 碱基编辑器的分类与应用

（1）单碱基编辑器 2016 年，Komor 等发现了胞嘧啶碱基编辑器（CBE），其成为了基因编辑的新工具，这是基因编辑领域的一个重要突破。CBE 可以在编辑基因时诱导胞嘧啶（C）直接转化为胸腺嘧啶（T）或鸟嘌呤（G）转化为腺嘌呤（A），而无需诱导双链断裂和提供供体 DNA 模板。与同源定向修复相比，CBE 可以显著提高基因校正的效率，而不会引入过量的基因随机插入或缺失突变。

第一代碱基编辑器是融合蛋白 BE1（APOBEC1-XTEN-dCas9），其在体外可实现 25%～

40%的编辑效率。但BE1在体内的编辑效率大幅下降，原因是产生的中间体U会被尿嘧啶DNA N-糖基化酶（uracil DNA N-glycosylase，UNG）识别并切除，从而启动碱基切除修复途径（base excision repair，BER），使编辑后的序列恢复到原始序列（图4-33）。为了提高编辑效率和纯度，研究人员在BE1的基础上融合尿嘧啶糖基化酶抑制剂（uracil DNA glycosylase inhibitor，UGI）开发出BE2，然而其编辑结果常发生错配；随后，又结合细胞的内源性机制将BE2中的dCas9替换成nCas9，从而激活细胞内碱基错配修复途径（mismatch repair，MMR），开发出的BE3能大幅提高编辑效率和产物纯度。自此，碱基编辑系统打开了精准基因编辑的大门，BE3成为使用最为广泛的CBE版本。

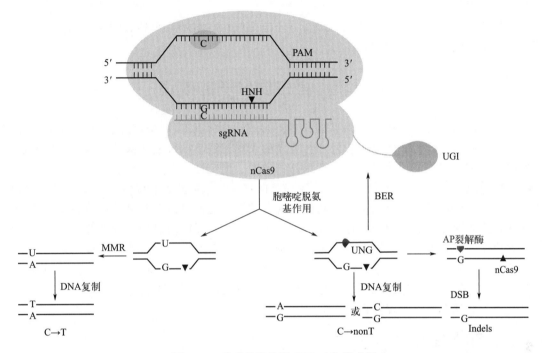

图 4-33　单碱基编辑器 CBE 工作模式图

在2017年，利用类似于CBE的策略，研究发现了腺嘌呤碱基编辑器（ABE），它可以实现从A到G或从T到C的替换。ABE利用一种修饰进化的脱氧腺苷脱氨酶（TadA*）、将R-环内的腺嘌呤（A）转化为肌苷，这些肌苷被DNA聚合酶识别转化为鸟嘌呤（G）。同时ABR还含有一种野生型腺嘌呤脱氨酶（TadA）和nCas9。最终，T:A碱基对可以永久转换为C:G碱基对（图4-34）。随后，研究人员对大肠杆菌TadA进行定向进化，开发出可直接作用于ssDNA的ABE 7.10系统（ecTadA-ecTadA*-nCas9）；科研人员对ABE 7.10的脱氨酶进行了8个突变，得到了活性增加590倍的TadA8e，进而衍生出ABE8e。实验证明，ABE8e的编辑效率较ABE 7.10有显著提高。

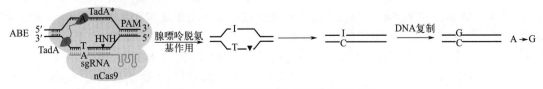

图 4-34　单碱基编辑器 ABE 工作模式图

（2）双碱基编辑器 单碱基编辑器只能催化单一类型碱基的转换和颠换，限制了其广泛应用。因此，开发出了新的碱基编辑器，其能高效地同时产生两种不同碱基的突变，极大地丰富了碱基编辑工具的应用，在基因治疗、物种改良和分子进化等方面都有重要意义。2020年，研究人员将 A3A 和 ABE 7.10 同时融合到 nCas9 的 N 端，构建出双碱基编辑器 STEME1，首次实现在一个 sgRNA 引导下同时突变 C 和 A。活性窗口指的是在 sgRNA（导向 RNA）中编辑效率大于 40% 的 C 位点，这是衡量 CBE 系统编辑效率和特异性的一个重要指标。而双碱基编辑器在产物纯度、编辑效率、活性窗口等特性比之单个系统相当或更好，DNA 和 RNA 脱靶都与单碱基编辑器相当，目前已开发的双碱基编辑器均基于 Cas9 蛋白偶联两种不同类型的脱氨酶。

（3）其他碱基编辑器 其他碱基编辑器还包括线粒体碱基编辑器、CRISPR 相关转座酶等，其应用较受限制，故应用较少。

第五节 蛋白质分子的改造

蛋白质作为生物体内功能最为丰富和多样的分子，承担着各种重要的生物学功能，如催化反应。然而，天然蛋白质在工业生产环境中的表现往往不被人们所满意，因此需要通过优化蛋白质的结构和功能，使蛋白质具有更高的效率、稳定性和特异性。

蛋白质改造方法可以分为非理性设计（定向进化）、理性设计和半理性设计三种策略。非理性设计不依赖于对蛋白质结构和功能的深入理解，通过对蛋白质进行一轮或者数轮的随机突变，然后通过特定表型的筛选来获取具有所需性质的蛋白质。理性设计是需要对蛋白质结构和功能的深入理解，通过有目的地设计和改造蛋白质的方法，来获得优良性状的蛋白质突变体。半理性设计是一种通过结合蛋白质的结构、功能、序列信息以及生物化学和生物物理特性，选择性地对特定区域（如活性位点、结合口袋或结构关键位点）进行突变或改造的策略，介于非理性设计和理性设计之间。

一、非理性设计

非理性突变在蛋白质进化中扮演着重要的角色，它是一种随机性的基因突变事件，为微生物的遗传多样性和变异性提供了基础。在蛋白质进化过程中，非理性突变是一种普遍存在的现象，它能使微生物基因组中的不同部分发生随机的、不可预测的变化。这些变异可能是有益的、有害的或中性的，但它们共同推动了微生物种群的演化和适应性变化。

（一）非理性突变的基本原理

蛋白质的非理性突变可能会对其结构和功能产生重要影响。这种突变可能会改变氨基酸残基的物理化学性质，例如极性、电荷、大小等，进而影响蛋白质的折叠状态、稳定性和亲和力。

在微生物中蛋白质的非理性突变是指在基因组复制或修复过程中发生的随机错误，从而导致了蛋白质的变异。在微生物的基因组中，非理性突变通常发生在 DNA 复制和修复过程中，DNA 复制是生物体细胞分裂过程中的一个关键步骤，用于复制细胞中的 DNA，确保新生细胞拥有与母细胞相同的遗传信息（图 4-35）。在 DNA 复制过程中，DNA 聚合酶是一个关键的酶，负责将 DNA 模板上的碱基配对信息复制到新合成的 DNA 链上。

一旦发生蛋白质的非理性突变，这些变异可能会在细菌群体中积累和传播，导致细菌的遗传多样性和适应性变异。这些蛋白质的非理性突变在微生物的演化过程中起着重要的作

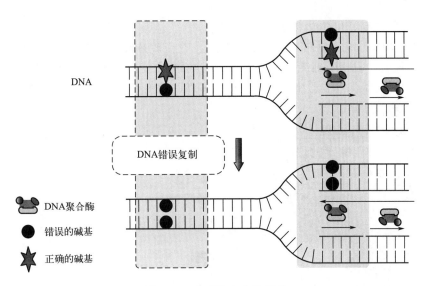

图 4-35　非理性突变的原理

用，为微生物在不断变化的环境中适应和生存提供了基础。因此，蛋白质的非理性突变是微生物基因组中常见的现象，它们是基因组复制和修复过程中的随机错误，为微生物的演化和适应性变异提供了重要的遗传基础。

（二）非理性突变的应用

蛋白质的非理性突变增加了微生物群体的遗传多样性。通过引入随机的变异，非理性突变成为新的遗传变异源。这些变异可能会在微生物群体中积累和传播，从而促进微生物的进化和演化。一些非理性突变可能会导致新的基因型或表型特征的出现，为微生物的进化提供了新的可能性。例如在蛋白酶突变体筛选过程中，研究人员利用易错 PCR 技术在含有野生型蛋白酶的质粒上引入了随机突变，构建突变文库并转化枯草芽孢杆菌细胞，并在含有酪蛋白和二甲基甲酰胺的固体培养基上进行培养。由于枯草芽孢杆菌的蛋白酶是分泌型蛋白，并可催化酪蛋白的水解反应，因此，其活性可通过观察培养基上的晕圈进行判断。通过挑选具有最大晕圈的克隆，即可获得最佳突变体。

二、蛋白质的定向进化

蛋白质的定向进化（directed evolution）是一种结合了进化生物学原理和实验室技术的方法，旨在通过模拟自然选择的过程来改进蛋白质的性能。在蛋白质定向进化中，通过非理性突变引入多样性，然后利用筛选或筛选结合进化的方法，在连续的遗传变异和选择过程中逐步优化蛋白质的性能。因此，非理性突变可以作为蛋白质定向进化的起点。

（一）定向进化的原理

定向进化是一种通过人为干预和引导的方式，促进生物体进行特定性状的进化和优化的方法。定向进化在短短几年内就出现了，是使生物催化剂适应工业和医疗应用性能要求的最有效方法之一。

美国加州理工大学的 Frances Arnold 教授率先将这种想法付诸于实践，通过定向进化技术，在实验室中模拟了试管中的达尔文进化过程，通过逐步改变和筛选蛋白质的结构，实现对蛋白质功能和性能的精准调控和优化。这项技术的应用推动了蛋白质工程领域的发展，促进了科学技术的进步，为人类社会的可持续发展做出了巨大的贡献，Frances Arnold 教授也因此获得了 2018 年诺贝尔化学奖。

酶定向进化的技术流程（图 4-36）主要为：① 在待改造酶的基因中引入随机突变；② 突变基因被导入细胞，表达随机突变的酶蛋白；③ 检测突变酶功能，筛选目标化学反应催化效率最高的突变体；④ 在被选酶基因中随机引入新的突变，开启下一轮进化循环。

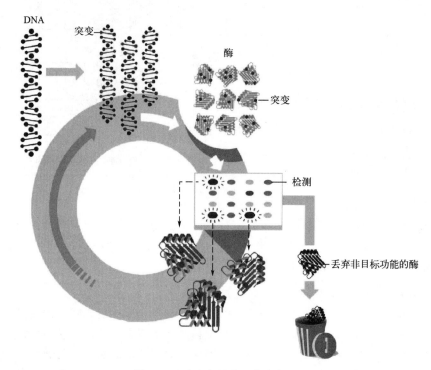

图 4-36　酶定向进化的技术流程

（二）定向进化的方法

定向进化技术可以用于提高酶的催化活性、热稳定性、提高有机溶剂中酶的活性和稳定性、扩大底物的选择性、改变光学异构体的选择性等，也可以用于设计具有特定功能的蛋白质。

定向进化的核心技术为易错 PCR 技术、DNA 重排（shuffling）技术及高通量筛选技术。易错 PCR 技术用于引入随机突变，增加 DNA 序列的多样性；DNA 重排技术用于重组不同蛋白质的片段，产生更多变异；高通量筛选技术则用于快速、高效地筛选出具有目标性质的蛋白质变异体。这些技术的结合和应用可以帮助科学家实现对蛋白质功能和性能的精准调控和优化。

1. 易错 PCR

易错 PCR（error-prone PCR）是一种简单、快速、廉价的随机突变方法。原理是通过改变 PCR 的条件，通常降低或提高一种 dNTP 的量使 PCR 易于出错，从而达到随机突变的目的。还可以加入一种脱氧核苷酸 dITP 来代替被减少的 dNTP，使下一轮循环中出现更多的错误。在 PCR 缓冲液中另加入 Mn^{2+} 或提高 Mg^{2+} 的量，亦有利于提高突变率（图 4-37）。

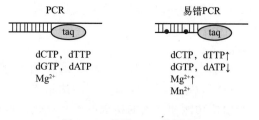

图 4-37　易错 PCR 的原理

2. DNA 重排

DNA 重排又称作"有性 PCR"，是 DNA 分子的体外重组，是指基因在分子水平上进行有性重组，通过改变单个基因（或基因家族）原有的核苷酸序列，创造新基因，并赋予表达产物以新功能。其运用随机突变技术，对某种感兴趣的蛋白质或核酸进行快速改造，并定向选择所需性质的生物分子。最初的 DNA 重排方法是在随机诱变的基础之上发展而来的。

1994 年，Stemmer 等首先发表了第一篇题为《用 DNA 重排技术体外快速进化蛋白》的论文，奠定了 DNA 重排技术的基础，日后的改进及补充使该技术日渐成熟，目前这种有性 PCR 法已形成了较为完善的技术路线。蛋白质的定向进化目前主要研究方向是提高热稳定性、提高有机溶剂中酶的活性和稳定性、扩大底物的选择性、改变光学异构体的选择性等。定向进化进入"现代"的起点可以基本上定义为 Stemmer 定义的基因重组技术。

1997 年 Frances Arnold 研究组将 DNA 重排技术做了改进，在 DNA 重排的过程中，采用了 PCR 扩增和交错延伸的组合方法，提高了 DNA 重排的变异率，加快了蛋白质突变体的产生速度。

如图 4-38 所示，将相关的 DNA 序列随机打断，并在 DNA 聚合酶的作用下组成多样性突变基因。通过选择压力或者筛选等方法获得阳性突变子。该阳性突变子可以重复循环选育，从而产生含有多种有利于突变的后代，直到获得目标序列。

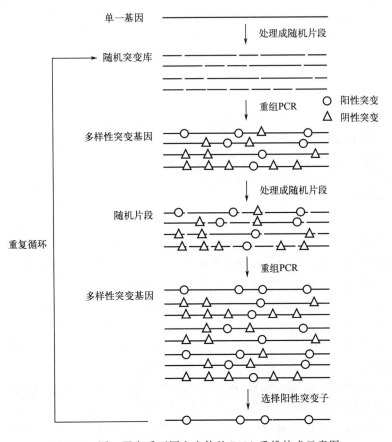

图 4-38　同一蛋白质不同突变体的 DNA 重排技术示意图

3. 高通量筛选

高通量筛选（high throughput screening，HTS）技术是指以分子水平和细胞水平的实验方法为基础，微板形式作为实验工具载体，自动化操作系统执行实验过程，灵敏快速的检测仪器采集实验结果数据，计算机对实验数据进行分析处理，同一时间对数以千万样品检测，并以相应的数据库支持整体系运转的技术体系（图 4-39）。

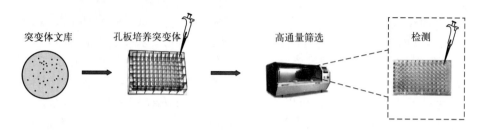

突变体文库　　孔板培养突变体　　　　　高通量筛选　　　　检测

图 4-39　高通量筛选流程

三、半理性设计

定向进化能够实现酶的快速进化，但仍存在一些局限性。如定向进化一定是基于目标特性能够快速被检测的高通量筛选方法，才能建立快速、有效的酶定向改造的策略，而大多数目标特性并不能建立有效的筛选方法。定向进化最重要的特性是引入的突变是随机的、突变率低、突变空间有限，这使得筛选工作十分耗时。

半理性设计则通过理性设计精准地筛选蛋白质的功能区域或关键位点，并利用定向进化提供更广泛的遗传变异源，从而产生更小的突变体文库。

① 定点饱和突变（site-saturation mutagenesis）。定点饱和突变的主要目的是某个关键位点引入多样性的氨基酸，探究这些变化对蛋白质结构和功能的影响，从而揭示特定氨基酸残基在蛋白质中的重要性。这种方法有助于理解蛋白质结构与功能之间的关系，也可以用于优化蛋白质的性质，如提高催化活性、改善稳定性等。

② 组合活性位点饱和测试（combinatorial active site saturation test，CAST）。通过理性设计获得目标酶的活性位点，对目标酶的活性位点周围多个残基进行饱和突变，筛选获得最佳突变体。

③ 迭代饱和突变（iterative saturation mutagenesis，ISM）。在 CAST 的第一轮筛选中，一旦获得最佳突变体，可以以最佳突变体的氨基酸序列作为模板进行第二轮 CAST，直至获得令人满意的突变体，这一过程称为迭代饱和突变，如图 4-40 所示。

④ 聚焦理性迭代位点特异性突变（focused rational iterative site-specific mutagenesis，FRISM）。FRISM 策略是将 CAST 和 ISM 优点结合，但不涉及饱和突变技术，因此不需要高通量筛选。FRISM 策略主要应用于酶的立体选择性筛选，主要运用的原理是将大小不同的氨基酸引入酶结合口袋附近，测试这些氨基酸对酶的空间位阻效应，从中筛选最优突变体（图 4-41）。首先，预测目标酶的底物/中间体的结合口袋，筛选目的关键氨基酸残基位点。接着，将关键氨基酸残基位点突变为大小不同的氨基酸，如甘氨酸（A）、亮氨酸（L）、苯丙氨酸（F），测试这些氨基酸对野生型蛋白的立体选择性影响，假设最优的氨基酸为苯丙氨酸（F），则使用与苯丙氨酸相似大小的氨基酸（F$^+$），如酪氨酸（Y）或色氨酸（W），将三个突变体中最优的氨基酸序列作为下一轮突变的模板，直至筛选出满意的突变体。

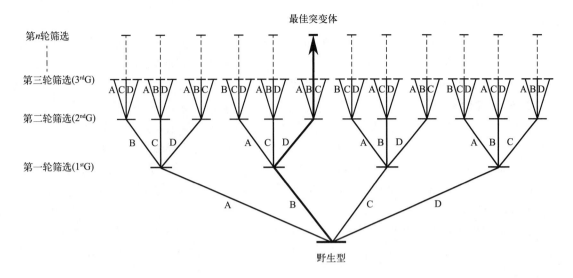

图 4-40　单分子酶的迭代饱和突变策略
A、B、C、D 分别代表每轮筛选中蛋白质不同的进化路线

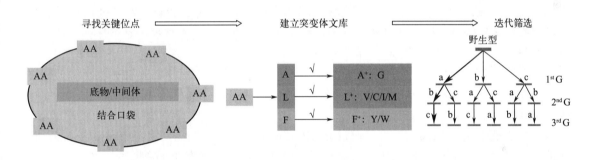

图 4-41　聚焦理性迭代位点特异性突变策略

四、理性设计

理性设计是一种利用计算机模拟和分子设计技术，基于对酶的结构和功能机理的深入理解，有目地地设计和改造酶的结构，以实现特定的催化活性或特性的增强，其中包括催化速率、底物选择性、底物谱范围、稳定性等。这些关键的酶属性可以提高酶的催化效率和稳定性，拓展其应用范围，实现定向优化和环境友好的生物催化过程。

（一）生物信息学工具

1. 蛋白质序列分析工具

酶的理性设计需要大量的酶的相关数据内容进行比较和分析，才能获取有用信息，比如蛋白质序列分析工具 BLAST、InterPro、Pfam、PROSITE 等，这些工具将有助于快速比对一个蛋白质序列与数据库中的其他蛋白质序列的同源性，找出相似性较高的序列，并且根据已有蛋白质结构数据库的结果对目的蛋白进行功能域、结构域等信息地合理预测。其中 Brenda、KEGG、Swiss-Prot 等数据库可以帮助我们收集目标蛋白质的有用信息，包括来源信息、催化速率、最适温度和最适 pH 等数据，甚至是蛋白质晶体结构以及已报道的突变体的相关信息也包含在其中。

这些信息将有助于确定目标酶与其他酶的亲缘关系，从而进一步分析保守序列中的催化位点、底物结合等关键区域，并根据目标酶现有的功能属性设计酶改造的目标和方向，例如提高催化效率、扩展底物范围或增强稳定性等。

2. 分子建模

蛋白质数据库中存在大量已知的蛋白质序列、结构和功能信息，涵盖了多个物种的蛋白质数据。根据这些信息建立酶模型具有一定的可靠性。根据氨基酸序列同源性进行建模的最快方法是通过 SWISS-MODEL（https：//swissmodel. expasy. org/）等网站进行目标蛋白质结构的获取，而使用者只需要输入蛋白质的氨基酸序列。

3. 分子对接

在获取目的蛋白质的结构模型后，对于目标蛋白催化的底物以及配体等结构数据，可以通过 PubChem 数据库（https：//pubchem. ncbi. nlm. nih. gov/）进行查找和获取 3D 结构的底物和配体。

分子对接软件有很多，对接的原理也有所区别。因此，对于刚接触蛋白质-配体对接的初学者来说，具有用户友好的图形用户界面和简单易用操作方式的 AutoDock/AutoDock Vina 是首要的选择。当然其他的蛋白质-配体对接软件也适用初学者，如 SwissDock（http：//www. swissdock. ch/）是一个在线蛋白质-配体对接服务，提供了简单的用户界面和易于理解的结果展示。用户可以通过上传蛋白质和配体的结构文件来进行对接计算，并查看对接结果。此外，一些蛋白质-配体对接软件如 GOLD、MOE、Schrödinger Suite、ICM-Pro 等具有丰富的功能、高效的对接算法和完善的技术支持团队支持，适用于专业的生物信息学研究和药物设计项目。用户可以根据自己的需求选择适合的软件来进行蛋白质-配体对接的计算和分析。

蛋白质-配体对接结果文件可以通过 PyMOL 或者 VMD（visual molecular dynamics）软件进行可视化，研究蛋白质-配体之间的结合模式以及相互作用的氨基酸残基。

4. 分子动力学模拟

分子动力学模拟（molecular dynamics simulation）是一种用于研究原子和分子在时间尺度上的运动和相互作用的计算方法。该方法可以帮助人们理解分子之间的相互作用、结构和动力学特性。

通常分子动力学模拟是在分子对接之后，对蛋白质-配体复合物的结合稳定性进一步分析和评估。在分子动力学模拟中，通过数值方法解决牛顿运动方程，模拟蛋白质-配体复合体的原子和分子在给定的物理场下的运动轨迹，从而研究其在时间尺度上的运动和相互作用。

（二）理性设计的目标

1. 提高酶的比活力

k_{cat} 是酶动力学中的一个重要参数，也被称为催化常数或酶催化率常数，k_{cat} 通常以每秒单位时间内催化的底物分子数来表示。因此，k_{cat} 值是衡量酶活性的重要参数之一，可以帮助研究者了解酶的催化效率和速度。如 Jens Nielsen 等人开发的一种使用底物结构和蛋白质序列作为输入的深度学习方法 DLKcat。DLKcat 以 Brenda 和 SABIO-RK 数据库为基础生成了一个综合数据集来训练神经网络，以此建立了能够预测 k_{cat} 值的酶约束模型（图 4-42）。

DLKcat 除了具有良好的 k_{cat} 预测能力外，还能够较为准确地预测序列上氨基酸突变对单个酶的 k_{cat} 值的影响。这种类似的方法为酶的理性设计提供了更有效的工具和技术支持。

还有一种方法是利用蛋白质设计和计算模拟技术，预测和优化酶活性口袋的结构，以提高酶与底物之间的相互作用效率。通过对酶的结构进行精确设计和调整，如将酶活性口袋附近的侧链结构较大的氨基酸（苯丙氨酸、色氨酸、酪氨酸等）替换为侧链结构较小的氨基酸（丙氨酸、甘氨酸等），可以降低酶活性口袋与底物的空间位阻效应，增加底物分子与酶的有效碰撞频率，从而提高酶的催化效率和选择性。

2. 提高酶对底物的亲和力

K_m 是酶动力学中的又一重要参数，也被称为米氏常数（Michaelis constant），K_m 的计算并不复杂，只需计算在酶最大反应速

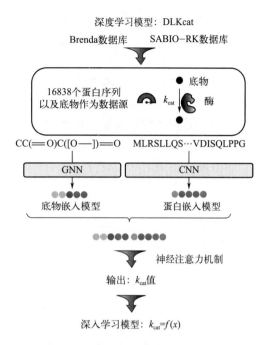

图 4-42　DLKcat 计算 k_{cat} 的运算流程

率为一半条件下的底物浓度。K_m 值可以反映酶对底物的亲和力程度，即酶与底物结合的紧密程度，可以用于评估酶-底物复合物的稳定性。K_m 值越小，表示酶与底物结合的亲和力越强，反之亦然。

理性设计调控 K_m 的方法有很多，较为经典的是通过共价修饰酶的氨基酸残基如甲基化、磷酸化等，改变酶的结构和功能，增强酶与底物的结合亲和力。此外，还有其他方法如通过理性设计来定点突变、插入或删除特定氨基酸残基等方法来改变酶的结构，从而增强酶与底物之间的结合力。

3. 提高酶的稳定性

酶的稳定性是指酶在特定条件下能够保持其活性和结构的能力，影响酶的稳定性的因素有很多，包括温度、pH、离子强度、金属离子、氧化还原条件、有机溶剂等。提高酶稳定性的常用策略是在酶结构中引入二硫键或盐桥来提升结构的稳定性。

（1）提高酶的热稳定性　酶的热稳定性通常指酶在高温条件下能够保持其结构和功能的能力，按照耐热程度可以将酶分为三类，即轻度耐热酶（45～65℃）、中度耐热酶（65～85℃）和极端耐热酶（>85℃）。分析比对这些大规模蛋白结构数据的热稳定性酶，通过理性改造提高酶热稳定性的因素有很多。

① loop 区长度的减少。在蛋白质结构中，loop 区域通常指连接不同结构域的灵活的、非规则的区段。通过对 loop 区长度的调节或设计，可以改善酶的热稳定性。相反地，过长的 loop 区会增加蛋白质内部的不规则性和构象空间，从而降低蛋白质的稳定性。

② 疏水作用力。疏水作用力是蛋白质分子中一种重要的相互作用力，它在蛋白质的折叠、稳定性和功能中起着关键的作用。在高温条件下，蛋白质容易发生热变性，即失去原有的结构和功能。疏水核心的形成可以提高蛋白质分子内部的稳定性，减少蛋白质分子的构象变化，有助于抵抗热变性的发生。可以通过增加疏水氨基酸（如亮氨酸、异亮氨酸等）的数量或密度，促进疏水核心的形成，从而增强蛋白质的稳定性。

③ 热敏感氨基酸的替换。一般通过酶工程将半胱氨酸、谷氨酰胺和天冬氨酸替换为脯氨酸、赖氨酸、精氨酸和酪氨酸，有利于提高酶的热稳定性，这是由于脯氨酸是一种非常特殊的氨基酸，其结构包含一个环状的侧链，这种结构使得脯氨酸对蛋白质的结构和稳定性具有重要作用，而酪氨酸是具有芳香环（芳香环堆积）的氨基酸，这种结构将影响蛋白质的热稳定性。对于赖氨酸和精氨酸，这两种氨基酸带有极强的正电荷，在蛋白质的结构中可以与其他氨基酸形成离子键或氢键，从而影响蛋白质的稳定性。

④ 蛋白质的寡聚增加。蛋白质寡聚形式增加了蛋白质分子之间的相互作用，包括范德华力相互作用、氢键、离子键等。这些相互作用可以增强蛋白质的结构紧密度，减少构象的自由度，提高热稳定性。

⑤ 改善酶表面的静电作用。通过设计或突变酶的氨基酸序列，调节酶表面的电荷分布，使表面带电残基的分布更加均匀或合适。此外，要避免表面带电残基之间的互斥作用，提高静电作用的稳定性。

（2）提高酶的 pH 耐受性　酶的 pH 耐受性是指酶在不同 pH 条件下的活性和稳定性。不同的酶对 pH 值的敏感程度各不相同，有些酶在特定 pH 值下表现出最佳活性，而在其他 pH 值下活性会降低。一些酶具有较广的 pH 适应范围，可以在酸性和碱性条件下保持相对稳定的活性，称为 pH 稳定酶。

每种酶的最适 pH 值会受到催化残基的 pK_a 的影响，而催化残基的 pK_a 表示在某个 pH 值下，该残基的酸碱性质发生转变的程度。在酶的活性中，催化残基通常扮演着关键的角色，参与催化反应的过程。当催化残基的 pK_a 值与环境 pH 值接近时，催化残基的活性可能会受到影响，从而影响整体酶的催化活性。每种酶的最适 pH 值还受到以下条件影响：①酶的结构。酶的三维结构对其在不同 pH 条件下的稳定性和活性有重要影响。一些酶在特定 pH 条件下可能会发生构象变化，从而影响其活性。②催化机制。不同酶的催化机制可能对其最适 pH 值产生影响，一些酶在特定 pH 条件下可能需要特定的离子状态来执行催化反应。③底物特性。底物的性质和反应条件也可能影响酶的最适 pH 值，一些酶对特定 pH 条件下的底物更具活性。④环境因素。酶所处的环境条件（如温度、离子强度等）也可能影响其最适 pH 值，这些因素可以影响酶的构象和稳定性。

与提升酶的热稳定性策略相同，可以通过改变酶表面的静电作用来改善酶的 pH 耐受性，如参与电荷-电荷相互作用的表面带电残基（天冬氨酸、谷氨酸、精氨酸和赖氨酸等）影响了酶的 pH 耐受性。

最适 pH 向碱性区域移动：将表面残基丝氨酸、苏氨酸、酪氨酸、谷氨酸、天冬氨酸、天冬酰胺和赖氨酸替换为精氨酸可能会使最适 pH 变为碱性。以来自嗜碱单胞菌的 α-淀粉酶为例，在 α-淀粉酶的表面残基中将 5 个丝氨酸/天冬氨酸/赖氨酸/谷氨酰胺替换为精氨酸残基时，最适 pH 从 9.5 上升到 11.0，且每个单突变蛋白均可使酶的最适 pH 向碱性区域移动。

最适 pH 向酸性区域移动：改善酶的耐酸性可以基于改造氢键的方法来提高。以来自酸性泛聚糖芽孢杆菌的支链淀粉酶为例，在空间上邻近的氨基酸残基突变为天冬氨酸和天冬酰胺，利用天冬氨酸和天冬酰胺分子间形成更强的氢-π 键的特性，有利于水和质子在活性中心的传输，从而提高酶的耐酸性。

（3）提高酶在有机溶剂中的稳定性　很少有天然酶能在有机溶剂中稳定进行催化反应，由于醇类溶剂（如乙醇、异丙醇）、醚类溶剂（如乙二醚、二甲基亚砜）和酮类溶剂（如丙酮、乙酮）等具有较强的极性，能与酶表面的氢键相互作用，从而改变酶的构象，导致酶的失活或者变性。

在有机溶剂中进行催化的酶通常被称为有机溶剂稳定的酶，常见的脂肪酶、醇脱氢酶、脱氢酶和酰胺酶可以在一定有机溶剂条件下进行生物催化。

对于不耐受有机溶剂的酶，可以通过酶工程来改变酶的疏水性、表面电荷分布或氢键网络，从而提高其在有机溶剂中的稳定性。以表面电荷分布改造策略为例，可以采用分子动力学模拟来分析脂肪酶与有机溶剂之间的相互作用原理，研究发现部分位点的氨基酸残基被替换后，将导致酶表面水合作用增强，从而提高酶在有机溶剂中的耐受性。最后脂肪酶突变体（I12R/M137H/N166E）在 12%（体积分数）2,2,2-三氟乙醇中的耐受性提高了 7～8 倍，并具有约 92% 野生型脂肪酶的催化活性。

五、AI 辅助的蛋白质改造

采用传统的酶工程方法去实现蛋白质进化，需要大量的蛋白质数据库或繁琐的突变体文库筛选。近年来，随着下一代测序和自动筛选在内的高通量实验方法的激增，使得分子生物学领域充斥着大量的数据，这促使人们重新思考并找寻酶工程对蛋白质进化的方法。

人工智能（artificial intelligence，AI）具有巨大的潜力，可以彻底改变酶工程，如加速酶设计和优化、精准预测酶-底物相互作用、设计全新的酶反应等，并且不需要完全了解潜在的分子机制。2024 年，人工智能领域的研究者因其在深度学习、计算蛋白质设计以及蛋白质结构预测方面的突破性贡献，分别获得了诺贝尔物理学奖和诺贝尔化学奖。诺贝尔物理学奖授予了约翰·霍普菲尔德（John Hopfield）和杰弗里·辛顿（Geoffrey Hinton），表彰他们在人工神经网络和深度学习领域的基础性发现；诺贝尔化学奖则授予了大卫·贝克（David Baker）、德米斯·哈萨比斯（Demis Hassabis）和约翰·江珀（John Jumper），表彰他们在蛋白质设计和结构预测中的创新应用，这些成就为酶工程等生物技术领域的发展提供了重要推动力。

1. AI 辅助的结构预测

传统实验室获得蛋白质结构的方法主要有三种，即核磁共振、X 射线晶体学、冷冻电镜，但这些方法往往依赖昂贵的设备，还要反复实验进行试错，每种蛋白质的三维结构都需要花费数年时间。而基于机器学习和深度学习技术，人工智能可以快速而准确地预测未解析的蛋白结构，如 AlphaFold3.0。

2. AI 辅助的蛋白质功能优化

对于蛋白质结构的优化，可以通过引入非天然氨基酸或其他非天然基团（糖基、金属配体、荷电基团等）扩展蛋白质的功能和性质，从而增加其应用的多样性和灵活性。而人工智能技术可以利用机器学习算法和深度学习模型，加速蛋白质结构的计算和模拟过程，为非天然氨基酸或其他非天然基团的引入提供更准确的预测和设计。

要想理解人工智能在蛋白质结构优化有哪些工作，需要先了解该过程的哪些内容需要进行繁琐的设计。以非天然氨基酸为例，引入非天然氨基酸首先需要构建具有特异性的 tRNA，这类 tRNA 不被现有的宿主氨酰-tRNA 合成酶识别，但在翻译中能有效发挥作用（被称为正交 tRNA）。该 tRNA 的特异性体现在不结合编码任何常见 20 种氨基酸的密码子，通过结合无义密码子或四碱基密码子来递送非天然氨基酸（图 4-43），这类实现对非天然氨基酸的精确控制和递送的方式被归于拓展遗传密码子技术的应用范围。此外，如何设计非天然氨基酸的插入位点也将影响非天然氨基酸蛋白的催化特性和活性。如基于大量的实验数据和已有的非天然氨基酸引入案例，建立了一个机器学习模型，通过对这些数据进行训练和学习，来预测非天然氨基酸的引入对蛋白质的影响，并提供最佳的设计方案。这种数据驱动的方法可以帮助加速非天然氨基酸的引入过程，并提高成功率和效率。

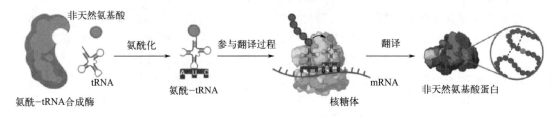

图 4-43　非天然氨基酸蛋白构建的过程

3. AI 辅助的蛋白质设计

在人工智能时代来临之前，蛋白质设计方法仅限于基于自然界已有的蛋白质生成设计，其局限性显而易见。相比之下，生成式人工智能方法强调从头设计全新的蛋白质，超越了自然界所能达到的范围。

例如 Biomedicines 公司开发的生成式人工智能模型 Chroma 扩散模型（diffusion model），能够在外部约束条件下从头设计蛋白质，这些约束条件涉及对称性、亚结构、形状等（图 4-44）。对 Chroma 生成的 310 个蛋白质进行表达，结果显示这些自然界不存在的蛋白质可以正常表达、折叠，并具有良好的生物特性。Chroma 还解析了其中 2 个生成的蛋白质的 X 射线晶体结构，结果显示，观察到的结构与预期设计高度匹配（均方根误差分别为 1.1Å 和 1.0Å[❶]），这表明了使用 Chroma 生成蛋白质结构是可行的。

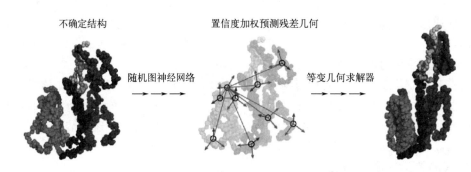

图 4-44　Chroma 中随机图神经网络处理不确定蛋白过程

Chroma 并不是唯一利用扩散模型进行蛋白质设计的生成式人工智能工具。美国华盛顿大学蛋白设计研究所的 David Baker 团队设计了一种从头设计全新蛋白质的 AI 模型——RoseTTAFold Diffusion（简称 RF diffusion）。该模型能够生成各种功能性蛋白质，包括在天然蛋白质中从未见过的拓扑结构。

第六节　其他技术在分子育种中的应用

一、组学技术

所有生命系统，从细菌群体到复杂的多细胞生物体，都是由单个细胞群落组成的。细胞

---

❶　1Å=0.1nm。

作为生物学的基本单位，在单细胞水平上分析生物体行为对于发展和理解由单细胞到细胞群落的过程至关重要。细胞通过分化并获得独特"身份"的能力增加了生物复杂性，这反映了细胞在形式或功能上的差异。这种身份很大程度上是根据细胞类型和细胞状态来定义的。细胞类型和状态是由细胞分子谱决定的，涵盖了基因组、转录组、蛋白质组和代谢组等方面的信息。在这些组学技术发展的基础上，出现了单细胞多组学技术，能够从同一细胞捕获多个组学层。其中包括基因组学加转录组学、表观基因组学加转录组学以及转录组学与靶向蛋白质组学相结合的技术。对多个组学层进行分析可以获得每个细胞的完整信息，这比单独从任何组学中获得信息更加完整。此外，对同一单细胞内多个组学之间的关联进行分析可以明确地识别细胞间的关系。细胞多组学技术能够将这些信息与相同单细胞的表观基因组联系起来，这将有助于推断细胞分化的影响因素和机制。

微生物基因组是指微生物个体内所有基因的组合，其中包括了细菌、病毒、真菌和原生动物等微生物的基因组。基因组学是在单细胞水平上对细胞"个性"进行的研究，包括宏基因组学、表观基因组学等。因此，通过基因组学，人们能够在单细胞水平上对细胞的进行功能鉴定和分类，从而为生物学的发展提供有用信息。

1. 宏基因组学

宏基因组主要内容为对环境中所有微生物的全基因组进行测序，可以通过注释已知功能基因数据库（例如 NR、KEGG、eggNOG 等）完成。其主要优点是数据库可以提供微生物群落相关的群落结构和潜在代谢途径信息。然而，与 16S rRNA 谱相比，宏基因组测序无法给出一致的微生物组成信息，这是宏基因组测序的缺点，但单细胞基因组学可以弥补宏基因组测序的缺点。

虽然这些测序技术各有优缺点，但是在实际应用中可以相互补充。如宏基因组测序不会受到与单细胞基因组学相关的细胞分选、嵌合读取和不均匀读取覆盖等问题的影响。单细胞基因组学则可以提供物种及其功能的直接联系，这是宏基因组测序需要解决的重要问题。这两种技术的结合可以极大地解决它们各自面临的挑战。例如，单细胞基因组学可以为宏基因组数据分别提供系统发育、核苷酸频率组成和基因内容信息。相反，宏基因组读数和重叠群可以显著改善单细胞基因组的组装。

单细胞基因组学和宏基因组学结合相关的实验和分析工作流程如图 4-45 所示。

2. 表观基因组学

表观基因组学主要内容是研究染色质结构对基因表达的影响，包括染色质折叠、与核基质附着、核小体周围 DNA 的包装、组蛋白尾部的共价修饰（乙酰化、甲基化、磷酸化、泛素化）和 DNA 甲基化——细胞遗传物质的甲基化。表观基因组也可以通过多种方式调节基因表达，如组织染色体的核结构、抑制或促进转录因子接近 DNA 以及介导基因表达等。

3. 转录组学

转录组学（transcriptomics）是研究细胞或组织中所有 mRNA（信使 RNA）的转录本总体表达情况。转录组学通过分析和研究细胞或组织中所有基因的 mRNA 表达水平，以及这些 mRNA 在不同生理或病理状态下的变化，来揭示基因表达调控机制、细胞功能、生物过程等方面的信息。转录组学技术通常包括 RNA 测序（RNA-Seq）、微阵列技术等高通量技术，用于检测和量化细胞或组织中所有的 mRNA 转录本，从而揭示基因表达的水平和调控网络。

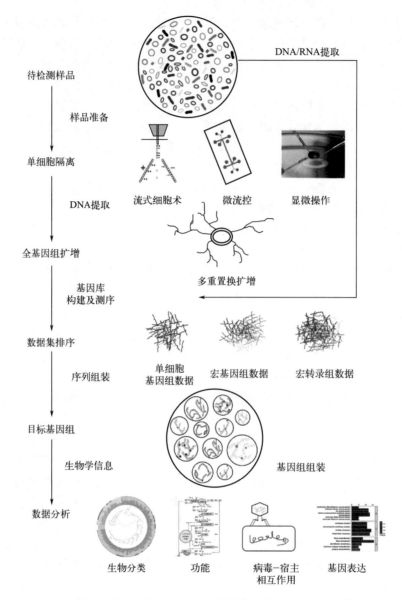

待检测样品

样品准备

单细胞隔离

DNA提取

全基因组扩增

基因库
构建及测序

数据集排序

序列组装

目标基因组

生物学信息

数据分析

DNA/RNA提取

流式细胞术　　微流控　　显微操作

多重置换扩增

单细胞
基因组数据　　宏基因组数据　　宏转录组数据

基因组组装

生物分类　　功能　　病毒-宿主
相互作用　　基因表达

图4-45　单细胞基因组学和宏基因组学结合相关实验和分析工作流程

4. 蛋白质组学

蛋白质组学（proteomics）是研究生物体内所有蛋白质的总体表达、结构、功能以及相互作用的技术。蛋白质组学有助于人们了解蛋白质在生物体内的特性，包括其表达水平、翻译后修饰、亚细胞定位、相互作用以及参与的生物过程等信息。

（1）磷酸化蛋白质组学　磷酸化是一种常见的蛋白质翻译后修饰，其通过激酶将磷酸基团转移到蛋白质的特定氨基酸残基上，从而调节蛋白质的结构、功能和相互作用。蛋白质磷酸化的可逆性和瞬时性允许其在信号转导途径中执行不同的功能。例如通过蛋白激酶可以实现蛋白质的磷酸化，在几乎所有生物体中，蛋白激酶序列占整个基因组的 1.5%～2.5%，这也说明了磷酸化蛋白质组学研究的重要性。图4-46展示了磷酸化蛋白质组学的高通量分析过程。目前磷酸化蛋白质组学的检测技术包括：①磷酸化蛋白质和磷酸化多肽的富集；②磷酸多肽的鉴定；③磷酸化位点的定位。

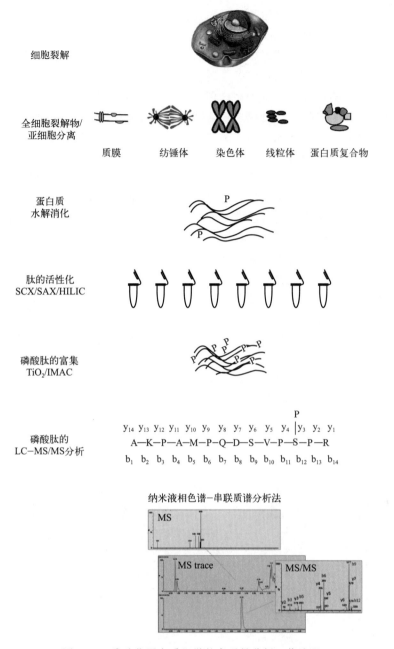

细胞裂解

全细胞裂解物/
亚细胞分离

质膜　　纺锤体　　染色体　　线粒体　　蛋白质复合物

蛋白质
水解消化

肽的活性化
SCX/SAX/HILIC

磷酸肽的富集
TiO₂/IMAC

磷酸肽的
LC-MS/MS分析

纳米液相色谱-串联质谱分析法

图 4-46　磷酸化蛋白质组学的高通量分析工作流程

（2）靶向蛋白质组学　靶向蛋白质组学是在蛋白质组学的基础上发展而来的一门技术，该技术专门针对特定的目标蛋白质进行定量研究。相比于非靶向蛋白质组学，靶向蛋白质组学可以针对性地选择离子进行质谱数据采集，因此可以用于大量样本的分析，并且具有良好的准确性、灵敏度和重现性。靶向蛋白质组学可应用于翻译后修饰、蛋白质构象、蛋白质与蛋白质相互作用、动力学以及代谢和信号传导途径的系统级研究。靶向蛋白质组学在代谢工程研究中的应用包括：①天然/异源途径蛋白的定量；②代谢工程合成生物学工具的表征；③生物合成途径的鉴定和优化；④支持基因组规模代谢模型（GEM）和通量平衡分析（FBA）中的分析工具。

（3）代谢组学　微生物代谢组学是利用代谢组学方法对微生物整个生命周期或特定生理周期中的低分子质量（＜1500Da）代谢物、激素和信号分子进行定性和定量分析。该技术可以基于代谢物的数量变化来解释微生物与表型之间的相互关系和代谢流，以进一步了解微生物的生理状态。此外，微生物代谢组学还可以研究微生物实际生理状态的准确信息或反映其他物质对微生物代谢的影响。微生物代谢组学在功能基因研究、微生物鉴定、代谢途径、抗生素耐药性、工业生物技术、合成生物学和酶发现等领域有着广泛的应用。

代谢组学研究的工作流程大致为：①通过实验制备样品并进行质谱（MS）检测；②依据 MS 数据对代谢物进行分析；③针对分析结果，利用相关生物学知识解释代谢组学实验并得出结论；④使用同位素示踪识别该代谢物每个途径内的活性，利用下游代谢物的同位素标记模式用于表示不同来源的代谢通量；⑤对代谢组学数据进行分析和总结。

近年来，人们对微生物代谢组学的研究呈指数级增长，质谱与分离技术相结合例如气相色谱-质谱（GC-MS）和液相色谱-质谱（LC-MS）已成为该领域常用的工具。从代谢组学中获得代谢物谱或测量代谢通量已成为标准做法。目前微生物代谢组学技术正努力通过用更少的材料或精力覆盖更多的代谢物，实现空间分辨率以及多组学的整合来推进该领域的发展（图 4-47）。尽管如此，代谢组学仍然存在诸多挑战。例如选择合适的实验模型使得能够成功模拟体内代谢的离体系统。另一个主要挑战是亚细胞区隔化，因为代谢组学数据反映了各种细胞器中代谢物的总和，但在分离细胞器的同时保持这些结构的代谢状态是非常困难的。

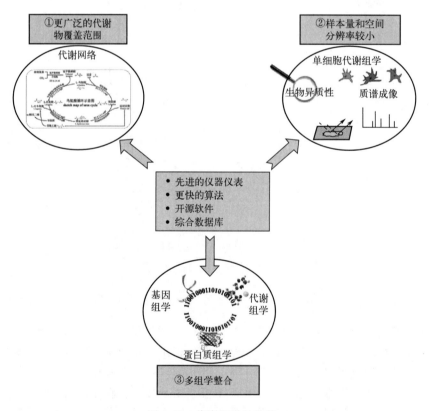

图 4-47　代谢组学的趋势

（4）多组学分析　多组学分析（multi-omics analysis）是一种利用多种组学数据（如基因组学、转录组学、蛋白质组学、代谢组学等）进行综合分析的方法。通过整合不同层次的生物学数据，多组学分析可以提供更全面、更深入对生物系统的理解，帮助揭示生物体内复杂的生物学过程和调控机制。多组学分析的方法论和技术允许同时分析基因组、表观基因组、转录组、蛋白质组和其他（新兴）组学模式，以便更好地理解生物机制和基因型与表型的关系。

二、高通量筛选技术

突变与筛选是菌株育种工作的两大方面，目前基因组工程和 DNA 组装技术的发展可以同时组合多种不同的工程策略来建立菌株库，通过筛选获得表型良好的菌株是关键，而高通量筛选（high throughput screening，HTS）技术可以根据目标的特性建立筛选方法，并利用自动化仪器和机器化系统从而快速、高效地对大量样本进行筛选，提高了实验效率。

（一）HTS 中应用的筛选技术和设备

1. 光谱设备

HTS 的实施通常基于精确的高通量检测设备。多标记微孔板检测仪是 HTS 中最常用的设备，其可以使用 $200\sim1000nm$ 范围内的检测波长来检测吸光度、荧光强度、时间分辨荧光、荧光偏振和化学发光等。这种方法已广泛应用于检测细胞凋亡或生长、代谢物含量、酶活性等方面。

2. 自动化系统

自动化是 HTS 的显著特征，是进行微量定量实验和大规模分析的基础。HTS 集成了一系列连续自动化的实验操作。经典 HTS 所涉及的设备主要包括菌落拾取器、液体处理系统和多功能酶标仪，它们可以在软件系统的控制下连接和操作。此外，一系列附属设备也被修改或重新设计到 HTS 系统中，包括 PCR 仪、离心机、冰箱等。

3. 流式细胞荧光分选技术

流式细胞术可快速分析单个细胞的多个参数，并以多种方式快速分类目标群体，它能够同时进行定量和定性分析，而流式细胞荧光分选技术（FACS）是流式细胞术的一种特殊技术，它能够根据每个细胞具有的光散射和荧光特征，在单细胞水平上筛选高纯度和高通量的目标细胞。FACS 以其超高的分选速度而闻名，最高可达 10^6 个/s。然而，FACS 的主要缺点是其筛选群体过多，导致筛选效率受影响，并且 FACS 筛选出的菌株需要进一步精细化筛选。

4. 微流控技术

微流控技术是一种在微升至皮升的规模上操纵流体的技术，通常采用微流控芯片，由于它能够覆盖生物和化学实验室的最基本功能，因此被称为"芯片上的实验室"。与传统高通量筛选技术相比，微流控技术表现出更高的通量和精确度，大大降低了筛选时间和成本，其可以同时分析多达 150 万个样本，并能提供动态的微环境条件控制，显著提高了研究人员对微生物体系进行控制和筛选的能力。目前已用于多种应用例如酶定向进化。

5. 高通量培养系统

微型化是 HTS 的一个重要特征，因为它可以减少分析所需的生物和化学样品量。一般来说，高通量分析是在 96 孔或 384 孔微量滴定板（MTP）中进行的，而高通量培养系统主要在深 24 孔、48 孔和 96 孔微量滴定板中进行，因为需要培养基和氧气，在微量滴定板中进行高通量培养显然会增加筛选目标菌株的范围。为了实现与摇瓶相当的混合效果，微量滴定板培养的振荡器转速应达到 $800\sim1000r/min$，而典型的三角瓶振荡器转速为 $100\sim300r/min$。

（二）HTS 的检测技术

1. 基于颜色或荧光的高通量筛选技术

基于颜色或荧光对细胞进行筛选是一种非常直观的高通量筛选方法（图 4-48），在菌种进化工程中广泛而有效地应用于筛选具有颜色或者荧光代谢物菌株。对于生产有色产物（如番茄红素、β-胡萝卜素和虾青素）的菌株，颜色的类别和深浅程度可以初步判断反应代谢物的种类和产量高低，通过现代机器人技术辅助作用，筛选效率可以达到每次 10^6 个突变体。还有一种采用微量滴定板筛选的方法，将菌株代谢物产量与光度测定相关联，以确定突变菌株的效果，每次能够筛选 10^5 个突变体。

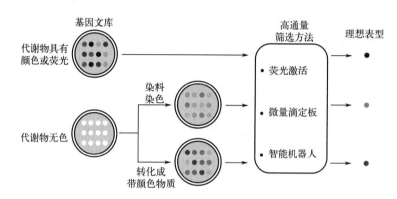

图 4-48 基于颜色或荧光的高通量筛选技术

2. 基于紫外/可见光谱的高通量筛选技术

对于 HTS 的实际应用，已经建立了许多基于紫外/可见光谱的筛选方法。这些方法可分为直接检测方法和间接检测方法。具有相对复杂分子结构或固有颜色特性的产品，可通过直接测量吸光度进行筛选。一些没有明显吸光度特征、无法直接检测的产品可以通过加入 pH 指示剂、与金属离子螯合、与酶促或化学反应偶联来检测。此外，高通量筛选技术还开发了基于化学或偶联酶反应的筛选方法，建立目标代谢物浓度与显色物质如 ATP/ADP 和 NAD（P）$^+$ 之间的定量关系。

3. 基于生物传感器荧光光谱的高通量筛选技术

微生物的高通量筛选通常受到限制，因为目标产物或关键中间体无法通过直接或间接的颜色或荧光反应检测，而基于生物传感器的筛选策略已被提出作为替代方案。生物传感器由传感器和报告器组成。传感器识别特定的细胞内代谢物，而报告器通过与传感器信号相关的一系列编程遗传电路产生定量信号。

（1）基于转录因子生物传感器的高通量筛选技术　到目前为止，大多数基于转录因子的生物传感器主要依赖于天然转录因子，转录因子能够促进或者阻断 RNA 聚合酶参与转录过程来调控基因表达。细胞内一些小分子代谢物可以激活或者失活转录因子，从而控制相关报告基因的表达，将代谢物浓度与荧光强度、细胞生长等检测信号联系起来，达到高通量筛选目的。然而在实际应用中，微生物细胞工厂生产的目标代谢物往往不存在天然响应的转录因子，为了实现更广泛的利用，可以通过工程化的手段改变转录因子响应代谢物的特异性。

（2）基于核糖体开关的高通量筛选技术　核糖体开关是基于 RNA 的基因调控元件，由适配子和基因调控结构域两部分组成。当小分子配体和适配子结合，引起 RNA 构象发生改变，从而在转录、翻译和 mRNA 水平上影响蛋白质的合成。利用这种调控机制可以设计响应目标代谢产物的高通量筛选生物传感器。目前基于不同的核糖体开关机制开发的高通量生物传感器数量正在不断被发现，但是在代谢工程中应用依然受到限制，主要是由于缺乏对响应特定代谢产物的适配子以及对适配子和驱动结构域机制的了解，而合成生物学的相关技术和设备将有可能极大地促进核糖开关在高通量筛选领域的应用。

（3）基于荧光共振能量转移（fluorescence resonance energy transfer，FRET）生物传感器的高通量筛选技术　细胞内代谢物小分子浓度也可以通过荧光共振能量转移生物传感器测定。如青色荧光蛋白（CFP）和黄色荧光蛋白（YFP），这两种生物传感器分别作为荧光能量转移的供体和受体。两种蛋白被响应小分子的感知结构域分开。当小分子配体不存在时，CFP荧光占主导，当小分子结合感知结构域时则会引起其构象发生改变，进而减少了CFP和YFP之间的距离，荧光能量发生转移，导致YFP荧光增加。利用这种机制可以将代谢物的浓度和两种荧光的比率联系起来，构建高通量筛选生物传感器。目前基于荧光共振能量转移原理开发的生物传感器能够响应多种重要的代谢物，但是信号强度和荧光比率易受到周围环境干扰，比如pH、温度等。

（4）基于电化学传感器（ES）的高通量筛选技术　ES装置是基于电极表面发生的生化反应产生的电流变化而产生的，并且ES电极对目标及其响应阈值敏感且具有选择性，因此具有小型化的潜力。ES装置包含一个生物识别元件（传感器）和一个将生物反应转换成可测量的电化学信号（报告器）的换能器。ES装置通常分为四种类型：电流法、电位法、电导法和阻抗法，具体取决于所采用的电极技术。在高通量筛选中，ES技术已被用于增强与NAD（P）H或H_2O_2相关的酶的活性（图4-49）。然而，很少有研究涉及ES在工业生物技术中检测特定发酵产品的应用。

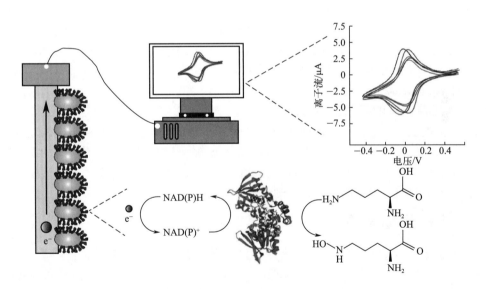

图4-49　基于电化学传感器的高通量筛选技术

（5）基于先进光谱技术的高通量筛选技术　为了提高分选效率，获得具有特定目标表型的工业生产者，基于先进仪器平台的光谱技术如拉曼光谱、傅里叶变换红外光谱（FTIR）和傅里叶变换近红外光谱（FTNIR）正在工业生物技术中得到应用（图4-50）。拉曼光谱在检测时具有快速、灵敏和实时检测等优点，近年也建立了一个高通量筛选拉曼光谱平台，可以用于单细胞和生物催化剂的无标记筛选。

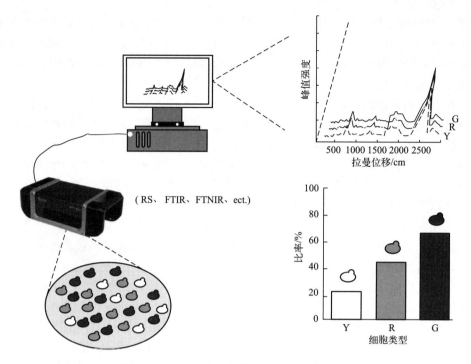

图 4-50　基于先进光谱技术的高通量筛选技术

4. 基于液滴微流体平台的高通量筛选技术

液滴微流体平台有单细胞分离良好的隔室，可以作为微反应器进行细胞的恒化培养、蛋白表达分析、代谢物检测和组学分析，为菌种进化工程高通量筛选提供了有利的技术支撑。因为荧光信号检测具有很高的灵敏度，特别适合作为液滴微流体平台的检测信号，所以目前微流控技术主要将代谢物的浓度、路径酶催化能力、组学检测等和荧光信号偶联，通过荧光信号对菌株表型和组学进行筛选。

5. 基于细胞生长的高通量筛选技术

基于细胞生长的筛选技术是使用营养缺陷型菌株作为报告系统，可用于代谢物高产菌株或者特定酶的筛选。例如营养缺陷型菌株丧失了合成某一种自身生长必需物质的能力，它们在普通培养基里不能生长，必须补充特定的营养物质，因此可以使用营养缺陷型菌株对合成这种必需成分的酶或者代谢路径进行高通量筛选。

三、合成生物学技术

合成生物学（synthetic biology）是涉及多个领域交叉和融合的学科，结合了生物学、工程学、计算机科学等多个学科的知识和技术，其以工程化的思维和方法对生物系统进行设计、构建和优化，以创造新的生物功能或改造现有生物系统。

（一）合成生物学的发展历史

1911 年，"synthetic biology" 一词最早由法国物理化学家 Stephane Leduc 在其所著的《生命的机理》（*The Mechanism of Life*）一书中首次提出，在该书中其试图利用物理学理论解释生物起源和进化规律，认为"构成生物体的是其形态"，并归纳为"合成生物学是对形状和结构的合成"。

合成生物学的起源可以追溯到 1961 年弗朗索瓦·雅各布（Francois Jacob）和雅克·莫

诺（Jacques Monod）的一篇里程碑式出版物 *Genetic Regulatory Mechanisms in the Synthesis of Proteins* 中提出的基因调控理论。他们探讨了大肠杆菌中 lac 操纵子（lac operon）的研究结果，揭示了基因表达调控的机制。

自 20 世纪后半叶开始，基因测序、基因编辑、基因合成三大技术突飞猛进。同时，系统生物学、蛋白质工程等技术也在持续发展，这使得合成生物技术也有望迎来新的飞跃。到了 21 世纪初合成生物学被广泛关注，一系列颠覆性成果在这个阶段陆续发布，如生物合成青蒿酸、CO_2 人工合成淀粉等。

（二）合成生物学的关键原理与方法

1. 合成生物学的核心策略

合成生物学的目的是设计符合标准的生物系统，利用工程设计原则和工程可预测性，通过"设计-构建-测试-学习"（design-build-test-learn，DBTL）循环逐步优化和控制复杂的生物系统。因此，DBTL 这种策略逐渐成为合成生物学的核心部分。

① 设计。合成生物学 DBTL 策略的基础，在遵循一定的规则下利用现有的标准化生物元件对基因、代谢通路或基因组进行理性设计。相关技术：生物元件库、计算机辅助设计、代谢通路合成生物学从核心 DBTL 循环到以发酵为主的放大生产方式。

② 构建。在生物系统中对目标基因进行操作，构建细胞工厂，该过程包括 DNA 合成、大片段组装以及基因编辑。相关技术：DNA 合成、DNA 拼接和组装、基因编辑、基因测序。

③ 测试。由于逻辑线路及模块化的代谢途径在通过理性或非理性设计后，都会存在大量的突变体或候选目标，因此通常需要高效、准确和经济的检测，生成相应数据，评估构建的细胞工厂的实用性。相关技术：微流控技术、酶活性测定、无细胞系统。

④ 学习。利用测试数据进行学习和优化，不断改进设计和构建过程，为下一个循环改进设计提供指导。相关技术：数据收集、数据分析、机器学习、建模。

2. 合成生物学的两大基础

底盘细胞和发酵工程是合成生物学的两大基础。底盘细胞是指用于进行合成生物学研究和应用的基础生物体，通常是已知的微生物细胞，如大肠杆菌、酵母等。底盘细胞具有相对简单的基因组和代谢通路，可以通过工程改造和调控，构建具有特定功能和应用的生物系统。

（三）合成生物学工具

在工业生物过程中，通过控制微生物的代谢、操纵基因表达和构建生物生产的合成途径将极大提高工业菌株的生产效率、产品质量和可持续性。因此，如何精细化调控工业菌株复杂的代谢网络成为了目前的难题。然而，随着基于机器学习的代谢建模、聚类规则间隔短回文重复序列（CRISPR）衍生的合成生物学工具以及合成遗传电路的开发，人们可以更好地理解和操控工业菌株的代谢网络，实现对其生产性能的精准调控。这些新兴技术为解决工业菌株代谢调控难题提供了有力工具，推动了工业生物技术领域的创新和进步。

1. 基于机器学习的模型

随着组学技术的发展，代谢模型不再局限于简单的基因-蛋白-反应相互作用。基于约束的建模可以整合其他因素，如热力学、动力学、基因表达矩阵、环境和遗传关系以及全细胞模型的代谢调节。机器学习的使用有可能促进多组学数据分析和建立先进的代谢网络模型。

基于机器学习的代谢模型预测可以帮助识别目标基因，提高目标代谢产物的生产。如通过自动推荐工具（ART）和 TeselaGen EVOLVE 两种机器学习算法开发的基因组尺度代谢模型，可以用于预测生物合成色氨酸的最佳代谢途径。通过这种方法使面包酵母的色氨酸产率提高了 43%。

2. CRISPR 工具

CRISPR 在代谢工程中的应用在原核生物和真核生物中都十分广泛，其中包括细菌、酵母和丝状真菌。基于 CRISPR 介导的基因敲除技术的成熟以及设计和克隆 gRNA 的简便性，CRISPR 这项技术被应用于全基因组的遗传筛选，可以详细研究单个基因破坏如何影响目标细胞以及在合并筛选中对数千个扰动进行高通量测试。

随着近年来 CRISPR 技术的蓬勃发展，其在实现规模化基因扰动的同时，还能够在复杂生物系统中精确调控基因的表达。如在聚胞藻生长阶段中二氧化碳的存在会降低产物的合成，因此通过可诱导的 CRISPRi 机制（CRISPR interference）调控 $gltA$ 基因的表达，使其生长与生产脱钩，最终使聚胞藻的乳酸积累增加到 1g/L。这种使用 CRISPRi 的解耦策略有利于生物过程的可扩展性。在大肠杆菌中动态控制 $gltA$、zwf 和 $fab\,I$ 基因，使木糖醇和柠檬酸盐的产量分别增加到 200g/L 和 125g/L。

3. 合成遗传电路

合成遗传电路可用于调控和优化代谢通量。改善微生物细胞工厂可以通过代谢动态途径调控、生长形态控制或种群控制来实现。微生物工厂设计的一个关键挑战是平衡代谢通量的分布，以避免不需要的代谢物积累和生长消耗。为了实现这一目标，可以采用动态通路调节策略。例如，由代谢响应型生物传感器和基于短回文重复序列的 NOT 门组成的双功能闭环反馈电路，可以上调所需合成途径中基因的表达，下调竞争反应的基因表达。通过该策略在15L 生物反应器中 N-乙酰氨基葡萄糖浓度从 81.7g/L 提高到 131.6g/L。

（四）合成生物学技术的应用

1. 青蒿素的生物合成

青蒿素最开始是由中国科学家屠呦呦等人从黄花蒿（*Artemisia annua*）中分离得到，其发现对全球疟疾防治产生了深远影响，从 2000 年到 2015 年，全世界因疟疾死亡的人数减少了近一半。据不完全统计，青蒿素在全球共治疗了 2 亿多人。2015 年 10 月 5 日，中国药学家屠呦呦获得了诺贝尔生理学或医学奖。这是中国科学家在本土进行科学研究而首次获得诺贝尔科学奖，也是中医药成果获得过的国际最高奖项。然而，黄花蒿虽然在全球都有种植，但是其青蒿素含量具有明显的地域特性，只有中国局部地区的黄花蒿中青蒿素含量较高。青蒿素在黄花蒿中的含量一般在 1% 以下，所以通过直接从黄花蒿中提取无法满足人们的需求，因此人们将目光转向了利用微生物细胞工厂来生产青蒿素及其前体。

青蒿素的合成主要涉及以下几步：法尼基焦磷酸（FPP）→青蒿二烯→青蒿酸→二氢青蒿酸→二氧青蒿酸过氧化物→青蒿素。

2003 年，酵母的 FPP 合成途径以及来自黄花蒿的青蒿二烯合成酶（ADS）基因被引入到大肠杆菌中，构建出一个可以直接从葡萄糖、甘油等碳源直接生产青蒿素前体青蒿二烯的重组大肠杆菌，青蒿二烯的产量可以达到 112.2mg/L，可这样的产量还是远远不能够满足工业化的需求，而且从青蒿二烯还需要经过好几步转化才能得到青蒿素。

2006 年，在青蒿二烯合成的基础上又往前走了一大步，即采用酿酒酵母为底盘宿主，对 FPP 合成途径进行优化，同时引入了来自黄花蒿的三个基因：ADS 基因，细胞色素单加氧酶（CYP71AV1）基因以及还原伴侣（CPR1）基因，构建了生产青蒿酸的细胞工厂。该细胞工厂可以生产 100mg/L 的青蒿酸。

2013 年，青蒿酸的产量取得了突破性的进展。从黄花蒿中获得了青蒿酸合成的关键基因：细胞色素 b5（CYB5）基因、乙醇脱氢酶（ADH1）基因和青蒿醛脱氢酶（ALDH1）基因，并引入到酵母中，成功构建了生产青蒿酸的重组细胞，青蒿酸的产量达到了 25g/L。生物法合成的青蒿酸经过化学法最终实现了青蒿素高效且低成本的合成。

2. 二氧化碳人工合成淀粉

绿色植物的淀粉合成涉及 60 个步骤，并且调控过程十分复杂。尽管人们已经做出了许多努力来提高植物淀粉的产量，但光合作用固定淀粉的低效率以及调控的复杂性已成为了巨大的障碍。相比之下，合成生物学的发展使得将二氧化碳固定成淀粉成为了可能。

2021 年中国科学院天津工业生物技术研究所马延和等采用一种类似"搭积木"的方式，从头设计、构建了 11 步反应的非天然固碳与淀粉合成途径（图 4-51），在实验室中首次实现从二氧化碳到淀粉分子的全合成。通过核磁共振检测等发现，人工合成淀粉分子与天然淀粉分子的结构组成一致。实验室初步测试显示，人工合成淀粉的效率约为传统农业生产淀粉的 8.5 倍。在充足能量供给的条件下，按照目前技术参数，理论上 $1m^3$ 大小的生物反应器年产淀粉量相当于我国 5 亩[❶]玉米地的年产淀粉量。这条新路线使淀粉生产方式从传统的农业种植向工业制造转变成为可能，为从 CO_2 合成复杂分子开辟了新的技术路线。

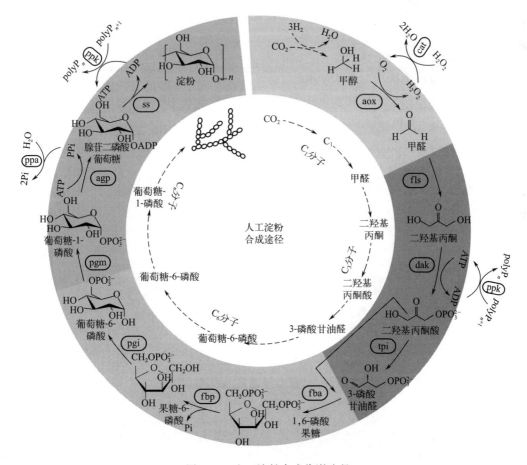

图 4-51 人工淀粉合成代谢途径

---

❶ 1 亩 = 667m²。

思考题

① 名词解释：转化，感受态，转化子，转导，普遍性转导，局限性转导，转导颗粒，转导噬菌体，转导子，流产转导，接合，限制性内切核酸酶，组成型启动子，诱导型启动子，核糖体结合位点，实时荧光定量 PCR，同源重组，CRISPR/Cas 系统，基因敲除，基因敲入，定向进化，半理性设计，理性设计，定点饱和突变，分子动力学模拟，高通量筛选技术，多组学分析。

② 何为基因重组？原核微生物和真核微生物各有哪些基因重组形式？

③ 试述普遍性转导中转导颗粒和转导子的形成机制。

④ 试述局限性转导中转导噬菌体和转导子的形成机制。

⑤ 何为限制性内切核酸酶？怎样分类？

⑥ 获得目的基因的方法有哪些？

⑦ 基因敲除/敲入技术方法有哪些？作用机理有何不同？

⑧ 试述 CRISPR/Cas9 的基因敲除原理。

⑨ 何为基因表达调控？基因表达调控的方式有哪些？

⑩ 何为蛋白质的定向进化？蛋白质定向进化的技术流程有哪些？

⑪ AI 辅助蛋白质的技术与应用有哪些？

⑫ 何为蛋白质组学？怎么分类？

⑬ 何为高通量筛选技术？怎么分类？

⑭ 何为合成生物学？合成生物学的关键原理与方法有哪些？

第五章　工业微生物育种几种主要策略

第一节　代谢通路优化的常规策略

一、代谢通量与目标产物

各类微生物中主要代谢途径相同，但同一代谢途径获得的相同目标产物的产量往往会存在差异。在工业生产中，根据不同菌株天然的代谢通量差异，经过育种改良可用于发酵生产不同的目标产物。

工业菌株多种多样，不同的工业菌株凭借其大通量代谢途径生产不同的产物，如大肠杆菌（*Escherichia coli*）、谷氨酸棒杆菌（*Corynebacterium glutamicum*）和芽孢杆菌属（*Bacillus*）高产氨基酸，其中谷氨酸棒杆菌是氨基酸生产最重要的微生物。野生型谷氨酸棒杆菌和大肠杆菌在以葡萄糖、硫酸盐和氨为底物时，谷氨酸棒杆菌具有非常高的 PP 途径活性，通过 PP 途径氧化反应的碳通量是大肠杆菌的 12 倍，为氨基酸合成提供了充足的还原力，其丙酮酸脱氢酶活性较强，使更多的碳通量通过丙酮酸氧化脱羧进入 TCA 循环，产生较多的中间产物如草酰乙酸，进而有更多的前体物质分配到蛋氨酸合成途径中（图 5-1）。谷氨酸棒杆菌利用 α-酮戊二酸和谷氨酸的代谢循环，以 NADPH 为辅酶，通过谷氨酸脱氢酶催化 α-酮戊二酸和铵根离子以高通量转化成谷氨酸，其通量是体内蛋氨酸通量的 2 倍，是大肠杆菌谷氨酸通量的 3 倍左右。谷氨酸棒杆菌的糖降解途径碳流以高通量进入 TCA 循环，为这两种氨基酸提供前体物质，同时具有高活性的谷氨酸脱氢酶使该菌在氨基酸合成途径的代谢通量存在天然优势，成为氨基酸工业发酵生产的优良菌株。

酿酒酵母（*Saccharomyces cerevisiae*）、克鲁维酵母（*Kluyveromyces*）、假丝酵母（*Candida*）、粟酒裂殖酵母（*Schizosaccharomyces pombe*）等具有大通量的乙醇合成途径，其中酿酒酵母是工业乙醇生产中广泛使用的微生物。酿酒酵母有 5 个高活性的乙醇脱氢酶 ADH1～ADH5，其中 ADH1、ADH3、ADH4 和 ADH5 在葡萄糖发酵过程中参与还原乙醛生产乙醇。此外，酿酒酵母中流向 PP 途径的通量仅为克鲁维酵母的 58% 左右，使更多的碳通量流向糖酵解途径用于生成 C_3 化合物丙酮酸。丙酮酸进一步脱羧形成乙醛，增加了乙醇的前体物质，同时由于高活性的乙醇脱氢酶，乙醛被大量还原成乙醇，使产物具有高转化率。在厌氧、葡萄糖限制的连续培养中，酿酒酵母的乙醇代谢通量是克鲁维酵母的 1.4 倍，乙醇的耗糖转化率达到 53%（质量分数）。因此，酿酒酵母的乙醇合成途径代谢通量存在优势，是工业发酵生产乙醇的主要菌株（图 5-2）。

近年来，用于产油的菌株有解脂耶氏酵母（*Yarrowia lipolytica*）、斯达氏油脂酵母（*Lipomyces starkeyi*）、克鲁维酵母、酿酒酵母等，其中解脂耶氏酵母是油脂生产广泛使用的微生物，其具有独特的柠檬酸穿梭途径、充足的 NADPH 供给以及天然疏水性微环境，使其能够高产长链脂肪酸和油脂。解脂耶氏酵母体内具有高通量的 TCA 循环，可以生成大量中间产物柠檬酸，柠檬酸可经线粒体膜上的三羧酸转运蛋白运送至细胞液，在细胞质基质中高活性柠檬酸裂解酶的催化下重新生成乙酰辅酶 A，这是解脂耶氏酵母具有的高效合成乙

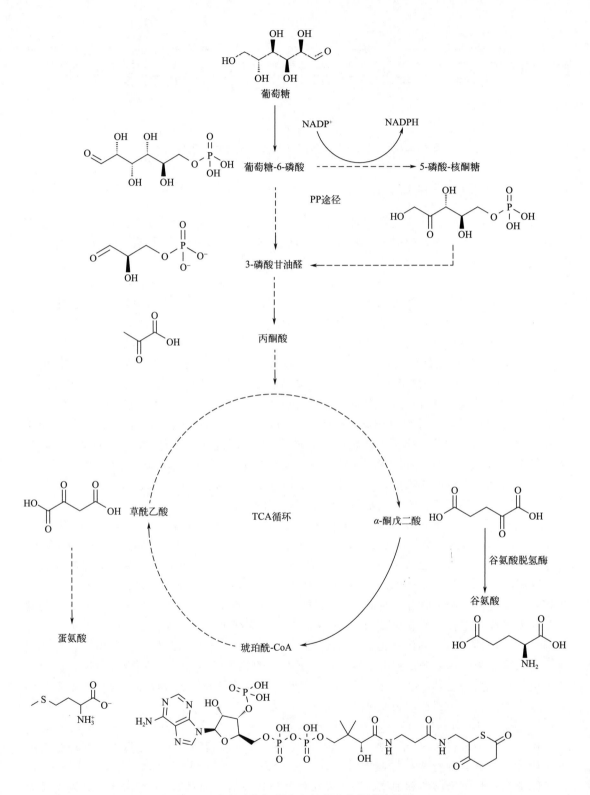

图 5-1　谷氨酸棒杆菌生产氨基酸的代谢途径图

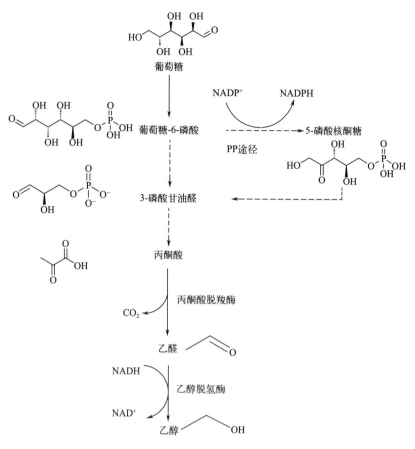

图 5-2　酿酒酵母乙醇合成途径示意图

酰辅酶 A 的途径（图 5-3）。解脂耶氏酵母同时具有高活性的乙酰辅酶 A 羧化酶（ACC），其活性是酿酒酵母的 2 倍左右，在催化乙酰辅酶 A 生成丙二酸单酰辅酶 A（脂质的前体物质）方面具有优势，能使乙酰辅酶 A 以高通量进入脂质合成途径，因此其脂质生产能力远高于酿酒酵母。此外，脂质合成需要大量的 NADPH，这些 NADPH 需由氧化戊糖磷酸途径提供。解脂耶氏酵母体内流向 PP 途径的通量是酿酒酵母的 1.6 倍左右，使得脂质体中积累的脂肪酸和油脂显著高于酿酒酵母，是育种中用于生产脂类的主要菌株。

　　由此可见，在育种工作中，应首先考虑不同菌株中目标产物途径的代谢通量，选取天然具有途径优势的微生物作为出发菌株，并且通过各种微生物育种手段强化代谢通量，达到工业微生物发酵合成目标产物的高产和高效。

二、目标产物关键代谢基因的强化

　　现代生物育种技术使研究人员可以精确修改微生物的基因组，对代谢途径中决定反应速度和方向的关键酶进行强化表达，这是提高代谢产物合成效率的常用策略。通常优先考虑内源性调节，对代谢途径中的关键酶基因进行过表达，也可以过表达高活性的外源酶，强化目标产物合成途径的代谢通量。

　　工业发酵生产琥珀酸等有机酸时，野生型大肠杆菌的产率较低，微生物育种通过过表达关键基因 PEP 羧化酶 *ppc* 和富马酸还原酶 *frdabcd* 基因提高产量。在厌氧条件下，葡萄糖

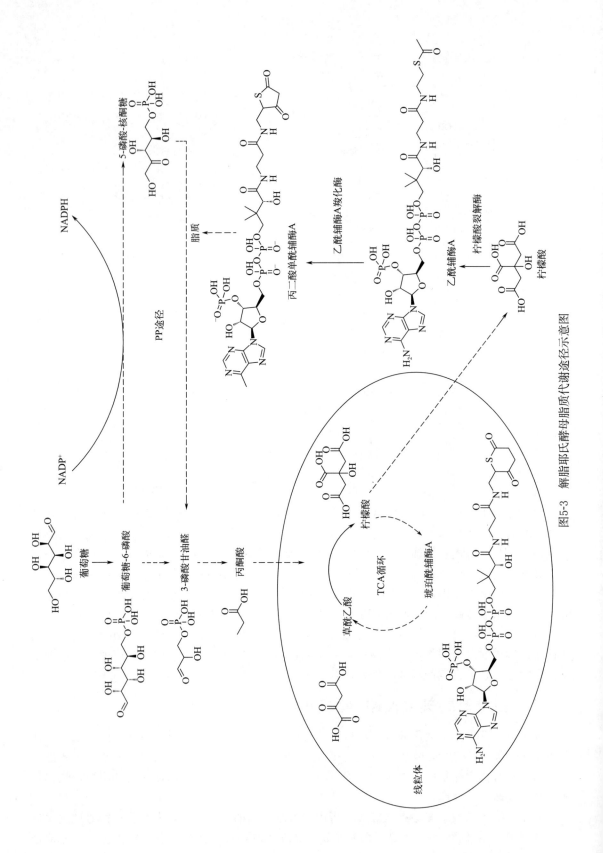

图5-3　解脂耶氏酵母脂质代谢途径示意图

经糖酵解生成磷酸烯醇式丙酮酸（PEP），少量 PEP 转化为草酰乙酸（OAA），进而合成苹果酸、富马酸，最终以琥珀酸的形式积累，这是大肠杆菌合成琥珀酸的主要途径，如图 5-4 所示。从磷酸烯醇式丙酮酸到草酰乙酸的 CO_2 固定反应是琥珀酸合成途径的关键步骤，这一步骤包含一系列基因，如 ppc、pck、pyc、mdh、fum、frd，过量表达大肠杆菌内源性 ppc 基因可以使琥珀酸产量提高约 2.5 倍，大幅提高大肠杆菌利用葡萄糖合成琥珀酸的能力。富马酸还原酶 FRDABCD 是琥珀酸合成代谢途径中的另一个关键酶，在富马酸还原酶催化下，富马酸中的 2 个电子转移到琥珀酸，从而将周质中的富马酸还原为琥珀酸。在大肠杆菌菌株中过表达 $frdabcd$ 基因，富马酸转化率可达 93%。引入外源关键酶基因也是育种中的常见策略，磷酸烯醇式丙酮酸羧激酶（PEPCK）是大肠杆菌厌氧发酵中催化 PEP 生成 OAA 最主要的酶，过表达产琥珀酸放线杆菌（*Actinobacillus succinogenes*）来源的 PEPCK 使琥珀酸产量较出发菌株提高了 6.5 倍，比过表达内源基因更加有效。

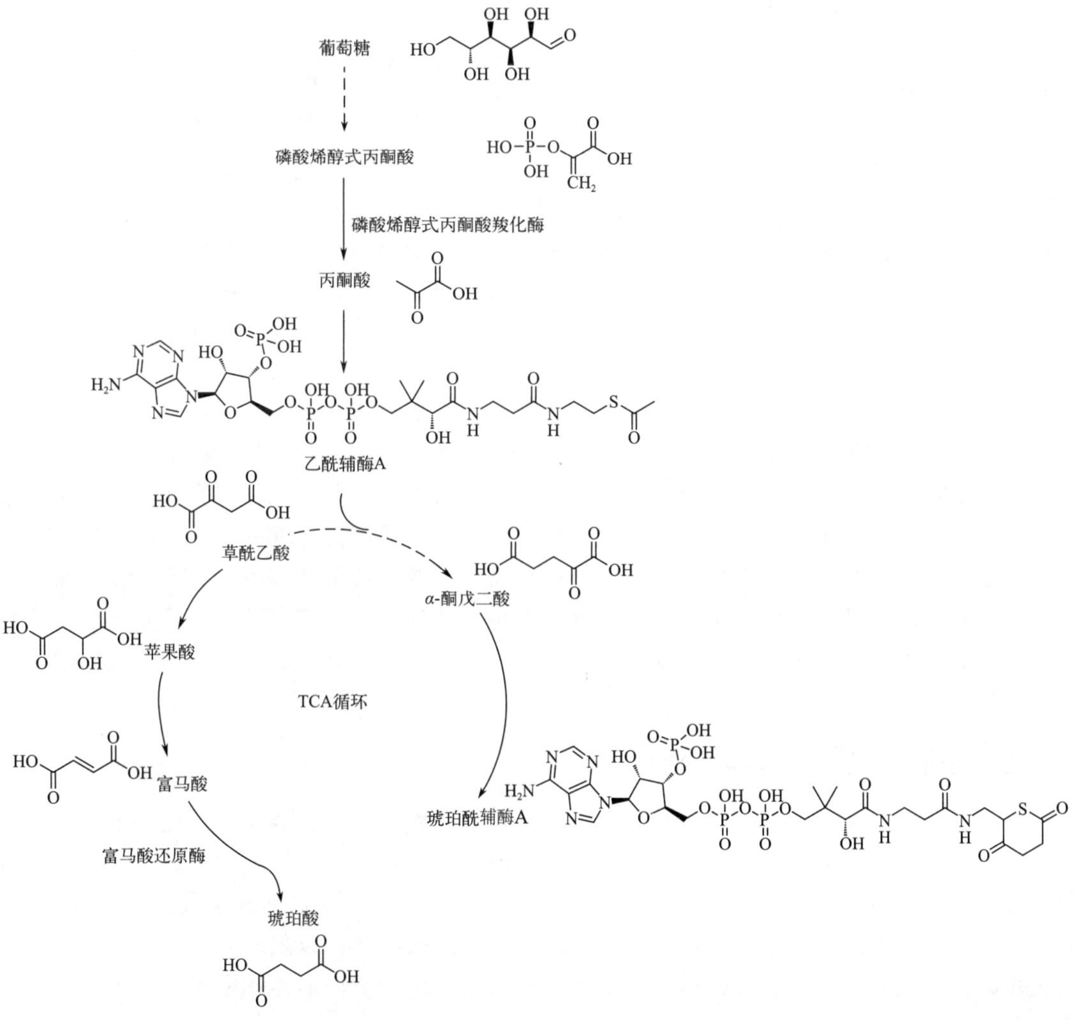

图 5-4　大肠杆菌琥珀酸合成途径示意图

微生物育种通过强化表达酿酒酵母乙醇合成途径关键酶基因同样可以提高乙醇产量。酿酒酵母乙醇合成途径是通过一系列的酶催化反应将葡萄糖分解为两分子的丙酮酸，丙酮酸在缺氧条件下经脱羧生成乙醛，然后乙醛被还原为乙醇，如图 5-5 所示。由丙酮酸生成乙醇的这个过程称为醇酵解，主要通过丙酮酸脱羧酶（pyruvate decarboxylase，PDC）和乙醇脱氢酶（alcohol dehydrogenase，ADH）催化完成。PDC 含有两种不同的催化功能，形成酮酸的非氧化脱羧反应和形成 α-羟基酮的聚醛化副反应。在正常生长环境中，PDC 主要催化丙酮酸形成乙醛，是乙醇合成的关键反应，过表达 *pdc*（编码丙酮酸脱羧酶）可以将乙醇的产量提高约 6%。酿酒酵母中有四种乙醇脱氢酶（ADH1、ADH3、ADH4 和 ADH5）参与还原乙醛生产乙醇的过程，其中 ADH1 最为关键，过表达 *adh1*（编码乙醇脱氢酶）可以将乙醇产量提高约 8%。

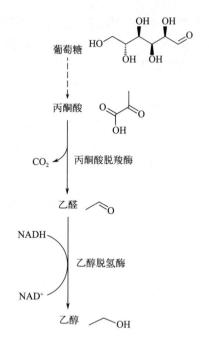

图 5-5　酿酒酵母乙醇合成途径示意图

在酵母中，萜类主要通过甲羟戊酸（mevalonic acid，MVA）途径进行合成。MVA 途径是萜类合成的必需途径，同时也为细胞正常代谢提供不可或缺的物质。在萜烯类化合物法尼烯的生物合成中，需要强化解脂耶氏酵母中 MVA 途径关键酶的活性来促进产物合成。羟甲基戊二酰辅酶 A 还原酶（HMGR）是 MVA 途径关键限速酶，过表达 *thmgr* 基因可以有效提高胞内甲羟戊酸含量及 MVA 途径代谢通量（图 5-6）。除了关键酶 HMGR 外，异戊烯基焦磷酸异构酶（IDI1）可以催化异戊烯焦磷酸（IPP）和二甲基丙烯焦磷酸（DMAPP）之间异构化。通常情况下，胞内 IPP 和 DMAPP 的含量差异较大，过表达 *idi1* 基因可以平衡胞内 IPP 和 DMAPP 的比例，进一步加速法尼基焦磷酸（FPP）的合成。在解脂耶氏酵母中过表达 *thmgr* 可以使法尼烯产量提高 12%，在此基础上对 *idi1* 强化表达使法尼烯产量提高了 2 倍。

在已有的成功案例中，强化表达目标产物相关的内源性关键酶基因、引入具有高酶活的外源酶提高合成途径的代谢通量是经典的育种思路。此外，微生物育种中还可以通过下调竞争途径关键基因表达水平或者阻断竞争性分支途径的方法，达到工业微生物发酵目标产物的高效和高产。

三、副产物代谢基因的删减

在目标代谢物生产过程中，通常会检测到很多副产物，这不仅会大量消耗细胞中的碳源和能源，还会给细胞造成生长负担，尤其会大大增加下游提取难度和成本。因此，微生物育种目标总是向代谢通量直接定位到目标代谢物合成途径且不会影响细胞生长的方向而努力。采用分子生物学手段下调竞争途径关键基因表达水平或敲除基因以阻断竞争性分支途径是代谢优化的有效策略，可促进途径通量的重新分配，从而维持重要前体或中间产物在底盘细胞中的含量。

谷氨酸棒杆菌和大肠杆菌是工业生产 L-苏氨酸的主要微生物，L-苏氨酸的生产过程会产生大量的副产物 L-异亮氨酸、L-蛋氨酸和 L-赖氨酸，其中 L-异亮氨酸为 L-苏氨酸胞内降解物，后两者是 L-苏氨酸的上游竞争途径产物。对大肠杆菌基因组染色体上的苏氨酸脱水

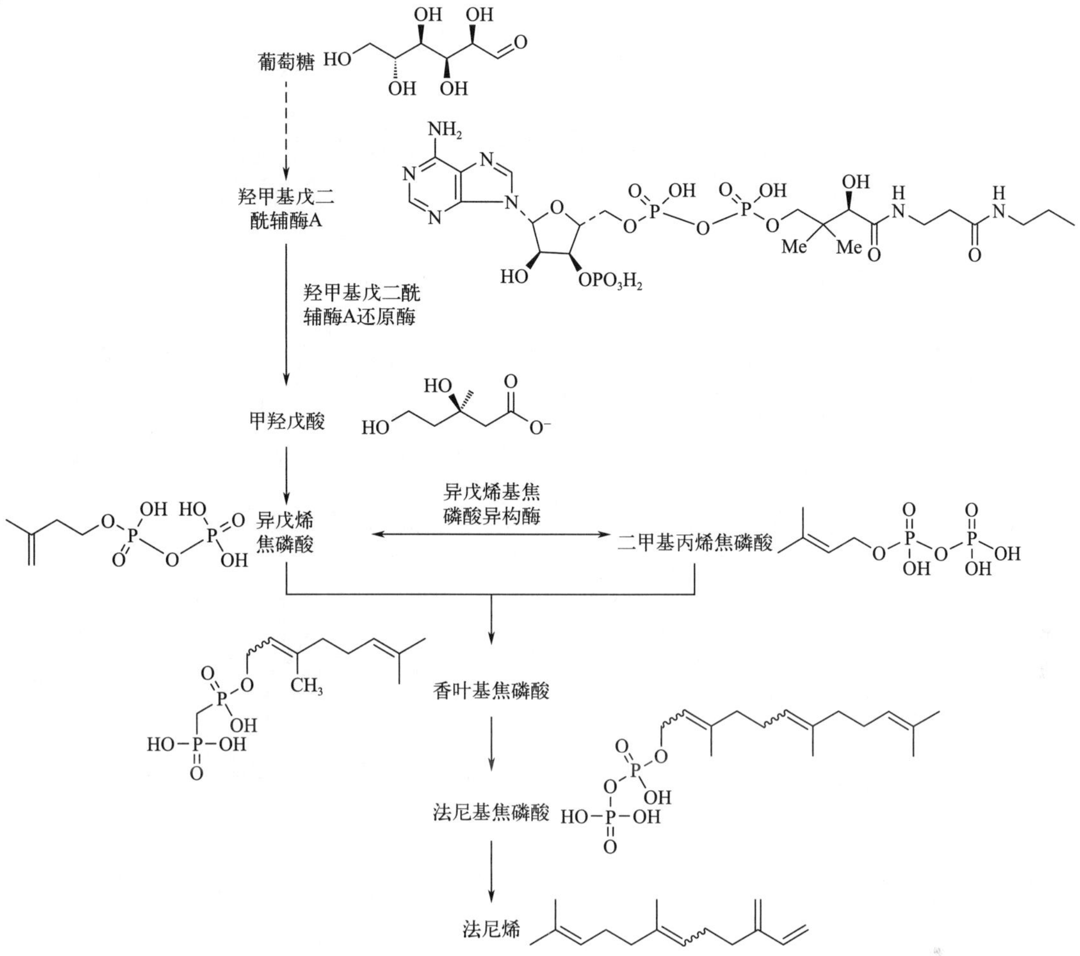

图 5-6 甲羟戊酸合成途径示意图

酶基因 *ilva* 进行 C290T 突变，降低其催化活性以减少 L-苏氨酸的胞内降解。同样，对谷氨酸棒杆菌 DM1800-T 染色体上的 *ilva* 基因进行定点突变使其失活，可以将 L-苏氨酸产量提高 60％。另外，L-蛋氨酸与 L-赖氨酸的合成需要以 L-苏氨酸途径中的代谢物为前体，敲除高丝氨酸琥珀酰转移酶编码基因 *meta*（L-蛋氨酸合成途径的关键基因）和二氨基庚酸脱羧酶编码基因 *lysa*（L-赖氨酸合成途径的关键基因），可以减少 L-蛋氨酸与 L-赖氨酸对 L-苏氨酸的竞争性消耗，从而增强 L-苏氨酸的合成（图 5-7）。

野生型 1,3-丙二醇（1,3-PD）合成菌株产量不高的原因是副产物的形成争夺碳流和还原力。在甘油的歧化过程中，一部分甘油碳源流向 1,3-PD 合成途径，剩余的甘油通过分解生成中间代谢物丙酮酸。丙酮酸经还原后部分流向乳酸和 2,3-丁二醇（2,3-BD）合成途径，还有大部分流入乙酰辅酶 A 生成乙酸和乙醇等副产物。这些副产物的积累造成碳流浪费，同时抑制微生物的生长。通过基因敲除育种方法构建上述分支途径的缺失菌株可以减少这些副产物的积累。在乙酰辅酶 A 的下游代谢物中，乙酸对细菌生长有较强的抑制作用。因此，阻断乙酸合成是基因工程育种提高 1,3-PD 产量的重要方法。通过敲除肺炎克雷伯菌（*Klebsiella pneumoniae*）中乙酸合成途径的丙酮酸氧化酶基因 *poxb*、磷酸转乙酰化酶基因

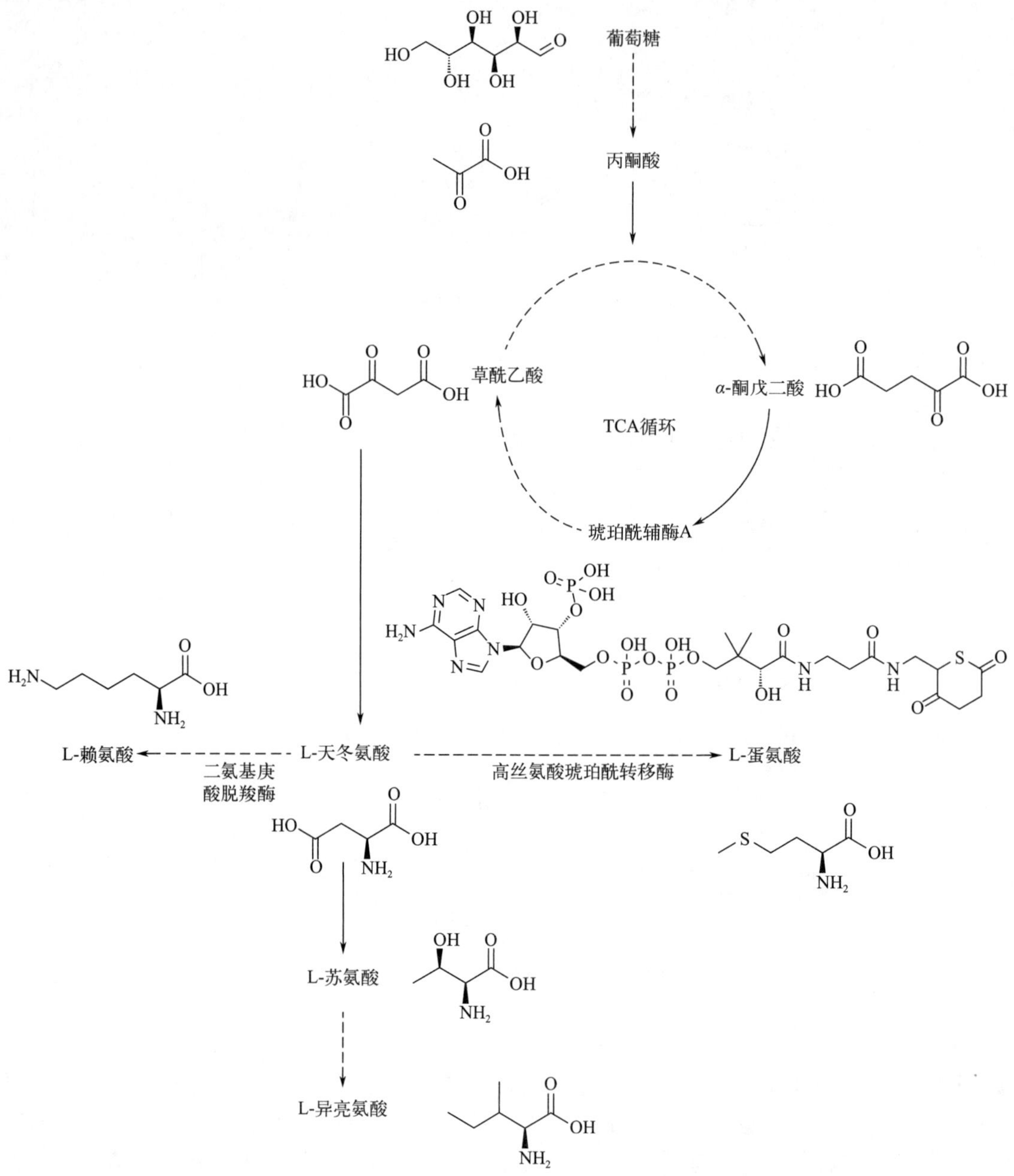

图 5-7　谷氨酸棒杆菌苏氨酸合成途径示意图

pta 和乙酸激酶基因 *acka*，能极大降低乙酸的积累量，分批发酵生产 1,3-PD 的最终产量比相同发酵条件下野生株的产量提高了 15％。乙醇是 1,3-PD 形成过程中产生的另一种副产物，会与 1,3-PD 竞争性消耗甘油还原途径中产生的 NADH。显而易见，敲除 *adhE* 阻断乙醇的合成途径可以减少碳流和 NADH 的损失，提高 1,3-PD 产量（图 5-8）。

　　除了细菌外，在酵母等真菌中同样可以采用删减副产物代谢基因的策略进行育种改造。无氧条件下，酿酒酵母通过糖酵解途径将葡萄糖转化为丙酮酸，丙酮酸进一步形成乙醇，但同时会生成甘油等副产物。酿酒酵母中，甘油合成途径关键限制酶 3-磷酸甘油脱氢酶有两个同工酶基因 *gpd1* 和 *gpd2*，敲除 *gpd1* 基因能降低甘油的积累量，让碳源尽可能地流向合

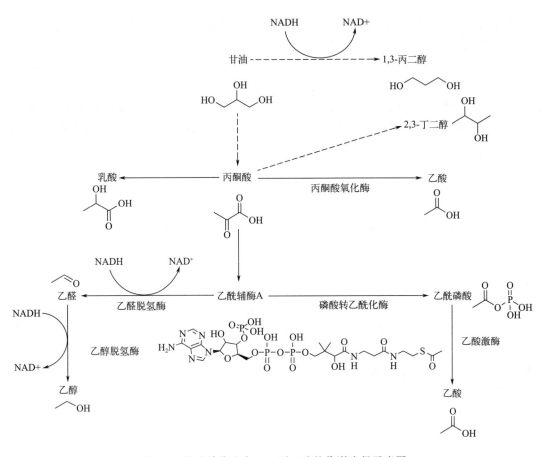

图 5-8　甘油歧化生产 1,3-丙二醇的代谢途径示意图

成乙醇的代谢通路，提高乙醇产量。进一步对 *gpd1* 基因缺失突变菌株进行改造，抑制 *gpd2* 基因的翻译和表达，可以有效提高酿酒酵母的乙醇合成效率（图 5-9）。

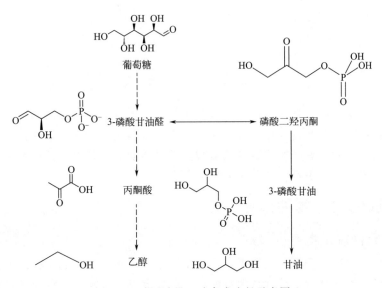

图 5-9　酿酒酵母乙醇合成途径示意图

利用代谢工程改造可促进解脂耶氏酵母合成丁二酸的效率，其中围绕丁二酸脱氢酶基因（*sdh*）的改造最为成功，丁二酸可以在丁二酸脱氢酶的作用下降解为富马酸，不利于丁二酸的积累。将解脂耶氏酵母中 *sdh1* 的启动子序列进行截短，可以降低基因的表达水平，从而导致丁二酸脱氢酶活性降低 77%，所得改造菌株在深孔板中培养，在 4 天内积累部分丁二酸，而亲本菌株不产生丁二酸。另外，敲除乙酸产生途径中编码乙酸激酶的基因 *acka* 和磷酸转乙酰酶的基因 *pta* 等，可以阻止乙酸的生成，从而积累丁二酸，摇瓶发酵条件下其乙酸积累量下降 53.42%，丁二酸得率提高 9.85%（图 5-10）。

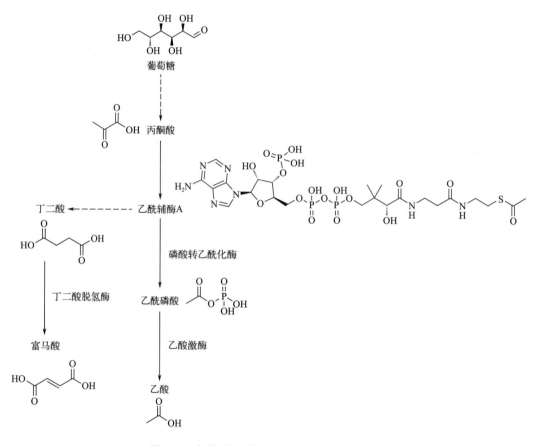

图 5-10　解脂耶氏酵母丁二酸合成途径示意图

在微生物育种工作中，删减副产物积累相关基因可以有效减少碳流的损失，增加目标产物代谢途径通量进而提高产物合成效率。然而，由于微生物代谢的复杂性，同时也存在目标产物代谢基因强化无效、副产物代谢基因删减后效果不明显和基因删减后严重影响细胞生长等情况，因此需要综合考虑育种过程中遇到的问题。

四、模块化设计育种策略

（一）多元模块工程育种策略

由于育种技术的快速发展，人们可以在微生物中构建复杂的合成途径以生产高价值的药物、生物燃料等。这些复杂途径存在大量的代谢反应节点，常规的单点或多点改造策略工作量大、收效甚微。因此，多元模块策略常在这类复杂途径的优化过程中应用。多元模块工程与传统理性代谢工程和组合工程有所不同，它是一种介于这两者之间的育种策略。其工程思路是将整个代谢通路分成不同的模块，再利用育种技术与生物调控元件对各个模块的强度进行调节以协调不同模块的表达，最终达到对整个代谢通路的优化。一般来讲，当以一个操纵子形式表达一个代谢途径时，这条途径的反应速率由这一途径中反应速率最慢的酶所决定。这意味着，途径中有些酶的反应速率难以达到途径通量最大化的需求，需要通过调整其表达量来增加模块的通量，进而对不同模块进行平衡，使整体代谢网络的效率最优化。将代谢网络划分为几个模块不仅能够使复杂的代谢途径更加易于分析，而且每个独立模块内部的基因表达可通过一系列的转录和翻译机制进行模块内部调节，模块的强度可以用简单的多元统计方法进行评价。随着合成生物学技术的发展、大量标准化调控元件的构建以及基因序列合成成本的逐渐降低，可以更加高效地构建不同强度的模块并迅速进行检测和分析。

以葡萄糖作为碳源生产松属素（黄酮类化合物）时，L-苯丙氨酸向松属素的转化是生产过程中的限制性因素。为了研究 L-苯丙氨酸高效转化为松属素的代谢空间，采用模块化途径工程策略。在以大肠杆菌生产松属素的研究中，将整个网络简化为一个 4 模块的系统（图 5-11）。首先将底物到终产物的反应以 L-苯丙氨酸为节点分为上下游两部分，上游部分是由葡萄糖生成 L-苯丙氨酸的一系列反应，将这部分简化为由两个关键步骤酶基因 arog

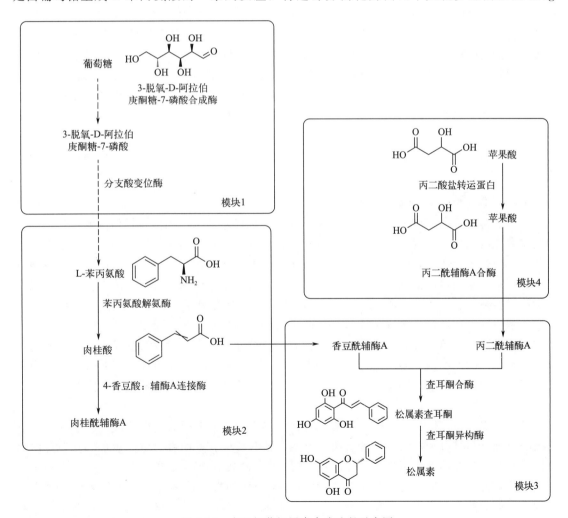

图 5-11　大肠杆菌松属素合成途径示意图

（编码 3-脱氧-D-阿拉伯庚酮糖-7-磷酸合成酶）、*phea*（编码分支酸变位酶/预苯酸脱水酶）组成的模块 1。同时，下游部分以酶的催化效率和消除代谢瓶颈为原则分别划分为模块 2（编码苯丙氨酸解氨酶的基因 *pal*、编码 4-香豆酸：辅酶 A 连接酶的基因 *4cl*）、模块 3（编码查耳酮合酶的基因 *chs*、编码查耳酮异构酶的基因 *chi*）。此外，为了增加另一重要前体物丙二酰辅酶 A 的供应，将其生成途径的两个关键酶基因 *matb*（编码丙二酰辅酶 A 合酶）和 *matc*（编码丙二酸盐转运蛋白）作为模块 4。由以上 8 个关键基因重新组成新的模块途径，既解决了重要前体物的供给又消除了原来途径中的通量瓶颈，这些策略的合理结合可以进一步有效地缩小目前实验室结果与工业化需求之间的差距。

将多元模块工程应用于大肠杆菌 β-胡萝卜素的生产中，如图 5-12 所示。将整个代谢系统划分为 5 个模块，上游是大肠杆菌自身 MEP 途径模块，下游是整合到基因组的外源途径模块/β-胡萝卜素合成模块（编码香叶基香叶基焦磷酸合酶的基因 *crte*、八氢番茄红素合酶的基因 *crtb*、八氢番茄红素脱氢酶的基因 *crtl*、番茄红素环化酶的基因 *crty*）。除此之外还设计了 3 个中心代谢模块：ATP 合成模块、TCA 循环模块和 PP 途径模块。通过对各个模块的表达强度进行理性优化，根据不同优化组合下菌体生长状况和 β-胡萝卜素的产量协调各模块间的表达强度，从而优化整个系统的代谢平衡。通过多元模块方法的调控，提高了生产 β-胡萝卜素的前体物异戊烯基焦磷酸（IPP）和二甲基烯丙基焦磷酸（DMAPP）以及辅因子 ATP 和 NADPH 的供给，成功获得了稳定的重组菌株，β-胡萝卜素比对照菌株提高了74 倍。上述模块划分不仅涉及产物合成途径，中心碳代谢相关模块也被统筹考虑，这样不但可以更加全面地优化产物生成途径的通量，同时也将菌体生长情况作为重要的参考指标，最终获得既稳定又高产的菌株。用多元模块工程的思路优化代谢途径，可以更加全面地考虑各种相关因素，从而获得发酵特性更加符合工业化生产的菌株。

目前的模块划分主要是从已知代谢途径中的关键酶出发，随着代谢通量分析技术和多种"组学"技术的发展，将对模块的划分变得更加精确，发展出效果更佳的模块化调控育种策略。

（二）微生物育种的合成支架策略

代谢工程作为通过引入外源合成途径或改造优化代谢网络，进行高附加值的天然代谢产物生物合成的技术，已经得到广泛应用。随着目标合成产物的结构日渐复杂，在构建多基因的从头合成途径过程中，一些问题也随之而来。例如，途径代谢物被内源性反应转移或通过分泌而丧失、中间产物的快速扩散和降解对宿主自身有毒害作用、底物利用率低、宿主代谢失衡影响自身生长活力等一系列问题发生的可能性也随之增加，最终导致目标产物产量降低。为解决这些问题，合成支架策略应运而生，即将途径酶在空间上组织形成多酶复合体，通过将途径酶共定位来提高途径酶和代谢物的局部浓度形成底物通道，从而提高途径酶转化效率、减少中间产物的积累、降低与宿主生物中其他组分的交叉反应等，以此来增强代谢通量并限制中间产物与宿主细胞环境间的相互作用。该策略已成为生物催化和微生物育种研究的热点之一。

随着对支架研究的深入，研究人员已经开发出多种多样的生物支架系统，根据支架分子的核心成分可将其分为两大类，即蛋白质支架和核酸支架。其中蛋白质支架是以支架蛋白为结构核心募集目标酶，利用蛋白-蛋白相互作用将多种酶对接形成的多酶组装体。而核酸支架是以核酸分子为支架结构，利用 DNA 或 RNA 与酶的特异性结合，将多种酶聚集到支架结构中，形成酶的有序组装系统。核酸、蛋白质构成的合成支架策略已经应用于多种代谢物的异源合成，并取得了不同程度的成功。

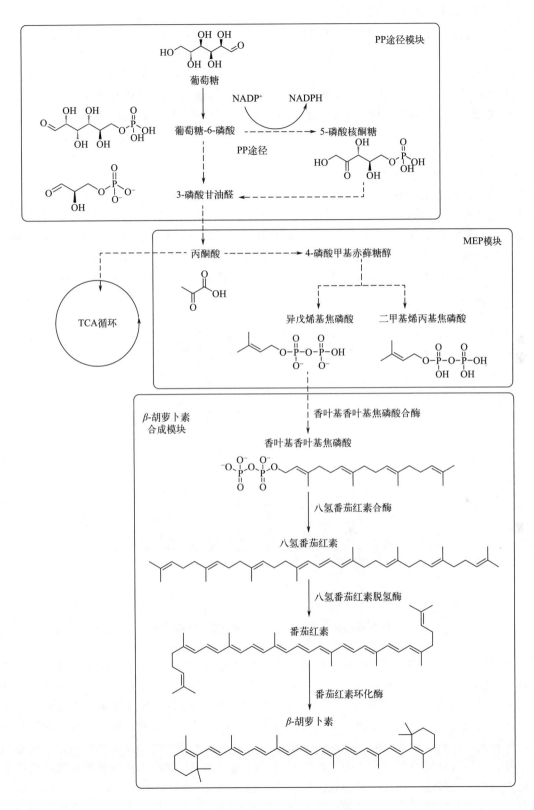

图 5-12　大肠杆菌 β-胡萝卜素合成途径示意图

1. 微生物育种中的蛋白质支架

在生物进化过程中，存在许多利用酶复合物提高代谢途径通量的天然案例。在酿酒酵母中发现了第一种蛋白质支架，其中三个不同的 STE5 区域与蛋白激酶 STE11、STE7 和 FUS3 结合形成多激酶复合物。随后，在生物体中发现了更多的蛋白质支架并用于调节信号传导途径和代谢途径。色氨酸合酶也是其中具有代表性的例子，其由线性排列的 4 个亚基（αββα）组成，通过形成分子内隧道，使中间产物直接从一个酶亚基的活性中心传递到下一个酶亚基的活性中心，减少中间产物的扩散，降低被细胞内其他组分降解的可能，从而提高催化反应速率，类似的酶还有氨甲酰磷酸合酶和谷氨酰胺磷酸核糖基焦磷酸酰胺基转移酶。而另一个典型的例子就是厌氧纤维素分解菌的天然纤维小体，由纤维素酶、半纤维素酶等水解酶以及蛋白质支架构成。蛋白质支架是由包含重复序列的黏连蛋白（cohesin）组成的一个非催化亚单位，含有重复序列的锚定蛋白（dockerin）与酶相连，通过黏连蛋白-锚定蛋白的相互作用将纤维素酶、半纤维素酶等水解酶固定实现多酶复合体的组装，使多种水解酶与底物紧密接触，提高底物局部浓度并确保酶的正确化学计量和顺序，从而最大限度发挥酶的协同作用。因此，由蛋白质支架组装的多酶复合体的催化效率比游离的可溶性酶的催化效率高（图 5-13）。

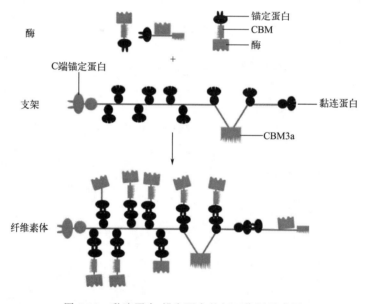

图 5-13　黏连蛋白-锚定蛋白的相互作用示意图

受到这种天然蛋白质支架的启发，研究人员构建了人工合成的蛋白质支架来提高酶的催化效率。蛋白质支架是截取天然蛋白质具有相互作用的结构域（即受体结构域）融合表达构建而成，通过将相应蛋白质配体与途径酶融合表达，利用蛋白质-蛋白质相互作用将途径酶固定在蛋白质支架上，然后通过调节受体结构域的比例和顺序，平衡相关途径酶的化学计量数，从而实现代谢途径通量的增强。将蛋白质支架引进微生物体内，支架系统可以在培养过程中保持稳定性并使蛋白质对乙醇、热量等更具抗性。这种共定位多种途径酶的策略使细胞内的游离酶紧密接近，从而加速中间代谢物的消耗并减少中间代谢物对细胞的影响。另外，蛋白质支架中的这些结构域可以被视为模块，其重组能够增强代谢通量和引入新的生物合成途径，显著扩展了合成蛋白质复合物的功能应用。

利用特异的黏连蛋白-锚定蛋白相互作用在酿酒酵母细胞表面组装外切葡聚糖酶、内切葡聚糖酶和 β-葡萄糖苷酶的多酶级联反应，实现了纤维素水解与乙醇生产相结合，乙醇的产量相对于通过游离酶混合物催化方式高出 2.6 倍以上。同样，在甲醇氧化脱氢生成二氧化碳的反应过程中，利用蛋白质支架将反应过程中的 3 种 NAD^+ 依赖的脱氢酶组装在酵母细胞表面，催化多酶级联反应，形成底物通道，使 NADH 的产率提高了 5 倍。

除了上述用于体外反应途径的蛋白质支架之外，体内增强代谢通量应用最多的人工蛋白质支架是截取后生动物信号蛋白相互作用域融合表达构建而成的蛋白质支架 $(GBD)x$-$(SH3)y$-$(PDZ)z$（图 5-14）。将甲羟戊酸途径中的乙酰乙酰辅酶 A 硫解酶（acetoacetyl-CoA thiolase，AACT）、羟甲基戊二酸辅酶 A 合成酶（hydroxy-methylglutaryl-CoA synthase，HMGS）、羟基甲基戊二酰辅酶 A 还原酶（hydroxymethylglutaryl-CoA reductase，HMGR）分别与 3 种多肽 GBD、SH3、PDZ 的配体融合，然后将这 3 种融合蛋白与其可以特异性结合的蛋白质支架在大肠杆菌中共同表达。使用阻遏子平衡蛋白质支架和酶的表达水平，通过调节蛋白质支架的比例和顺序对酶的化学计量数进行优化，最终当蛋白质支架比例 $x:y:z$ 为 $1:2:2$ 时，甲羟戊酸的产量与无支架的酶催化相比提高 77 倍。

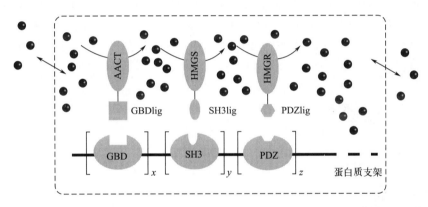

图 5-14　蛋白质支架 $(GBD)x$-$(SH3)y$-$(PDZ)z$ 介导多酶组装示意图

2. 微生物育种中的核酸支架

尽管合成蛋白质支架在介导多酶级联反应、改善代谢通量等方面的研究取得了一定进展，但随着目标代谢产物的结构越来越复杂，途径酶的种类及分子量的增加，导致含有多个重复的配体结合结构域的蛋白质支架可能会难以表达。近年来，随着核酸纳米技术的发展，核酸分子作为遗传信息的载体具有碱基互补配对原则，并且有了一定深入研究的优势。通过杂交（DNA-DNA/DNA-RNA/RNA-RNA）或锌指蛋白（zincfinger protein，ZFP）DNA 结合结构域或类转录激活因子（transcription activator-like effectors，TALEs）的 DNA 结合结构域，可以提供 DNA/RNA-蛋白质的相互作用。核酸分子短链可折叠成各种结构或组装成二聚体或多聚体构件，从而可以合成各种具有特定的可编程的三维空间结构。在纳米级精度下核酸的二级和三级结构可以用计算机模拟，而一些计算机工具的开发也促进了核酸纳米结构的合理设计。所以，研究人员开发了基于核酸分子构建合成支架，对途径酶进行组装的新技术。

DNA 支架主要分为两种类型，其一是用含有与 DNA 支架互补的特异核苷酸序列对途径酶进行化学修饰，然后利用碱基互补配对原则使途径酶结合到 DNA 支架上，以提高酶促反应速率，但这种类型的 DNA 支架只能应用于体外反应途径；其二是将途径酶与含有

DNA 结合结构域的蛋白进行融合表达，通过 DNA 结合结构域将途径酶固定在 DNA 支架上，实现途径酶的共定位，其主要应用于体内代谢途径。目前，已经有许多成功的范例将 DNA 支架应用于多酶体系的组装。

研究人员利用滚环扩增技术（rolling circle amplification，RCA）合成具有特异序列的单链 DNA，并且用含有与特异序列互补的 DNA 寡核苷酸以共价连接的方式分别对葡萄糖氧化酶（glucose oxidase，GOx）和辣根过氧化物酶（horseradish peroxidase，HRP）进行化学修饰，体外利用碱基互补配对使 GOx 和 HRP 结合到单链 DNA 支架上，形成双酶复合物激活级联反应，而在没有 DNA 支架存在的情况下则不能激活双酶级联反应。

对于体内应用来说，任何化学修饰的使用都不切实际。为避免化学修饰技术的使用，研究人员开始利用核酸结合蛋白与核苷酸序列特异性结合的特征实现对途径酶的组装。锌指蛋白（ZFP）具有特异性识别核苷酸序列并与之特异结合的能力，将 ZFP 与质粒 DNA 支架结合使用，实现了在大肠杆菌体内的合成代谢途径的增强。通过将相应 ZFP 与途径酶基因融合，然后在 ZFP 的 DNA 结合结构域与质粒 DNA 支架相应锌指结合位点的驱动下，途径酶就会结合到 DNA 支架的相应位置上，从而介导多酶级联反应，实现合成代谢途径的增强（图 5-15）。该支架的优势在于可以通过改变锌指结合位点的间距、数量和顺序对途径酶的组装进行优化。质粒 DNA 支架介导的合成代谢途径具有更多的代谢物生成与普遍性应用，使白藜芦醇、1,2-丙二醇、甲羟戊酸的产量分别提高 5 倍、4.6 倍、2.5 倍，L-苏氨酸的生产时间缩短 50% 以上。

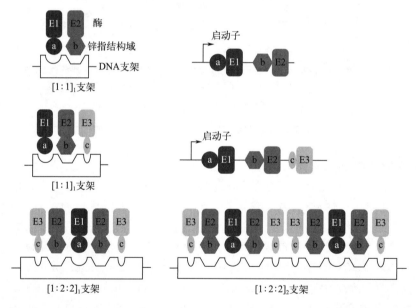

图 5-15　锌指蛋白-质粒 DNA 支架介导的大肠杆菌代谢途径中的酶组装示意图
E1、E2、E3—生物合成途径的酶；a、b、c—锌指结构域

非编码 RNA（non-coding RNA，ncRNA）可以作为构建合成支架的材料，其可以在细胞内大量表达，且在细胞核外稳定存在。但由于具有高度特异性结合亲和力的 RNA 结合结构域较少，所以 RNA 支架很难采用与 DNA 支架相同的构建策略。因此，研究人员选用 RNA 适配体作为途径酶的结合位点时，利用构建顺序对称 RNA 元件的策略在细胞内建立 RNA 的等温线组装方法，构建了基于具有二聚化和聚合结构域的 RNA 的离散型、一维和

二维 RNA 支架，并已经用于体内经由［FeFe］-氢化酶和铁氧还蛋白催化的产氢途径的优化。通过将与 RNA 适配体靶蛋白融合的［FeFe］-氢化酶和铁氧还蛋白招募到具有 RNA 适配体的离散型、一维和二维 RNA 支架上，使大肠杆菌内产氢量比无支架菌株有不同程度的增加，分别为 4 倍、11 倍和 48 倍。随着 RNA 支架维度的增加，其级联反应速率加快所产生的产物浓度呈指数级增加。

利用大肠杆菌生产十五烷的代谢途径中，需要异源表达酰基-ACP 还原酶（acyl-ACP reductase，AAR）和脂肪醛脱甲酰加氧酶（aldehyde deformylating oxygenase，ADO），将 RNA 支架策略用于优化 AAR 和 ADO 的表达。与无支架菌株相比，二维 RNA 支架使十五烷产量提高 2.4 倍。并且 RNA 适配体茎环长度的改变会引起 AAR 与 ADO 活性位点空间方向的变化，从而影响代谢途径的产量。迄今为止，使用体内 RNA 支架策略优化了更为复杂的 4 个酶催化的琥珀酸代谢途径，使其代谢通量提高了 88%，也进一步说明了该支架的实用性。该支架相较于 DNA 支架来说，不仅可以优化酶的化学计量数，控制途径酶的间距和顺序，还可以控制酶的空间方向。而作为一种特异性识别分子，RNA 适配体具有稳定性高、靶目标广泛等优点，由此构建的 RNA 支架可以扩展到更复杂的代谢途径中使用。

在微生物育种工作中，代谢途径优化本质上是将多种来源的具有不同催化活性的酶整合在一起，获得能高产目标产物的工程菌株。为此，研究人员采用密码子优化、启动子工程、核糖体结合位点等多种优化策略，并取得了一定的成功。合成支架策略作为补充或平行的方法，提供了模块化且高度灵活的组装工具，已经在代谢途径中广泛应用，通过翻译后共定位途径酶来调节其化学计量数、距离和空间取向，达到改善代谢通量的目的。

五、代谢通量育种注意点

（一）以目标产物途径通量高的为出发菌株

在各类生物中主要代谢途径相同，但同一代谢径获得的相同目标产物量往往会存在差异。具有天然通量优势的野生菌株存在高活性的代谢途径酶、充足的前体物质以及目的产物所需的胞内环境，使菌株在合成目标产物时具有高起点。在工业生产中，应根据不同菌株间代谢通量存在的天然差异，以产物途径通量较高的为出发菌株，强化目标产物合成基因，下调竞争途径基因表达水平或者基因敲除阻断竞争性分支途径等微生物育种手段强化代谢通量，达到工业微生物高产目标产物的目的。

（二）强化表达单个基因的缺陷

自然选育的野生菌株产率较低，一般采取人工育种的方法强化合成途径关键基因的表达。当单独强化某个基因表达时，除了被强化的单个催化反应外，该代谢途径其他基因的表达水平可能无法匹配整体通量变化的需求，从而无法影响目标产物的产量。ε-聚赖氨酸（ε-poly-L-lysine，ε-PL）是从链霉菌发酵液中分离纯化得到的一种阳离子同型氨基酸聚合物，一般是由 25～35 个 L-赖氨酸残基通过 ε-氨基和 α-羧酸基之间的酰胺键连接而成。代谢工程改造强化 ε-聚赖氨酸生产时，分别过表达二氨基庚二酸途径上的 2 个基因 dapa（编码二氢二氨酸酶）和 lysa（编码二氨基庚酸脱羧酶）并未促进 ε-PL 的合成（图 5-16）。这是因为单基因的过表达作用有限，不能和代谢途径其他基因如 dapb（编码 4-羟基四氢吡啶二羧酸还原酶）、dapd（编码四氢二吡啶甲酸 N-琥珀酰转移酶）、dapf（编码二氨基庚二酸差向异构酶）等的表达水平相匹配。因此，对代谢通路上的关键基因进行单独强化不一定有积极效果，应更多地考虑整体通量问题，从多个基因同时强化入手。

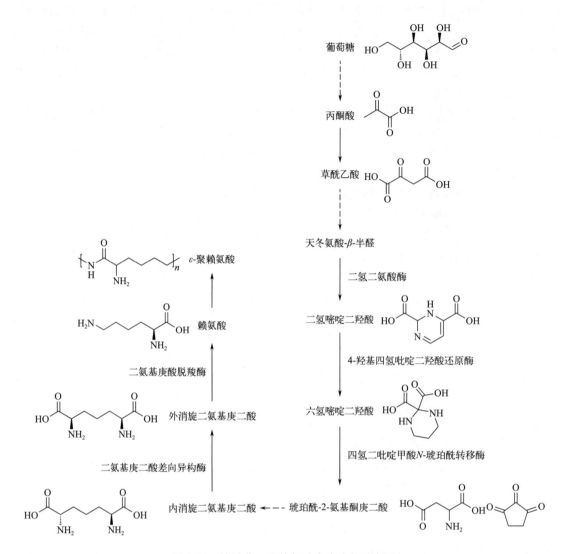

图 5-16　链霉菌 ε-聚赖氨酸合成途径示意图

（三）多个基因同时强化表达的级联失衡问题

当单个位点强化效果不显著时，应考虑代谢途径中多个关键基因同时强化，通过多个基因的协同表达来提高目标代谢物的合成。大肠杆菌自身含有能够将乙酰辅酶 A 转化为丙二酸单酰辅酶 A 的乙酰辅酶 A 羧化酶（ACC），可以通过丙二酸单酰辅酶 A 途径合成 3-羟基丙酸（3-hydroxypropionic acid，3-HP）。然而，过表达糖酵解（EMP）途径基因 *pk*（编码丙酮酸激酶）和 *acc* 基因并没有提高 3-HP 的产量。这可能是因为 *acc* 基因过表达使丙二酸单酰辅酶 A 增加，而下游丙二酸单酰辅酶 A 还原酶（MCR）的催化活性并没有增加，导致中间代谢产物积累，对细胞产生毒性（图 5-17）。

微生物育种中对代谢通路上的多个基因同时强化，不一定有利于目标产物的积累。多基因强化可能会增加中间产物，但某些中间产物的过多积累对细胞产生负担，影响细胞生长，最终导致无明显作用，甚至产生负面影响。因此，平衡途径基因的相对表达量以尽量减少通量瓶颈和代谢负担是代谢工程的关键挑战之一。

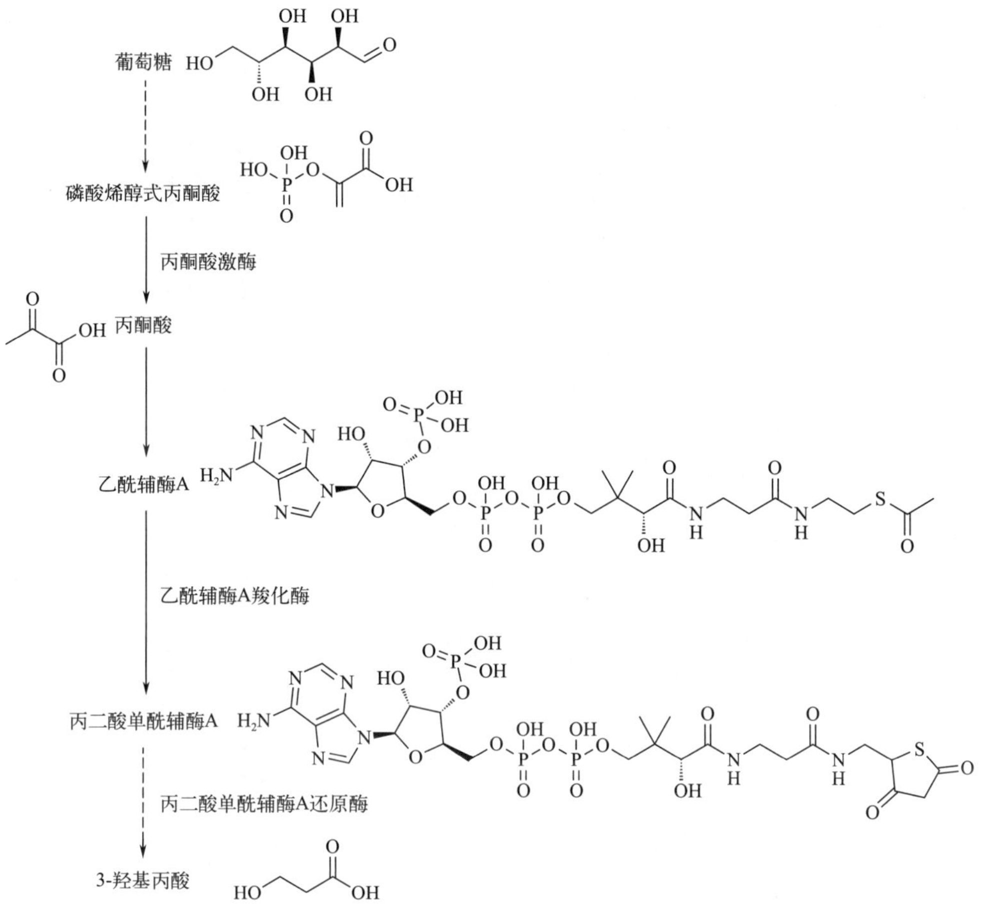

图 5-17　大肠杆菌 3-羟基丙酸合成途径示意图

（四）竞争性途径基因的删除或弱化策略的选择

在育种工作中，除了通过目标产物代谢基因强化策略增加代谢通量，还会对竞争途径进行削弱或者阻断等。但有些旁支途径合成生长必需物质，被敲除后细胞不能生长，故生长必需基因不能删除，只能弱化。由于必需基因具有"不能乱变，变了会死"这个特点，此类基因的突变受到自然选择的强烈压制，在进化上往往非常保守。在酵母合成萜烯（异戊二烯单元构成的化合物）过程中，法尼基焦磷酸（FPP）是倍半萜和固醇合成途径中的关键节点，流向麦角固醇合成通路和法尼醇合成通路。如图 5-18 所示，FPP 在角鲨烯合成酶（squalene synthase，erg9 编码）的催化下形成角鲨烯，再经一系列反应最终合成细胞膜的必需组分麦角固醇。对合成法尼醇而言，麦角固醇合成通路是其竞争途经，共同竞争前体物质 FPP。由于麦角固醇在细胞生长中具有重要作用，若直接敲除麦角固醇合成途径上的基因，会造成菌株生长不良或者死亡。所以只能削弱麦角固醇合成途径，使前体 FPP 更多地流向法尼醇合成通路，进而有利于目标产物法尼醇的合成。

综上所述，在微生物育种中，当目标产物合成的竞争途径是为菌株的代谢及生长繁殖提供必需的原料时，该竞争途径中的基因不能删除，只能弱化。因此，平衡细胞的生长与目标产物合成是育种工作中的核心问题之一。

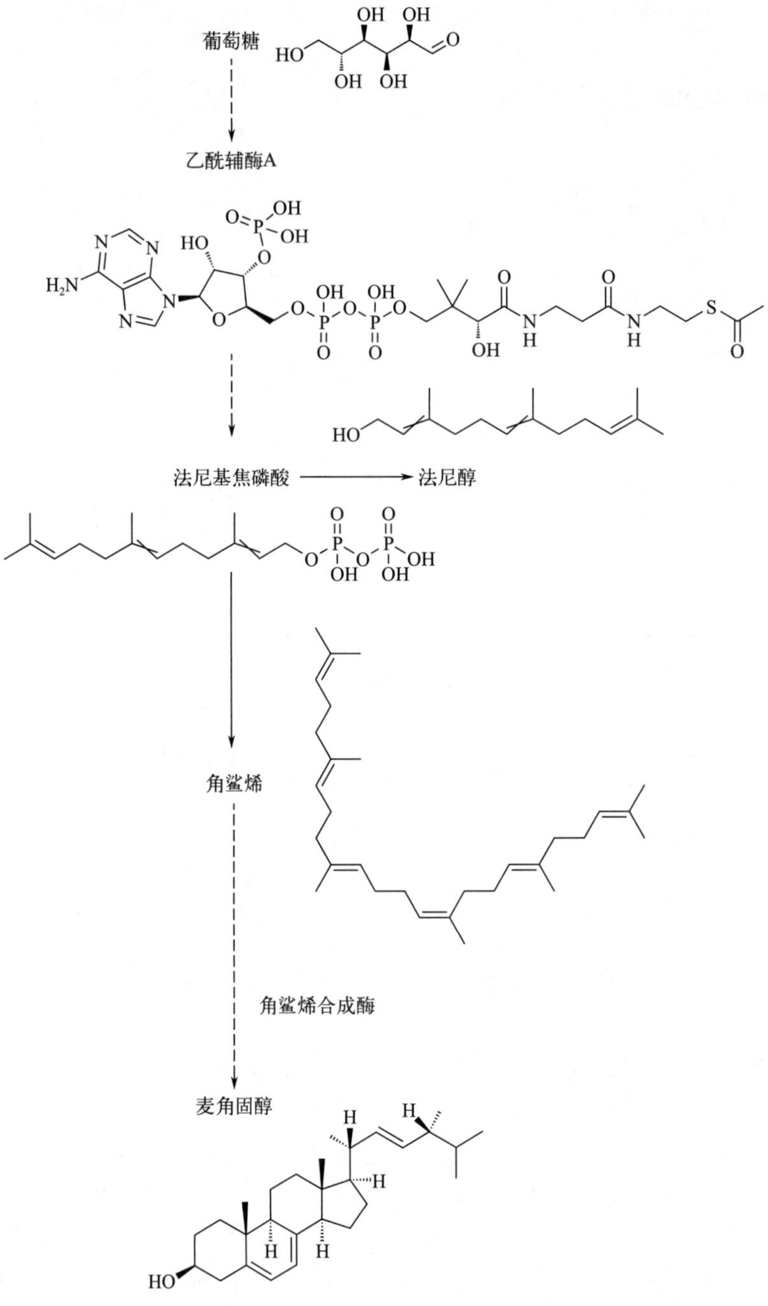

图 5-18　酵母法尼醇合成途径示意图

第二节　代谢精细调控策略

一、酶促速率平衡与代谢效能

（一）酶的分类及功能

酶作为一类具有催化功能的生物大分子，是生物体内不可或缺的重要组成部分，作为生物催化剂，在胞内代谢过程中发挥着至关重要的作用。酶促反应是在酶的催化作用下发生的化学反应，是生物体内许多重要代谢过程的核心。酶根据催化的反应类型，主要分为六大类：氧化还原酶、转移酶、水解酶、裂合酶、异构酶、合成酶。氧化还原酶类（oxidoreductase）是促进底物进行氧化还原反应的酶类，可分为氧化酶和还原酶两类；转移酶类（transferases）是催化底物之间进行某些基团（如乙酰基、甲基、氨基、磷酸基等）的转移或交换的酶类，包括甲基转移酶、氨基转移酶、乙酰转移酶、转硫酶、激酶和多聚酶等；水解酶类（hydrolases）是催化底物发生水解反应的酶类，包括淀粉酶、蛋白酶、脂肪酶、磷酸酶、糖苷酶等；裂合酶类（lyases）催化从底物（非水解）移去一个基团并留下双键的反应或其逆反应，包含脱水酶、脱羧酶、碳酸酐酶、醛缩酶、柠檬酸合酶等；合成酶类（ligase）催化两分子底物合成为一分子化合物，同时偶联有 ATP 的磷酸键断裂释能，包括谷氨酰胺合成酶、DNA 连接酶、氨酰：tRNA 连接酶以及依赖生物素的羧化酶等；异构酶类（isomerases）催化各种同分异构体、几何异构体或光学异构体之间相互转化，包括异构酶、表构酶、消旋酶等。

代谢途径是由一系列酶促反应顺序催化最终合成目标产物的级联反应。代谢途径中催化关键反应的酶，通常也是途径中关键的调控点，称为关键酶，关键酶在微生物中的酶促速率对目标代谢途径的通量及代谢效能会产生极大的影响。目标产物合成与否，与关键酶主导的代谢途径有关。通过引入高活性关键酶，在底盘细胞构建完整的代谢途径，就可合成目标产物，然而对于工业微生物发酵目标产物产量最重要的还是催化反应速率及其级联催化协调平衡问题。

（二）酶促反应速率及影响因素

酶促速率即酶催化反应的速率，是评价酶活性的重要指标，直接决定了代谢效能和整体生理功能的表现。酶促速率计算公式通常是基于米氏方程（Michaelis-Menten equation），该方程描述了酶促反应速度与底物浓度之间的关系（图 5-19）。

米氏酶催化反应遵循酶动力学的规律，即酶促速率与底物浓度之间存在一定的关系。在酶底物浓度较低时，酶促反应速度与底物浓度呈线性关系，符合米氏方程。而当底物浓度达到一定值时，酶催化速度会饱和，无法再增加。这种饱和现象是由于酶与底物结合形成复合物的速率限制了反应速率。在微生物代谢中经常会因为酶与底物的结合达到饱和，造成目的产物合成途径通量受限，影响目标产物合成产量，这是微生物育种策略中应该关注的问题。

酶活性与温度密切相关。在适宜的温度范围内，酶活性随着温度的升高而增强，酶促反应速率加快，代谢效率提高。温度升高可以增加酶分子与底物分子之间的碰撞频率和碰撞力度，从而有利于反应的进

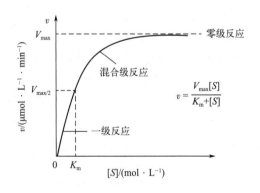

图 5-19　米氏方程

v—酶促反应速度；V_{max}—酶促反应的最大速度，即在饱和底物浓度下的反应速度；K_m—米氏常数，代表酶与底物的亲和力，数值上等于反应速度为 $V_{max}/2$ 时的底物浓度；$[S]$—底物浓度

行。然而，当温度超过一定范围时，酶分子内部的能量增加，导致酶分子内部的键和键角发生变化，破坏了酶分子的活性中心，从而使酶的空间结构发生改变，造成不可逆的损伤，影

响其催化活性。生物体需要维持一个适宜的温度环境，以保证酶活性的稳定和代谢效率的高效，在微生物育种策略中应该考虑发酵温度对代谢的影响。

pH 值对酶活性也有显著影响。pH 可以影响酶分子活性部位上有关基团的解离，从而影响酶与底物的结合和催化作用。在最适 pH 下，酶分子上活性基团的解离状态最适于与底物结合，此时酶的活性最大。当 pH 高于或低于最适 pH 时，活性基团的解离状态会发生改变，导致酶与底物的结合力降低，酶的催化活性也会相应降低。为了保持酶的催化活性，应将其所处环境的 pH 控制在最适 pH 附近，同时在微生物育种策略中应该考虑 pH 对代谢关键酶的影响。

抑制剂和激活剂也是影响酶活性的重要因素。抑制剂可以降低酶的活性，减慢或阻碍化学反应速率。抑制剂的作用机理各异，如竞争型抑制剂与酶发生竞争，占据酶的活性部位，从而使酶活性降低；非竞争型抑制剂则通过其他方式影响酶的构象，使酶失去活性。激活剂通过降低活化能，使反应更容易发生。激活剂通过与反应物发生化学反应，形成中间体，然后再与反应物或过渡态发生反应，促使反应路径经过较低能垒，从而加速反应速率。生物体通过调节抑制剂和激活剂的水平，可以实现对酶活性的精确调控，以适应不同的生理需求和环境变化。

生物体内酶催化速率主要由酶的结构及稳定性决定，酶活性虽然受到多种外部因素的影响，但是单个酶分子酶促速率取决于酶分子的空间结构，酶本身是一个蛋白质分子，是一种高度立体特异性的分子，在生物体内酶的功能主要是依赖于它们的结构，包括一级结构、二级结构、三级结构和四级结构。酶分子通过多肽链的盘曲折叠形成特定的空间结构，其中包括活性中心，活性中心是酶分子的一个具有三维空间结构的区域，能够与底物特异性结合并催化底物转变为产物。酶的几何构象变化是酶催化反应的决定性因素。醇脱氢酶（alcohol dehydrogenase，ADH）是一类能够催化醇和醛之间氧化还原反应的酶，活性位点通常包含两个主要结构域：辅酶结合结构域和催化活性结构域。辅酶结合结构域具有 Rossman 折叠，能够通过氨基酸残基上的官能团与辅酶（如 NAD^+/NADH）相互作用，使其结合在醇脱氢酶上。催化活性结构域则含有催化活性的 Zn^{2+}，能够与许多底物相结合。当辅酶与酶结合时，酶的构象会发生变化，能够稳定酶的活性中心，使得底物更容易接近并发生反应，而底物的空间结构与酶的活性位点结构之间的匹配程度会影响到底物与酶的结合能力和反应速率。对来源于嗜热厌氧乙醇杆菌（*Thermoanaerobacter ethanolicus*）活性位点附近氨基酸残基 Ile86 进行单点突变，拓宽了酶的底物结合域，实现苄基和杂芳基酮等较大底物的不对称还原。对来源于拜氏梭菌（*Clostridium beijerinckii*）的醇脱氢酶的 Ser24、Gly182、Gly196、His222、Ser250 和 Ser254 六个位点进行定点突变，用更多的极性氨基酸残基取代了原来的氨基酸残基，从而增强了表面极性，催化活性提高了 16 倍。转氨酶（transaminase）通常是由相同亚基组成的二聚体或四聚体，其活性中心位于两个亚基的交界面。这个活性中心包括 5′-磷酸吡哆醛结合区域、底物结合区域及关键催化残基（赖氨酸）。底物结合区域可根据空间位置和形状的不同，分为大小两个结合口袋。大口袋用于结合底物结构中的芳环、脂肪链以及羧基等体积较大或带电性基团，而小口袋则由于空间位阻、带电性及疏水性等因素的影响，只能容纳体积较小的基团，如甲基。此外，转氨酶的活性中心还包括 L 口袋和 S 口袋。L 口袋由疏水残基组成，与芳香族胺的苯环或醛酮的羧基结合。S 口袋则与芳香族胺或醛酮的碳侧链结合，一般碳链不超过两个碳。这些口袋和结合区域的存在，使得转氨酶具有严格的底物特异性。而 ω-转氨酶的活性也与其空间结构的稳定性和正确性密切相关，任何结构的变化都可能会对其活性产生影响。对来源于氧化亚铁假古布尔班克氏菌（*Pseudogulbenkiania ferrooxidans*）的转氨酶进行半理性设计得到突变株 Y168R/R416Q，拓宽了酶的活性口袋，底物邻氟苯乙酮进入酶活性中心的空间位阻减小，与野生型相比，比酶活提高了 11.65 倍，催化效率 k_{cat}/K_m 提高 20.9 倍。丙酮酸脱羧酶（pyruvate decarboxylase，PDC）是一种关键酶，它催化丙酮酸脱羧生成乙醛和二氧化碳，其活性中心通常包括一个金属离子（如镁离子）和几个关键的氨基酸残基。这些残基在空间中精确排列，形成了特定的催化口袋，用于底物丙酮酸的结合和催化反应的进行（图 5-20）。将热带假丝酵母（*Candida tropicalis*）来源的丙酮酸脱羧酶，对底物在变构区残基结合自由能绝对值较高的前 11 个氨基酸残基作为饱和突变的候选残基，最终获得了最优突变体 Mu1（*Ct*PDC^{Q162H}），酶活提升了 49.2%。由此可见，在微生物育种策略中可以考虑通过代谢关键酶的分子改造提高目标产物代谢通量。

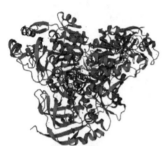  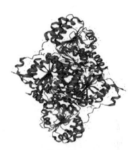

(a) 醇脱氢酶(PDB：7NTM)   (b) 转氨酶(PDB：7E7G)   (c) 丙酮酸脱羧酶(PDB：1PVD)

图 5-20　醇脱氢酶、转氨酶、丙酮酸脱羧酶的三维结构

（三）代谢效能

代谢效能是指生物体在代谢过程中将物质和能量转化为生物体自身所需物质及目标产物的程度和效率。酶促反应速率及各反应间效率平衡程度决定了菌株的发酵代谢效能，即发酵目标产物产量。在微生物育种策略中，通过调控酶的活性，可以实现对生物体内代谢过程的调控，为工业微生物育种的发展提供有力支持。

在一定范围内，酶促速率与代谢效能呈正相关关系：酶促速率越快，底物转化为产物的速度就越快。这意味着在相同的时间内，更多的底物被转化，从而提高代谢效能。在优化酶促反应时，提高酶促速率是一个有效的育种策略，可以增加代谢效能。肺炎克雷伯菌是 1,3-丙二醇（1,3-PDO）生产菌株，以甘油为底物时，经甘油脱水酶（DHAB）催化生成 3-羟基丙醛，后经过 NADH 辅因子依赖型醇氧化还原酶（DHAT）催化生成 1,3-丙二醇，对途径中编码限制性酶基因 *dhaB* 进行多拷贝克隆，提高限制酶的表达量，能够提高 1,3-丙二醇产量（图 5-21）。但进一步提高 *dhab* 基因拷贝数和酶的表达量则不能提高产量，过量的中间代谢产物累积破坏了目标产物整个代谢途径中所有酶偶联催化的级联过程，使整个代谢途径的平衡失调。解决方法是对下游基因 *dhaT* 进行多拷贝表达，恢复代谢平衡，使 1,3-丙二醇产量提高 3.5 倍。因此提高关键酶的酶促速率，并且达到代谢平衡，才能提高底盘细胞的代谢效能，最终提高目标产物产量。

二、强化酶促代谢速率

强化酶促代谢速率育种策略是提高微生物代谢的关键酶酶促反应速率，主要包括代谢途径高活性关键酶的筛选、提高酶的表达量和提高单个酶分子的催化效率等方法。

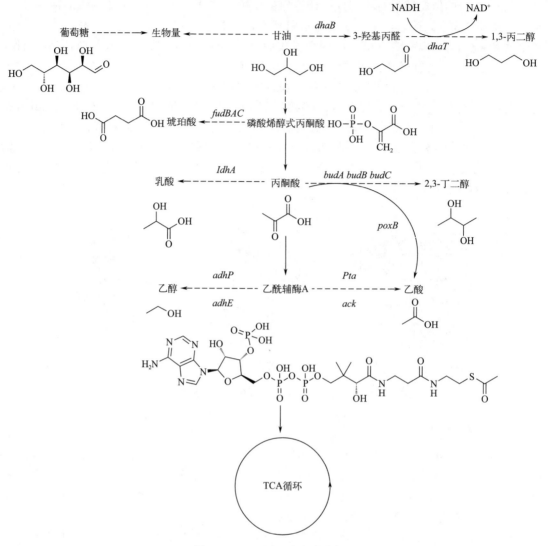

图 5-21   1,3-丙二醇合成途径

（一）筛选关键酶

代谢途径关键酶的筛选是工业微生物育种中的核心环节，不同菌种来源的同工酶（原核和真核）会表现出酶活差异，筛选高催化活性酶强化代谢通量对于提高目标产物的合成代谢至关重要。筛选关键酶需要构建不同菌种来源的酶库，通过高通量筛选技术对不同来源的酶活性进行表征，进而得到合适的高活性酶。高通量筛选技术是近年来发展迅速的一种筛选方法，它可以在短时间内对大量样本进行快速、准确的筛选。高通量筛选技术主要包括微流控技术、自动化平台、高灵敏度检测技术等，通过这些技术，可以大大提高筛选效率，缩短筛选周期，并最终得到高活性酶。木糖异构酶（xylose isomerase，XI）是催化木糖合成木酮糖的异构酶，引入木糖异构酶构建利用木糖的酿酒酵母菌株将促进木质纤维素生物质特别是半纤维素合成高附加值的化学品。NCBI 数据库中公开了约 25 万个带注释的木糖异构酶，其中约 24 万个序列来自细菌，其余来自真菌和古细菌，包括酵母、丝状真菌、乳酸菌、肠杆菌等。研究人员将数据库中木糖异构酶与在酿酒酵母中已经验证活性的 20 个木糖异构酶

进行蛋白序列比对，高通量筛选出 153 个预测有活性的木糖异构酶序列构建了木糖异构酶库。通过检测木糖代谢效率，筛选出来源于 *Hallella seregens* 高活性的木糖异构酶，最终使得酿酒酵母的木糖代谢速率提高到 129%。

（二）提高酶的表达量和提高单个酶分子的催化效率

提高酶的表达量主要有增加拷贝数、启动子工程、密码子优化、酶的亚细胞定位等方法；提高单个酶分子的催化效率主要包括酶的定向进化。

1. 增加拷贝数

通过在基因工程中增加目标酶基因的拷贝数，有更多的 mRNA 被转录，从而产生更多的酶蛋白，提高该酶在细胞内的表达水平。这可以通过在表达载体中插入多个酶基因拷贝，或者将酶基因整合到宿主细胞的基因组中的多个位点来实现。在酿酒酵母中合成 L-乳酸时，L-乳酸脱氢酶的表达量成为产量的限制问题，利用 Ty4 转座子位点，将 L-乳酸脱氢酶整合到染色体上，获得基因多拷贝表达且可稳定遗传的工程菌，乳酸产量比单拷贝对照提高了 15.6 倍。

2. 启动子工程

启动子工程是通过增加酶表达量强化目标产物代谢途径的另一种方法。启动子是控制基因表达的关键元件，对生物体内基因的表达起着至关重要的作用。通过优化启动子，可以精确调控目标酶基因在微生物中的表达水平，从而提高代谢途径通量。酿酒酵母中的乙醇脱氢酶（ADH）是乙醇发酵过程中的关键酶。为了提高 ADH 的活性，使用组成型强启动子（如 P_{TEF1} 或 P_{PGK1} 启动子）或受特定代谢产物调控的启动子（如 P_{ADH1} 或 P_{ALD6} 启动子）调控 ADH 的表达，优化启动子后，ADH 的转录水平和乙醇产量得到提高。巴氏梭菌（*Clostridium pasteurianum*）是一种厌氧菌，常用于丙酮酸的生产，为了提高丙酮酸脱氢酶（pyruvate dehydrogenase，PDH）的活性，引入一种受丙酮酸或其前体物调控的启动子，以在丙酮酸浓度上升时增加 *pdh* 的表达。这种优化策略使得 *pdh* 的表达与丙酮酸的生产速率更加协调，从而提高了 PDH 的活性和丙酮酸的生产效率。

3. 密码子优化

在微生物底盘细胞异源表达酶时，部分酶活性会低于基因来源菌株，原因之一是不同菌株存在密码子偏好性（表 5-1、表 5-2）。由于密码子的简并性，不同物种、不同生物体的基因密码子使用存在着很大的差异，不同底盘细胞偏爱使用不同的同义三联密码子（即编码相同氨基酸的密码子），因此在进行密码子优化时需要考虑到底盘细胞的特点，进行密码子优化。密码子优化通常指的是调整 mRNA 序列中的密码子使用，以提高蛋白质在特定宿主生物体中的表达水平，从而有更多的酶分子可以进行催化反应。这可以通过减少稀有密码子的使用以提高翻译速度或改善 mRNA 的稳定性来实现。细菌来源的木糖异构酶一般需经密码子优化后，才能在酿酒酵母中实现高表达促进木糖的高效利用。

表 5-1　酿酒酵母密码子偏好性表　　　　　‰

类别		第二位碱基				第三位碱基
		U	C	A	G	
第一位碱基	U	UUU（24.4）	UCU（13.1）	UAU（21.6）	UGU（5.9）	U
		UUC（13.9）	UCC（9.7）	UAC（11.7）	UGC（5.5）	C
		UUC（13.10）	UCA（13.1）	UAA（2.0）	UGA（1.1）	A
		UUC（13.11）	UCG（8.2）	UAG（0.3）	UGG（13.4）	G

续表

类别		第二位碱基				第三位碱基
		U	C	A	G	
第一位碱基	C	CUU (14.5)	CCU (9.5)	CAU (12.4)	CGU (15.9)	U
		CUC (9.5)	CCC (6.2)	CAC (7.3)	CGC (14.0)	C
		CUA (5.6)	CCA (9.1)	CAA (14.4)	CGA (4.8)	A
		CUG (37.4)	CCG (14.5)	CAG (26.7)	CGG (7.9)	G
	A	AUU (29.6)	ACU (13.1)	AAU (29.3)	AGU (13.2)	U
		AUC (19.4)	ACC (18.9)	AAC (20.3)	AGC (14.3)	C
		AUA (13.3)	ACA (15.1)	AAA (37.2)	AGA (7.1)	A
		AUG (23.7)	ACG (13.6)	AAG (15.3)	AGG (4.0)	G
	G	GUU (21.6)	GCU (18.9)	GAU (33.7)	GGU (23.7)	U
		GUC (13.1)	GCC (21.6)	GAC (17.9)	GGC (20.6)	C
		GUA (13.1)	GCA (23.0)	GAA (35.1)	GGA (13.6)	A
		GUG (19.9)	GCG (21.1)	GAG (19.4)	GGG (12.3)	G

表 5-2　大肠杆菌密码子偏好性表　　　　　　　　　　　　　　　　‰

类别		第二位碱基				第三位碱基
		U	C	A	G	
第一位碱基	U	UUU (17.6)	UCU (15.2)	UAU (12.2)	UGU (10.6)	U
		UUC (20.3)	UCC (17.7)	UAC (15.3)	UGC (12.6)	C
		UUC (7.7)	UCA (12.2)	UAA (1.0)	UGA (1.6)	A
		UUC (12.9)	UCG (4.4)	UAG (0.8)	UGG (13.2)	G
	C	CUU (13.2)	CCU (17.5)	CAU (10.9)	CGU (4.5)	U
		CUC (19.6)	CCC (19.8)	CAC (15.1)	CGC (10.4)	C
		CUA (7.2)	CCA (16.9)	CAA (12.3)	CGA (6.2)	A
		CUG (39.6)	CCG (6.9)	CAG (34.2)	CGG (11.4)	G
	A	AUU (16.0)	ACU (13.1)	AAU (17.0)	AGU (12.1)	U
		AUC (20.8)	ACC (18.9)	AAC (19.1)	AGC (19.5)	C
		AUA (7.5)	ACA (15.1)	AAA (24.4)	AGA (12.2)	A
		AUG (22.0)	ACG (6.1)	AAG (31.9)	AGG (12.0)	G
	G	GUU (11.0)	GCU (18.4)	GAU (21.8)	GGU (10.8)	U
		GUC (14.5)	GCC (27.7)	GAC (25.1)	GGC (22.2)	C
		GUA (7.1)	GCA (15.8)	GAA (29.0)	GGA (16.5)	A
		GUG (28.1)	GCG (7.4)	GAG (39.6)	GGG (16.5)	G

4. 亚细胞定位

亚细胞定位是提高酶促反应速率的较新方法。酶的亚细胞定位是指确定酶在细胞内的具体存在位置，包括细胞核、细胞质还是细胞膜等亚细胞结构中。酶的亚细胞定位有助于确保酶与正确的底物在正确的位置相遇，增强了酶的反应速率。真核微生物细胞比原核生物细胞复杂而多样化。最简单的真核微生物酵母就有典型的细胞核、线粒体、液泡、内质网及高尔基体等细胞器，利用膜结构把真核微生物细胞内的空间，分隔成许多亚细胞空间，而亚细胞空间是使合成代谢和分解代谢能够分开进行和分开调节的重要辅助手段。一些重要的代谢途径（如 EMP 和 TCA 组成的中心代谢途径）是跨线粒体内膜的，一部分在细胞质中完成，另一部分在线粒体中完成，途径中这两部分的酶分别存在于不同的亚细胞空间。细胞质中合成的丙酮酸、NADH 要进入线粒体降解及氧化；在线粒体中合成的草酰乙酸、乙酰辅酶 A、Pi 和腺苷二磷酸（ADP）等要进入细胞质才能合成代谢，这些跨线粒体内膜的输送可通过不同的方式实现。在细胞质中，苹果酸脱氢酶与草酰乙酸和 NADH 反应生成苹果酸和 NAD^+。苹果酸随后通过苹果酸-α-酮戊二酸反向转运体进入线粒体基质，同时将 α-酮戊二酸输送到细胞质中。在线粒体基质内，苹果酸被再次转化为草酰乙酸，并释放出 NADH，后者进入电子传递链进行氧化。草酰乙酸则通过天冬氨酸氨基转移酶转化为天冬氨酸，后者通过谷氨酸-天冬氨酸反向转运体返回细胞质。在细胞质中，天冬氨酸被转化回草酰乙酸，完成整个穿梭循环（图 5-22）。

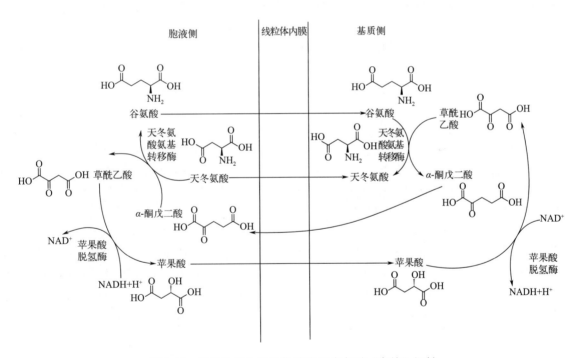

图 5-22　跨线粒体内膜的苹果酸-天冬氨酸"穿梭"机制

此外，细胞质基质中的 NADH 还可通过 3-磷酸甘油的穿梭作用，与线粒体中的 3-磷酸甘油脱氢酶作用氧化为 NAD^+，形成 3-磷酸甘油穿梭机制；在厌氧条件下，丙酮酸可在丙酮酸脱羧酶作用下氧化脱羧成二氧化碳和乙醛，乙醛在乙醇脱氢酶作用下氧化 NADH 为 NAD^+，形成乙醇-乙醛穿梭机制；细胞质基质中的苹果酸脱氢酶可以催化草酰乙酸还原为苹果酸，苹果酸可以进入线粒体基质。线粒体基质内的苹果酸脱氢酶则可以催化苹果酸脱氢形成草酰乙酸、NADH 和 H^+，形成回文苹果酸-草酰乙酸穿梭机制。在细胞质中，苹果酸脱氢酶与草酰乙酸和 NADH 作用生成苹果酸和 NAD^+，苹果酸随后通过苹果酸-α-酮戊二酸反向转运体进入线粒体基质，并在那里被转化回草酰乙酸，同时 NAD^+ 被还原成 NADH。草酰乙酸接着被天冬氨酸氨基转移酶转换为天冬氨酸，而天冬氨酸则通过谷氨酸-天冬氨酸反向转运体返回细胞质，形成苹果酸-天冬氨酸穿梭体。由此可见，在工业微生物育种中，许多酶和其他生物分子都需要被准确定位到特定的亚细胞结构，以便它们能够发挥最大的功能。

锚定蛋白是一类特殊的蛋白质，它们能够与其他生物分子结合，并将其定位到特定的亚细胞位置，可以显著提高酶反应速率。萜类化合物尽管已通过合成生物学方法进行了代谢优化，但仍存在关键底物的传递及可用性的问题。实现单萜烯合成的一般策略是引入异源单萜烯合成酶，而异源表达的单萜烯合成酶主要扩散到细胞质中，并不能有效地触及底物进行酶催化。PhCCD1 是一种细胞质蛋白，而其底物 β-胡萝卜素是与膜结合的，因此可利用大肠杆菌定位标签将 PhCCD1 定位到不同的细胞区域，以确定其催化活性的最佳位置。蛋白（GLPF）定位在内膜、大肠杆菌麦芽糖结合蛋白（MBP）定位在细胞质、OmpA 信号肽定位在细胞周质空间，将所有的蛋白或多肽均融合到 PhCCD1 的 N 端后导入 β-胡萝卜素产生菌株中。PhCCD1 定位在细胞质或细胞周质空间对产量没有明显影响，而定位在膜上的PhCCD1 将重组菌的产量提高了 386.0%。

虽然原核细胞内没有典型的细胞器，除了细胞质膜上存在一些凹陷、皱褶外，细胞内不存在许多不同的空间，但当一个酶反应系统以多酶复合体的形式存在时，就可以提高酶、底物及中间体在一定空间范围内的浓度，提高酶与底物及中间体的碰撞概率，进而提高酶催化效率。支架蛋白广泛存在于原核底盘细胞中，通常能自组装形成大分子复合物并将目标蛋白招募至特定的细胞区域，在包括信号转导、细胞分裂、形态发生和不对称分裂等生物过程中发挥作用。新月柄杆菌可不对称性分裂产生一个带鞭毛的游动子细胞和一个有柄子细胞，在细胞分裂前，一对细胞命运决定蛋白［磷酸化酶（PLEC）和蛋白激酶（DIVJ）］的极性定位协同调节了多个下游信号蛋白的磷酸化水平。蛋白激酶（DIVJ）通过 POPZ 和 SPMX 这一对支架蛋白复合物被招募到旧细胞极，而磷酸化酶（PLEC）被支架蛋白 PODJ 定位到新细胞极，且能够在体外自发组装成大分子高聚物，最终通过相分离实现无膜细胞区室化，提高酶的催化效率。在大肠杆菌中利用 GBD_1-$SH3_2$-PDZ_3 支架蛋白域组合过表达来源于自身的乙酰辅酶 A 乙酰转移酶（ATOB）以及来源于酿酒酵母的 3-羟基-3-甲基戊二酰辅酶 A 合成酶（HMGS）、3-羟基-3-甲基戊二酰辅酶 A 还原酶（HMGR），构建甲羟戊酸合成途径，使级联反应中间产物空间局部浓度更高、缩短与下一步反应酶的空间距离、更易被代谢酶捕捉，甲羟戊酸产量提高了 77 倍。在大肠杆菌中利用支架蛋白过表达来源于酿酒酵母中的肌醇-1-磷酸合酶（INO1）、来源于小鼠的肌醇加氧酶（MIOX）以及来源于丁香假单胞菌的糖醛酸脱氢酶（UDH），提高了酶分子与目标靶物质的分子间碰撞概率，提高了代谢酶催化效率，将 D-葡糖二酸的产量提高了 2 倍。

5. 定向进化

通过酶的定向进化提高单个酶分子的催化效率是除了上述手段外微生物育种的热点方法。酶的定向进化模拟了自然演化过程，结合基因工程和分子生物学技术，对酶进行精准改造和优化。这一过程通常涉及理性设计、基因突变、基因重组和基因编辑等步骤。理性设计指的是基于已知的酶的结构、功能及催化机制等信息，通过计算机模拟、预测和优化等方法，对酶的氨基酸序列、结构或功能进行有目的的改造，以期获得具有特定催化性质或提高催化效率的酶。基因突变能够引入有益的变异，从而改变酶的催化活性、底物特异性、稳定性等特性。基因重组和基因编辑技术则能够将不同来源的酶进行融合或改造，创造出具有新颖催化特性的酶。为了提高薴烯合酶 Pt30 对底物香叶基焦磷酸（geranyl pyrophosphate，GPP）的催化效率，对薴烯合酶 Pt30 进行多序列比对和同源建模，将 Pt30 结构模型与小分子配体进行了分子对接并对活性口袋 0.5nm 以内的氨基酸残基进行相互作用力分析，发现活性口袋周围的氨基酸 Y348、I375、T376、I484、T486、T593 基本都属于不带电荷的疏水性氨基酸，导致薴烯合酶与 GPP 底物相互作用力减弱进而影响催化效率（图 5-23），其中 T376 十分关键，将关键氨基酸位点 T376 定点突变为侧链更长的带正电荷精氨酸（R），增加了底物与氨基酸之间的分子作用力，并与 ERG20ww 进行融合表达，薴烯产量提高了 26%。

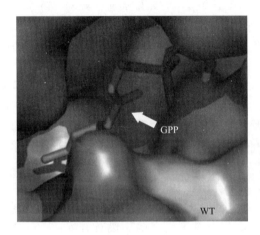
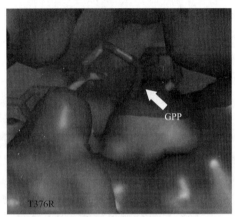

图 5-23 α-薴烯合成酶蛋白构象及定点突变提高酶活

提高酶促速率策略是微生物代谢平衡中重要的一环，仅仅提高关键酶的酶活有可能使能量需求与供应不匹配、代谢产物积累、细胞稳态破坏等，可能会导致资源分配的不均衡，影响其他代谢过程，从而破坏整体代谢平衡。为了缓解这种矛盾，生物体通常会通过复杂的调控机制来协调不同代谢途径之间的平衡。这些调控机制可能包括酶活性的调节、基因表达的调控、全局调控因子的调节等。

三、菌株代谢分子水平动态调控

工业微生物育种中，单纯机械地提高目标产物代谢途径酶促速率具有一定局限性，动态调控技术以其独特的优势，逐渐成为优化生产流程和提高产物产量的关键手段。代谢动态调控策略指的是在菌株生长和代谢过程中，通过对相关基因的转录水平、酶的表达量以及酶活性调控，实现代谢流的优化和重定向。这种调控不仅涉及到单一代谢途径的调节，还包括多个代谢途径之间的协调与平衡，以满足特定的工业育种需求，可以根据调控的对象和方式分为多种类型，包括代谢物响应策略、群体感应调控等。

（一）代谢物响应动态调控

代谢物响应的动态调控策略是一种生物体根据代谢物浓度变化来灵活调整其代谢通路关键酶表达水平的分子水平调控策略。番茄红素的生产可以从分子水平上进行代谢物响应的动态调控。大肠杆菌生长过程中葡萄糖的过量供给会导致乙酸的积累，不仅抑制细胞生长，而且削弱了番茄红素合成通路的代谢流通量，从而降低番茄红素在大肠杆菌中的产率。在糖酵解通路中,乙酰磷酸是从丙酮酸生成乙酸过程的中间产物,构建以乙酰磷酸分子为响应信号的生物传感器可以实现番茄红素合成通路动态调控。在胞内乙酰磷酸出现异常累积的情况下,上调磷酸烯醇丙酮酸合成酶(PPS)的表达量将丙酮酸逆向转化成番茄红素的上游合成前体磷酸烯醇丙酮酸,同时实现番茄红素合成的关键酶——异戊烯基焦磷酸异构酶(IDI)的表达上调,增强了番茄红素的代谢流通量,从而起到减少乙酸积累和增强番茄红素合成的目的。通过对比发现,基于动态调控所获得的番茄红素产量比单基因过表达方式所合成的产量提高 18 倍。脂肪酸在大肠杆菌中的生产可以通过构建丙二酰辅酶 A 动态调控系统来提高。当丙二酰辅酶 A 积累时,转录因子 FAPR 与启动子 P_{PFR1} 的结合被抑制,因此激活启动子 P_{PFR1} 控制的基因 lacI 表达,大量表达的 LACI 蛋白抑制了启动子 P_{T7},从而抑制该启动子开启表达乙酰辅酶 A 羧化酶;相反,当丙二酰辅酶 A 浓度下降时,则会激活乙酰辅酶 A 羧化酶表达系统来适当补充丙二酰辅酶 A。通过这种调控机制,该系统可以根据细胞自身需求调节丙二酰辅酶 A 的合成,减少细胞能量浪费、平衡其碳流量分配,最终使脂肪酸产量提高了 34%。

微生物育种的代谢物响应策略除了通过调控关键酶的表达水平外,还能通过反馈抑制的方式调控关键酶活性,改变菌株内部代谢途径的流量分配,优化目标代谢产物的合成(图5-24)。反馈抑制指产物抑制作用,即在合成过程中有生物合成途径的产物对该途径酶的活性调节所引起的抑制作用。在生物体中反馈抑制是一种自我调节机制,通过产物对酶活性的抑制来控制代谢途径的速率。当产物浓度过高时,反馈抑制会限制酶活性,以避免资源浪费或细胞损伤。谷氨酸棒杆菌异亮氨酸合成途径中,异亮氨酸脱氢酶(ILEDH)是该途径的关键酶之一。异亮氨酸浓度过高时会通过反馈抑制抑制 ILEDH 的活性,从而限制异亮氨酸的合成。为了解除反馈抑制以提高 ILEDH 的活性,通过基因突变的手段对 iledh 基因 C 端调节区域第 266~349 位点进行突变,使其不再受异亮氨酸的反馈抑制,ILEDH 的酶活性提高了 2.5 倍。这表明通过解除反馈抑制,可以有效地提高酶的活性,从而提高整个代谢途径的效率。

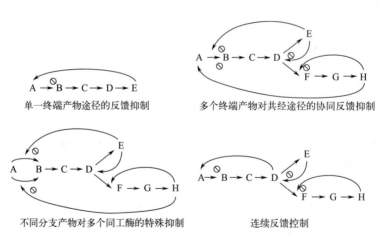

图 5-24 不同反馈抑制类型

(二)群体感应动态调控

群体感应调控是一种通过菌株间信号分子的传递和感知来调控群体行为的机制,这也是底盘细胞实现动态调控的第三种方法。基于细胞群密度波动的基因表达调控被称为群体感应。在群体感应系统中，细菌产生并向环境中释放一种被称为自诱导剂（autoinducer，AI）的化学信号分子，其浓度随细胞密度的增加而增加。细菌能够感受不同浓度自诱导剂信号分子的刺激而改变基因表达模式。革兰阳性和革兰阴性细菌使用群体感应通路来调节各种各样的生理活动，比如共生、毒力的产生、抗生素的生产、运动、孢子形成以及生物膜形成等。通常情况下，革兰阴性细菌使用 N-乙酰基高丝氨酸内酯（AHL）作为自身诱导剂，而革兰阳性细菌使用经过加工的寡肽作为诱导信号。在群体感应中，信号分子的性质、信号终止机制以及由细菌群体感应系统控制的靶基因存在不同，但在任何情况下，彼此通信的能力使细菌能够协调基因表达，从而为调控细菌群体的基因表达提供可能。利用群体感应系统可以实现菌体密度及目标产物的动态平衡，自发地将工业微生物从生长阶段切换到生产阶段，实现目标产物的积累。在费氏弧菌中，N-乙酰基高丝氨酸内酯可以介导 $luxi/luxr$ 群体感应系统，信号分子 AHL 的合成酶 LUXI 由 $luxi$ 基因编码，合成的 AHL 以自由扩散的方式进入到周围环境中，当其浓度达到阈值之后，AHL 会进入细胞内与 $luxr$ 表达产生的转录因子 LuxR 结合形成 AHL-LUXR 复合物，该复合物可与转录调控区结合激活下游基因的表达，实现基因线路的开启或增强（图 5-25）。基于这种群体感应系统，育种研究人员设计了一条基因线路来平衡细胞生长与产物生产之间的碳流分配，将红没药烯产量提高了 44%。在大肠杆菌中，可以将响应葡萄糖浓度的 P_{HXT1} 启动子与响应 3-羟基丙酸合成途径前体丙二酰辅酶 A 的 $FapR/P_{TEF1}$ 巧妙结合，构建串联基因线路，实现 3-羟基丙酸合成过程中生长阶段与生产阶段的解耦联。在发酵初期，高浓度葡萄糖诱导启动子 P_{HXT1} 控制的脂肪酸合成酶表达，将丙二酰辅酶 A 转化成脂肪酸；同时阻遏蛋白 FAPR 抑制启动子 P_{TEF1} 控制的丙二酰辅酶 A 还原酶表达，此时细胞处于生长阶段。随着葡萄糖浓度降低，P_{HXT1} 控制的脂肪酸合成酶表达水平受限，实现丙二酰辅酶 A 的积累，从而激活启动子 P_{TEF1} 控制的丙二酰辅酶 A 还原酶表达使细胞进入 3-羟基丙酸合成阶段。这种调控策略通过对生长阶段和生产阶段进行动态调控，使 3-羟基丙酸的生产能力提高了 10 倍。由此说明基于群体感应调控进行微生物分子改造是育种的有效策略。

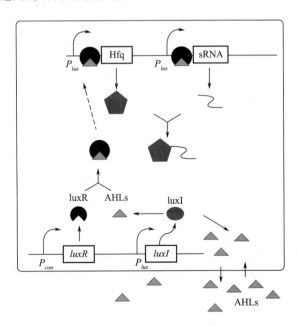

图 5-25　$luxi/luxr$ 群体感应系统

动态调控技术在合成生物学和工业微生物育种中应用广泛且具有重要意义。通过代谢物响应的动态调控以及群体感应动态调控是工业微生物育种策略的重要方面。

四、调控辅因子优化代谢途径

通过调整细胞内外的各种辅因子以优化菌株的生长、发酵和产物生成是代谢优化育种学中一个至关重要的策略。这些辅因子包括烟酰胺腺嘌呤二核苷酸（NAD）、烟酰胺腺嘌呤二核苷酸还原型（NADH）、黄素腺嘌呤二核苷酸（FAD）、黄素腺嘌呤二核苷酸还原型[FAD(H$_2$)]、烟酰胺腺嘌呤二核苷酸磷酸还原型（NADPH）、烟酰胺腺嘌呤二核苷酸磷酸（NADP）、辅酶A（CoA）、三磷酸腺苷（ATP）、二磷酸腺苷（ADP）等。

辅因子作为一类非蛋白质化合物，在生物体内发挥着关键的作用，能够调控能量代谢、氧化还原状态、碳代谢流、物质转运等多个方面，从而直接影响细胞的发酵性能。

（一）优化 ATP 能量代谢

微生物育种可以通过调整 NADH、NADPH、FAD（H$_2$）及 ATP 等辅因子来优化能量代谢。其中 ATP 被称为"能量货币"，生物代谢产生的能量储存在 ATP 的高能磷酸键中。生物的能量代谢伴随着 ATP 到 ADP 的不断转化，ATP 是高能态，ADP 是低能态，水解最外层的高能磷酸键能够释放自由能。ATP 作为微生物细胞内重要的辅因子参与了大量的酶催化反应，将物质代谢途径串联或并联成复杂的网络体系，最终使得物质代谢流的分配受到辅因子形式和浓度的牵制。调控胞内 ATP 水平，能够有效提高目标代谢产物的产量、产率和生产强度，或扩大底物谱和提高抵御环境胁迫的能力，显著提高工业发酵的经济性，是育种过程中需要考虑的重要策略。微生物细胞内的 ATP 主要来源于氧化磷酸化和底物水平磷酸化。在有氧条件下，NADH 通过氧化磷酸化途径氧化，以氧气为最终电子受体产生 ATP。在厌氧条件下，NADH 通过发酵途径的乙醛脱氢酶或乙醇脱氢酶等酶氧化，进行底物水平磷酸化产生 ATP。氧化磷酸化与底物水平磷酸化相比具有更高的产能效率，因此通过氧化磷酸化途径来调控胞内 ATP 水平更为有效。其中 NADH 水平、电子传递链、ATP 合酶活性等是胞内 ATP 水平调节的主要位点。增加 NAD（P）H、FAD（H$_2$）的浓度可以促进细胞的氧化还原反应，将 NAD（P）H 和 FAD（H$_2$）氧化为 NAD$^+$和 FAD^{2+}，并释放能量，从而提高菌株的生长速度和产物生成量。在产朊假丝酵母（*Candida utilis*）中敲除线粒体孔道蛋白基因 *POR1*，可以减少胞内 NADH 的消耗，增加胞内 NADH 及 ATP 浓度，使重组菌株中 S-腺苷蛋氨酸和谷胱甘肽联产浓度分别提高 34.9％及 25.1％。基于 NADH 调控胞内 ATP 的策略容易操作且效率高，适用于上调或者下调胞内 ATP 水平，但 NADH 的变化会影响胞内氧化还原状态，同时也会作用于细胞生长代谢及产物合成，因此，通过调节胞内 NADH 水平调控 ATP 还需要综合考虑细胞的氧化还原状态是否利于目标代谢物的合成。电子传递链是由复合物Ⅰ、Ⅱ、Ⅲ和Ⅳ组成的复杂体系，主要通过氧化还原反应将电子从电子供体转至终端电子受体，过程产生质子梯度用于 ATP 的合成。电子传递链对于 ATP 合成至关重要，但由于涉及基因众多，难以通过单个或多个相关基因的操控来提高 ATP 水平。然而破坏电子传递链中的任一环节，都可能会影响 ATP 的合成，因此电子传递链调控主要用来降低胞内 ATP 浓度。在光滑球拟酵母中突变 F$_0$F$_1$-ATP 合酶（氧化磷酸化的最终反应部分，也是 ATP 合成中最关键的部分）使其酶活降低 65％，胞内 ATP 浓度降低 24％。将枯草芽孢杆菌 F$_0$F$_1$-ATP 合酶活性下调，导致经由呼吸链合成的 ATP 减少，提高了糖耗速率，利于丙酮酸及下游代谢物的合成。在大肠杆菌中过表达结合在膜上的 F$_0$F$_1$-ATP 合酶中 F$_1$ 部分的编码基因，增加了细胞内 ATP 的水解，降低细胞内 ATP 的含量，最终糖酵解速率提高了 1.7 倍。H^+-ATP 酶活性降低 75% 的谷氨酸棒杆菌突变株，其葡萄糖比消耗速率比野生菌提高了 70%。此外，通过过表达、敲除编码胞内 ATP 合成或消耗的相关途径基因，能够直接调控胞内 ATP 水平。在大肠杆菌中过表达来自琥珀酸放线杆菌（*Actinobacillus succinogenes*）的 ADP 依赖型磷酸烯醇丙酮酸羧激酶（PCK），通过促进 ATP 再生从而提高胞内 ATP 含量，琥珀酸产量提升了 60%。

（二）调控氧化还原因子

微生物育种可以通过调控 NAD (P)$^+$/NAD (P) H、FAD^{2+}/FAD (H$_2$) 等氧化还原对的比率来调节细胞的氧化还原状态，提高目标产物量。当辅因子的产生与消耗接近相等时，氧化还原达到平衡，而不平衡的氧化还原状态会浪费代谢能量、消耗碳代谢流和破坏细胞，甚至导致代谢休克。当遇到氧化还原扰动时，微生物会调整其代谢通道以实现细胞内氧化还原再平衡。因此可以通过调整氧化还原对的比率，寻求在不出现较大氧化还原波动的情况下使碳通量最大化流向目标途径。通过在大肠杆菌中敲除葡萄糖异构酶、过表达 NAD 激酶（NADK）或可溶性吡啶核苷酸转氢酶（soluble pyridine nucleotide transhydrogenase, UDHA），使 NADPH/NADP$^+$ 增加 67.1%，最终胸腺嘧啶产量提高了 5 倍。在酿酒酵母中异源表达乳酸乳球菌来源的 NADH 氧化酶和大肠杆菌来源的吡啶核苷酸转氢酶，使胞内 NADH/NAD$^+$ 比例降低 18%，丙酮酸产量提高了 30%。除了遇到氧化还原扰动外，还会存在辅因子合成及利用的亚细胞定位不同，而造成的不同区室间氧化还原失衡问题。如在酵母细胞中，核黄素在细胞质中合成，之后被运输至线粒体，通过单功能核黄素激酶（FMN1）和 FAD 合成酶（FAD1）进一步转化为 FMN (H$_2$) 和 FAD (H$_2$) 两种活跃形态，而 FAD (H$_2$) 通常在细胞质中利用，这导致线粒体中 FAD (H$_2$) 的浓度是细胞质的 10 倍以上，造成细胞质中 FAD (H$_2$)/FAD^{2+} 的比率失衡，限制了消耗 FAD (H$_2$) 的目标产物的合成。在产甘油假丝酵母咖啡酸合成过程中，通过强化前体物核黄素的合成、增加辅因子 FAD (H$_2$) 从线粒体向细胞质的转运以及提高催化对香豆酸合成咖啡酸的基因 *HpaB* 和 *HpaC* 的表达量，将细胞质中辅因子 FAD (H$_2$) 的浓度提高了 144.6%，中间代谢物对香豆酸的积累降低了 47.3%，咖啡酸产量提高了 54.7%。

（三）改变辅因子偏好性

微生物育种策略中还能利用辅因子偏好性进行相应的基因改造促进产物合成。酿酒酵母经改造可以使用乙酸盐（木质纤维素水解产物中的主要抑制剂）作为厌氧乙醇发酵过程中的共底物。然而，乙酸盐转化为乙醇的原代谢途径使用 NADH 特异性乙酰化乙醛脱氢酶和乙醇脱氢酶，其催化反应很快就会受到有限的 NADH 可用性的限制。通过引入 NADPH 依赖型乙醇脱氢酶不仅可以减少乙酸盐到乙醇途径的 NADH 需求，还可以利用缺氧条件下通过氧化戊糖磷酸途径产生的 NADPH。据此引入来自阿米巴虫的 NADPH 依赖型 ADH 并过表达 ACS2 和 ZWF1，乙酸盐消耗量增加了 43%，乙醇产量提高了 7%。利用微生物合成目标化合物时，一些情况下会消耗胞内的 NAD (P) H，同时消耗碳流产生多种副产物，然而还有一部分代谢途径中目的基因过表达会造成胞内积累过多的 NAD (P) H，使辅因子处于失衡状态，严重阻碍细胞生长和产物合成，育种时可以通过引入消耗 NAD (P) H 的物质合成途径来平衡。异戊二烯由甲羟戊酸（MVA）途径合成，同时产生过量的 NADPH。在大肠杆菌中合成异戊二烯时，为了平衡氧化还原辅因子，将异戊二烯合成与 1,3-丙二醇生产相结合，使异戊二烯途径中的过量 NADPH 被回收用于 1,3-丙二醇生产，异戊二烯和 1,3-丙二醇产量分别提高 3.3 倍和 4.3 倍。这种策略引入多条代谢途径生产不同产物，加强

NADH 和 NADPH 的转化利用，在细胞没有过多代谢负担的前提下，可以实现多种产物的高效合成。同理，咖啡酸生物合成途径消耗大量的 FAD（H$_2$），因此增强的咖啡酸生物合成途径会破坏细胞内 FAD（H$_2$）稳态。在拥有羟基酪醇的从头生物合成途径重组大肠杆菌中，引入来源于奇异变形杆菌（*Proteus mirabilis*）的 L-氨基酸脱氨酶（LAAD），增强 FAD 向 FAD（H$_2$）的转化，羟基酪醇产量提高了 9 倍。当细胞内辅因子失衡时，为了平衡细胞内的还原力，细胞通常会合成消耗 NADH 的副产物来降低 NADH 水平，或者通过消耗 O$_2$ 来氧化多余的 NADH。无论采用哪种方式，都会消耗额外的碳源同时降低经济性。通过对关键基因进行突变，从根本上改变关键酶对辅因子的偏好性是育种过程中另一方法。N-乙酰葡糖胺在谷氨酸棒杆菌中的合成会额外产生 3mol NADH，这可能会导致 NADH 在细胞内积累。通过数据库检索和蛋白质结构比较分析，对 NAD$^+$ 依赖性的 3-磷酸甘油醛脱氢酶和苹果酸脱氢酶进行定点突变，成功将这两种酶突变为 NADP$^+$ 依赖型，使细胞内辅因子更加平衡，N-乙酰葡糖胺的产量也提高了 0.34 倍。这些研究结果表明，合理设计改变关键酶辅因子的偏好性，是细胞平衡辅因子同时提高目标产物合成的有效策略。

（四）乙酰辅酶 A 优化代谢

利用辅因子调控碳代谢流，优化糖酵解、三羧酸循环等关键代谢途径的流量是微生物育种的又一种策略。乙酰辅酶 A（acetyl-CoA）是碳代谢和能量代谢的核心，在微生物细胞代谢中发挥着重要作用，是细胞正常生命活动和多种生物反应的一种辅因子（图 5-26）。在酿酒酵母中乙酰辅酶 A 的合成涉及多个代谢途径，其中最主要的途径都以丙酮酸作为前体进行合成。因此，在不同亚细胞中调节乙酰辅酶 A 的合成，改变亚细胞区室中乙酰辅酶 A 含量，能够对碳代谢流进行调控。线粒体中的丙酮酸经丙酮酸脱氢酶复合体（PDH）催化生成乙酰辅酶 A，将香叶醇的异源途径引入酿酒酵母线粒体中，以线粒体中的乙酰辅酶 A 作为底物，最终香叶醇产量提高 6 倍。细胞质的丙酮酸分别在丙酮酸脱羧酶（PDC）、乙醛脱氢酶（ALD）和乙酰辅酶 A 合酶（ACS）的作用下转化生成乙酰辅酶 A，通过过表达多胺氧化酶提高胞内辅酶 A 骨架物泛酸的量，从而提高胞内乙酰辅酶 A 的浓度，使正丁醇的产量提高了 0.47 倍。在解脂耶氏酵母中过表达柠檬酸裂合酶、苹果酸合酶，通过两步反应将线粒体产生的乙酰辅酶 A 转移到细胞质中，增加胞质中乙酰辅酶 A 的供应量，使桦木酸含量提高了 27%。除此之外，在过氧化物酶体和细胞核中也有一定量的乙酰辅酶 A 生成。通过强化酿酒酵母过氧化物酶体中的乙酰辅酶 A 合成 α-葎草烯，其最终产量提高了 2.5 倍；在酿酒酵母中通过敲除过氧化物酶体中的柠檬酸合酶，减少乙酰辅酶 A 的消耗，使 β-香树脂醇产量增加了近 330%（图 5-27）。此外，乙酰辅酶 A 作为代谢中间体广泛参与各种产物的合成过程，调控乙酰辅酶 A 含量进而影响代谢合成过程也是工业微生物育种的常用手段。目前以乙酰辅酶 A 为前体物的产品主要分为四大类，分别是长链脂肪酸及其衍生物如脂肪醇和脂肪酸、高能量密度烷烃如萜类固醇类化合物、多种氨基酸如亮氨酸和半胱氨酸、聚合物单体及其高性能聚合物如 1-丁醇和 3-羟基丙酸酯等。通过调节从乙酸到丙酮酸代谢、中心碳代谢以及 β-氧化途径，可以改变调节乙酰辅酶 A 含量、影响不同途径代谢通量。在大肠杆菌中过表达乙酰辅酶 A 合酶，增加从乙酸合成乙酰辅酶 A 通量，最终丙二酰辅酶 A 积累量提高了 4 倍。在大肠杆菌中过表达糖酵解途径的磷酸丙酮异构酶基因 *tpia* 和果糖二磷酸醛缩酶基因 *fbaa*，提高了乙酰辅酶 A 的合成通量，使聚-β-羟丁酸的产量增加了 4 倍。在大肠杆菌中过表达泛酸激酶基因 *pnak*，胞内辅酶 A 浓度增加了 10 倍，乙酰辅酶 A 浓度增加了 5 倍，促进了碳代谢流通量向乙酸合成途径的偏转，乙酸合成速率提高了 68%。通过敲除三羧酸途径中的延胡索酸酶基因 *fumb/c* 或琥珀酰辅酶 A 合成酶基因 *succ*，减少了乙

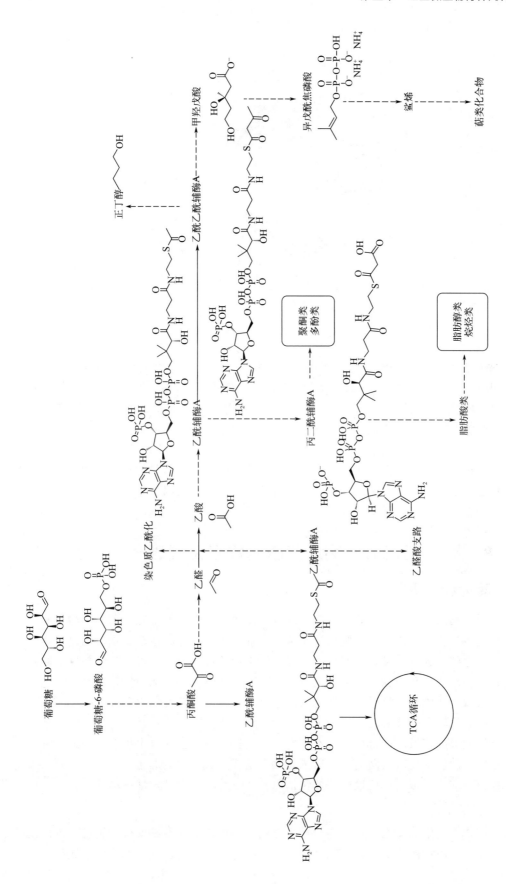

图5-26　乙酰辅酶A的应用

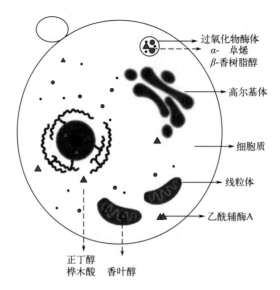

图 5-27　乙酰辅酶 A 亚细胞定位的应用

酰辅酶 A 的消耗，最终使丙二酰辅酶 A 的积累量提高了近 4 倍。在可以利用软脂酸的重组大肠杆菌中过表达 β-氧化途径中的脂酰辅酶 A 脱氢酶基因 *fade*、脂酰辅酶 A 合酶基因 *fadd*、脂肪酸氧化酶基因 *fadba* 和脂肪酸外膜孔蛋白基因 *fadl*，促进软脂酸合成乙酰辅酶 A，最终以乙酰辅酶 A 为前体的 3-羟基丙酸酯产量提高了 47%。

　　辅因子在代谢优化中扮演着至关重要的角色，是活细胞中几乎所有酶促反应的必需部分，参与了多种生物化学过程，包括能量转换、氧化还原平衡、信号传导、代谢途径的调控以及维持稳态的平衡，直接影响了细胞的生理特性，因此，从辅因子角度考虑对于工业微生物育种十分必要。

第三节　物质跨膜运输强化策略

一、转运和代谢

　　在工业微生物以碳水化合物为原料生产发酵产品的过程中，不管是将营养物质从胞外运至胞内，还是将自身的代谢产物从胞内运至胞外，都需要经过跨膜运输，物质的跨膜运输在其中占据重要地位。碳源的摄取速率决定了工业微生物的代谢效率，代谢产物的排出减缓了反馈抑制，胞内废物的泵出减轻了对细胞的毒害作用，胞内外的离子平衡维持了细胞的稳态。因此，对微生物中物质跨膜运输能力的改造是工业微生物育种的重要环节。

　　物质的跨膜运输主要有被动转运和主动转运两种方式。被动转运是指物质在浓度梯度的驱动下通过细胞膜的扩散而进行传输，不需要能量消耗，主要包括自由扩散和协助扩散。主动转运是指物质从低浓度区域向高浓度区域移动，这需要消耗细胞能量（ATP），通过细胞膜上的载体蛋白或离子泵进行传输，主要包括原发性主动转运和继发性主动转运。

（一）自由扩散

　　自由扩散作为微生物细胞的基本物质转运方式，在育种中有助于维持细胞稳定进而提升菌株生产性能。自由扩散是指不需要载体蛋白，将物质从高浓度区域向低浓度区域移动，不消耗细胞能量（ATP），是一种自然的物理过程。这种传输方式无需任何媒介，完全依赖物质的自身性质，包括氧气（O_2）、水（H_2O）、有机酸、乙醇和尿素等小分子物质的跨膜扩散。未解离形式的乙酸主要通过自由扩散进出细胞，在低 pH 条件下，乙酸通过酿酒酵母的水通道蛋白 FPS1P 促进扩散，以未解离形式进入细胞，在中性细胞质会解离成酸性阴离子和质子，质子伴随细胞质酸化诱导激活质膜 ATP 酶 PMALP 以泵出质子。在酿酒酵母中敲除编码通道蛋白 FPS1P 的基因 fps1，可将乙酸耐受浓度提高 33%，并且增加了乙酸胁迫下的生物量及乙醇产量。解离形式的乙酸需要转运蛋白系统的协助进入胞内。ACETR 家族是大肠杆菌中摄取乙酸的主要蛋白，包括 ACTP 和 YAAH 蛋白。在大肠杆菌中过表达 yaah 可以将乙酸的最大摄取速率提高 66%。

（二）协助扩散

协助扩散作为微生物细胞的重要物质转运方式，在工业微生物育种中能够减轻细胞受到的胁迫作用、提高发酵性能。协助扩散也能将物质从高浓度向低浓度移动，但是需要特定的蛋白质载体或通道来帮助物质通过细胞膜。这种方式不消耗细胞能量，但是速度比被动扩散快，因为蛋白质可以提供一个低阻力的路径。甘油的转运方式通常是协助扩散。由于质膜上的脂双分子层对甘油的通透率较低，细胞需要借助于膜上特异的通道蛋白来实现甘油的快速转运。协助甘油外排的甘油-水通道蛋白 FPS1 活性受到 HOG1 以及甘油通道调节蛋白 RGC1、RGC2 的控制。RGC2 在无渗透压力条件下结合到 FPS1 的羧基端胞质域使得其通道保持打开状态，促进甘油的外排。而在高渗透压下，被激活的 HOG1 作用于 FPS1 的氨基端胞质域，使得 RGC2 发生多重磷酸化并解除与 FPS1 的结合，从而导致甘油输出通道被关闭，最终使得胞内甘油发生大量的积累。在酿酒酵母中敲除甘油通道蛋白 FPS1，导致细胞内产生的甘油无法分泌到细胞外而在细胞内积累，对甘油合成途径造成反馈抑制，导致碳流由甘油代谢转向乙醇代谢，增加了乙醇产量。协助扩散除了能够调节胞内产物的浓度，减轻高浓度产物对合成途径的反馈抑制外，还能够平衡细胞稳态，减轻有害物质对细胞的毒害作用。微生物中甲酸转运依赖于 FNT 家族的甲酸转运蛋白，其中大肠杆菌依赖甲酸转运通道 FOCA 蛋白实现双向转运甲酸。中性条件下，甲酸在胞内积累，通过 FOCA 蛋白被动扩散至胞外。当 pH 较低时，甲酸经 FOCA 蛋白向细胞内转运，保持胞内甲酸的平衡。FOCA 蛋白结构上保守的孔隙残基 Thr91 和 His209 共同控制甲酸在 FOCA 蛋白通道中的转运，pH 变化影响 His209 的质子化状态，从而控制甲酸的摄取，Thr91 则直接参与 FOCA 外排甲酸。将大肠杆菌 FOCA 上第 209 位氨基酸替换为天冬酰胺或谷氨酰胺这两种不可质子化的氨基酸后，FOCA 突变体能够高效外排甲酸，细胞外甲酸的浓度提高了 3 倍。

（三）原发性主动转运

原发性主动转运是微生物细胞中金属离子、能量等重要物质的转运方式，在工业微生物育种能够强化细胞渗透压调节能力、平衡细胞能量。原发性主动转运是指细胞通过直接消耗代谢能量驱动某些特定物质从低浓度一侧向高浓度一侧的跨膜运输，并且不受其他物质的运输影响，包括钠钾泵、质子泵、ABC 转运蛋白等参与的转运过程。钠钾泵是一种存在于细胞膜上的蛋白质，利用 ATP 的能量，将胞内的 3 个 Na^+ 排出到细胞外，同时摄入 2 个 K^+ 到胞内使得细胞内外的离子浓度保持一定的比例，从而维持细胞的正常功能。质子泵又分为 P 型质子泵、V 型质子泵、F 型质子泵等。P 型质子泵主要分布在真核生物的细胞膜上，其特点是在转运 H^+ 的过程中涉及磷酸化和去磷酸化。载体蛋白利用 ATP 使自身磷酸化，发生构象的改变来转移质子或其他离子，如动物细胞的 Na^+-K^+ 泵、Ca^{2+} 离子泵，H^+-K^+

ATP 酶等；V 型质子泵分布在液泡膜、溶酶体膜、内吞体及高尔基体的囊泡膜等，水解 ATP 产生能量，但不发生自磷酸化，保持细胞质基质内中性 pH 和细胞器内的酸性 pH；F 型质子泵主要分布在线粒体膜上，由许多亚基构成的管状结构组成，H^+ 沿浓度梯度运动所释放的能量与 ATP 合成耦联起来称为 ATP 合酶（ATP synthase）。F 型质子泵不仅可以利用质子动力势将 ADP 转化成 ATP，也可以利用水解 ATP 释放的能量转移质子。在酿酒酵母中同时过表达钾泵基因 trk1 及质子泵基因 pma1，胞外更多钾离子的泵入和胞内更多 H^+ 的泵出缩小了跨膜离子浓度差，降低了胁迫下的离子泄漏速率，增强了乙醇耐受性，乙醇产量提高了 27%。ABC 转运蛋白（ATP-binding cassette transporter）作为最大的跨膜物质转运蛋白超家族之一，广泛存在于所有真核和原核生物中。在原核微生物中，通常通过质膜上的 ABC 转运蛋白将高浓度的离子转运到胞外；在真核生物中，除了质膜上的 ABC 转运蛋白外，液泡膜上的 ABC 转运蛋白也会将过高浓度的离子部分转移到液泡中储存起来。根据物质在细胞膜上的转运方向可将 ABC 转运蛋白分为内向转运蛋白（importer）和外向转运蛋白（exporter）。微生物通过内向转运蛋白吸收无机离子、糖类、氨基酸和多肽等营养物质，维持其正常的生命活动。与此同时，外向转运蛋白将微生物产生的代谢副产物或积聚的重金属离子等有毒有害物质排出细胞外，参与维持渗透压平衡、解毒等生理过程。将来源于子囊菌（*Grosmannia clavigera*）的转运蛋白 ABCG1 和来源于解脂耶氏酵母（*Yarrowia lipolytica*）的 ABC3 转运蛋白，分别引入酿酒酵母桧烯重组菌株中，促进了桧烯的外排，减少了胞内桧烯对细胞的毒害作用，菌体生物量提高了 43%，桧烯产量分别提高了 13.5% 和 34.5%。在酿酒酵母中，利用强启动子上调 pdr18 基因的转录水平，增加了 ABC 转运蛋白的表达，提高了细胞质膜的通透性，提高了细胞外排乙醇的能力，最终乙醇产量提高了 6%，产率提高了 17%。

（四）继发性主动转运

继发性主动转运是葡萄糖、葡萄糖酸等碳源的主要摄取方法，也是微生物代谢的限速步骤，是工业微生物育种中提高代谢效率的重要策略。继发性主动转运是指利用原发性主动转运产生的势能，通过同向转运体或逆向转运体逆浓度梯度转运，并消耗能量的过程。大肠杆菌中参与葡萄糖酸摄取的 GNTP 转运蛋白家族（包括 GNTU 蛋白、GNTK 蛋白、GNTT 蛋白和 GNTP 蛋白等）能够进行继发性主动转运。gntr 基因编码阻遏蛋白 GNTR，该蛋白能够阻遏 gntku 以及 gntt 的转录。葡萄糖酸能够解除 GNTR 的阻遏作用，使得葡萄糖酸激酶 GNTK 和葡萄糖摄取转运蛋白 GNTU、GNTT 表达，将摄入细胞的葡萄糖酸快速代谢。通过对阻遏蛋白的表达调控进而改变转运蛋白的转运效率，能够增加工业菌株的代谢能力，是工业微生物育种的重要方法。在重组大肠杆菌中敲除编码阻遏蛋白的基因 gntr，解除了阻遏蛋白 GNTR 对于摄取葡萄糖酸的限制，提高了重组菌的底物代谢能力，最终异丙醇的产量提高了 48%。

物质转运调控是工业微生物育种中的重要策略，它直接影响着代谢途径的效率和方向。细胞通过各种转运机制，如扩散、被动运输和主动运输等，将营养物质、代谢产物等在细胞内外进行有效分配，从而维持细胞内外环境的稳定、调节代谢途径的平衡。

二、发酵底物跨膜转运蛋白

碳源是微生物生长和代谢的首要原料，它为微生物提供了生长所需的碳含量，是微生物细胞中脂肪、蛋白质和核酸等有机物的主要组成部分。糖类是生物体中的重要碳源，在生物体的代谢过程中经过糖酵解和细胞呼吸等途径分解，产生能量。而糖转运蛋白的功能与活性是糖摄取的限制因素，是微生物生长代谢的决定因素之一。在工业微生物育种中，通过改造微生物的糖转运蛋白基因，优化其对其糖类物质的利用能力，通过调控糖转运蛋白的特异性，提高微生物糖代谢能力，从而满足工业生产中特定的需求，提高目标产物生产效率，是微生物育种的重要策略。

大多数酵母菌株因具耗糖和代谢迅速、产物产量高等优点而成为工业微生物育种的重要底盘细胞，但糖转运是控制细胞代谢的第一个限速步骤。因此，赋予微生物高效的糖摄取能力对目标化学品的高效生产至关重要。

（一）己糖转运及转录因子

以葡萄糖的转运调控机制为基础，调控葡萄糖传感蛋白或转录因子是工业微生物育种中常用的技术手段。酵母的糖转运系统研究多集中于模式菌株酿酒酵母，葡萄糖是酿酒酵母的最适碳源并具有复杂的转运调控机制。研究表明，在酿酒酵母的 6000 个功能基因中，已经发现至少有 271 个基因编码膜转运蛋白，而其中编码糖转运蛋白及其同源蛋白的基因家族是其中最大的家族，含有 5 个亚族的 35 个基因，包括麦芽糖通透酶亚族（Clusyer Ⅱ）和己糖转运酶亚族（HXT）。己糖转运酶亚族中己糖转运蛋白有 18 种，即 HXT1P～HXT17P 和 GAL2P。糖转运体的数量是转运速率的决定因素之一。

在酿酒酵母中，有三个信号传导途径（SNF1-MIG1、SNF3/RGT2、cAMP-PKA）参与糖转运蛋白数量的调控。其中，SNF3/RGT2 葡萄糖诱导途径（SRR 途径），调节细胞摄取葡萄糖；SNF1/MIG1 葡萄糖抑制途径，抑制非优先碳源利用相关基因的表达；cAMP-PKA 途径，负责感知细胞能量状态。在葡萄糖存在下，己糖转运体的转录依赖于这三个分支途径之间的串扰。MIG1 受 SNF1 蛋白激酶调控，当葡萄糖进入细胞时，迅速进入细胞核，去除葡萄糖后，它又迅速移回细胞质内。葡萄糖能够抑制 SNF1 激酶的活性，导致 MIG1 磷酸化不足而进入细胞核抑制基因的表达；除去葡萄糖激活 SNF1 激酶，导致 MIG1 磷酸化并离开细胞核，使葡萄糖抑制基因得到解阻遏。葡萄糖传感器 SNF3 和 RGT2 发出信号给酵母酪蛋白激酶复合物 YCK1/2；转录因子 MTH1 和 STD1 被 YCK1/2 磷酸化，并被 SCF^{Grr1} 泛素连接酶识别，然后被带到蛋白酶体降解；MTH1 的表达也受到 MIG1 和 CYC8-TUP1 的抑制，导致 MTH1 在细胞核中的快速耗竭；当核内缺乏 MTH1 或 STD1 时就会暴露出 RGT1 被 cAMP 偶联 PKA 的磷酸化位点，导致 CYC8-TUP1 不再与磷酸化的 RGT1 结合，使 RGT1 从己糖转运体的启动子上脱离，从而促使己糖转运体基因转录，提高己糖转运体数量（图 5-28）。敲除转录因子编码基因 mig1，重组菌株的糖转运蛋白 GAL 转录水平增加，MIG1 敲除菌的葡萄糖和甘油共利用能力得到进一步增强，红没药烯的产量提高了 82.2%。mig1 基因的敲除还有效提高了菌株葡萄糖和木糖的代谢能力，以葡萄糖为底物时，敲除菌株生物量提升了 1.24 倍；以木糖为唯一碳源时，敲除菌株的生物量提升了 1.19 倍，木糖利用速率提高了 1.6 倍。同时敲除糖转运蛋白转录抑制因子 MIG1 和 SNF1，木糖比消耗速率提高了 0.23 倍。

（二）调节糖转运膜蛋白的表达

除了在真菌中通过改造传感器蛋白或转录因子来调节糖转运系统外，细菌中也可以通过过表达或敲除转运系统中关键蛋白进行来调控糖转运速率。在细菌中，糖的吸收机制完全不同于真核生物，其对葡萄糖等单糖的吸收依赖于 PTS 系统，该酶系统属于磷酸转移酶家族。在细菌中，细胞外的葡萄糖进入 PTS 的糖转运通道后被磷酸化，然后以 6-磷酸葡萄糖的形式穿过细胞膜。大肠杆菌的细菌质膜由内膜和外膜组成，糖分子通过位于外膜上的非特异性

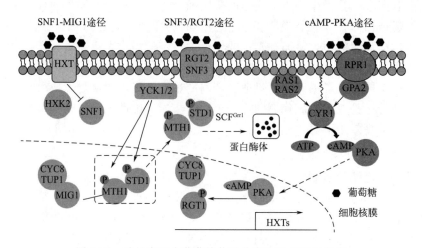

图 5-28　酵母中三个葡萄糖信号分支途径之间的串扰

OMPC、OMPF 和 LAMB 孔蛋白以自由扩散的方式进入周质空间；而后内膜上的特异性糖转运系统被激活，以主动运输的方式将周质空间的糖分子转运至细胞内。依赖于磷酸烯醇式丙酮酸（phosphoenol-pyruvic acid，PEP）的葡萄糖专一性磷酸转移酶系统（PTS^{Glc}）是大肠杆菌将周质空间内的葡萄糖转运至细胞内的主要运输途径。PTS^{Glc} 由四个蛋白质 EI（*ptsi*）、HPr（*ptsh*）、$EIIA^{Glc}$（*crr*）和 $EIIBC^{Glc}$（*ptsg*）组成，这些蛋白参与细胞内 PEP 与周质空间内葡萄糖间的磷酸级联传递。可溶性的 EI 和 HPr 蛋白是非底物专一性的，是所有磷酸转移酶系统中共有的组分，负责将细胞内 PEP 的磷酸基团传递给糖专一性的可溶性蛋白 $EIIA^{Glc}$ 和 $EIIBC^{Glc}$；糖专一性的膜整合蛋白 $EIIC^{Glc}$ 和 $EIID^{Glc}$ 负责识别糖分子，并接受 $EIIB^{Glc}$ 的磷酸，同时将周质空间内的糖分子磷酸化。通过这两个转运系统内质化的葡萄糖需要进一步经过 Glk（*glk*）催化并以 ATP 为磷酸供体将葡萄糖磷酸化为葡萄糖-6-磷酸，以进入糖酵解途径（图 5-29）。对葡萄糖代谢缓慢的赖氨酸生产菌谷氨酸棒杆菌（*Corynebacterium glutamicum*）进行基因工程改造，表达来源于谷氨酸棒杆菌 ATCC 13032 的 EII^{Glc} 基因 *ptsG*、肌醇透性酶基因 *iolt*1 和葡萄糖激酶基因 *ppgk*，重组菌生物量明显提高、发酵周期缩短 8~12h，L-赖氨酸产量提高了 16.4%~24.7%。

（三）己糖转运蛋白结构优化

糖转运蛋白的结构在其转运能力、偏好性及膜稳定性中起着重要作用，对糖转运蛋白结构的改造能够在育种中提高糖转运效率。葡萄糖转运蛋白 GLUT 归属于 MFS（major facilitator superfamily，主要易化子超家族）的 SP 亚家族，且都具有相似的结构，它们都有 12 个跨膜（TM）螺旋，其中前 6 个 TM 组成了 N 域，后 6 个 TM 组成了 C 域，而且这两个域中的 TM 都以一对反向的"3+3"重复集成。此外，跨膜螺旋两端的序列位于胞质侧，分别构成了 N 端和 C 端。酿酒酵母 ScHXT2 中 4 个跨膜段（TM1、TM5、TM7 和 TM8）决定了该转运体的葡萄糖转运活性。对 TM1 中关键残基 Leu59、Leu61，TM5 中关键残基 Leu201，TM7 中关键残基 Asn331，TM8 中关键残基 Phe336 这 5 个氨基酸进行点突变，能够降低转运蛋白的亲和力。将产甘油假丝酵母（*Candida glycerinogenes*）中 CgHXT5 跨膜段 TMs 逐一替换为 CgHXT4 的 TMs，构建了二者的 TM 嵌合体 CgHXT5.4TMs，低糖浓度下转运速率提升了 40%，高糖浓度下转运速率提升了 7.5 倍。糖转运蛋白依赖于质子梯度作为能量来源进行逆底物浓度梯度的转运，蛋白质表面的电荷分布会影响其与糖转运

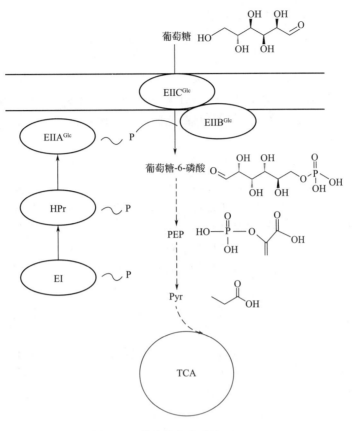

图 5-29　磷酸转移酶系统（PTS）

蛋白的相互作用，从而影响转运效率。将酿酒酵母 ScHXT2 第 291 位丙氨酸用带负电荷的谷氨酸、天冬氨酸、赖氨酸或精氨酸取代，均可显著改善纤维二糖发酵效率，其中突变体 HXT2.4（A291D）的转运效率值提高了 4 倍。在酿酒酵母中过表达来源于树干毕赤酵母的该转运蛋白突变体（HXT2.4^{A291D}），最终葡萄糖的转运能力提高了 1.3 倍。ScHXT1、ScHXT3、ScHXT5、ScHXT6 中的赖氨酸在糖转运蛋白膜稳定性中起重要作用，对酿酒酵母中转运蛋白 HXT1、HXT5 进行精氨酸替换突变，对转运蛋白 HXT3 及 HXT6 进行融合表达并突变，获得的 HXT36$^{K12R-K35R-K56R}$、HXT1$^{K12R-K27R-K35R-K59R}$、HXT5$^{K28R-K48R-K61R-K69R-K77R-K78R-K80R}$ 三种突变体均增加了蛋白质表面的正电荷密度，增强了蛋白质与细胞膜的相互作用，提高了膜稳定性，减少了糖转运蛋白的泛素化，提升了糖转运效率，进而影响细胞的生长和代谢。ScHXT1 中第 358 位残基天冬酰胺决定该转运体转运效率，将多形汉逊酵母（Ogataea polymorpha）糖转运蛋白 HXT1 进行点突变，获得 HXT1$^{N358A-K8R-K9R-K30R}$ 突变体，使菌株在葡萄糖和木糖下的乙醇产量分别提高了 17% 和 33%。

（四）戊糖转运蛋白育种应用

表达高活性糖转运蛋白，提高戊糖转运蛋白数量，是工业微生物育种中提高木糖利用效率的重要策略。酵母中的戊糖转运体研究较少，尽管有间型假丝酵母（Candida intermedia）、树干毕赤酵母（Scheffersomyces stipitis）、解脂耶氏酵母（Yarrowia lipolytica）、马克斯克鲁维酵母（Kluyveromyces marxianus）、季也蒙毕赤酵母（Pichia guilliermondii）和季也蒙迈耶氏酵母（Meyerozyma guilliermondii）等许多能够利用木糖的酵母，但因其无法进行大规模工业发酵，所以只能为木糖转运提供基因资源。在酿酒酵母中，部分己糖转运蛋白也能够转运木糖，包括 HXT1P、HXT2P、HXT4P、HXT5P、HXT11P、HXT7P 和 GAL2P。其中，HXT7P 和 GAL2P 对木糖的转运效率较高，但是这些转运蛋白对木糖的亲和力远低于葡萄糖，在木糖和葡萄糖同时存在时，葡萄糖会强烈抑制木糖的转运，限制了重组酵母对木糖的利用。将天然木糖利用型微生物的高木糖亲和力转运蛋白，如间型假丝酵母转运蛋白 GXF1P、树干毕赤酵母转运蛋白 SYT1P 在酿酒酵母中异源表达，能够分别将酿酒酵母木糖代谢能力提高 37% 和 56%。

（五）转运蛋白转运偏好性改造

除了异源表达高木糖亲和力转运蛋白外，对内源己糖转运蛋白进行分子改造，改变转运蛋白的转运效率和转运偏好性，也是工业微生物育种的重要手段。木糖转运蛋白的转运活性往往取决于某些保守序列和关键氨基酸位点，对 46 个木糖转运蛋白的序列分析，发现了糖转运蛋白第一跨膜区（TMS1）上存在保守序列"G-G/F-XXX-G"，通过对这一区域的氨基酸点突变，可以改变转运蛋白对特定糖类的选择性或影响转运体对葡萄糖的敏感性。间型假丝酵母来源的突变子 $GXS1^{V38F-L39I-F40M}$、树干毕赤酵母来源的突变子 $RGT2^{I38F-F40M}$ 和酿酒酵母来源的突变子 $HXT7^{V39I-F40M-D340M}$ 均由葡萄糖木糖共转运转变为特异性转运木糖，提高了木糖的利用率。在葡萄糖与木糖共同存在情况下，胞内会发生葡萄糖抑制，转运蛋白则优先转运葡萄糖，进而抑制了转运蛋白对木糖的转运，因此筛选解除葡萄糖抑制的木糖特异性转运蛋白突变子，对提高底盘细胞工业混糖共代谢速率意义重大。通过分子改造，将关键残基亲水性氨基酸天冬酰胺突变为疏水性氨基酸苯丙氨酸，增大了糖转运蛋白关键氨基酸残基尺寸，影响了糖转运蛋白与葡萄糖的结合，解除了葡萄糖的抑制作用，实现了木糖及葡萄糖的共转运。间型假丝酵母来源的突变子 GXS1-FIVFH497*、粗糙脉孢菌（*Neurospora rassa*）来源的突变子 AN25-R4.18 以及酿酒酵母内源的突变子 $HXT11^{N366 \text{ mutants}}$，均可以有效缓解葡萄糖对转运蛋白转运木糖活性的抑制；而酿酒酵母内源转运蛋白的点突变子 $GAL2^{N376F}$ 和 $HXT36^{N367F}$，以及来源于季也蒙酵母转运蛋白的突变子 $MGT05196^{N360F}$，则能够完全解除葡萄糖抑制，实现木糖的高效利用。在酿酒酵母木糖利用工业菌株中表达了源于季也蒙酵母转运蛋白突变子 $MGT05196^{N360F}$，使菌株的木糖代谢能力提高了 0.91 倍，增强了菌株的发酵性能。在多形汉逊酵母中过表达突变后的 $HXT1^{N358A}$，重组菌株可以同时利用葡萄糖和木糖，使得重组菌的乙醇产量升高 51.2%，乙醇转化率提高 35.5%。

糖转运蛋白是工业微生物细胞获取底物的关键组分，基于葡萄糖的转运调控机制，调控葡萄糖传感蛋白或转录因子、表达高活性糖转运蛋白、对糖转运蛋白结构进行改造以及改变内源糖转运蛋白的偏好性等手段能够提高工业微生物的糖转运效率，进而提高代谢能力，是工业微生物育种中的重要策略。

三、增强菌株跨膜运输效率

跨膜运输作为工业微生物摄取糖的第一步，控制着葡萄糖等碳源的吸收效率，进而影响后续代谢效能。增强菌株物质跨膜运输效率是工业微生物育种的重要方法，主要包括过表达糖转运蛋白以提高其数量、对糖转运蛋白进行翻译后修饰，以改变糖转运蛋白的转运效率、稳定性及降解数量。

（一）提高转运蛋白量

通过过表达转运蛋白，提高转运蛋白数量，进而提高菌株糖转运能力，是工业微生物育种中的常用策略。在酿酒酵母中过表达高亲和转运体 HXT7，显著提高了葡萄糖摄取速率，重组酿酒酵母糖转运能力提高了 25.2%，乙醇产量提高了 30.1%。在能够代谢木糖的重组酿酒酵母中，过表达糖转运蛋白 HXT1 使木糖消耗速率提高了 33.3%，乙醇产量提高了 42.1%。单纯过表达糖转运蛋白虽然能够增加转运蛋白数量，但受限于糖转运蛋白的底物亲和力、底物特异性以及翻译后修饰水平，改造效果并不稳定。

（二）转运蛋白的翻译后修饰

糖在发酵过程中的摄取速率，受限于糖转运蛋白的结构、功能以及转运蛋白的活性及数量，除了能对糖转运蛋白进行过表达改变转运蛋白数量外，还能够通过翻译后修饰调控。蛋白质的翻译后修饰是指对蛋白质进行共价加工的过程，通过在一个或几个氨基酸残基加上修饰基团或通过蛋白质水解剪切改变其性质。蛋白质的翻译后修饰不仅仅是一个"装饰"，它还调节着蛋白质的活性状态、定位、折叠以及蛋白质-蛋白质之间的交互作用等。常见的蛋白质翻译后修饰过程有磷酸化、糖基化、乙酰化、泛素化等。

1. 磷酸化

磷酸化是工业微生物育种中应用的翻译后修饰策略之一。磷酸化是蛋白翻译后修饰中最为广泛的共价修饰形式，同时也是原核生物和真核生物中最重要的调控修饰形式。磷酸化通过添加磷酸基团来改变蛋白质的活性、稳定性和与其他分子的相互作用。糖转运蛋白的磷酸化在微生物中通常是由磷酸转移酶系统（PTS）介导的，PTS 通过磷酸级联反应将糖及其衍生物进行磷酸化，然后运输到胞内，提高糖的转运效率。在细菌中，PTS 的组成和调控网络非常复杂，涉及多个组分，包括酶 I（EI）、组氨酸磷酸载体蛋白（HPR）、酶 II 复合物（EII）等。这些组分通过蛋白质-蛋白质相互作用，将外源信号（如营养物）与内源条件（如代谢通量）相连接，协调变化影响细胞的功能。磷酸化可以激活或抑制糖转运蛋白的活性。敲除大肠杆菌 PTS 系统的磷酸组氨酸转运蛋白基因 *ptsh* 和膜透性酶基因 *ptsg*，导致大肠杆菌不能利用 PTS 系统正常转运葡萄糖，只能通过半乳糖转运蛋白 GALP 系统等不消耗磷酸烯醇式丙酮酸的系统转运葡萄糖，可减少胞内磷酸烯醇式丙酮酸的消耗，最终使 L-苏氨酸产量提高了 38.02%。磷酸化还能够引起糖转运蛋白的构象变化，从而影响其与底物的亲和力和转运效率。对长双歧杆菌（*Bifidobacterium longum*）中 ABC 转运系统的糖结合蛋白 BL0034 关键丝氨酸位点进行磷酸化修饰，改变了该蛋白与木糖、果糖和核糖的结合区域并且提高了与 ATP 的结合能力，最终重组菌在上述三种糖中的生长速率分别提高了 34%、23% 及 17%。总之，磷酸化对糖转运蛋白的影响是多方面的，包括活性调节、代谢调控、信号传递以及结构和功能的改变，这些影响共同作用于微生物的糖代谢和整体生理状态。

2. 糖基化

糖基化提高细胞转运是工业微生物的育种策略之一。糖基化是低聚糖通过糖苷键与蛋白质上特定的氨基酸共价结合，在真核细胞中普遍存在，主要包括 *O*-糖基化、*N*-糖基化等。*N*-糖基化是一种新生肽链的共翻译或翻译后修饰方式，糖链通过与新生肽链中特定天冬酰胺（N-X-S/T，X≠P）的自由—NH$_2$ 基连接，因此被称为 *N*-连接的糖基化。这个过程主要在内质网（endoplasmic reticulum，ER）和高尔基体（golgi apparatus，GA）中进行。*N*-糖基化的过程包括 *N*-糖的合成、转移和修饰三个阶段。*N*-糖的合成和转移在内质网中进行，而修饰过程则在内质网和高尔基体中都存在。*O*-糖基化是一种蛋白质翻译和脂质合成后修饰过程，它涉及将糖链转移到多肽链的丝氨酸（S）、苏氨酸（T）或羟赖氨酸中羟基的氧原子上。这个过程是由不同的糖基转移酶催化的，每次添加一个单糖。*O*-糖基化的最后一步通常是加上唾液酸残基，这一反应发生在高尔基体的反面膜囊并转运至高尔基体的囊泡（TGN）中。糖基化在工业微生物中对转运蛋白的影响是多方面的，包括提高稳定性、改善活性、调节信号传导、影响定位等，这些影响共同作用于微生物的生理和代谢，在育种工作中具有重要意义。糖基化可以增加转运蛋白的结构稳定性，使其更耐受工业发酵环境中的高温、高渗和低 pH 等不良因素。PAT1 是一个保守的跨膜氨基酸转运蛋白，主要定位于细胞表面，对 PAT1 蛋白进行糖基化修饰，能够增加转运蛋白的稳定性。对其蛋白朝向细胞外区域的三个天冬酰胺残基 N174、N183 及 N470，进行糖基化位点突变，获得的突变蛋白 PAT1³ᴺᑫ 在细胞膜上的表达量提高了 1.5 倍。对酿酒酵母细胞膜上的离子协同转运蛋白 KCC4 第 331 位和 344 位的天冬酰胺进行糖基化修饰，恢复了在其低 pH 下钾离子和氯离子的转运功能，调节了细胞容积和维持细胞内离子平衡，菌株成活率提高了 82%，高渗条件下的乙醇产量提高了 37%。

3. 乙酰化

乙酰化也是工业微生物育种中利用翻译后修饰的策略。乙酰化修饰是一种普遍存在的、可逆且高度调控的蛋白质翻译后修饰方式，在几乎所有的生物学过程中都起重要调控作用。这种修饰涉及将乙酰基团（CH_3CO^-）添加到蛋白质的赖氨酸残基或蛋白质 N 端上，由乙酰基转移酶（HATS/KATS）和去乙酰化酶（HDACS/KDACS）共同调节。乙酰化修饰可以影响蛋白质的稳定性、酶活性、亚细胞定位和与其他翻译后修饰的串扰，以及控制蛋白质-蛋白质和蛋白质-DNA 相互作用等。通过对底盘菌株糖转运蛋白进行乙酰化修饰，能够促进糖转运效率，提高菌株代谢能力。在酿酒酵母中表达拟南芥中乙酰化修饰的木糖转运蛋白，重组菌在葡萄糖-木糖混糖发酵中对木糖的利用提高了 2.5 倍。在大肠杆菌中引入了乙酰化修饰的木糖特异性转运蛋白 XYLE 或 XYLFGH，在混糖发酵时对木糖的利用提高了 73%。将热带假丝酵母（*Candida tropicalis*）木糖转运基因 *At5g17010* 进行乙酰化修饰，提高了木糖摄取，进而使木糖醇的产量提高 25%。

4. 泛素化

泛素化也是工业微生物育种中常用的翻译后修饰策略。泛素化是一种蛋白质翻译后修饰过程，它通过将泛素（ubiquitin）分子共价连接到目标蛋白质上，从而调控蛋白质的功能、稳定性和定位等。泛素是一种含 76 个氨基酸的高保守性多肽，广泛存在于真核细胞中。被泛素标记的蛋白质会在蛋白酶体中被降解，由泛素控制的蛋白质降解不仅能够清除错误的蛋白质，还对细胞周期调控、DNA 修复、细胞生长等都有重要的调控作用。泛素控制蛋白质水解的整个过程是通过泛素-蛋白酶体系统（ubiquitin proteasome system，UPS）进行，介导了真核生物体内 80%～85% 的蛋白质降解。细胞质膜上的营养渗透酶被 Rsp5 泛素连接酶泛素化后，再被泛素结合受体识别，然后导致营养渗透酶从质膜上脱离并内吞；泛素化的营养渗透酶经过早期内体（EE）到达晚期内体（LE）；营养渗透酶也可在跨高尔基网络（TGN）中被 Rsp5 泛素化，并在 GGA 适配蛋白的作用下直接被分拣到晚期内体；在 GGA 蛋白的帮助下，在晚期内体传递的泛素化渗透酶被四个运输所需的内体分选复合物（ESCRT）分拣到多泡体（MVB）途径，然后由液泡蛋白酶降解（图 5-30）。泛素化可以标记糖转运蛋白，使其被蛋白酶体识别并降解，从而调节糖转运体的蛋白质含量，这种调控机制有助于微生物适应不同的营养条件。如在营养物质匮乏时，通过降解多余的糖转运蛋白来节省能量。酿酒酵母在葡萄糖饥饿条件下，分布在 ScHXT1 N 端的两个赖氨酸残基（K12 和 K59）会进行泛素化，使得己糖转运体能够被识别并移除，从而有效降低其在质膜上的数量，延缓了细胞对葡萄糖的摄取和利用速率，维持了在低生长速率下的代谢稳定，菌株成活率可以提高373％。泛素化还可以调节糖转运蛋白的活性，影响微生物对碳源及氮源的利用，进而调节细胞生长和代谢。通过对大肠杆菌葡萄糖转运蛋白进行泛素化修饰，降低葡萄糖的摄取率，缓解了碳溢流现象，减少乙酸的产生，降低了培养环境酸化程度及生长抑制，促进了碳通量分布重定向，番茄红素产量提高了37％。酿酒酵母中的转运蛋白AGP1P的泛素化受到不同氮源的影响，泛素化位点的突变可以显著影响其泛素化过程，从而改变细胞对氮源的利用。泛素化还能够调控糖转运蛋白的膜定位稳定性，对其中赖氨酸残基进行点突变，能够改变氨基酸残基与带负电荷的分子或区域的相互作用，提高膜的稳定性，从而增强菌株的发酵性能。通过将ScHXT36 N端的三个赖氨酸残基K12、K25以及K56突变为精氨酸，显著提升了该己糖转运体的膜定位稳定性，工程菌株的糖摄取能力提高了30％。在具有高效糖转运能力的产甘油假丝酵母中，将糖转运蛋白CgHXT4中2个潜在泛素化位点K9和K538进行丙氨酸突变，提高了突变体在高浓度葡萄糖发酵过程中的膜定位稳定性及耐受性，最终将未脱毒甘蔗渣水解液中的乙醇产量提高了25％。

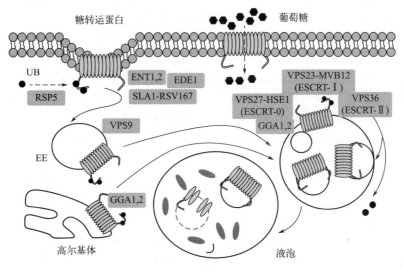

图 5-30 酵母糖转运体的泛素化降解

增强物质跨膜运输效率是工业微生物育种中的一个重要环节，它直接关系到微生物对营养物质的吸收效率和代谢产物的产出。通过对微生物的转运蛋白数量和结构进行工程化改造，可以增强物质的跨膜效率，从而提高微生物的生长速度和代谢效率。

第四节　强化鲁棒性策略

一、鲁棒性（抗逆）与发酵性能

生物系统在受到外部环境扰动或内部参数变化等不确定因素干扰时，能够保持其结构和功能稳定的一种特性，称为生物鲁棒性。鲁棒性强的菌株能够更好地在各种环境下生长和生产。微生物作为细胞工厂能够将各种原料转化生成药物、生物燃料、生物材料和化学品，但生产过程中，菌株常常面临各种胁迫条件，如极端的温度和pH、渗透压、氧化压力、有机溶剂、高浓度底物、有毒的产物或副产物等。在这些胁迫条件下，菌株的生长性能和代谢活力明显受到抑制，有时甚至完全丧失，这严重影响了其生产效率。因此，强化菌株的鲁棒性

（抗逆）是发酵工业需求之一。

在工业微生物育种中，具有足够抗逆性的菌株是工业发酵的普遍要求。很多发酵产品具有生物胁迫性，但在工业生产中，必须高效积累这些毒性化合物才具有经济上的可行性。乙醇是酵母细胞在发酵过程中面临的主要胁迫因子，乙醇浓度的增加会影响质膜流动性，导致离子平衡丧失和细胞膜组成变化，从而抑制酵母的生长和代谢。此外，在高浓度乙醇下，营养素吸收会减少且同时伴随蛋白质的变性。为解决乙醇毒性对菌株生长与发酵能力的影响，一般选取高乙醇耐受性的酿酒酵母，这些菌株能够耐受 15％～20％乙醇的能力，其有机溶剂耐受性的特性在工业发酵中具有重要作用。

酵母高温耐受性与发酵性能的研究主要集中于酿酒酵母，乙醇发酵生产过程为放热反应。在标准压力、标准温度下，乙醇的标准摩尔生成焓是－227.69kJ/mol，生产 1t 乙醇释放约 1.7×10^6 kJ 热量，大量热量使发酵温度升高，菌株代谢生长受抑制，致使乙醇发酵受到严重影响。为维持酵母的最适生长温度（30℃）需要额外提供约 70t 冷却水并配置相应的冷却设备。尽管通过冷却方式可以解决发酵升温问题，但能耗大、生产成本大，因此从育种层面提高生产菌株温度耐受性是解决高温发酵缺陷的有效方法。

嗜盐微生物在工业及环境领域内有着潜在的应用价值，特别是在传统发酵食品的高盐加工领域。鲁氏酵母和嗜盐古菌是其中两个典型的例子，鲁氏酵母是酱油生产中参与酱油酿造的重要微生物，该菌可以在高盐环境下生长并进行酒精发酵，同时进行着各种香气成分、酯类和多元醇的合成。此外，鲁氏酵母可以增加酱油中琥珀酸的含量，有效提升酱油的风味。鱼露是由鱼在高盐下经过长时间发酵，利用嗜盐细菌胞外高活性蛋白酶分解鱼蛋白，产生含有可溶性蛋白质、肽和氨基酸混合物的液体产品，其赋予产品强烈的鲜味和独特的复杂味道。嗜盐古菌是鱼露发酵中的优势类群，占盐渍发酵鱼产品中总微生物群落的 74％以上，具有耐盐性且高产胞外蛋白酶。把嗜盐古菌应用于改善传统鱼露发酵，获得了风味、营养和安全性俱佳的新型鱼露。研究发现，嗜盐古菌产生的蛋白酶和亚硝酸盐还原酶，可使发酵海产品口味异常鲜美，特别是和传统腌制发酵食品相比，亚硝酸盐含量可以降低 60％，具有更好的食品安全性。因此，工业菌株的盐耐受性对于含盐较高的发酵生产十分重要。

此外，在工业发酵和食品加工中，发酵过程中产生的产物可以通过改变环境 pH 等影响菌株发酵性能。因此，在工业微生物育种中，增强菌株耐高温、耐 pH、耐渗透压胁迫、耐有毒产物等抗逆性能是提高菌株发酵性能的重要策略。

二、抗逆元件与鲁棒性/菌株表型之间的关系

在利用微生物进行目标产品生产的过程中，随着发酵不断进行，细胞会逐渐面临由于自身代谢或者发酵工艺引起的环境压力，诸如氧化胁迫、高渗透压、酸碱压力及高温等。微生物通过巩固壁膜屏障增强胁迫防御能力，加快应激反应提高损伤修复能力等，以确保自身在压力条件下生存。菌株在抵御外界环境胁迫时，即抗逆或鲁棒性，需要相关的生物元件（抗逆元件），这些元件主要包括调控细胞壁和细胞膜、DNA 修复、氧化应激、相容性溶质、能量产生和信号转导的相关基因以及外排泵、热激蛋白和全局转录因子等（表 5-3）。

表 5-3　抗逆元件与鲁棒性/菌株表型之间的关系

发酵影响因素	抗逆元件	对菌株鲁棒性的价值
酸碱压力	细胞壁/膜、转录因子、外排泵、分子伴侣等	阻止一些酸性物质扩散进入细胞，维持胞内稳态

发酵影响因素	抗逆元件	对菌株鲁棒性的价值
高温	细胞壁/膜、热激蛋白等	巩固壁膜屏障增强胁迫防御能力，加快应激反应，提高损伤修复能力
高浓度底物	相容性物质甘油等	调节胞内外渗透压平衡
有毒物质	细胞壁/膜、热激蛋白、海藻糖、脯氨酸、谷胱甘肽等	提高环境耐受力，稳定细胞生长和生产水平

工业微生物在发酵过程中会面对环境和自身产生的各类酸性物质，这些酸性物质会引起细胞膜解偶联、影响核糖体 RNA 和 DNA 的功能、抑制细胞内酶的活性水平，最终影响菌株的生长和代谢。微生物具有适应一定 pH 值波动的能力，可以通过细胞壁重构、改变细胞膜组分、调控胞内质子浓度、保护和修复生物大分子等耐受机制来应对酸胁迫。细胞壁具有高度动态性，酵母细胞壁的组成和结构会由于环境压力发生动态变化，通过细胞壁重构对环境压力进行应答。酿酒酵母在酸胁迫时，参与细胞壁合成和影响其相关功能的基因如 *spi1* 和 *sed1* 上调，导致与胁迫反应相关的细胞壁蛋白增加，能阻止一些酸性物质扩散进入细胞。在酸胁迫条件下，膜脂成分发生巨大变化，主要体现在饱和/不饱和脂肪酸比例和平均脂链长度等的变化。膜脂成分的变化依赖于酶的修饰，环丙烷脂肪酸合成酶（cyclopropane fatty acid synthetase，CFAS）催化亚甲基从 S-腺苷蛋氨酸转移到不饱和脂肪酸，生成环丙烷脂肪酸（cyclopropane fatty acid，CFA），从而降低不饱和脂肪酸含量和细胞膜流动性，维持胞内稳态。当微生物正常代谢受到酸胁迫影响时，一些与酸调节相关的转录因子如 HAA1 被激活，HAA1 在激活以后与靶基因启动子上的顺式作用元件发生特异性相互作用，能调控 80% 与乙酸响应相关基因的表达水平，如细胞壁和细胞膜代谢相关基因，进而提高菌株应对酸胁迫的能力。另外，微生物通过分子外排泵可以将胞内的质子排至胞外空间从而保护细胞免受酸性物质的影响。在低 pH 环境中，编码羧酸分子外排泵 Pdr12p 的基因表达上调，提高了酵母耐受一元羧酸的能力。酸胁迫下，胞内分子伴侣 GROEL 的 *groel* 基因的表达水平上升，恢复或加速清除细胞内的变性蛋白质，使细胞处于稳态并产生耐受性。

在工业发酵过程中往往会遇到温度升高的情况，进而破坏细胞壁结构完整性，导致细胞膜的流动性增大甚至破裂，使酶蛋白变性失去催化活性。高温胁迫下，微生物具有一定的适应能力，即通过巩固壁膜屏障增强胁迫防御能力，加快应激反应提高损伤修复能力等耐受机制来响应热胁迫。细胞壁是微生物与外界环境分隔的重要生物学屏障，除维持细胞的形状外，还能有效地阻止异物的进入和抵抗环境中温度的变化。高温下，酵母通过减少细胞膜中高比例的饱和脂肪酸来应对热胁迫的损伤，同时甾醇合成途径相关基因 *erg2*、*erg3* 和 *erg6* 等表达水平升高，导致细胞膜中麦角固醇含量增加，防止细胞外物质自由进入细胞，保证细胞内环境的相对稳定，为酶的组装提供合适的基质，使各种生化反应能够有序运行。热激蛋白（heat shock proteins，HSPs）负责蛋白质的折叠、组装、转运与降解，并能在胁迫下协助蛋白质复性，重建正常的蛋白质构象从而恢复细胞稳态，在酵母热抗逆应答机制中起关键作用。当发酵温度升高时，热激转录因子激活，引起编码热激蛋白的基因转录上调，增加热激蛋白的表达，进一步提高细胞内可溶性蛋白、超氧化物歧化酶（SOD）、膜 ATP 酶和质子泵的热稳定性，保护细胞免受热损伤，使细胞正常生长。

在工业发酵过程中，发酵培养基中的高浓度底物、发酵过程中产生的有毒产物和水解液中含有的有毒物质（如糠醛）等影响并扰动细胞生长和生产能力。当酵母受到底物高渗透压胁迫时，会激活高渗甘油应答（high osmolarity glycerol pathway，HOG）途径，迅速上调甘油途径，胞内甘油的积累可以增强菌株适应高渗压力的能力。代谢物胁迫主要来源于乙醇等醇类物质，或者有机酸和氨基酸等亲水性代谢物，这些代谢物的不断积累导致微生物胞内外微环境剧变、微生物细胞壁膜组分与功能受损。随着发酵液中乙醇的增加，细胞形态发生变化、骨架出现疏散，质膜移动梯度动力变小，膜的流动性和渗透性增加，菌体生长受到抑制。酿酒酵母受到乙醇胁迫时，上调细胞壁完整性信号（CWI）途径中细胞壁生物合成基因 *fks2*、*crh1* 和 *pir3*（分别编码 β-1,3-葡聚糖合酶，几丁质转糖基酶和 O-糖基化细胞壁蛋白）来诱导细胞壁重塑。质膜单不饱和长链脂肪酸（例如油酸）、麦角甾醇增多，增强细胞膜的坚韧性、减少膜的流动性。此外，海藻糖、脯氨酸、热激蛋白等物质的积累可以防止蛋白质变性、减少膜的渗透性改变，有利于酿酒酵母耐受高浓度乙醇。

由于秸秆等水解液中含有许多对酵母菌生长抑制的物质，如糠醛、弱酸以及酚类等。其中糠醛的抑制作用较强，能诱导胞内活性氧（ROS）的积累，从而损伤线粒体和液泡膜。酵母能将糠醛还原成糠醇，但该化学过程会导致辅酶的大量消耗，抗氧化蛋白失活，影响胞内代谢。当受到糠醛胁迫时，酿酒酵母中 *gln1* 基因的表达水平上调，提高胞内谷胱甘肽含量，同时增强 NADH 氧化酶活性，降低胞内 ROS 的积累，避免细胞线粒体和液泡膜的损害，维持细胞生理代谢。

发酵过程中，微生物面临各种胁迫条件制约菌株活力和生产性能。微生物的胁迫耐受性受到胞内多个代谢途径和生理系统的调控。因此，挖掘和应用增强菌株胁迫耐受性的抗逆元件是构建高效微生物细胞工厂的有效手段。目前，已报道的微生物抗逆元件涉及转录、翻译、代谢等层面并具有较好的应用效果，为工业微生物的育种提供了多种策略和基因元件。

三、HOG 的高糖和渗透压鲁棒性应答

在发酵工业中，糖是大多数发酵产品的主要碳源和原料。葡萄糖浓度一般在 100～200g/L，为中低浓度发酵，主要缺点为发酵液底物浓度低、水耗高、发酵罐和工艺设备体积大、设备生产率低，发酵液产品含量低、蒸发量大、能耗高、提取成本高等。而高糖浓醪发酵可以有效解决上述问题。高糖发酵可以提高生产能力、降低能耗、节约工艺用水和实现清洁生产。然而含有高浓度葡萄糖等原料的发酵醪液渗透压较高，引起细胞内水分活度、细胞质组成发生显著变化，细胞膜和菌体内的代谢受到破坏，从而抑制菌株的生长和发酵。选育耐高糖和渗透压强的菌株是工业微生物育种中提高发酵效率、经济效益和节能环保的一个重要方向。

微生物的渗透压鲁棒性应答研究比较明确的是高渗甘油应答途径（HOG）。HOG 是真核生物中进化较为保守的信号应答传递系统，它在细胞的抗逆境应激响应，尤其是耐高渗透压、耐氧化胁迫和耐有机酸中都有着极为重要的作用。目前对其系统性的研究多集中于模式菌株酿酒酵母和一些致病性真菌等。HOG 的上游部分是丝裂原活化蛋白激酶（MAPK）级联系统，MAPK 是由受体和下游传感器组成的关键信号模块，可感知内源性或外源性刺激。酿酒酵母中的 HOG-MAPK 级联由 4 个蛋白激酶组成：SSK2/SSK22 MAPKKK、STE11 MAPKKK、PBS2 MAPKK 和 HOG1 MAPK（图 5-31）。在 MAPK 级联的上游有两个跨膜的渗透压信号感受器并由此构成 HOG 途径的两条分支途径：一个主要由 SHO1 和 STE11 蛋白组成（SHO1 分支途径）；另一个由 SLN1，YPD1 和 SSK1 三个蛋白组成的双组分系统构成（SLN1 分支途径）。任意一条上游支路的激活均可引起 HOG1 的 THR174 和 TYR176 氨基酸残基双重磷酸化，从而导致 HOG1 由细胞质转移至细胞核内，并激活多个转录因子（HOT1、MSN2/MSN4 和 SKO1 等）。这些反式转录因子通过与一些顺式作用元件结合调节受渗透压诱导型基因（*gpd1*、 *hsp12* 和 *ddr1* 等）的表达，从而对渗透压做出应答。

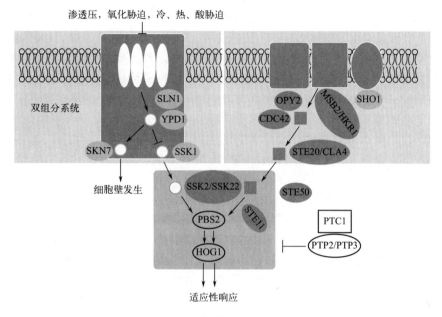

图 5-31 酿酒酵母的高渗甘油信号途径示意图

从进化的角度上看，HOG 途径存在两条功能相似的分支途径似乎是冗余的，但实际上这两条分支途径有其不同的分工。SLN1 分支能感应细胞的膨胀，它在适度渗透压下激活。而 SHO1 分支中的部分组分（如 STE11）是多个信号转导途径（如 CWI 途径等）所共有的。SLN1 分支途径中的 SLN1 是一个组氨酸激酶反应调节蛋白，是 SLN1 分支的渗透压感受器。YPD1 是一个组氨酸磷酸转移蛋白，SSK1 也是反应调节蛋白。正常环境下，感应蛋白 SLN1 的组氨酸自身磷酸化，磷酸基团转移到 YPD1 反应调节结构域的组氨酸，又转移到 SSK1 反应调节结构域的天冬氨酸，阻碍其与下游的 SSK2 相互作用，从而阻断信号途径。当受到渗透压胁迫时，膨压急剧降低，细胞溶质体积缩小，从而引起细胞膜与细胞壁之间的距离加大，SLN1 因为两者之间的距离变化而被激活，由膜上的均匀分布状态迅速聚集成点状结构，SLN1 的组氨酸激酶活性被抑制，导致下游 YPD1 和 SSK1 不能被磷酸化，非磷酸化的 SSK1 能够与 MAPKKK SSK2 或 SSK22 相结合，引起它们的自身磷酸化并被激活，激活的 SSK2 或 SSK22 进而磷酸化并激活下游的 MAPKK PBS2，从而引起 HOG 的磷酸化和激活。SHO1 分支包括跨膜蛋白 SHO1，P21 激活蛋白激酶 STE20，具有 SAM 结构域的蛋白 STE50，GTP 酶 CDC42 和 STE11。SHO1 包括 4 个跨膜结构域和一个胞质 SH3 结构域，该结构域可以与 PBS2 的 N 末端多聚脯氨酸结构域相结合，构成以 SHO1 为核心的多组分信号转导复合物，激活 HOG 途径。SHO1 的主要功能是将 PBS2 带到细胞膜的极性生长位点，但并不专一激活 HOG 途径。SHO1 和 SLN1 分支途径中的蛋白因子 SHO1、SSK2（SSK22）或 STE11 缺失，细胞仍然能够在渗透压条件下依赖于 PBS2 激活 HOG1。然而，酿酒酵母的 HOG 途径仅对耐中低渗透具有一定作用。

近年来发现，工业菌株产甘油假丝酵母（*Candida glycerinogenes*）能够耐超高渗透压并具备强抗逆性能，拥有特殊的、比酿酒酵母更高效的 CgHOG 途径，对生物相容性物质合成基因的表达调控更加迅速、强度更高。产甘油假丝酵母的 HOG 途径对渗透压信号的传递缺少了黏蛋白 MSB2 和 HKR1 故不经过 SHO1 分支途径，而且 STE11 MAPKKK 上缺少了与 STE50 相结合的 SAM 结构域，所以与已知的其他酵母相比对渗透压的应激响应仅经过 SLN1 分支途径，响应更直接迅速，其对渗透压的耐受更加依赖 HOG1 分子、响应更强。渗透压激活产甘油假丝酵母 HOG1 使其发生磷酸化，进一步调控下游基因和蛋白，除迅速上调甘油途径表达外，还包括糖转运蛋白家族成员 Stl1、γ-氨基丁酸转运相关的基因等。

部分霉菌也具有 HOG 途径，环境胁迫下 HOG-MAPK 途径对霉菌毒素的形成具有调控作用。霉菌 HOG-MAPK 途径中关键基因 *sln1*、*sho1*、*ste11*、*ssk2*、*pbs2* 和 *hog1* 在应对渗透压胁迫、氧化胁迫等不同环境胁迫时发挥功能，HOG-MAPK 途径可以响应多种环境信号，并参与调控黄曲霉、赭曲霉等致病真菌的生长和黄曲霉毒素（aflatoxin）、赭曲霉毒素（ochratoxin）等真菌毒素的产生。HOG-MAPK 途径对真菌毒素调控机制的研究可为食品和饲料等农产品真菌毒素的防控提供理论基础和指导方向。

四、抗逆元件强化菌株鲁棒性

在微生物育种和工业发酵中，提升菌体鲁棒性需要相关抗逆元件，优化抗逆元件的表达是增强菌株鲁棒性的重要方法。近年来，人们通过巩固壁膜屏障增强胁迫抵抗能力、加快应激反应、提高损伤修复能力等获得鲁棒性增强的工业微生物，进而改善其生产性能的策略展现出良好的效果。

（一）细胞膜组成调控元件强化菌株鲁棒性

细胞最外层有一层膜状结构，即细胞膜（cell membrane），可以维持细胞内环境的稳定，而且还负责细胞与外界环境进行信息传递和物质交换。所以细胞膜是外界胁迫条件作用细胞的首要靶点，也为细胞膜蛋白的组装和功能提供合适的基质。当面对压力环境时，微生物细胞通过调节细胞膜成分（如脂肪酸、甾醇、转运蛋白等）来改变细胞膜的完整性、流动性和通透性，以维持细胞膜稳态，对压力环境做出响应。因此，细胞膜合成、组装相关基因的改造在工业微生物育种中能有效增强微生物的耐受性。

1. 调节细胞膜脂肪酸不饱和度

在不同的育种研究中发现，细胞膜脂肪酸饱和度的变化对菌株鲁棒性具有不同的影响。酰基-酰基载体蛋白硫酯酶负责水解饱和或不饱和脂肪酸上的酰基-ACPs 产生游离脂肪酸。不同来源的硫酯酶具有不同的底物偏好性，地衣芽孢杆菌（*Bacillus licheniformis*）Y412MC10 的硫酯酶（GEOTE）主要水解中等链长、不饱和脂肪酸的酰基 ACPs。加州桂（*Umbellularia californica*）的硫酯酶（BTE）则主要水解饱和 C_{12}-酰基 ACPs，也能水解不饱和的 C_{12}、饱和或不饱的 C_{14}-酰基 ACPs。将上述底物偏好性不同的硫酯酶分别导入大肠杆菌 RL08ara 后发现，单独表达 GEOTE 降低了细胞膜不饱和脂肪酸含量，菌株对游离脂肪酸表现出更强的耐受性。环丙烷脂肪酸合成酶可以将膜磷脂中不饱和脂肪酸的双键打开，然后利用 S-腺苷蛋氨酸提供的甲基，将其环化形成环丙烷。通过提高环丙烷浓度并降低不饱和脂肪酸含量改变细胞膜组分，可以提高细菌对不利生长环境的耐受性。过表达环丙烷脂肪酸合成酶（CFA）提高了环丙烷脂肪酸（$cycC_{19:0}$）及其前体物质油酸的含量，增强了乳酸乳球菌（*Lactococcus lactis*）亚种 TOMSC161 的冷冻和干燥胁迫耐受性、长双歧杆菌（*Bifidobacterium longum*）JDY1017dpH 和短双歧杆菌（*Bifidobacterium breve*）的耐酸性。

ole1 编码的 OLE1p（Δ^9-脂肪酸去饱和酶）催化饱和脂肪酸（如 $C_{16:0}$ 和 $C_{18:0}$）的去饱和反应，是脂肪合成、维持能量平衡的一个关键酶。它在饱和脂肪酸棕榈酸（$C_{16:0}$）和硬脂酸（$C_{18:0}$）的第 9 位和 10 位碳原子间引入双键，分别转变为单不饱和脂肪酸棕榈油酸

（$C_{16:1n-7}$）和油酸（$C_{18:1n-9}$）。这些单不饱和脂肪酸是合成膜磷脂、甘油三酯、胆固醇酯和蜡酯等脂类的重要底物。OLE1p的过表达提高了酿酒酵母细胞膜不饱和脂肪酸的含量，提高了重组菌对醋酸等各种胁迫物质的耐受性。

在大肠杆菌MG1655中过表达磷脂酰丝氨酸合酶PSSA增加了磷脂酰乙醇胺和反式不饱和脂肪酸，抑制了C_8有机酸进入细胞膜疏水核心区，导致细胞膜完整性增加、细胞膜和疏水核心区厚度增大，提高了大肠杆菌MG1655对C_8有机酸的耐受性。PSSA过表达菌株对酸处理木质纤维素过程中产生的相关抑制剂（如呋喃类化合物、弱羧酸类化合物和酚类单体等）也表现出更强的耐受性，能够较大程度地利用木质纤维素水解液，进一步提高辛酸和总脂肪酸的合成能力。同样，在铜绿假单胞菌（*Pseudomonas aeruginosa*）中过表达的顺反异构酶CTI，不仅可以增加磷脂酰乙醇胺和反式不饱和脂肪酸的含量，还能增强细胞膜刚性，使菌株对其他生物产品的耐受性也明显增强，比如重组菌株的苯乙烯产量比对照菌株提高了10.4%。此外，上述两个工程菌株对常见的胁迫条件也表现出更高的耐受性，提高了菌株的生产性能。

2. 增加细胞膜脂肪酸含量

乙酰辅酶A羧化酶（ACC）是一种复杂的多功能酶系统，可催化乙酰辅酶A羧化为丙二酰辅酶A，是脂肪酸合成中的限速步骤。其突变体$acc1^{S1157A}$在酿酒酵母BY4741的表达使菌株的辛酸最小致死浓度提高1倍。这种耐受性的增强与脂肪酸链平均长度增大和脂肪酸含量变化（如硬脂酸和油酸含量的增加等）共同导致的细胞完整性增加密切相关。此外，突变菌株对其他高价值生物产品和各种膜抑制剂的耐受性也明显增强。

Ⅱ型脂肪酸合成途径（FAS-Ⅱ）是细菌体内进行饱和/不饱和脂肪酸合成的唯一必需途径，FAS-Ⅱ由一系列单一基因编码的可溶性酶组成，通过依次循环式的识别和催化由酰基载体蛋白（ACP）共价携带的脂肪酸碳链底物来实现特定长度饱和/不饱和脂肪酸碳链的延长和合成。如图5-32所示，*fabA*（编码有双功能的3-羟基脂酰-ACP脱水异构酶）、*fabB*（编码的3-酮基脂酰ACP合成酶Ⅰ）、*fabD*（编码丙二酸单酰CoA：ACP转酰基酶）、*fabF*（编码3-酮基脂酰ACP合成酶Ⅱ）是FAS-Ⅱ合成过程中的4个相关基因。其中，FABD是脂肪酸合成过程中的重要限速酶，能够催化丙二酸单酰辅酶A转化为丙二酸单酰-ACP，在大肠杆菌MDB5中过表达FABD增加了总脂肪酸含量，增强了对正丁醇的耐受性。*fabB*和*fabF*催化脂酰ACP与丙二酸单酰ACP发生聚合，生产3-酮脂酰-ACP，是脂肪酸合成的关键步骤。过表达FABB和FABF不仅增加了体内总脂肪酸的含量，还增加了细胞膜的流动性和刚性，提高了重组菌株对低级醇的耐受性。

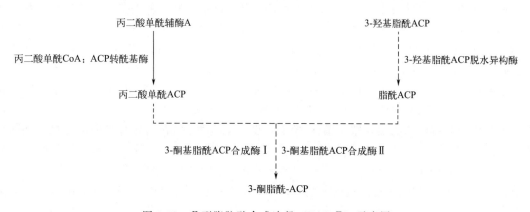

图 5-32　Ⅱ型脂肪酸合成途径（FAS-Ⅱ）示意图

2-酰基-甘油磷酰乙醇胺酰基转移酶/酰基 ACP 合成酶（AASS，由 *aass* 基因编码）是催化中链脂肪酸生成中链乙酰-ACPs，以及该中间物生成 2-酰基-甘油磷酰乙醇胺（2-acyl-GPE）的关键酶，对于中链脂肪酸在细胞膜上的插入具有重要作用。在大肠杆菌 $\Delta fadD$ 和 $\Delta fadD$ 硫酯酶表达菌株中敲除 *aass* 基因，减少了中性脂肪酸在细胞膜磷脂中的插入，使得胁迫下的细胞磷脂组成能恢复到正常水平，提高了菌株的中链脂肪酸耐受性，促进了菌株合成中链脂肪酸的能力。之后通过敲除 *aass* 和过表达转录因子 *fadR* 的组合策略，中链脂肪酸的产量比出发菌株（大肠杆菌 $\Delta fadD$ 硫酯酶）提高了约 50%。

3. 调节细胞膜麦角甾醇含量

麦角甾醇是真菌细胞膜的重要组成成分，在磷脂双分子层中浓度较高，参与维持细胞膜的完整性、流动性、膜蛋白活性、信号分子传递等多种生物学活动。在育种过程中，甾醇类产物的含量会显著影响细胞质膜的结构稳定性和刚性，一般采取调节细胞膜麦角甾醇含量的策略来强化菌株鲁棒性。C-5 甾醇去饱和酶 ERG3 是麦角甾醇合成途径中的关键酶，将金针菇（*Flammulina filiformis*）ATCC 13547 的 C-5 甾醇去饱和酶导入粟酒裂殖酵母（*Schizosaccharomyces pombe*）BJ7468 后，细胞膜中麦角甾醇和油酸的含量增加了约 1.5 倍，增强了菌株对高温、乙醇和低 pH 的耐受性。在富含离子液体的培养基中，离子会加速解脂耶氏酵母（*Yarrowia lipolytica*）的死亡，通过适应性实验室进化（adaptive laboratory evolution，ALE）结合生理特性和组学分析，发现甾醇转录因子的表达水平升高，导致麦角甾醇的含量增加了 2.2 倍，工程菌株解脂耶氏酵母可以耐受高达 18% 离子液体，在富含离子液体的培养基中存活率增加。因此，通过改变甾醇的含量调控细胞膜功能是育种中提高菌株鲁棒性的有效策略。

4. 优化细胞膜蛋白的结构和功能

生物膜所含的蛋白叫膜蛋白，是生物膜功能的主要承担者，在胞间连接、信号传导、物质交换与运输等过程中都起到重要作用。转运蛋白（transporter）是膜蛋白的一大类，介导生物膜内外的化学物质以及信号交换。脂质双分子层在细胞或细胞器周围形成了一道疏水屏障，将其与周围环境隔绝起来。尽管有一些小分子可以直接渗透通过膜，但是大部分的亲水性化合物，如糖、氨基酸、离子、药物等，都需要特异的转运蛋白帮助通过疏水屏障。因此，转运蛋白在营养物质摄取、代谢产物释放以及信号转导等广泛的细胞活动中起着重要的作用。

外排泵是一类通过质子动力将有毒分子排到胞外的膜转运蛋白。革兰阴性菌中的外排泵通常由 3 个蛋白组成：负责底物识别和质子交换的内膜蛋白、外膜通道蛋白、用于连接内膜和外膜并维持其稳定性的周质融合蛋白。目前，报道较多的外排泵主要包括恶臭假单胞杆菌（*Pseudomonas putida*）的 TTGABC、TTGDEF、TTGGHI 和 SRPABC 以及大肠杆菌的 ACRAB-TOLC。它们都属于耐药结节分化（resistance nodulation-division，RND）家族的疏水/两亲的外排泵（hydrophobe/amphiphile efflux，HAE1），能够将有机溶剂或者亲脂化合物排出胞外。但不同外排泵的底物特异性明显不同，如 ACRB 的底物识别范围较广（包括洗涤剂、抗生素和有机溶剂），而 TTGB 的底物特异性较高。

大肠杆菌外排泵 ACRAB 缺少菌株中回补相关基因后能提高菌株对多个 α-烯烃（如苯乙烯、1-己烯、1-辛烯、1-壬烯）的耐受能力，进而提高菌株的 α-烯烃（如苯乙烯）产量。同样，ACRAB 和 ACRAB-TOLC 的过表达能提高野生型大肠杆菌的 1-己烯耐受性。对负责底物结合的内膜蛋白 ACRB 进行随机突变后发现，6 个氨基酸位点的突变增强了菌株的 1-己烯耐受性，且突变位点之间存在一定的协同效应，ACRB 突变体的表达能提高菌株的胆盐耐受性。在定向进化获得的正辛烷和 α-蒎烯耐受性大肠杆菌中，发现 ACRB 的突变拓宽了底物进入通道，改变了底物外排动力学特性，促进了 ACRB 与外膜通道蛋白 TOLC 的组装，进而增强了重组菌株的耐受性。通过生物信息学技术对比 TTGB 的底物识别区域，筛选出 43 个潜在的外排泵基因，将它们分别导入大肠杆菌 DH1 的 ACRAB 敲除菌株后，重组菌株表现出不同程度的耐受性提高。重组菌株具有更好的有机溶剂耐受性和代谢产物合成能力，如泊库岛食烷菌中外排泵 ACRBDFA（YP_692684）的表达增强了大肠杆菌的柠檬烯耐受性，进而提高了柠檬烯的产量（约 60%）。另一个对潜在外排泵基因筛选的育种研究中发现，来源于恶臭假单胞杆菌 P8（ATCC 45491）的跨膜蛋白 SRPPB 能够帮助稳定细胞膜，从而提高菌株的耐受性。在大肠杆菌 K12 MG1655 单独表达 SRPB 后，改善了重组菌株对正丁醇的耐受性效果。

OMPF 是大肠杆菌最重要的外膜蛋白之一，其以三聚体形式存在于细胞外膜中，形成的离子通道是大肠杆菌与外界进行物质交换的重要通道，能够使分子质量不超过 600Da 的水溶性物质通过该离子通道穿越外膜，与细胞的耐药性、抗酸性以及抗渗透压等生理活动密切相关。敲除大肠杆菌 BW25113 外膜蛋白 OMPF，阻止了短链脂肪酸的进入，但并不影响膜脂的合成，提高了菌株在短链脂肪酸胁迫下的细胞膜完整性和比生长速率，增加了总脂肪酸产量。FADL 是一个外膜长链脂肪酸转运蛋白，主要负责外源疏水性长链脂肪酸进入胞内，尤其是棕榈酸（$C_{16:0}$）和油酸（$C_{18:1}$），但不能转运短链脂肪酸（$<C_{10}$）。在大肠杆菌 BW25113 中过表达 FADL 促进了胞外长链不饱和脂肪酸向胞内的转移，提供了更多用于膜脂合成和修复的前体，最终促进了膜脂合成。采取敲除外膜蛋白 OMPF 和精细调控 FADL 表达水平的组合策略，菌株在短链脂肪酸胁迫下的细胞膜完整性、细胞膜刚性和总脂肪酸含量等进一步显著提高。

磷脂是外膜脂质双分子层的重要组成成分之一，分布在内膜两侧和外膜的周质侧，构成内膜的磷脂双分子层和外膜的脂质不对称结构。在细菌生长或受到应激时，一些磷脂可能会错误定位在外膜外侧，破坏外膜的脂多糖层，不利于外膜脂质不对称结构的稳定性。脂质不对称维持系统（maintenance of lipid asymmetry，MLA）能够直接提取外膜外侧的磷脂，将细菌外膜外侧错配磷脂进行逆向转运。MLA 系统由 6 个转运蛋白组成，分别在内膜形成 MLABDEF 复合物，在周质中形成伴侣蛋白 MLAC，在外膜周质侧形成脂蛋白 MLAA（图 5-33）。与其他外膜组分从内膜转运到外膜的方式不同，MLA 系统能以外膜到内膜的方向来运输磷脂。外膜周质侧转运蛋白 MLAA 首先在不消耗 ATP 情况下，将外膜外侧的磷脂传递给周质中伴侣蛋白 MLAC，再通过 MLAC 将磷脂转运给内膜上的 MLABDEF，最终以水解 ATP 耗能的方式将磷脂插入内膜。大肠杆菌体中的 MLA 转运途径通过从外膜小叶中移除磷脂来维持细胞膜的不对称性，进而维持细胞膜的完整性。

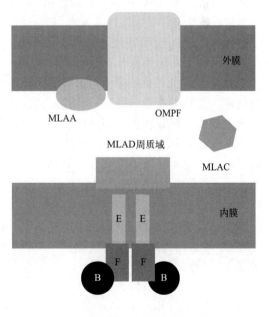

图 5-33 脂质不对称维持系统的结构模型示意图

同样，在酵母中外排泵对于提高菌株的胁迫耐受性也具有重要作用，与革兰阴性菌中的 RND 外排泵利用质子或钠离子梯度作为能量不同，酵母外排泵 SNQ2 和 PDR5 属于多效性耐药蛋白亚家族 [pleiotropic drug resistance（PDR）protein subfamily] 的 ATP 偶联盒超家族外排泵（ATP-binding cassette，ABC），主要利用 ATP 作为能量。在不同链烷烃胁迫 [如壬烷（C_9）、癸烷（C_{10}）和十一烷（C_{11}）和十二烷（C_{12}）] 下，在酿酒酵母 BY4741 体内过表达 SNQ2 和 PDR5，增强了重组菌株向胞外分泌烷烃的能力，降低了胞内的烷烃浓度，提高了菌株对烷烃的胁迫耐受性。

（二）抗逆元件强化菌株发酵抗逆性应用

在发酵过程中，pH 值会影响发酵过程中各种酶的活性，进而影响微生物对营养物质的吸收和代谢产物的外排，从而对菌株的生长繁殖和产物合成具有影响。在育种工作中，可以通过强化耐 pH 相关基因的表达来增强菌株耐酸性能。在大肠杆菌中，成熟的氢化酶可以保护细胞免受外部酸性环境的影响。氢化酶是一种与细菌能量代谢相关的酶，其生物成熟是一个复杂而动态的过程，主要由六个 HYP 蛋白催化。其中 HYPB 和 HYPC 是一类可以协助氢化酶催化质子还原生成氢的耐酸因子，过表达 hypb 和 hypc 可使大肠杆菌在 D-乳酸致死胁迫下的细胞存活率提高 336.3 倍，大大提高菌株的生存能力。从而使得 D-乳酸生产菌在酸性发酵环境中表现出更高的可持续生产力，D-乳酸滴度提高 113.6%。进一步完善氢化酶附属蛋白的表达体系，引入强酸驱动型启动子 tdcap，在保持 D-乳酸最大生产强度的同时，可将发酵过程中的中和剂需求降低约 26.7%。最终，该工程菌在低 pH 下的 D-乳酸生产能力和葡萄糖利用率显著提高，同时减少了中和剂的使用。与氢化酶成熟相关的 HYP 蛋白能够增强发酵菌株对 D-乳酸的耐酸性，是选育高耐酸性有机酸生产菌株的一种策略。

全局转录因子在调控微生物耐受性方面有明显的效果，是一种有效提高微生物抗逆的育种策略。HAA1 能调控 80% 与醋酸响应相关的基因，是酿酒酵母在醋酸胁迫下负责转录组重构的全局转录因子。HAA1 的过表达能增强酿酒酵母的醋酸胁迫耐受性，这与该基因能够上调细胞壁和细胞膜代谢相关基因的表达水平密切相关，如参与鞘脂类代谢的蛋白 YPC1、细胞壁相关的分泌糖蛋白 YGP1、细胞膜转运蛋白 TPO2 和 TPO3、负责 SNF1 磷酸化的蛋白激酶 TOS3 等。菌株耐酸性能的增强使得其发酵生产乙醇的性能明显提高，在 50mmol/L 醋酸胁迫下，过表达菌株的乙醇产量和转化率比对照菌株分别提高了 156% 和 23.1%。当醋酸浓度提高到 100mmol/L 时，对照菌株已不能生成乙醇而过表达菌株可以产生乙醇。

在育种工作和工业发酵中，温度的升高会破坏酵母细胞膜，造成细胞损伤，影响细胞生长和代谢，提高工业酵母的热抗逆性是解决发酵过程中高温影响的重要途径。提高酿酒酵母细胞膜中饱和脂肪酸和麦角固醇的含量，可以降低细胞膜的流动性来增加酵母的耐热能力。转录因子 MSN2 可以通过调控脂质代谢相关基因的表达，改变细胞膜的流动性，增加细胞热稳定性。在酿酒酵母中过表达来自马克斯克鲁维酵母（Kluyveromyces marxianus）的基因 kmmsn2，重组酿酒酵母在高温条件下生长明显改善，乙醇产量提高了 50%。除了细胞膜可以影响细胞热稳定性外，胞内活性氧的含量也会造成影响，敲除酿酒酵母中编码 GPI-锚定质膜蛋白的基因 dfg5，使得胞内活性氧含量积累减少，显著提高了细胞的热抗逆性。此外，dfg5 缺失株在受到热刺激后，轻微激活 HOG 途径的 HOG1 及 CWI 途径的 SLT2，进而增加细胞对外界压力的抗逆性。

热激蛋白在酵母热抗逆机制中起关键作用，通过激活热激转录因子 HSF，能够上调编码热激蛋白的基因 hsp40、hsp70 和 hsp104 等。在育种过程中，过表达热激蛋白，可以使改造菌在 40℃ 下，细胞存活率提高近 35%，重组菌的耐高温能力显著提升。此外，环腺苷酸（cyclic adenylic acid，cAMP）介导营养信号的感知和传导，参与细胞对热的压力响应，通过对编码腺苷酸环化酶基因（*cyr1*）的启动子修饰，调控 *cyr1* 的表达改变胞内 cAMP 的含量，细胞的耐热能力及乙醇发酵性能均得到提高。

在工业发酵中，有毒物质也是影响微生物生长繁殖和产物合成的重要因素。在育种中，可以通过强化耐有毒物质相关基因的表达来增强菌株耐受性能。近年来，工业酵母利用木质纤维素等生物质资源发酵生产醇、酮、醛、酸等各种化合物具有重大潜力，然而木质纤维素水解液中抑制性物质会抑制微生物生长代谢及发酵性能。其中，戊糖和己糖脱水分别产生糠醛和羟甲基糠醛（HMF）等呋喃醛类物质。糠醛和 HMF 作为一种硫醇-反应亲电试剂，在酵母细胞可以激活转录因子 YAP1，减少细胞内谷胱甘肽含量，引起胞内活性氧积累，造成 DNA 损伤，抑制蛋白和 RNA 的合成。糠醛和 HMF 也会影响细胞糖酵解及乙醇合成途径关键酶的活性，破坏细胞膜组分和通透性，从而抑制细胞生长。此外，木质纤维素预处理过程中，乙酰化的半纤维素完全水解会释放乙酸。在低 pH 条件下，乙酸改变细胞膜蛋白构象及脂质组成，破坏细胞膜稳定性。未解离的乙酸通过简单扩散或甘油-水通道蛋白进入酵母细胞，解离成质子（H^+）和乙酸根（CH_3COO^-），造成胞内过量质子的积累和细胞酸化。高浓度的乙酸会诱导胞内活性氧的积累，破坏 DNA 及蛋白的结构和功能，造成细胞营养和能量缺乏，从而影响细胞生长和代谢，导致细胞程序性死亡。因此，提高酵母的发酵抗逆性是解决以上问题的关键。

毒性物质降解基因作为抗逆元件可有效提高菌株的抗毒性能，与工业酵母酿酒酵母 ZWA46、商业安琪酵母相比，产甘油假丝酵母 UG21 表现显著的耐乙酸和糠醛优势，且在高浓度的糠醛和乙酸下仍保持较好的乙醇发酵性能，分别以未脱毒和低浓度糠醛乙酸甘蔗渣水解液为底物进行乙醇发酵，产甘油假丝酵母 UG21 均表现出显著的乙醇生产优势，具有较高的乙醇产量和短的发酵周期，其原因之一是产甘油假丝酵母较酿酒酵母能够迅速降解糠醛，更强的糠醛降解能力使得产甘油假丝酵母表现出显著的耐糠醛优势。其中，基因 *Cgadh1* 和 *Cgadh7* 参与产甘油假丝酵母糠醛降解，如图 5-34 所示，细胞通过上调 *Cgadh1* 和 *Cgadh7*，能够加速糠醛降解，减缓糠醛对细胞生长的抑制。在酿酒酵母中过表达来源不同的 *adh1*，重组菌酿酒酵母/*Cgadh1* 效果最显著，菌株的糠醛耐受性及糠醛降解能力均有所提高。在糠醛压力下，产甘油假丝酵母细胞内还存在其他氧化还原酶作用于糠醛降解，如糠醛降解元件 CgNUO1。

除经氧化还原酶催化糠醛降解外，核糖体功能相关基因应激表达，相容性物质海藻糖含量的增加也是产甘油假丝酵母糠醛应答响应的主要方式。在糠醛压力下，产甘油假丝酵母中存在大量的核糖体功能相关基因（*urb1*、*rrp9*、*mak21*、*dhr2*、*efg1*、*sqt1* 和 *nab2*）转录上调，而在酿酒酵母中转录显著下调，糠醛诱导核糖体相关基因的上调表达加强胞内蛋白高效稳定合成、保持胞内蛋白活性，维持细胞正常的生长和代谢，使得产甘油假丝酵母相比于酿酒酵母表现出显著的耐糠醛优势。另外，在高浓度糠醛胁迫下的胞内海藻糖的含量发生变化，随着糠醛浓度的增大，海藻糖的含量增加，对物种的生物膜、蛋白质和核酸等生物大分子起良好的保护作用，所以海藻糖含量被认为是酵母耐性的重要指标。过表达海藻糖合成基因 *tps*（编码海藻糖-6-磷酸合成酶）和 *tpp*（编码海藻糖 6-磷酸酯酶）能提高产甘油假丝酵母的高浓度糠醛耐受性。

在育种工作和工业发酵中，通过对不同抗逆元件表达水平和结构的调控，可以有效增强菌株的鲁棒性，进而解决高浓度底物、产物、渗透压、发酵温度、pH 等对菌株的生长代谢胁迫以及发酵液中抑制性物质带来的不利影响，减少微生物生长代谢受到的抑制，提高菌株的发酵性能和发酵的经济价值。

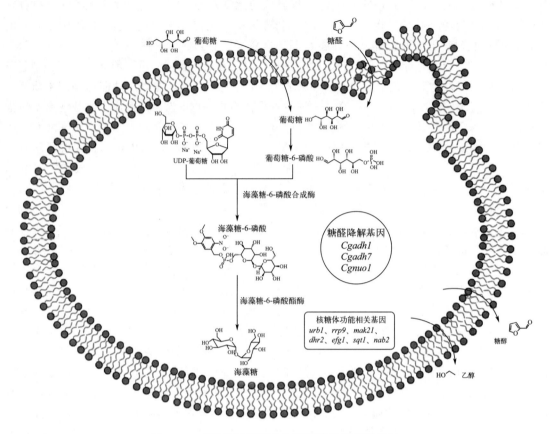

图 5-34 产甘油假丝酵母的糠醛耐受机制示意图

 思考题

① 如何优化目标产物代谢途径，有几种常见育种策略？

② 如何对目标产物代谢基因进行强化？

③ 育种中为何要对副产物基因进行删减？请从微生物育种的角度举例说明。

④ 有哪些模块化设计育种策略？

⑤ 代谢通量育种相关的注意点有哪些？请结合有关资料举例说明。

⑥ 如何提高酿酒酵母中乙醇的产量？有几种策略？

⑦ 如果合成产物时胞内 NADH 不足，有哪些策略可以改善？

⑧ 在育种中发现目标产物大量在胞内积累，育种策略应该从哪个方面考虑？提高目标产物转运能力有哪些策略？

⑨ 在育种过程中，从酶促反应角度提高目标产物产量的策略有哪些？

⑩ 育种中为什么要考虑提高菌株鲁棒性？菌株鲁棒性与发酵性能之间的关系是什么？

⑪ 什么是抗逆元件？在育种中，抗逆元件涉及哪些种类？请举例说明。

⑫ 什么是 HOG 途径？HOG 途径与渗透压鲁棒性应答之间的关系是什么？

⑬ 如何强化菌株鲁棒性？结合抗逆元件的应用举例说明。

附录　微生物遗传育种实验

实验一　紫外诱变技术及抗药性突变菌株的筛选

一、实验目的

以紫外线处理细菌细胞为例，学习微生物诱变育种的基本技术。

了解细菌抗药性突变株的筛选方法。

二、实验材料

菌株：大肠杆菌（*Escherichia coli* K12）。

培养基：营养肉汤（nutrient broth）和营养琼脂培养基。

试剂：2mg/mL 链霉素（Str）母液，无菌生理盐水等。

器皿：10mL 及 1mL 的无菌移液管、无菌试管、无菌培养皿、无菌三角瓶（内有 20～40 粒玻璃珠）、无菌漏斗（内有两层擦镜纸）、无菌离心管、离心机、紫外诱变箱、涂布棒等。

三、实验原理

由于微生物自发突变率低，一个基因的自发突变率仅为 $10^{-10} \sim 10^{-6}$，因此以微生物的自发突变作为基础，筛选菌种的概率并不很高。为了加大突变频率，可采用物理或化学的因素进行诱发突变。紫外线是目前使用最方便且十分有效的物理诱变剂之一。紫外诱变一般采用 15W 的紫外灭菌灯，其光谱比较集中在 253.7nm 处，这与 DNA 的吸收波长一致，可引起 DNA 分子结构发生变化，特别是嘧啶间形成胸腺嘧啶二聚体，从而引起菌种的遗传特性发生变异。在生产和科研中可利用此法获得突变株。

链霉素属氨基糖苷类抗生素，其杀菌机理是作用于核糖体小亚基，使其不能与大亚基结合组成有活性的核糖体，从而阻断细菌蛋白质的合成。细菌对链霉素产生抗药性的作用机理一般是由于编码核糖体蛋白 S12 的 *rpsL* 基因或其他基因发生突变，导致相应的核糖体蛋白发生改变，使蛋白质合成不再受链霉素抑制。

四、实验内容与操作步骤

1. 出发菌株菌悬液的制备（如附图 1）

① 出发菌株移接新鲜斜面培养基，37℃培养 16～24h；

② 将活化后的菌株接种于液体培养基，37℃ 110r/min 振荡培养过夜（约 16h）后，以 20%～30%接种量转接新鲜的营养肉汤培养基，继续在上述条件下培养 2～4h；

③ 取 1mL 培养液于 1.5mL 离心管中，10000r/min 离心 3～5min，弃去上清液，加 1mL 无菌生理盐水，重新悬浮菌体，再离心，弃去上清，重复上述步骤用生理盐水制成菌

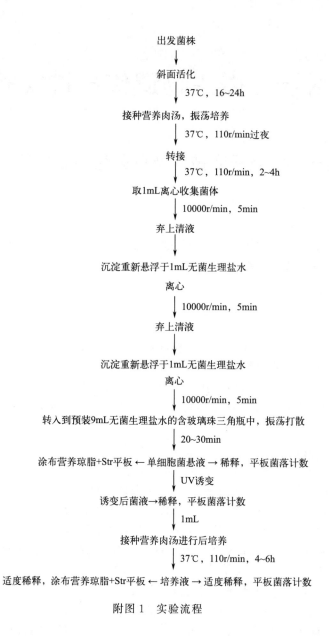

出发菌株

斜面活化
↓ 37℃，16~24h

接种营养肉汤，振荡培养
↓ 37℃，110r/min过夜

转接
↓ 37℃，110r/min，2~4h

取1mL离心收集菌体
↓ 10000r/min，5min

弃上清液
↓

沉淀重新悬浮于1mL无菌生理盐水
离心
↓ 10000r/min，5min

弃上清液
↓

沉淀重新悬浮于1mL无菌生理盐水
离心
↓ 10000r/min，5min

转入到预装9mL无菌生理盐水的含玻璃珠三角瓶中，振荡打散
↓ 20~30min

涂布营养琼脂+Str平板 ← 单细胞菌悬液 → 稀释，平板菌落计数
UV诱变

诱变后菌液→稀释，平板菌落计数
↓ 1mL

接种营养肉汤进行后培养
↓ 37℃，110r/min，4~6h

适度稀释，涂布营养琼脂+Str平板 ← 培养液 → 适度稀释，平板菌落计数

附图1　实验流程

悬液；

④ 将上述菌悬液倒入装有小玻璃珠的无菌三角瓶（预先加入 9mL 无菌生理盐水）内，振荡 20～30min，以打散细胞；

⑤ 取诱变前的 0.5mL 菌悬液进行适当稀释分离，分别取三个合适的稀释度倾注营养琼脂平板，每一梯度倾注两皿，每皿加 1mL 菌液，37℃ 倒置培养 24～36h，进行平板菌落计数。同时，选取合适浓度的菌悬液 0.1mL 涂布营养琼脂＋Str 平板（Str 终浓度 8μg/mL），37℃ 倒置培养 24～36h，进行诱变前抗药菌落计数。

2. UV 诱变

① 将紫外灯打开，预热 30min；

② 取直径 6cm 的无菌培养皿（含转子），加入菌悬液 5mL，控制细胞密度为 $10^7 \sim 10^8$

个/mL；

③ 将待处理的培养皿置于诱变箱内的磁力搅拌仪上，静止1min后开启磁力搅拌仪旋钮进行搅拌，然后打开皿盖，分别处理5s、10s、15s、20s，照射完毕后先盖上皿盖，再关闭搅拌仪和紫外灯；

④ 取0.5mL处理后的菌液进行适当稀释，分别取三个合适的稀释度各1mL，倾注营养琼脂平板，进行计数（避光培养）。

3. 链霉素抗性突变株的筛选

① 取1mL诱变处理好的菌悬液接入20mL营养肉汤液体培养基进行后培养，37℃，120r/min摇瓶培养4～6h；

② 对后培养以后的菌悬液进行适当稀释，分别取三个合适的稀释度各1mL，倾注营养琼脂平板，37℃倒置培养24～36h，进行平板菌落计数。同时，选取合适浓度的菌悬液0.1mL，涂布营养琼脂＋Str平板（Str终浓度8μg/mL），37℃倒置培养24～36h，进行诱变后抗药菌落计数，考察紫外诱变的效果。

五、实验结果及分析

① 对平板菌落进行计数，并计算死亡率。

$$死亡率 = \frac{照射前活菌数/mL - 照射后活菌数/mL}{照射前活菌数/mL} \times 100\%$$

② 对诱变前后药物平板进行计数，计算大肠杆菌链霉素抗性的突变频度。

$$自发突变频度 = \frac{诱变前样品中Str抗性菌数}{诱变前活菌数} \times 100\%$$

$$诱发突变频度 = \frac{后培养以后样品中Str抗性菌数}{后培养以后样品中的活菌数} \times 100\%$$

六、思考题

① 为什么在诱变前要把菌悬液打散？
② 试述紫外线诱变的注意事项。
③ 简述后培养的目的及注意事项。

实验二 质粒DNA的小量制备及电泳检测

一、实验目的

学习并掌握质粒的小量制备技术和DNA琼脂糖凝胶电泳检测技术。

二、实验材料

菌种：*E. coli* DH5α/pUC19。

LB培养基：胰蛋白胨1%，酵母膏0.5%，NaCl 1%，pH7.2，120℃灭菌20min。

试剂及试剂盒：D0001碧云天质粒小量抽提试剂盒（或其他公司的产品）；氨苄青霉素母液（Amp）1000μg/mL，琼脂糖，溴化乙锭（EB），TAE缓冲液，加样缓冲液，DNA标准分子量标记物（Marker）等。

仪器：恒温培养箱、恒温摇床、超净工作台、台式高速离心机、台式小型振荡仪、

1.5mL Eppendorf 离心管、加样器、吸头等；电泳仪、稳压电源、凝胶成像仪等。

三、原理

实验采用国产的质粒小量抽提试剂盒。它是一种新型的离子交换柱，在特定的条件下，使质粒能在离心过柱的瞬间，结合到质粒纯化柱上，在一定条件下又能将质粒充分洗脱，从而实现质粒的快速纯化。而且在提取过程中，无需酚-氯仿抽提、无需酒精沉淀，可在较短时间内完成质粒的提取和纯化。

琼脂糖电泳或聚丙烯酰胺凝胶电泳是分离、鉴定和纯化 DNA 片段的有效方法。琼脂糖凝胶的分辨能力要比聚丙烯酰胺凝胶低，但其分离范围较广。用各种浓度的琼脂糖凝胶可分离长度 200bp～50kb 的 DNA。琼脂糖凝胶通常采用水平装置在强度和方向恒定的电场下电泳。直接用低浓度的荧光嵌入染料溴化乙锭进行染色，可通过凝胶成像仪确定 DNA 在凝胶中的位置。

四、实验内容与操作步骤

1. 细菌质粒 DNA 的小量制备

① 将 $E.coli$ 菌株接种到液体 LB 培养基中，加入氨苄青霉素至 $100\mu g/mL$，$150r/min$ 振荡 16h；

② 吸取 1.5mL 培养菌液于 1.5mL 离心管中，13000r/min 室温下离心 2min。倒掉上清液，然后倒置于吸水纸上，使液体流尽；

③ 加入 $150\mu L$ 溶液 I ，涡旋或弹起沉淀，使完全散开，无絮块；

④ 加入 $200\mu L$ 溶液 II ，颠倒离心管 6～8 次，使细菌完全裂解，溶液透明，注意不能振荡；

⑤ 加入 $500\mu L$ 溶液 III ，颠倒 6～8 次，可见白色絮状物产生；

⑥ 13000r/min 离心 10min。离心时准备好质粒纯化柱及最后的质粒收集管；

⑦ 直接将上清液倒入质粒纯化柱，13000r/min 离心 1min，使质粒结合于纯化柱上；

⑧ 倒弃收集管内的液体，在质粒纯化柱内加入 $750\mu L$ 溶液 IV ，13000r/min 离心 1min，洗去杂质；

⑨ 倒弃收集管内液体，13000r/min 离心 1min，除去残留液体；

⑩ 将质粒纯化柱放在质粒收集管上，加 $50\mu L$ 溶液 V 至管内柱面上，放置 1min；

⑪ 13000r/min 离心 1min，所得液体就是质粒。质粒于 -20℃ 冰箱保藏备用。

2. 质粒 DNA 的琼脂糖凝胶电泳检测

① 酶切，取提取的质粒 $10\mu L$，用 Eco R I 进行酶切处理（具体方法参照酶的使用说明书）；

② 制胶，将胶模置入制胶槽，架好梳子备用；

③ 称取 0.2g 的琼脂糖于 100mL 烧杯中，加入 20mL TAE，加热熔化至无颗粒状琼脂糖，冷却到 60℃ 左右加入 EB（终浓度 $0.5\mu g/mL$），摇匀，即倒入胶模中凝固 30min 以上；

④ 将胶模转入电泳槽，倒入适量的电泳缓冲液 TAE（淹过胶面），拔取梳子备用；

⑤ 取酶切的质粒 DNA $5\mu L$ 与 $1\mu L$ 的 $6\times$ Loading Buffer（加样缓冲液）混匀；

⑥ 将样品和 $5\mu L$ DNA 分子量标准样分别加样到梳孔中；

⑦ 恒压 50～100V，电泳 30～60min；

⑧ 电泳结束后关闭电源，取出凝胶，用凝胶成像仪进行摄影和记录。

五、注意事项

① 在使用前，在溶液Ⅳ（洗涤液）加入 40mL 无水乙醇或 43mL 95％乙醇，然后在瓶盖上做好记号。

② 溶液Ⅱ在温度较低时，可能会产生沉淀，需先用水浴加热溶解，混匀后再使用。溶液Ⅱ易被空气中的 CO_2 酸化，用完后应立即盖紧瓶盖。

③ 溶液Ⅰ中含有 RNase，需要 4℃冰箱保藏。

④ 溴化乙锭是强诱变剂，并有中度毒性，取用含有这一染料的溶液时务必戴上手套，这些溶液经使用后应按附录 2.1 介绍的方法进行净化处理。

六、实验结果与分析

将质粒 DNA 条带与 DNA 标准分子量标记物进行比对，对质粒提取结果进行分析。pUC19 图谱如附图 2。

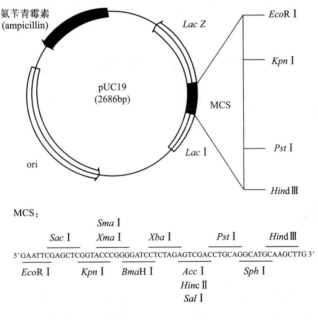

附图 2　pUC19 图谱

七、思考题

① 加入溶液Ⅱ后，为什么不能剧烈振荡？

② 质粒 DNA 在琼脂糖凝胶电泳时，其泳动速度的影响因素有哪些？

附录 2.1　溴化乙锭稀溶液的处理

适用于含有 0.5μg/mL 的溴化乙锭的电泳缓冲液。

方法 1

① 每 100mL 溶液中加入 2.9g Amberlite XAD-16，这是一种非离子型多聚吸附剂，可

向 Rohm & Haas 公司购置；

② 于室温放置 12h，不时摇动；

③ 用 Whatman 1 号滤纸过滤溶液，丢弃滤液；

④ 用塑料袋封装滤纸和 Amberlite 树脂，作为有害废物予以丢弃。

方法 2

① 每 100mL 溶液中加入 100mg 粉状活性炭；

② 于室温放置 1h，不时摇动；

③ 用 Whatman 1 号滤纸过滤溶液，丢弃滤液；

④ 用塑料袋封装滤纸和活性炭，作为有害废物予以丢弃。

附录 2.2 电泳缓冲液

Tris-乙酸（TAE）：0.04mol/L Tris-乙酸，0.001mol/L EDTA。

浓储藏液（50×TAE）：每升含有 242g Tris 碱，57.1mL 冰醋酸，10mL 0.5mol/L EDTA（pH8.0）。

实验三 大肠杆菌的转化实验

一、实验目的

学习并掌握大肠杆菌感受态细胞的制备及外源基因导入细胞的技术。

二、实验材料

菌种：*E. coli* DH5α。

质粒：pUC19。

LB 培养基：胰蛋白胨 1%，酵母膏 0.5%，NaCl 1%，pH7.2，琼脂 2%（必要时加入）；120℃灭菌 20min。

试剂：氨苄青霉素母液（Amp）1000μg/mL；100mmol/L CaCl$_2$ 溶液。

器材：恒温培养箱、恒温摇床、离心机、超净工作台、高压蒸汽灭菌锅、涂布棒、EP 管、可调移液器、吸头等。

三、实验原理

转化是细菌重要的遗传重组方式，也是基因工程的重要技术手段。用于转化的受体细胞一般是限制-修饰系统缺陷的变异株，以防止对外源 DNA 的切割。质粒能否进入受体细胞取决于该细胞是否处于容易吸收外源 DNA 的感受态。细胞的感受态可以通过理化因素诱导产生。大肠杆菌是常用的受体菌，其感受态一般是通过 CaCl$_2$ 在 0℃ 条件下处理细胞而形成。将细胞置于 0℃ 的 CaCl$_2$ 低渗溶液中会膨胀成球形，细胞膜的通透性发生改变。转化混合物中的质粒 DNA 形成抗 DNase 的羟基-钙磷酸复合黏附于细胞表面，经 42℃ 短时间热激处理，促进细胞吸收 DNA 复合物。在 LB 培养基上培养数小时后，球形细胞复原并增殖，在选择培养基上便可获得所需的转化子。

四、实验内容与操作步骤

① 菌种在 LB 液体培养基中活化，37℃，150r/min 振荡培养过夜；

② 转接到新鲜 LB 液体培养基中，接种量 5%；37℃，150r/min 培养至 $OD_{600}=0.2\sim$ 0.25，并将培养液放入冰浴冷却 10min；

③ 然后取 1.5mL 培养液于 6500r/min 离心 5min，弃上清液；

④ 加 0.75mL 冰冷的 100mmol/L $CaCl_2$ 溶液，用混匀器混匀或用手指弹离心管混匀；

⑤ 将离心管置于冰浴 45min；

⑥ 6500r/min，5min 离心收集细胞，并小心悬浮于 0.1mL 冷 $CaCl_2$ 溶液中（在冰浴中预冷），用移液器小心混匀；

⑦ 加 1μL 质粒，小心混匀，置冰浴 45min；

⑧ 将离心管置于 42℃恒温水浴锅中，准确计时处理 2min，迅速取出放回冰水浴中，静置 5min；

⑨ 加 1mL LB 液体培养基后于 37℃、150r/min 振荡培养 1h；

⑩ 培养液经适度稀释后取 0.1mL 涂布至 LB＋Amp 平板上，同时取未经转化的细菌培养液 0.1mL 涂布至 LB＋Amp 平板进行对照；

⑪ 将平板倒置于 37℃恒温培养箱中培养过夜。

五、实验结果

观察转化结果，并进行分析。

六、思考题

① 什么是感受态细胞，用什么方法获得感受态细胞？

② 本实验中转化的原理是什么？pUC19 质粒有何特点？

实验四　酵母原生质体融合

一、实验目的

学习原生质体制备、融合、再生的操作方法。

二、实验材料

菌株：酿酒酵母（*Saccharomyces cerevisiae*）的两种营养缺陷型菌株（如 WL-2010 单倍体 his⁻ 和 ade⁻）。

培养基及试剂如下。

① YEPD 培养基：酵母浸出粉 10g，蛋白胨 20g，葡萄糖 20g，固体培养基中加入琼脂粉 20.0g，蒸馏水 1000mL；pH6.0，115℃灭菌 20min。

② RYEPD（YEPD 高渗培养基）：YEPD 中加入 0.7mol/L KCl 或 10%蔗糖。

③ YNB 基本培养基：6.7g YNB（不含氨基酸酵母氮基），葡萄糖 10g，蒸馏水 1000mL，pH5.5～6.0，115℃灭菌 20min。

④ RMM（高渗基本培养基）：YNB 基本培养基中加入 0.7mol/L KCl 或 10%蔗糖。

⑤ TB：10mmol/L，pH7.4 Tris-HCl 缓冲液。

⑥ 高渗缓冲液（ST）：TB+0.5mol/L 蔗糖，10mmol/L MgCl$_2$。

⑦ PEG：PEG4000 30g，无水 CaCl$_2$ 0.47g，蔗糖 5g，10mmol/L TB 加至 100mL，0.22μm 过滤除菌。

⑧ 0.5mol/L EDTA：EDTA 二钠（二水）186.1g，NaOH 20.0g，蒸馏水定容 1000mL，120℃灭菌 20min。

⑨ Zymolyase 20T 溶液：用含 10mmol/L 2-巯基乙醇的 ST 配制至所需浓度，0.22μm 过滤除菌，现用现配。

器材：试管、三角瓶、培养皿、摇床、恒温培养箱、恒温水浴锅、离心机、接种环、移液管、酒精灯、分光光度计、相差显微镜。

三、实验原理

原生质体融合是一种重要的基因重组育种技术。将遗传特性不同的双亲株先经酶法破壁制备原生质体，然后用物理、化学或生物学方法，促进两亲株原生质体融合，经染色体交换、重组而达到杂交目的，通过筛选获得集两亲株优良性状于一体的稳定融合子，这就是原生质体育种。

四、实验内容操作步骤

① 将两亲本菌株分别接种于含有 30mL YEPD 液体培养基的三角瓶中，28℃，100r/min 振荡培养 18h；

② 取培养液各 5mL，离心（4000r/min，10min）收集菌体，并用 10mmol/L TB 及 100mmol/L EDTA 各洗涤一次；

③ 用 ST 洗涤一次，并用酶液悬浮细胞至 10^7 个/mL（约需酶液 20mL）；

④ 28℃轻轻振荡（100r/min）酶解 60～120min，每隔 20min 取样于显微镜下用血球计数板计数，并按公式计算原生质体的形成率，至 90% 以上细胞都形成原生质体，离心（2000r/min，5min）去除酶液；

⑤ 用 ST 洗涤 2 次，并用 1mL ST 悬浮，备用；

⑥ 用 ST 适当稀释原生质体悬液，涂布 RYEPD；对照用无菌水稀释，涂布 YEPD，28℃培养 48h，对长出的菌落进行计数，并按公式计算原生质体再生率；

⑦ 取两亲株原生质体悬液各 0.5mL，混合；

⑧ 3000 离心 10min，去尽上清液；

⑨ 加 0.1mL ST 悬浮原生质体；

⑩ 加 3.9mL PEG 溶液，轻轻吹吸 2～3 次悬浮原生质体，并置于 28℃恒温水浴保温 20～30min，每隔 3～4min 轻轻摇动一次；

⑪ 1500r/min 离心，去上清液；

⑫ 用 ST 适当稀释，涂布埋入 RMM 和 RYEPD，28℃培养 3～7 天；

⑬ 融合子进一步分离纯化及鉴定。

五、注意事项

① 不同菌种，同一菌种的不同株系以及一个菌株培养的不同时期，对酶液的敏感性不同，故要通过预实验，才能对采用哪个时期的菌体制备原生质体，以及对所用破壁酶的种类

和用量，得出较正确的选择。

② 原生质体对渗透压十分敏感，因此所有培养、洗涤原生质体的培养基和试剂都要含有渗透压稳定剂。

③ 融合实验中双亲原生质体的量（浓度及加量）要基本一致。

六、实验结果与分析

① 绘图：菌体、原生质体及加助融剂后原生质体形态。

② 统计结果，并按下述公式计算原生质体形成率、再生率和融合频率。

$$原生质体形成率 = \frac{原生质体数}{原生质体数 + 完整细胞数} \times 100\%$$

$$原生质体再生率 = \frac{高渗\ YEPD\ 长出菌落数 - 对照\ YEPD\ 长出菌落数}{显微镜计数的原生质体数} \times 100\%$$

$$融合频率 = \frac{融合子数 \times 稀释倍数}{再生完全培养基上长出的总菌数 \times 稀释倍数} \times 100\%$$

七、思考题

① 原生质体操作时为什么要选用高渗培养基？
② 为什么酶液要过滤除菌而不用其他方法？
③ 如何挑选融合子？

实验五　碱性蛋白酶在枯草芽孢杆菌中的表达

一、实验目的

通过转化将携带碱性蛋白酶基因的质粒导入枯草芽孢杆菌，通过酪蛋白筛选平板观察重组碱性蛋白酶在枯草芽孢杆菌（*Bacillus subtilis*）中的表达情况。

二、实验材料

菌种：*E. coli* JM109、*B. subtilis* WB600。

质粒：pMA5。

碱性蛋白酶基因：来源于 *B. subtilis* 168 的 *aprE*（NC_000964.3）。

所需培养基及试剂如下：

LB 培养基：10g/L 蛋白胨，5g/L 酵母粉，10g/L NaCl，pH 7.2，琼脂 2%（固体培养基），使用前需 115℃灭菌 20min。

TB 培养基：2.3g/L KH_2PO_4，12.5g/L K_2HPO_4，24g/L 酵母粉，12g/L 蛋白胨，5g/L 甘油，使用前需 115℃灭菌 20min。

酪蛋白筛选培养基：LB 培养基中额外添加 1% 的酪蛋白，使用前需 115℃灭菌 20min。

1000μg/mL 的氨苄青霉素母液（Amp^r），过滤除菌。

1000μg/mL 的卡那霉素母液（Kan^r），过滤除菌。

10×SPI：140g/L K_2HPO_4，60g/L KH_2PO_4，2g/L $MgSO_4 \cdot 7H_2O$，20g/L $(NH_4)_2SO_4$，10g/L 二水柠檬酸钠，使用前需 115℃灭菌 20min。

GMI：95mL 1×SPI，1mL 50% 葡萄糖溶液，0.5mL 5% 水解酪蛋白溶液（上海源叶），

1mL 10％酵母膏溶液，2.5mL 2mg/mL 色氨酸溶液，各组分 115℃灭菌 20min 后于超净工作台中配制。

GMII：97.5mL 1×SPI，1mL 50％葡萄糖溶液，0.08mL 5％水解酪蛋白溶液（上海源叶），0.04mL 10％酵母膏溶液，0.5mL 2mg/mL 色氨酸溶液，0.5mL 0.5mol/L MgCl$_2$ 溶液，0.5mL 0.1mol/L CaCl$_2$ 溶液，各组分 115℃灭菌 20min 后于超净工作台中配制。

酪蛋白底物溶液（10.0g/L）：称取 1.0g 干酪素，加 2~3 滴 NaOH 溶液湿润，加入 80mL 硼酸缓冲液，沸水浴加热煮沸 30min，不断搅拌至完全溶解。冷却后调 pH（10.5±0.05），加入硼酸缓冲溶液定容至 100mL，4℃条件下保存，有效期 3 天（每次使用前重新调节 pH）。

硼酸缓冲液：称取 9.54g 十水四硼酸钠，1.6g NaOH，加 900mL 去离子水搅拌溶解，然后用 1mol/L 的 HCl 溶液或 0.5mol/L 的 NaOH 溶液调 pH（10.5±0.05），随后定容至 1000mL。

三氯乙酸溶液（TCA，65.4g/L）：称取 65.4g 三氯乙酸，定容至 1000mL，置于棕色瓶中室温条件下保存。

碳酸钠溶液（Na$_2$CO$_3$，42.4g/L）：称取 42.4g 无水碳酸钠，定容至 1000mL，室温条件下保存。

福林试剂使用液：将福林酚与超纯水按 1：2 比例混匀，置于棕色瓶中 4℃条件下保存。

L-酪氨酸标准储备溶液（100μg/mL）：精确称取（0.1000±0.0002）g 预先干燥至恒重的 L-酪氨酸，加入 60mL 1mol/L 的 HCl 溶液溶解并定容至 100mL，混匀后取 10mL 上述溶液用 0.1mol/L 的 HCl 溶液定容至 100mL，现配现用。

PCR 引物：用于从 *B. subtilis* 168 基因组中扩增 *aprE* 基因。F：atacgcggatccatg agaagcaaaaaattgtggatcag；R：tgactagctagcttattgtgcagctgcttgtacgttg，其中下划线表示限制性酶切位点。

限制性核酸内切酶：*Bam*HⅠ、*Nhe*Ⅰ，购自 TaKaRa 生物。用于质粒的酶切。

DNA 聚合酶：2×Es Taq MasterMix，购自南京诺唯赞生物科技股份有限公司。用于扩增 *aprE* 基因片段。

T$_4$ DNA 连接酶：购自 TaKaRa 生物。用于连接线性化的 pMA5 质粒与带有对应黏性末端的 *aprE* 基因片段。

器材：恒温培养箱、恒温摇床、PCR 仪、离心机、超净工作台、高压蒸汽灭菌锅、摇瓶、玻璃皿、涂布棒、EP 管、微量移液器等。

三、实验原理

大肠杆菌-枯草芽孢杆菌穿梭质粒 pMA5 质粒（附图 3）包含了适用于大肠杆菌及枯草芽孢杆菌的复制起点，使得其可以在宿主中自主复制；同时包含一个可以被枯草芽孢杆菌中 RNA 聚合酶识别并结合的强启动子 *Phpall*，使得其下游目的基因 *aprE* 能够在枯草芽孢杆菌中正常转录。

将酪蛋白添加到固体培养基中会使其呈现不透明的外观，而碱性蛋白酶有水解蛋白质的能力。来源于 *B. subtilis* 168 的碱性蛋白酶 AprE 自身有一段信号肽序列（MRSKKLWIS-LLFALTLIFTMAFSNMSAQA）；将质粒 pMA5-*aprE* 转化至 *B. subtilis* WB600 中，*aprE* 表达产生的碱性蛋白酶便可由自身信号肽介导分泌至胞外以水解筛选培养基中的酪蛋白，培养基的不透明区域会因此变得透明而形成明显的透明圈，可由此筛选出阳性转化子。

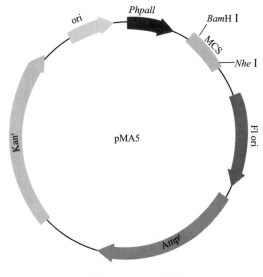

附图 3 pMA5 图谱

四、实验内容

（1）pMA5-*aprE* 质粒的构建回收，得到线性化的 pMA5 质粒 琼脂糖凝胶电泳的条件为：130V 恒压工作 10min，胶回收。

①通过 *Bam*HⅠ、*Nhe*Ⅰ对质粒 pMA5 进行双酶切，通过琼脂糖凝胶电泳检验酶切结果，对产物进行切胶步骤（参照试剂盒说明书）。

②使用引物 F、R 通过 PCR 从 *B. subtilis* 168 基因组上扩增两端分别带有 *Bam*HⅠ、*Nhe*Ⅰ酶切位点的 *aprE*（基因长度 1146bp），琼脂糖凝胶电泳分离后切胶回收，回收产物经 *Bam*HⅠ、*Nhe*Ⅰ双酶切后回收，回收产物与上步 pMA5 双酶切线性化质粒以 T₄ DNA 连接酶于 16℃过夜连接。PCR 反应体系（实验附表 3）及酶切（实验附表 4）、连接（实验附表 5）反应条件如下。

PCR 扩增条件：预变性，95℃，5min，1 个循环；变性，95℃，30s，30 个循环；退火，58℃，30s，30 个循环；延伸，72℃，10min，1 个循环（附表 1）。

附表 1　PCR 体系

组分	体积/μL
上游引物 F	0.2
下游引物 R	0.2
B. subtilis 168 基因组	0.2
2×Es Taq Master Mix	25
ddH₂O	补充至 50

酶切条件：37℃水浴锅反应 2h（附表 2）。

附表 2　酶切体系

组分	体积/μL
Bam ⅡⅠ	2
Nhe Ⅰ	2
质粒或片段	60
10×Quiet Cut Buffer	10
ddH$_2$O	补充至 100

连接条件：16℃连接过夜（附表 3）。

附表 3　连接体系

组分	体积/μL
线性化载体	1
片段	2
T$_4$ DNA Ligase Buffer	1
10×T$_4$ DNA Ligase Buffer	2
ddH$_2$O	补充至 20

③将上步连接产物直接转化 *E.coli* JM109 感受态细胞，涂布于 LB＋Amp^r 平板，37℃过夜培养。通过菌落 PCR 筛选阳性转化子，菌落 PCR 的步骤与上述获得 *aprE* 的过程大致相同：体系缩小为 10μL，直接挑取菌落作为 PCR 模板，引物同上，通过琼脂糖凝胶电泳检验转化结果。挑取阳性转化子至 LB＋Amp^r 液体培养基（10mL）中于 37℃ 摇床过夜培养，使用质粒小提试剂盒提取质粒（提取步骤参考说明书）。提取获得质粒通过双酶切（*Bam* HI 和 *Nhe* I）进行验证，质粒酶切产物的琼脂糖凝胶电泳结果应呈现两条条带，分别对应线性化的 pMA5 质粒与 *aprE* 片段。验证正确后获得重组质粒 pMA5-*aprE*。

（2）枯草芽孢杆菌感受态的制备及转化

① 取 *B.subtilis* WB600 冷冻甘油菌，在 LB 平板上划线，置于 37℃ 恒温培养箱培养过夜；

② 于平板上挑取单菌落，接种于 5mL GMⅠ培养基中，30℃，125r/min 培养过夜；

③ 取 2mL 上述培养液转接至 18mL 新鲜 GMⅠ培养基中，37℃，250r/min 振荡培养3.5h 左右；

④ 再取 10mL 上一步骤的培养液转接到 90mL GMⅡ培养基中，37℃，125r/min 振荡培养 1.5h 左右；

⑤ 将上述培养液于 4℃，5000r/min 的条件下离心 10min；

⑥ 用 10mL 新鲜的 GMⅡ培养基轻轻重悬菌体，分装于已灭菌 EP 管中（500μL），即可得 *B.subtilis* WB600 感受态细胞；

⑦ 转化，向感受态细胞液中加入 5～10μL pMA5-*aprE* 质粒，轻轻混匀，37℃，200r/min 振荡培养约 2h 后，6000r/min 离心 2min，弃去部分上清液，剩余部分重悬菌体后涂布于酪蛋白筛选平板（LB＋1‰酪蛋白＋Kan^r），倒置于 37℃ 恒温培养箱中培养过夜。通过观察透明圈的产生以筛选阳性转化子，阳性转化子挑至 LB＋Kan^r 液体培养基中过夜培养，后续按

1%的接种量接种至 TB+Kan^r 培养基进行发酵。

（3）重组菌株 *B. subtilis* WB600/pMA5-*aprE* 的发酵及酶活测定

① 酪氨酸标准曲线的制备：分别取 0～5 管中溶液（附表 4）各 1mL（每组做三个平行实验），各加 42.4g/L 碳酸钠溶液 5mL，福林试剂使用液 1mL，在（40±0.2）℃水浴显色 20min，以不含酪氨酸的 0 管为空白对照，分别测定各管 A$_{680}$ 吸光度值。以吸光度 A 为纵坐标，酪氨酸浓度 C 为横坐标，绘制酪氨酸标准曲线。

② 取适量发酵液于 4℃，6000r/min 条件下离心 2min，取上清液做粗酶液并做适当稀释。

酶活的定义是指在 40℃、pH（10.5±0.05）的条件下，每分钟催化干酪素水解生成 1μmol 酪氨酸所需酶量为 1 个酶活力单位，酶活按如下公式计算：

$$X = 4 \times \frac{A_{680} \times K \times n}{10}$$

式中　X——重组菌株的胞外酶活，U/mL；

　　A_{680}——测得的吸光度值；

　　K——吸光常数，数值为吸光度为 1 时的酪氨酸浓度；

　　n——稀释倍数。

附表 4　不同浓度酪氨酸标准溶液的配制

管号	酪氨酸标准溶液浓度/(μg/mL)	酪氨酸标准储备液的体积/mL	加水的体积/mL
0	0	0	10
1	10	1	9
2	20	2	8
3	30	3	7
4	40	4	6
5	50	5	5

五、实验结果

观察重组枯草芽孢杆菌在筛选平板上的生长和菌落透明圈，挑选重组菌培养并测定发酵酶活。

六、思考题

① 枯草芽孢杆菌感受态的制备为什么不能效仿大肠杆菌的氯化钙法？

② 影响平板透明圈大小的因素可能有哪些？

实验六　利用 CRISPR/Cas9 系统在酿酒酵母中进行基因编辑

一、实验目的

学习并理解 CRISPR/Cas9 系统的基因编辑原理。

掌握酵母 CRISPR/Cas9 系统的设计和构建方法。

二、实验材料

菌种：*Saccharomyces cerevisiae* CEN. PK、*Saccharomyces cerevisiae* s288c、*Escherichia coli* JM109。

质粒：pURGAP（附图 4），pMD19-T 载体。

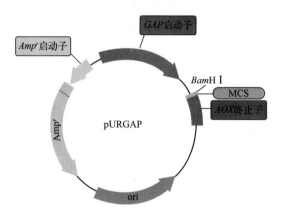

附图 4　pURGAP 图谱

所需培养基及试剂如下。

YPD 培养基：1%酵母提取物，2%蛋白胨，2%葡萄糖，若制固体培养基，加入 2%琼脂粉。

SM 培养基：0.67% 无氨基酵母氮源（YNB），2%葡萄糖，后加入 Trp、His 终浓度分别为 20mg/L，Leu 终浓度为 60mg/L，若制固体培养基，加入 2%琼脂粉。

LB 培养基：0.5%酵母提取物，1%蛋白胨，1%NaCl，若制固体培养基加入 2%琼脂粉。

Amp 抗性培养基：Amp 抗性培养基配制需另加 $100\mu g/mL$ 的氨苄青霉素，用以筛选本研究中含有所构建的载体大肠杆菌。若制固体培养基，加入 2%琼脂粉。

还需 1mol/L CH_3COOLi、50%PEG、ssDNA。

器材：恒温培养箱、恒温摇床、离心机、超净工作台、高压蒸汽灭菌锅、摇瓶、玻璃皿、涂布棒、EP 管、微量移液器、枪头等。

三、实验原理

（1）CRISPR/Cas9 介导的基因敲除　应用于真核生物细胞中的 CRISPR-Cas9 系统主要由两部分构成，即单链向导 RNA（single-guide RNA，sgRNA）和 Cas9 蛋白。sgRNA 用于替代 CRISPR 间隔序列转录形成的 tracrRNA：crRNA 复合物，负责引导 Cas9 蛋白结合到目标基因靶位点的前间隔子相邻基序列（protospacer adjacent motif，PAM）区域，随即触发 Cas9 蛋白上 RuvC 和 HNH 两个核酸酶功能位点的活性，对 DNA 链进行切割产生双链断裂（DSB）。在 sgRNA 序列的设计上，sgRNA 的 3′端包含 scaffold RNA 序列，可转录形成茎环结构的双链 RNA 用于绑定 Cas9 蛋白，而 5′端包含与目标基因靶点序列一致的引导序列。通过更改 sgRNA 上的引导序列，即可引导 Cas9 蛋白靶向任意存在 PAM 序列的 DNA 双链并切割。来源于酿脓链球菌（*Streptococcus pyogenes*）的 Cas9 蛋白，因为其

PAM 识别序列仅要求为 5′-NGG-3′，几乎能在所有基因中找到靶点，所以目前被广泛使用。同时，由该 Cas9 蛋白介导形成的 DSB 一般发生在靶点 PAM 序列前 3～4 个碱基的位置，更有利于进行基因的精确编辑。

（2）基因编辑过程中的同源重组修复　指不同来源的两种或多种 DNA 分子之间或是同一 DNA 分子上的两端相同或相似序列通过 DNA 重组机制使它们相互连接、相互调换位置，得到一条新的 DNA 分子链的过程。

四、实验内容与操作步骤

1. sgRNA 的构建

① 在 NCBI 上搜索 *Saccharomyces cerevisiae* CEN. PK 的 *URA3* 基因序列（附录 6.1）；

② 使用 https：//chopchop. cbu. uib. no/网站设计该基因的 sgRNA。在网站中粘贴搜索到的基因序列，参考物种中选择 *Saccharomyces cerevisiae* str. CEN. PK113-7D，从该网站中设计的 sgRNA 序列中选取合适的靶点两个，分别为 sgRNA1、sgRNA2；

③ 构建 sgRNA 完整序列（附图 5）其中 Guide Sequence 为网站设计的 20bp 向导序列，互补段为 Guide Sequence 前 6bp 碱基的反向互补序列。两个 sgRNA1、sgRNA2 序列设计完成后由公司合成（附录 6.2）并插入到载体质粒 pURGAP 的 *Bam* H Ⅰ 位点。

附图 5　sgRNA 结构图

2. Donor 的构建

① 设计引物 Donor-F、Donor-R（附录 6.3）从 *Saccharomyces cerevisiae* s288c 酵母基因组上通过 PCR 获得包含 *URA3* 基因的序列，该片段用 Taq 酶扩增，琼脂糖凝胶电泳分离后胶回收。

② 将获得的 *URA3* 完整序列与 pMD19-T 载体通过 TA 连接，转化 *E. coli* JM109 感受态、涂板，在 Amp 抗性平板上培养过夜。

③ 取验证引物 YZ-Donor-F、YZ-Donor-R（附录 6.3）通过菌落 PCR、琼脂糖凝胶电泳验证，电泳条带大小为 1506bp 的是阳性转化子。挑取单菌落培养，抽提获得含有 Donor 完整序列的质粒 pDonor。

④ 分别在 *URA3* 的 ATG 上游 217bp 处、TAA 下游 167bp 处设计引物 FP-F、FP-R（附录 6.3），反向 PCR 获得线性片段。该引物中包含 *Bam* H Ⅰ 酶切位点，便于线性片段自身环化和后续基因连接。

⑤ 将片段直接转化进感受态细胞，涂布过夜培养。取验证引物 YZ-Donor-F、YZ-Donor-R 进行菌落 PCR、琼脂糖凝胶电泳验证，电泳条带在 959bp 处为阳性转化子。挑取单菌落培养，抽提获得含有 *Bam* H Ⅰ 的质粒 pDonor-*Bam* H Ⅰ。

⑥ 用限制性核酸内切酶 *Bam* H Ⅰ 将质粒酶切，获得质粒载体。设计引物 URA3-F、URA3-R（附录 6.3）在酿酒酵母 s288c 基因组上通过 PCR 获得 *URA3* 完整核苷酸序列。

⑦ 将上述 PCR 产物与质粒载体同源重组后重复上述验证步骤，验证引物为 YZ-URA3-

F、YZ-URA3-R（附录 6.3），电泳条带大小在 1396bp 则为正确转化子。单菌落培养后抽提质粒 pDonor-URA3。

⑧ 在 NCBI 中搜索 *eGFP* 核苷酸序列（附录 6.4），由公司直接合成。合成的片段与 *Bam*H Ⅰ 酶切后的质粒载体 pURGAP 同源重组连接，重复上述验证步骤，验证引物为 YZ-eGFP-F1、YZ-eGFP-R1（附录 6.3），电泳条带大小在 1415bp 则为正确转化子。单菌落培养后抽提质粒 peGFP。

⑨ 设计引物 eGFP-F、eGFP-R 以质粒 peGFP 为模板进行 PCR 扩增获得含有启动子和终止子序列的 *eGFP* 片段（附录 6.4）。

⑩ 将上述 PCR 产物与 *Bam*H Ⅰ 酶切后 pDonor-URA3 质粒载体同源重组，重复上述验证步骤，验证引物为 YZ-eGFP-F2、YZ-eGFP-R2，电泳条带大小在 1378bp 则为正确转化子。单菌落培养后抽提质粒 pDonor-URA3-Egfp，质粒图谱见附图 6。

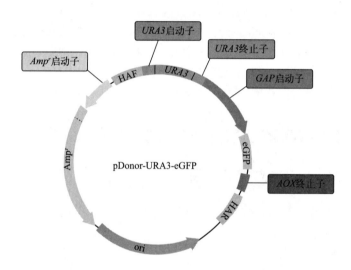

附图 6　质粒 pDonor-URA3-eGFP 图谱

3. Cas9 表达序列的构建

① 在 NCBI 上搜索 Cas9 核苷酸序列和核定位序列（附录 6.5），经密码子优化后由公司直接合成。

② 合成的片段与 *Bam*H Ⅰ 酶切后的质粒载体 pURGAP 同源重组连接，重复上述验证步骤，验证引物为 YZ-Cas9-F、YZ-Cas9-R，电泳条带大小在 1385bp 则为正确转化子。单菌落培养后抽提质粒 pCas9。

4. Cas9 编辑系统目标 DNA 片段的获取

① 设计引物 GAP-F、AOX1-R 以质粒 psgRNA1、psgRNA2 和 pCas9 为模板进行 PCR 扩增分别获得 GAP-sgRNA1-AOX1、GAP-sgRNA2-AOX1 和 GAP-Cas9-AOX1 片段。

② 以质粒 pDonor-URA3-eGFP 为模板，Donor-F、Donor-R 为上下游引物进行 PCR 扩增获得回补片段 HAF-URA3-eGFP-HAR。

5. 酵母的转化

① 取 *Saccharomyces cerevisiae* CEN.PK 冷冻甘油菌，在 YPD 平板上划线，置于 30℃ 恒温培养箱培养 1～2 天；

② 于平板上挑取单菌落，接种于 10mL YPD 液体培养基中，30℃，200r/min 培

养 18h；

③ 按 5％的接种量将上述培养液转接至 10mL 新鲜 YPD 液体培养基中，30℃，200r/min 振荡培养 5～8h；

④ 取 1mL 摇瓶中的菌液置于 EP 管中，6000r/min 条件下离心 2min，弃上清液，保留菌体；

⑤ 取 1mL 蒸馏水吹吸洗涤菌体，6000r/min 条件下离心 2min，弃上清液。此过程重复 2 次；

⑥ 将洗涤后的菌体按附录 6.6 加入试剂；

⑦ 上述试剂加入后，加无菌水补齐至 360μL 混匀；

⑧ 将上述体系置于 42℃水浴锅中水浴 40min，随后 6000r/min 条件下离心 1min 弃上清液，收集菌体。加入 1mL YPD 培养基在 30℃，200r/min 条件下孵育 2h；

⑨ 将菌液 6000r/min 条件下离心 2min，弃上清液收集菌体。随后用 1mL 无菌水洗涤菌体，6000r/min 条件下离心 2min，该过程重复 2 次；

⑩ 向洗涤后的菌体加入 100μL 的无菌水吹吸混匀，获得的菌液涂布在 SM 培养基上，30℃条件下静止培养 2 天获得转化子；

⑪ 随机在该平板上挑取部分转化子，通过荧光显微镜观察，筛选出获得成功敲入 *URA3-eGFP* 基因的菌株。

五、实验结果

依据 PCR 验证条带大小或者荧光显微镜观测结果筛选获得基因编辑成功的重组酿酒酵母。

六、思考题

① 提高 Cas9 编辑系统效率的方法有哪些？
② 影响 GFP 表达强度的因素有哪些？

附录 6.1 *Saccharomyces cerevisiae* CEN. PK 的 *URA3* 启动子、基因序列、终止子

ttcaattcatctttttttttttttgttctttttttttgattccggtttctttgaaatttttttgattcggtaatctccgagcagaaggaagaacgaaggaaggagcacagacttagattggtatatatacgcatatgtggtgttgaagaaacatgaaattgcccagtattcttaacccaactgcacagaacaaaaacctgcaggaaacgaagataaatcATGTCGAAAGCTACATATAAGGAACGTGCTGCTACTCATCCTAGTCCTGTTGCTGCCAAGCTATTTAATATCATGCACGAAAAGCAAACAAACTTGTGTGCTTCATTGGATGTTCGTACCACCAAGGAATTACTGGAGTTAGTTGAAGCATTAGGTCCCAAAATTTGTTTACTAAAAACACATGTGGATATCTTGACTGATTTTTCCATGGAGGGCACAGTTAAGCCGCTAAAGGCATTATCCGCCAAGTACAATTTTTTACTCTTCGAAGACAGAAAATTTGCTGACATTGGTAATACAGTCAAATTGCAGTACTCTGCGGGTGTATACAGAATAGCAGAATGGGCAGACATTACGAATGCACACGGTGTGGTGGGCCCAGGTATTGTTAGCGGTTTGAAGCAGGCGGCGGAAGAAGTAACAAAGGAACCTAGAGGCCTTTTGATGTTAGCAGAATTGTCATGCAAGGGCTCCCTAGCTACTGGAGAATATACTAAGGGTACTGTTGACATTGCGAAGAGCGACAAAGAT-TTTGTTATCGGCTTTATTGCTCAAAGAGACATGGGTGGAAGAGATGAAGGTTACGATTGGT

TGATTATGACACCCGGTGTGGGTTTAGATGACAAGGGAGACGCATTGGGTCAACAGTATA
GAACCGTGGATGATGTGGTCTCTACAGGATCTGACATTATTATTGTTGGAAGAGGACTATT
TGCAAGGGAAGGGATGCTAAGGTAGAGGGTGAACGTTACAGAAAAGCAGGCTGGGAA
GCATATTTGAGAAGATGCGGCCAGCAAAACTAA*AAAACTGTATTATAAGTAAATGCAT-GTATACTAAACTCACAAATTAGAGCTTCAATTTAATTATATCAGTTATTACCCGGGAATCTCGGTCGTAATGATTTCTATAATGACGAAAAAAAAAAAATTGGAAAGAAAAAGCTTCATGGCCTTTATAAAAAGGAACTATCCAATACCTCGCCAGAACCAAGTAACAGTATTTT*

小写部分为 *URA3* 启动子；中间部分为 *URA3* 基因序列；下划线部分包含 *URA3* 终止子。

附录 6.2 合成的 sgRNA 序列

sgRNA1：

AACAAACACAATTACAAAAAtgacccCTGATGAGTCCGTGAGGACGAAACGAGTAAGCTCGTC**GGGTCAACAGTATAGAACCG**GTTTTAGAGCTAGAAATAGCAAGTTAAAATAAGGCTAGTCCGTTATCAACTTGAAAAAGTGGCACCGAGTCGGTGCTTTTGGCCGGCATGGTCCCAGCCTCCTCGCTGGCGCCGGCTGGGCAACATGCTTCGGCATGGCGAATGGGACGGATCCAGATCTGCGGCCGC

sgRNA2：

AACAAACACAATTACAAAAAtccaatCTGATGAGTCCGTGAGGACGAAACGAGTAAGCTCGTC**ATTGGATGTTCGTACCACCA**GTTTTAGAGCTAGAAATAGCAAGTTAAAATAAGGCTAGTCCGTTATCAACTTGAAAAAGTGGCACCGAGTCGGTGCTTTTGGCCGGCATGGTCCCAGCCTCCTCGCTGGCGCCGGCTGGGCAACATGCTTCGGCATGGCGAATGGGACGGATCCAGATCTGCGGCCGC

前后 20bp 核苷酸序列为与质粒载体连接的同源臂；小写部分为 6bp 与 Guide Sequence 前端反向互补序列；下划线部分分别为保护核酶 HH、HDV；加粗部分为 Guide Sequence；阴影部分为 gRNA scaffold。

附录 6.3 基因编辑引物序列

引物名称	引物序列
FP-F	GGATCCAGATCTGCGGCCGCGGTACCCTCTACAGGATCTGACATTATTA
FP-R	GCGGCCGCAGATCTGGATCCCACAAGTTTGTTTGCTTTTCGTG
Donor-F	TTTTTTTTGTTCTTTTTTTTTGATTCCGGTTTC
Donor-R	GATAGTTCCTTTTTATAAAGGCCATGAAGCT
YZ-Donor-F	CGAAGGAAGGAGCACAGACTTAG

引物名称	引物序列
YZ-Donor-R	CCGAGTTCTAATTCACTGGCCG
URA3-F	GAAAAGCAAACAAACTTGTGTTCAATTCATCTTTTTTTTTTTTTGTTCTTT
URA3-R	GGTACCGCGGCCGCAGATCTGGATCCAAAATACTGTTACTTGGTTCTGGCGAGG
YZ-URA3-F	GGGCAGACATTACGAATGCACAC
YZ-URA3-R	CCGAGTTCTAATTCACTGGCCG
YZ-eGFP-F1	GGGAATCGATTTCAAGGAGGACG
YZ-eGFP-R1	CGCCCAACTGATTGGTTTGATCAC
YZ-eGFP-F2	GGGAATCGATTTCAAGGAGGACG
YZ-eGFP-R2	CCGAGTTCTAATTCACTGGCCG
YZ-Cas9-F	GTTGGCTTCTGCTGGAGAATTGC
YZ-Cas9-R	CGCCCAACTGATTGGTTTGATCAC
GAP-F	CACCACAGCAGCACCAACAGTTAC
AOX1-R	ATACCGTCGCCGTTTTCGAGTC

注：下划线部分 GGATCC 为 *Bam* H Ⅰ 酶切位点。

附录 6.4　*eGFP* 启动子、终止子及基因序列

CACCACAGCAGCACCAACAGTTACAACAACAGTTACAACAACAGTTACAGCTACAAACG
CCTTCACAGACGGCACGCCCGGATGGCCAAGGACGGCAGGGGGTCAAGAGGGACAGAG
ATGAAGTGGGTGAGATGAGAGAGCAATTTGAGGAAGGAATAGGAGAAGGAGAAGCAAT
TTCTAGGAAAGAGCAAGGTGTGCAACAGCATGCTCTGAATGATATTTTTCAGCAATAGTTC
AGTTGAAGAACCTGTTGGCGTATCTACATCACTTCCTACAAACAACACCACGAATTGCGT
CCGTGGTGACGCAACTACGAATGGCATTGTCAATGCCAATGCCAGTGCACATACACGTGC
AAGTCCCACCGGTTCCCTGCCCGGCTATGGTAGAGACAAGAAGGACGATACCGGCATCGA
CATCAACAGTTTCAACAGCAATGCGTTTGGCGTCGACGCGTCGATGGGGCTGCCGTATTT
GGATTTGGACGGGCTAGATTTCGATATGGATATGGATATGGATATGGAGATGAATTTGAATT
TAGATTTGGGTCTTGATTTGGGGTTGGAATTAAAAGGGGATAACAATGAGGGTTTTCCTGT
TGATTTAAACAATGGACGTGGGAGGTGATTGATTTAACCTGATCCAAAAGGGGTATGTCTA
TTTTTTAGAGAGTGTTTTTGTGTGTCAAATTATGGTAGAATGTGTAAAGTAGTATAAACTTTCC
TCTCAAATGACGAGGTTTAAAACACCCCCCGGGTGAGCCGAGCCGAGAATGGGGCAATT
GTTCAATGTGAAATAGAAGTATCGAGTGAGAAACTTGGGTGTTGGCCAGCCAAGGGGGG
GGGGGGGAATGAAAATGGCGCGAATGCTCAGGTGAGATTGTTTTGGAATTGGGTGAAGC
GAGGAAATGAGCGACCCGGAGGTTGTGACTTTAGTGGCGGAGGAGGACGGAGGAAAAG

CCAAGAGGGAAGTGTATATAAGGGGAGCAATTTGCCACCAGGATAGAATTGGATGAGTTA
TAATTCTACTGTATTTATTGTATAATTTATTTCTCCTTTTGTATCAAACACATTACAAAACAC
ACAAAACACACAAACAAACACAATTACAAAAA*ATGGGTAAGGGAGAAGAACTTTTCACTG*
GAGTTGTCCCAATTCTTGTTGAATTAGATGGTGATGTTAATGGGCACAAATTTTCTGTCAGTGGA
GAGGGTGAAGGTGATGCAACATACGGAAAACTTACCCTTAAATTTATTTGCACTACTGGAAAGCT
GCCTGTTCCTTGGCCAACACTTGTCACTACTCTTACTTATGGTGTTCAATGCTTTTCAAGATACC
CAGATCATATGAAGCGGCACGACTTCTTCAAGAGCGCCATGCCTGAGGGATACGTGCAGGAGA
GGACCATCTTCTTCAAGGACGACGGGAACTACAAGACACGTGCTGAAGTCAAGTTTGAGGGAG
ACACCCTCGTCAACAGAATCGAGCTTAAGGGAATCGATTTCAAGGAGGACGGAAACATCCTCG
GCCACAAGTTGGAATACAACTACAACTCCCACAACGTATACATCATGGCAGACAAACAAAAGAAT
GGAATCAAAGTTAACTTCAAAATTAGACACAACATTGAAGATGGAAGCGTTCAACTAGCAGACCA
TTATCAACAAAATACTCCAATTGGCGATGGCCCTGTCCTTTTACCAGACAACCATTACCTGTCCA
CACAATCTGCCCTTTCGAAAGATCCCAACGAAAAGAGAGACCACATGGTCCTTCTTGAGTTTGT
*AACAGCTGCTGGGATTACACATGGCATGGATGAACTGTACAAATAA***GGATCCAGATCTGCGG**
CCGCGGTACCtcaagaggatgtcagaatgccatttgcctgagagatgcaggcttcattttttgatacttttttatttgtaacctatatagtatag
gattttttttgtcattttgtttcttctcgtacgagcttgctcctgatcagcctatctcgcagctgatgaatatcttgtggtaggggtttgggaaaatcattcga
gtttgatgttttttcttggtatttcccactcctcttcagagtacagaagattaagtgagactcgaaaacggcgacggtat

下划线部分为启动子 *GAP* 序列；斜体部分为 *eGFP* 基因序列；加粗部分为 *MCS*；小写部分为终止子 *AOX1* 序列。

附录 6.5　Cas9 核苷酸序列及核定位序列 SV40NLS

ATGGATAAAAAGTATAGTATTGGTTTAGATATTGGTACTAACTCTGTGGGTTGGGCAGTTAT
CACCGACGAATATAAAGTTCCATCAAAGAAATTTAAGGTGTTAGGTAACACTGACAGAC
ACTCAATAAAAAAGAATCTTATCGGTGCTCTTTTGTTCGACTCCGGTGAAACTGCCGAGG
CTACACGTTTAAAAAGAACAGCAAGAAGAAGATATACCCGTAGAAAAAATAGAATATGTT
ATTTACAAGAAATCTTTTCTAATGAAATGGCTAAAGTTGATGATTCCTTTTTCCATAGATTG
GAAGAGTCATTTTTGGTTGAAGAAGACAAAAAGCATGAGAGACATCCAATCTTTGGGAA
TATAGTTGATGAAGTGGCTTACCATGAAAAATATCCTACCATTTATCATTTAAGAAAGAAA
TTGGTAGATTCAACTGATAAAGCTGACCTTAGATTAATCTATTTAGCACTTGCCCATATGAT
TAAATTTAGAGGTCATTTTTTGATTGAAGGTGATTTGAACCCAGATAATTCTGACGTGGAT
AAATTATTTATTCAATTAGTCCAAACCTACAACCAATTATTTGAGGAAAATCCAATTAATGC
TAGTGGTGTCGATGCCAAAGCTATATTATCAGCCAGATTATCAAAATCTAGACGTTTGGAA
AATTTGATTGCCCAATTGCCAGGAGAAAAAAAGAATGGATTATTTGGAAACTTGATCGCA
TTATCATTGGGTTTGACACCAAATTTTAAATCTAATTTTGATTTAGCTGAAGATGCTAAATT
ACAATTATCAAAAGACACCTATGACGACGATTTGGACAATTTACTTGCTCAAATTGGTGAT

CAATATGCAGATTTGTTCTTAGCTGCTAAAAACTTATCTGATGCTATTTTGTTGTCTGATATT
TTGAGAGTGAACACAGAAATAACCAAAGCTCCATTATCAGCATCTATGATCAAACGTTAT
GATGAACACCATCAGGATTTGACTTTATTGAAAGCTTTGGTGAGACAACAATTGCCAGAG
AAGTATAAAGAAATCTTTTTCGATCAATCTAAAAACGGGTATGCAGGTTATATTGATGGGG
GTGCCTCCCAAGAGGAATTTTACAAATTTATAAAACCTATTTTAGAAAAGATGGATGGGAC
TGAGGAACTTTTGGTCAAATTGAACAGAGAAGATTTGTTACGTAAACAGAGAACTTTTGA
TAATGGTAGTATACCTCACCAAATTCATTTGGGTGAGTTGCATGCAATTTTAAGAAGACAA
GAAGATTTTTATCCATTTTTAAAAGATAATAGAGAAAAAATCGAGAAAATTTTAACCTTTA
GAATTCCATACTATGTTGGGCCTTTGGCTAGAGGTAATTCAAGATTTGCCTGGATGACACG
TAAATCAGAAGAAACTATTACCCCTTGGAATTTTGAAGAGGTTGTTGATAAAGGAGCATC
AGCACAGAGTTTTATTGAAAGAATGACCAATTTCGATAAAAACTTACCAAATGAAAAAGT
TTTACCAAAACATTCCTTGTTATACGAATATTTTACTGTTTACAATGAACTTACAAAGGTTA
AATATGTTACTGAAGGTATGCGTAAGCCAGCCTTTTTATCTGGAGAACAGAAAAAGGCAA
TAGTTGATTTATTGTTTAAAACAAATAGAAAAGTTACTGTTAAACAATTAAAAGAAGATTA
CTTTAAGAAAATTGAATGTTTTGATTCAGTTGAAATCAGTGGTGTTGAAGACAGATTTAAT
GCTAGTTTAGGAACTTACCATGATTTACTTAAAATTATCAAAGATAAAGATTTCTTGGATAA
CGAAGAAAATGAAGACATTTTAGAAGACATTGTTTTAACCTTAACTTTATTCGAAGATAGA
GAGATGATTGAAGAACGTTTGAAGACTTATGCACATTTGTTTGACGATAAAGTGATGAAA
CAGTTGAAAAGAAGACGTTATACTGGATGGGGTAGATTGTCTCGTAAATTGATCAATGGA
ATTAGAGATAAACAAAGTGGTAAAACTATCTTGGACTTTTTGAAATCTGACGGATTTGCTA
ATAGAAATTTCATGCAATTGATCCACGACGATAGTTTGACATTTAAAGAAGACATCCAAAA
GGCCCAAGTGAGTGGGCAAGGTGATTCATTACATGAACATATTGCAAATTTAGCCGGATCT
CCTGCTATTAAGAAAGGGATATTACAAACTGTTAAAGTTGTGGATGAATTAGTGAAAGTA
ATGGGAAGACATAAACCTGAAAACATTGTCATTGAGATGGCAAGAGAAAATCAAAC
TACACAAAAAGGACAGAAAAATAGTAGAGAACGTATGAAAAGAATAGAAGAGGGT
ATTAAAGAATTGGGTAGTCAAATATTGAAAGAACACCCAGTGGAAAATACCCAGTTG
CAAAATGAAAAATTATATCTTTACTACCTTCAAAATGGACGTGATATGTATGTTGATCA
GGAATTAGATATAAATAGACTTTCAGATTATGATGTAGATCATATAGTTCCACAATCTT
TCTTGAAAGATGATTCCATAGACAATAAAGTATTAACTAGAAGTGATAAAAATAGAG
GTAAAAGTGATAATGTCCCAAGTGAGGAAGTCGTCAAAAAGATGAAAAATTACTGG
CGTCAACTTTTGAATGCTAAATTAATTACTCAAAGAAAATTTGATAATTTGACTAAAG
CAGAAAGAGGTGGGCTTTCTGAATTAGATAAAGCCGGGTTCATTAAAAGACAATTGG
TCGAAACTAGACAAATTACTAAACATGTTGCCCAAATTTTAGATTCCCGTATGAACAC
TAAGTATGACGAAAATGATAAGTTAATACGTGAGGTTAAAGTCATTACTTTAAAATCA
AAACTTGTCTCTGATTTCAGAAAGGATTTCCAATTCTATAAAGTTAGAGAAATTAATA
ATTATCATCATGCTCATGATGCATATTTGAATGCTGTAGTTGGAACTGCTTTAATCAAG
AAATACCCTAAATTAGAATCTGAATTTGTATATGGTGATTACAAAGTCTATGATGTTAG

AAAGATGATTGCTAAATCAGAACAAGAAATTGGTAAAGCTACAGCTAAATACTTCTT
TTACTCTAACATTATGAATTTCTTTAAAACAGAAATTACTTTGGCAAACGGTGAAATT
AGAAAAAGACCTCTTATTGAAACAAATGGTGAGACTGGAGAGATAGTTTGGGACAA
AGGGCGTGATTTCGCTACTGTTAGAAAAGTTTTATCAATGCCACAAGTTAACATTGTA
AAGAAAACAGAGGTTCAAACTGGTGGTTTCTCAAAAGAAAGTATTTTGCCTAAAAG
AAATAGTGATAAATTGATTGCCAGAAAAAAGGATTGGGATCCAAAGAAATATGGTGG
TTTCGACTCACCAACCGTAGCCATTCTGTTTTGGTTGTGGCAAAGGTTGAAAAGGG
TAAAAGTAAAAGCTTAAATCAGTAAAAGAACTTTTGGGTATTACAATAATGGAAAG
AAGTTCCTTTGAAAAGAACCCTATTGATTTTTTGGAAGCTAAAGGTTATAAGGAAGT
AAAGAAGGACTTAATAATCAAATTGCCTAAATATTCTTTATTTGAATTAGAAAATGGG
AGAAAAAGAATGTTGGCTTCTGCTGGAGAATTGCAAAAGGGTAATGAATTAGCATTG
CCTTCCAAATATGTTAACTTCTTGTATTTAGCTTCACACTATGAAAAGTTGAAAGGGT
CACCAGAAGATAACGAGCAAAAACAATTATTTGTTGAACAACACAAACACTACTTA
GATGAGATTATAGAACAAATTAGTGAATTCAGTAAAAGAGTGATATTAGCTGATGCA
AATTTAGATAAAGTTTTGTCAGCCTATAACAAACATAGAGATAAGCCAATTAGAGAAC
AAGCAGAAAACATTATTCACTTATTTACCCTTACCAATTTAGGAGCACCTGCTGCTTT
CAAGTATTTTGATACAACAATTGATCGTAAAAGATATACCTCAACAAAAGAAGTCTT
AGACGCCACCTTAATTCATCAATCAATCACTGGATTGTATGAGACAAGAATTGATTTG
TCTCAATTGGGTGGTGATGAAGGGGGCT*GATCCTAAGAAGAAAAGAAAAGTTGATCCAAA
GAAAAAGCGTAAGGTGGATCCTAAGAAAAAGAGAAAGGTTTGA*

斜体部分为核定位序列 SV40NLS。

附录6.6 酵母 DNA 转化体系

物质名称	加入量
1mol/L LiAC	36 μL
ssDNA（变性）	20 μL
GAP-Cas9-AOX1、GAP-sgRNA1-AOX1、GAP-sgRNA2-AOX1、HAF-URA3-eGFP-HAR	各 2～9 μg
50%PEG	240 μL

参考文献

[1] 诸葛健，李华钟 . 微生物学 ［M］. 北京：科学出版社，2004.

[2] 诸葛健，沈微 . 工业微生物育种学 ［M］. 北京：化学工业出版社，2006.

[3] 诸葛健 . 工业微生物实验与研究技术 ［M］. 北京：科学出版社，2007.

[4] 陈三凤，刘德虎 . 现代微生物遗传学 ［M］. 北京：化学工业出版社，2003.

[5] 金志华，林建平，梅乐和 . 工业微生物遗传育种学原理与应用 ［M］. 北京：化学工业出版社，2006.

[6] 王正祥 . 微生物遗传育种 ［M］. 北京：高等教育出版社，2020.

[7] 施巧琴，吴松刚 . 工业微生物育种学 ［M］. 北京：科学出版社，2003.

[8] 盛祖嘉 . 微生物遗传学 ［M］. 北京：科学出版社，2007.

[9] 吴乃虎 . 基因工程原理 ［M］.2 版 . 北京：科学出版社，2001.

[10] 朱玉贤，李毅 . 现代分子生物学 ［M］.2 版 . 北京：高等教育出版社，2002.

[11] 孙乃恩，孙东旭，朱德煦 . 分子遗传学 ［M］. 北京：南京大学出版社，1990.

[12] Turner P C，Mclennan A G，Bates A D，et al. 分子生物学 ［M］.2 版 . 影印本 . 北京：科学出版社，2000.

[13] Stanley R M，John E C，David F. Microbial Genetics. Second Edition ［M］. Massachusetts：Jones and Bartlett Publishers，2003.

[14] Demain A D，Davies J E. Manual of Industrial Microbiology and Biotechnology ［M］.2nd Edition. Washington DC：American Society for Microbiology Press，1996.

[15] Cai T，Sun H，Qiao J，et al. Cell-free chemoenzymatic starch synthesis from carbon dioxide ［J］. Science，2021，373（6562）：1523-1527.